21世纪高职高专新概念规划教材

电子线路设计——Protel DXP 2004 SP2

主　编　顾　滨

副主编　孔祥洪　诸　杭

中国水利水电出版社
www.waterpub.com.cn

内 容 提 要

本书是Protel授课教师多年教学实践的积累。作者从实用角度出发，本着浅显易懂、讲解详细的原则，全面地介绍Protel DXP 2004 SP2的界面、基本组成和使用环境等，并着重介绍电路原理图和印制电路板的设计方法及操作过程。

全书共分11章，主要内容包括Protel DXP 2004 SP2简介、原理图设计、制作原理图元件、完成原理图设计、绘制层次性原理图、印制电路板设计基础、PCB图设计常用操作功能、PCB板编辑和完善、创建自己的PCB元件库、电路仿真、印制电路板综合设计等。

本书可作为高职高专院校相关专业的教材，也可作为广大电路设计人员的培训教材。没有学过Protel的读者通过本书可以很快学会电子线路设计的基本方法，胜任日常的电子线路设计工作；使用过Protel旧版本的读者也可通过本书了解新版本提供的新功能，并且可以从示例中学到很多设计技巧。

本书配有电子教案及相关教学资源，读者可以到中国水利水电出版社网站或万水书苑上免费下载，网址：http://www.waterpub.com.cn/softdown/或 http://www.wsbookshow.com。

图书在版编目（CIP）数据

电子线路设计 : Protel DXP 2004 SP2 / 顾滨主编
. -- 北京 : 中国水利水电出版社, 2011.1
21世纪高职高专新概念规划教材
ISBN 978-7-5084-8047-3

Ⅰ. ①电… Ⅱ. ①顾… Ⅲ. ①印刷电路－计算机辅助设计－应用软件，Protel DXP 2004－高等学校：技术学校－教材 Ⅳ. ①TN410.2

中国版本图书馆CIP数据核字(2010)第219606号

策划编辑：雷顺加　　责任编辑：李　炎　　加工编辑：刘晶平　　封面设计：李　佳

书　　名	21世纪高职高专新概念规划教材 电子线路设计——Protel DXP 2004 SP2
作　　者	主　编　顾　滨 副主编　孔祥洪　诸　杭
出版发行	中国水利水电出版社 （北京市海淀区玉渊潭南路1号D座　100038） 网址：www.waterpub.com.cn E-mail：mchannel@263.net（万水） sales@waterpub.com.cn 电话：（010）68367658（营销中心）、82562819（万水）
经　　售	全国各地新华书店和相关出版物销售网点
排　　版	北京万水电子信息有限公司
印　　刷	北京市天竺颖华印刷厂
规　　格	184mm×260mm　16开本　17.25印张　424千字
版　　次	2011年1月第1版　2011年1月第1次印刷
印　　数	0001—4000册
定　　价	28.80元

编者的话

电子设计自动化（EDA）技术属于计算机辅助设计范畴，EDA 技术的基本思想是借助于计算机强大的智能设计工作平台，对电子产品的硬件线路进行自动设计，该项技术涉及应用电子技术、计算机软硬件技术、信息处理及智能化技术的最新成果。在 EDA 软件平台上可以完成电子产品的电路设计、仿真分析以及印制电路板设计的全过程，可以生成直接用于生产、加工的文件。熟悉使用 EDA 工具进行设计是电子工程人员的必备技能。

一、历史回顾

Altium 公司的 Protel DXP 2004 SP2 将所有的设计工具集成于一身。20 世纪 80 年代 TANGO 软件包开创电子设计自动化（EDA）的先河，这无疑给电子线路设计带来了设计方法和方式的革命。随后推出了 Protel For Dos 作为 TANGO 的升级版本，从此 Protel 这个名字在业内日益响亮。

80 年代末，Windows 系统开始日益流行，许多应用软件也纷纷开始支持 Windows 操作系统。Protel 也不例外，相继推出了 Protel For Windows 1.0、Protel For Windows 1.5 等版本。这些版本的可视化功能给用户设计电子线路带来了很大的方便，设计者再也不用记一些繁琐的命令，也让用户体会到资源共享的乐趣。

步入 90 年代，Protel 公司又推出了最新一代的电子线路设计系统——Protel 98、Protel 99 和增强版 Protel 99 SE。在 Protel 99 SE 中加入了许多全新的功能，以其出众的自动布线能力获得了业内人士的一致好评。

2002 年，Altium 公司推出了 Protel DXP，它集成了更多工具，使用方便，功能强大。

2004 年初，Altium 公司再一次以其强大的研发能力推出了 Protel DXP 2004 SP2，这是目前业界唯一的板级设计系统，可以完整地支持 FPGA 器件的设计与集成直至 PCB 的实现。

二、Protel DXP 2004 SP2 优势

Protel DXP 2004 SP2 的功能模块主要包括原理图设计系统、PCB 设计系统、基于 Spice 8f5 混合电路模拟的电路仿真系统、可编程逻辑门阵列（FPGA）设计系统，以及硬件描述语言（VHDL）设计系统等。同时，Protel DXP 2004 SP2 可兼容以前各类版本的 Protel。

Protel DXP 2004 SP2 对设计文件的管理采用了“项目工程”这个概念，以“项目”为中心的设计原则，将所有设计的 SCH 文件、PCB 文件、SCHLIB 文件、PCBLIB 文件、仿真文件、文本说明文件、网络表文件、报表文件、CERBER 文件等汇总为一个工程项目，便于轻松管理。

不仅如此，电路的混合模拟仿真也是 Protel DXP 2004 SP2 的一个新亮点，它提供了 PCB 和原理图上的信号完整性分析。

信号完整性分析在软件上就能模拟出整个电路板各个网络的工作情况，并且可以提供多种优化方案让用户选择。混合模拟分析和完整性分析的结果以波形的形式显示出来，且波形的计算算法均较以前版本有较大的优化。同时也可以为自己建立的库元件设置模拟参数。总之信

号完整性分析可以带来极大的方便，提高了一次 PCB 制作的成功率。

Protel DXP 2004 SP2 从最初的项目模块规划到最终形成生产数据都可以轻松实现。其功能齐全，体系庞大，是 EDA 设计的综合平台。本书定位于它的基础和应用，编写目的是帮助学生了解 Protel DXP 2004 SP2 软件的功能，并快速掌握该软件的基本使用方法和技巧。

三、本书介绍

本书由多年讲授 Protel 课程的专业教师和具有丰富工程实践经验的人员共同编写完成。作者从实用角度出发，本着浅显易懂、讲解详细的原则，全面地介绍了 Protel DXP 2004 SP2 的界面、基本组成和使用环境等，并着重介绍了电路原理图和印制电路板的设计方法以及操作过程。

本书共分 11 章。第 1 章为简介，起到统领全书的作用，从本章开始将三端稳压电源设计按任务驱动方式提出，使三端稳压电源从原理图设计到生成印制电路板图的整个电路设计制作过程贯穿全书。第 2～5 章讲述原理图设计，包括系统操作环境的设置、原理图绘制与编辑、元件库的编辑、网络表和各种报表的生成以及原理图的打印输出等方面的内容。第 6～10 章讲述制作印制电路板流程，包括电路板的规划、网络表与元件的装入、PCB 的连线、元件的自动和手工布局、自动布线、手工布线和调整、校验 PCB 设计、元件库编辑器的使用和最后输出打印印制电路板图等。至此，以三端稳压电源设计为主线的电路板设计的完整过程介绍完毕。第 11 章以 LED 键盘模组的任务作为综合设计，以此来概括和验证前面各章节的内容。每章的习题是对本章重点的练习，上机实践是对本章内容的应用、总结和提高，有一定难度，需要花时间上机练习。

四、本书特点

- 全书以“实际案例”为主线，通过“案例”深入学习

本教材编写以“案例”分析教学为主线，将知识点融入到生动实用的“例子”中，让读者在完成“案例”的过程中掌握知识，并培养发现问题、分析问题和解决问题的能力。

- 结合考证需要，融合日常教学

本书编写融合了计算机辅助设计绘图员（电子类）中/高级考证需要和实际教学要求，大部分内容体现了实践需求与考试大纲的完美结合。同时为了降低初学者学习难度、突出学习重点，编写时注重了知识掌握过程的规律性、层次性、针对性和反复性。

- 以“方法和技巧”为原则，注重实际能力培养

全书以工程实际需要为目的组织、安排章节内容，摒弃过时、应用不多且难度较大的内容，力求内容能满足上岗、教学和生产需要，真正做到学习与就业无缝对接。

- 突出以动手能力为本位，结合理论和实践一体的模式

全书所有“案例”制作步骤简洁明了，读者根据书中操作提示便可以完成“案例”学习，通过“案例”的解决，培养读者实际操作能力。

- 为各类电子大赛训练人才，探索创新

各章后的“电子大赛模块训练”部分是根据电子大赛的训练要求而编写，以“创新、实用”的思路系统性地展示和总结了历年大赛要求必备的基本能力和基本能力之上的创新能力。

五、读者范围

本书可以作为应用型人才培养机电类、电子类、计算机偏硬类相关专业的教材，也可作为广大电路设计人员的培训教材。读者通过本书可以很快学会电子线路设计的基本方法，胜任日常的电子线路设计工作；使用过Protel其他版本的读者也可通过本书了解掌握新版本提供的新功能，并且可以从示例中学到很多设计技巧。

全书由杨秀英教授担任主审，顾滨担任主编，孔祥洪、诸杭担任副主编。第1章和第2章由顾滨编写，第3章由贺大康编写，第4章由孔祥洪编写，第5章由高埜夫编写，第6章和第10章由谷丽丽编写，第7章和第11章由诸杭编写，第8章由宗爱芹编写，第9章由袁冬琴编写，附录由孔祥洪编写，顾滨负责全书的统稿工作。

本书在上海电子信息职业教育集团的指导下编写完成，上海海事大学朱钢副教授、陆明健副教授在本书编写过程中提出了许多建设性意见，在此一并表示感谢。

由于作者水平有限，书中难免会有不妥之处，恳请读者批评指正。

编　者

2010年10月

目　　录

第1章　Protel DXP 2004 SP2 简介

在电子设计中，利用 Protel、Power-Logic、PowerPCB、PADS 和 CAD 等计算机软件进行产品设计已经成为一种明显的趋势，熟练使用这类工具软件可以极大地提高设计产品的质量和效率。

和其他同类 EDA 设计软件相比，Protel 集功能相对完善，容易学习和掌握，使用方便等优点于一身，是目前使用最广泛的设计软件。

Protel DXP 2004 SP2 在前版本的基础上增加了许多新的功能。新的可定制设计环境功能包括双显示器支持，可固定、浮动及弹出面板，强大的过滤和对象定位功能及增强的用户界面等。Protel DXP 是第一个将所有设计工具集于一身的板级设计系统，电子设计者从最初的项目模块规划到最终形成生产数据都可以按照自己的设计方式实现。Protel DXP 运行在优化的设计浏览器平台上，并且具备当今所有先进的设计特点，能够处理各种复杂的 PCB 设计过程。通过设计输入仿真、PCB 绘制编辑、拓扑自动布线、信号完整性分析和设计输出等技术融合，Protel DXP 提供了全面的设计解决方案。

Protel DXP 2004 SP2 具有丰富的设计功能，只有很好地掌握它才能充分发挥其效能。

从本章开始将介绍 Protel DXP 2004 SP2 设计电路的功能。

- Protel DXP 2004 SP2 的设计理念
- Protel DXP 2004 SP2 的特点
- 印制电路板设计环境
- PCB 板设计的工作流程
- Protel DXP 2004 SP2 的运行环境
- 安装 Protel DXP 2004 SP2

1.1　Protel DXP 2004 SP2 的设计理念

Protel DXP 2004 是 Altium 公司于 2004 年推出的最新版本的电路设计软件，该软件能实现从概念设计、顶层设计直到输出生产数据以及这之间的所有分析验证和设计数据的管理。当前比较流行的 Protel 98、Protel 99 SE 就是它的前期版本。

Protel DXP 2004 已不是单纯的 PCB（印制电路板）设计工具，而是由多个模块组成的系统工具，分别是SCH（原理图）设计、SCH（原理图）仿真、PCB（印制电路板）设计、Auto Router（自动布线器）和FPGA设计等，覆盖了以PCB为核心的整个物理设计。该软件将项目管理方式、原理图和PCB图的双向同步技术、多通道设计、拓扑自动布线及电路仿真等技术结合在一起，为电路设计提供了强大的支持。

与较早的版本——Protel 99相比，Protel DXP 2004不仅在外观上显得更加豪华、人性化，而且极大地强化了电路设计的同步化，同时整合了VHDL和FPGA设计系统，其功能大大加强了。

1.2 Protel DXP 2004 SP2的特点

1.2.1 元件硬件

1．整合式的元件与元件库

在Protel DXP 2004 SP2中采用整合式的元件，在一个元件里连接了元件符号（Symbol）、元件包装（Footprint）、SPICE元件模型（电路仿真所使用的）和SI元件模型（电路板信号分析所使用的）。

2．版本控制

可直接由Protel设计管理器转换到其他设计系统，这样设计者可方便地将Protel DXP 2004中的设计与其他软件共享。例如，可以输入和输出DXP、DWG格式文件，实现和AutoCAD等软件的数据交换，也可以输出格式为Hyperlynx的文件，用于板级信号仿真。

3．多重组态的设计

Protel DXP 2004支持单一设计多重组态。对于同一个设计文件，可指定要使用其中的某些元件或不使用其中的某些元件，然后产生网络表等文件。

4．重复式设计

Protel DXP 2004提供重复式设计，类似重复层次式电路设计，只要设计其中一部分电路图，即可以多次使用该电路图，就像有很多相同电路图一样。这项功能也支持电路板设计，包括由电路板反标注到电路图。

1.2.2 加强性功能

1．新的文件管理模式

Protel DXP 2004提供3种文件管理模式。可将各种文件存入单一数据库文件，即Protel 99SE的ddb，也可以存为Windows文件，即一般的分离文件，而不需要数据库管理系统（ODBC），就可以存取该文件，此外新增了一个混合模式，也就是在数据库外存为独立的Windows文件。

2．多屏幕显示模式

对于同一个文件，设计者可打开多个窗口在不同的屏幕上显示。

3．设计整合

Protel DXP 2004 SP2强化了Schematic和PCB板的双向同步设计功能。

4．超强的比较功能

Protel DXP 2004 SP2新增了超强的比较功能，能对两个相同格式的文件进行比较，以得到其版本的差异性，也可以对不同格式的文件进行比较，如电路板文件与网络报表文件等。

1.2.3　超强设计功能

1．强化的变更设计功能

在 Protel DXP 2004 SP2 中进行比较后，所产生的报表文件可作为变更设计的依据，让设计完全同步。

2．可定义电路板设计规则

在原理图设计时，定义电路板设计规则是非常实际的。虽在先前版本的 Schematic 中就已提供定义电路板的功能，可是都没有实际的作用。而在 Protel DXP 中落实了这项功能，让用户能在画电路图时就定义设计规则。

3．强化设计验证

在 Protel DXP 2004 SP2 中强化了设计验证的功能，让电路图与电路板之间的转换更准确，同时对交互参考的操作也更容易。

4．设计者可定义元件与参数

Protel DXP 2004 SP2 提供了无限制的设计者定义元件及元件引脚参数，所定义的参数能存入元件及原理图里。

5．尺寸线工具

Protel DXP 2004 SP2 提供了一组超强的画尺寸线工具，在移动时会自动修正尺寸，这对于 PCB 中一些层的定义有很大的帮助。

1.2.4　板层分割焊接

1．改善加强板层分割功能

Protel DXP 2004 SP2 提供了加强的板层分割功能，对于板层的分割自动以不同颜色来表示，让设计者更容易辨别与管理。

2．加强焊点堆栈的定义

Protel DXP 2004 SP2 板增强了焊点堆栈的定义与管理，设计者可以存储所定义的焊点堆栈以供日后使用。

3．改良焊点连接线

Protel DXP 2004 SP2 提供自动修剪焊点连接线的功能，使自动布线后焊点连接更恰当。

1.2.5　多媒体处理

1．波形资料的输出与输入

在 Protel DXP 2004 SP2 中可将仿真波形上各种资料输出为电子表格格式，以供其他程序使用，也可以输入其他程序所产生的波形资料。

2．加强绘图功能

Protel DXP 2004 SP2 增强了波形窗口的绘图功能，如放置标题栏、标记画线等，同时 Windows 的编辑功能在此也可以应用。

3．不同波形的重叠

设计者可以将不同的波形放置在一起，也可以同时使用多个不同的 Y 轴坐标。

4．直接在电路板里分析

设计者可以直接在PCB编辑器里进行信号分析，这样信号分析更加方便。

5．强化模型整合

在Protel DXP 2004 SP2中提供了高速整合的元件，元件包括信号分析的模型（SI Model），设计者不必再为元件问题而烦恼了。

1.3 印制电路板设计环境

Protel DXP 2004 SP2的PCB编辑器为设计者提供了一个功能强大的印制电路板设计环境。其非常专业的交互式自动布线器基于人工智能技术，它可对PCB板进行优化设计，所采用的布线算法可同时进行全部信号层的自动布线，并进行优化，使设计者可以快速地完成电路板的设计。PCB编辑器通过对功能强大的设计法则的设置，使设计者可以有效地控制印制电路板的设计过程，并且由于具备在线式的设计规则检查功能，所以可以在最大程度上避免设计者的失误。对于一些特别复杂或有特殊要求的，或自动布线器难以自动完成的布线工作，设计者可以选择手工布线。总之，Protel DXP 2004 SP2的PCB编辑器不但功能强大，而且便于控制。

下面简要地介绍PCB设计系统的特点。

1．丰富的设计规则

设计规则是驱动电路板设计的灵魂，运用好设计规则既可以让设计者通过单击鼠标完成设计，也可以使设计者自行定义设计规则，使设计更加符合个人的需求。Protel DXP 2004 SP2提供了丰富的设计规则，其强大的规则驱动设计特性将协助设计者很好地解决像网络阻抗、布线间距、走线宽度及信号反射等因素引起的问题。

Protel DXP 2004 SP2的PCB编辑器所提供的设计规则分为布线设计规则、电路板制作设计规则、高频电路设计规则、元件布置设计规则及信号分析设计规则等几大类，覆盖了像最小安全间距、导线宽度、导线转角方式、过孔直径、网络阻抗等设计过程的方方面面。可分别设置这些法则的作用范围，如作用于特定的网络、网络类、元件、元件类或整个电路板，多种设计规则可以相互结合形成多方控制的复合规则，使设计者方便地完成印制电路板的设计。

2．易用的编辑环境

Protel DXP 2004 SP2的PCB编辑器与原理图编辑器一样，也采用了图形化编辑技术，使印制电路板的编辑工作方便、直观。其内容丰富的菜单、方便快捷的工具栏及快捷键操作，为设计者提供了多种操作手段，既有利于初学者的学习使用，同时又使熟练使用者有了加快操作速度的选择。图形化的编辑技术使设计者能直接用鼠标拖动元件对象来改变它的位置，双击任一对象就可以编辑它的属性。

与原理图编辑器一样，PCB的设计也支持整体编辑。

3．智能化的交互式手工布线

Protel DXP 2004 SP2的手工布线具有交互式连线选择功能，支持布线过程中动态改变走线宽度及过孔参数，同时Protel DXP 2004 SP2的电气栅格可以将线路引导至电气“热点”的中心，方便设计者在电路板上的对象间进行连线。

此外，Protel DXP 2004 SP2的自动回路删除功能可以自动地、智能化地删除冗余的电路线段，推线功能使得在布新线时将阻碍走线的旧线自动移开，这些功能简化了布线过程中的重画和删除操作，极大地减轻了设计者的劳动强度，提高了手工布线的工作效率。

4．丰富的封装元件库及简便的元件库编辑和组织操作

Protel DXP 2004 SP2 的封装元件库提供了数量庞大的 PCB 元件，并且还可以从互联网站点（www.protel.com）升级新的封装元件库。丰富的封装元件库使设计者可以从中找到绝大多数所需的封装元件。

对于设计者来说，即使不能从封装元件库中找到所需的元件，还可以通过 Protel DXP 2004 SP2 所提供的 PCB 元件编辑器创建新的封装元件库。PCB 元件编辑器包含了用于编辑元件或组织元件库的工具，通过它们设计者可以创建、组织自定义的封装元件库。

5．智能化的基于形状的自动布线功能

Protel DXP 2004 SP2 的自动布线器用以实现电路板布线的自动化。它基于人工智能技术，可对 PCB 板进行优化设计。设计者只需进行简单的设置，自动布线器就能分析用户的设计并且选择最佳的布线策略，在最短的时间内完成布线工作。

6．可靠的设计校验

Protel DXP 2004 SP2 的设计规则检查器（DRC）能够按照设计者指定的设计规则随时对电路板进行设计规则的检查。在自动布置元件或自动布线时系统自动按设计规则放置元件或布线，所以不会违反规则。在手工布线或移动元件时，设计规则进行即时检查，如有违反设计规则的情况，立即进行警告，甚至禁止设计者强行走线。这些状况都属于即时设计规则检查（On Line DRC），此外，设计者也可以对已完成或部分完成布线的电路板进行设计规则检查，然后系统产生全面的检查报告，指出设计中与设计规则相矛盾的地方。这些地方将在电路板上以高亮度显示，以引起用户的充分注意。

Protel DXP 2004 SP2 的设计校验功能，使电路板的可靠性得到了保证。

1.4　PCB 板设计的工作流程

1．方案分析

决定电路原理图如何设计，同时也影响到 PCB 板如何规划。根据设计要求进行方案比较、选择及元器件的选择等，是开发项目中最重要的环节。

2．电路仿真

在设计电路原理图之前，有时会对某一部分电路设计并不十分确定，因此需要通过电路仿真来验证。还可以用于确定电路中某些重要器件参数。

3．设计原理图组件

Protel DXP 2004 SP2 提供了丰富的原理图组件库，但不可能包括所有组件，必要时需动手设计原理图组件，建立自己的组件库。

4．绘制原理图

找到所有需要的原理组件后，开始原理图绘制。根据电路复杂程度决定是否需要使用层次原理图。完成原理图后，用 ERC （电气法则检查）工具查错。找到出错原因并修改原理图电路，重新查错到没有原则性错误为止。

5．设计组件封装

和原理图组件库一样，Protel DXP 2004 SP2 也不可能提供所有组件的封装。需要时自行

设计并建立新的组件封装库。

6．设计 PCB 板

确认原理图没有错误之后，开始 PCB 板的绘制。首先绘出 PCB 板的轮廓，确定工艺要求（使用几层板等）。然后将原理图传输到 PCB 板中来，在网络表（简单介绍来历功能）、设计规则和原理图的引导下布局和布线。利用 DRC（设计规则检查）工具查错是电路设计时另一个关键环节，它将决定该产品的实用性能，需要考虑的因素很多，不同的电路有不同的要求。

7．文档整理

对原理图、PCB 图及器件清单等文件予以保存，以便日后维护和修改。

1.5　Protel DXP 2004 SP2 的运行环境

1．运行 Protel DXP 2004 SP2 的推荐配置

- CPU：≥Pentium II 400 及以上 PC。
- 内存：≥64MB。
- 显卡：支持 800×600×16 位色以上显示。
- 光驱：≥24 倍速。

2．运行环境

Windows NT/95/98/XP 及以上版本操作系统。

由于系统在运行过程中要进行大量的运算和存储，所以对机器的性能要求也比较高，配置越高越能充分发挥它的优点。

1.6　安装 Protel DXP 2004 SP2

把文件夹中的 Protel DXP 2004 SP2 压缩文件进行解压，解压后得到 4 个文件，分别是 Setup 安装文件、DXP2004SP2-IntegratedLibraries 库文件、DXP2004SP2 补丁文件和 DXP2004SP2-Genkey 破解注册器，依次进行安装，如图 1-1 至图 1-10 所示。

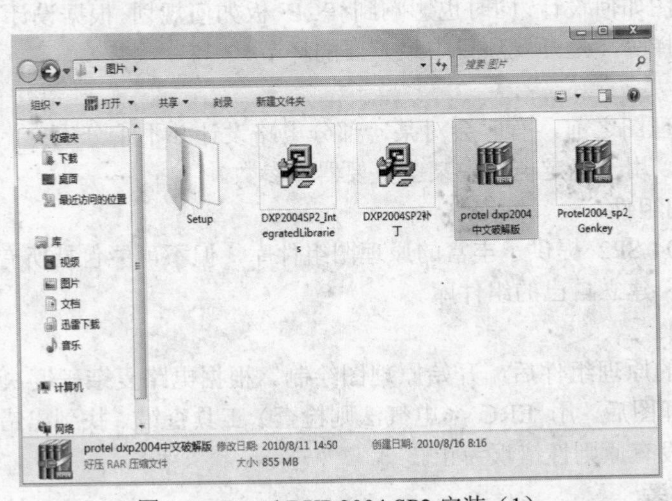

图 1-1　Protel DXP 2004 SP2 安装（1）

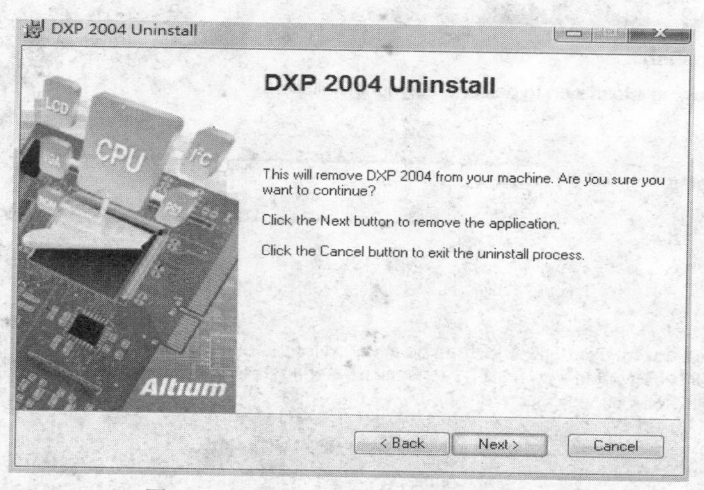

图 1-2　Protel DXP 2004 SP2 安装（2）

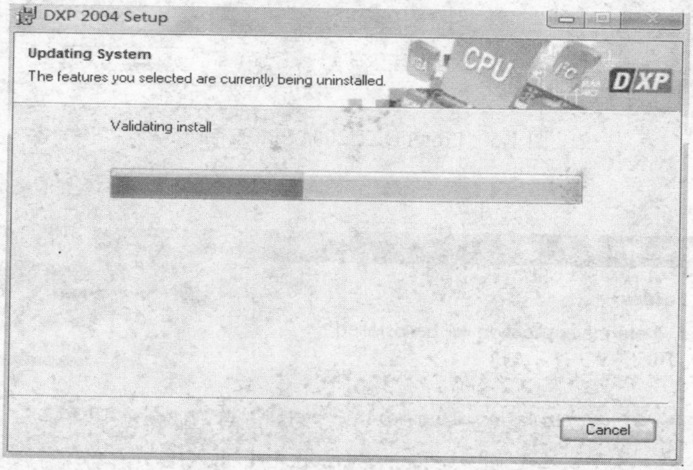

图 1-3　Protel DXP 2004 SP2 安装（3）

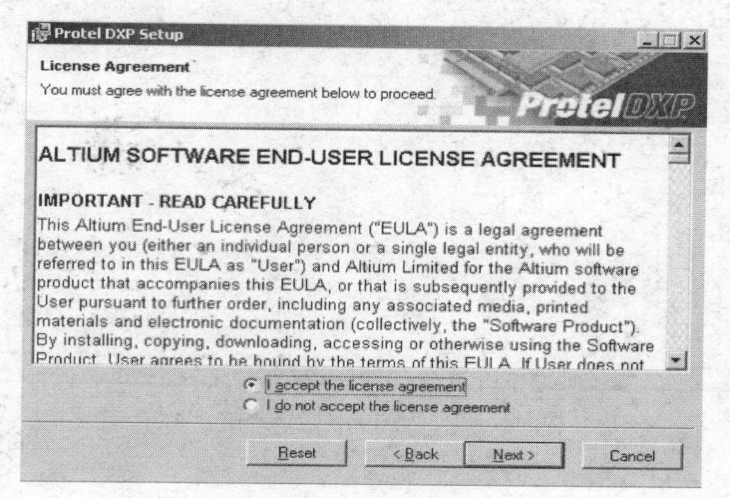

图 1-4　Protel DXP 2004 SP2 安装（4）

Protel DXP Setup
User Information
Enter the following information to personalize your installation.
ProtelDXP
Full Name:
zhangli
Organization:
bluesky
The settings for this application can be installed for the current user or for all users that share this computer. You must have administrator rights to install the settings for all users. Install this application for:
Anyone who uses this computer
Only for me
< Back
Next >
Cancel

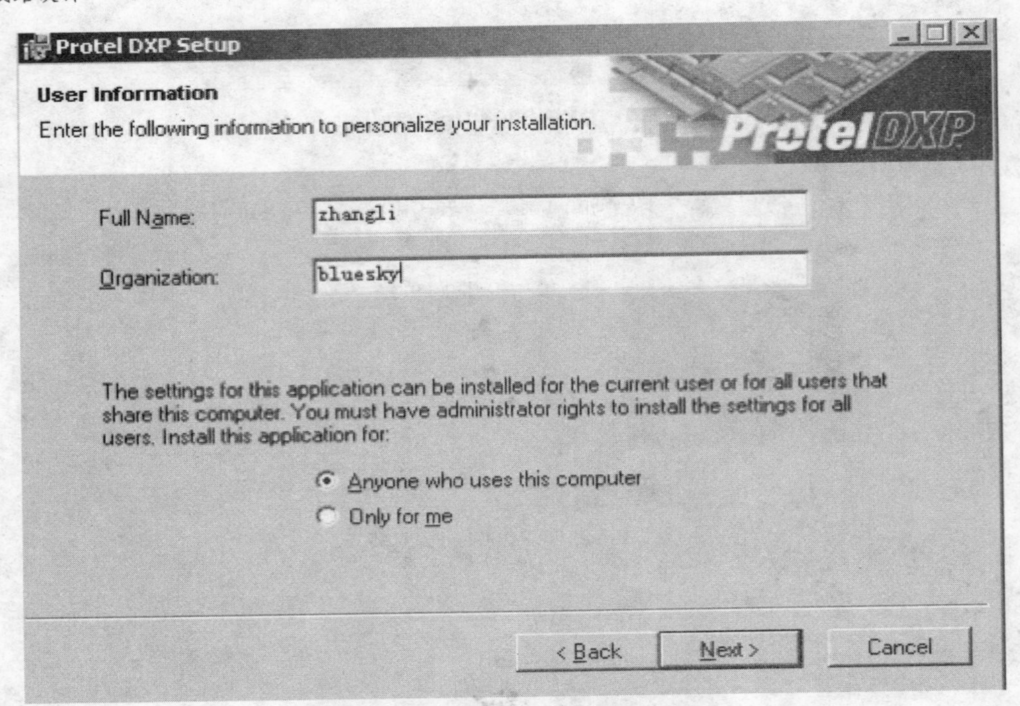

图 1-5 Protel DXP 2004 SP2 安装（5）

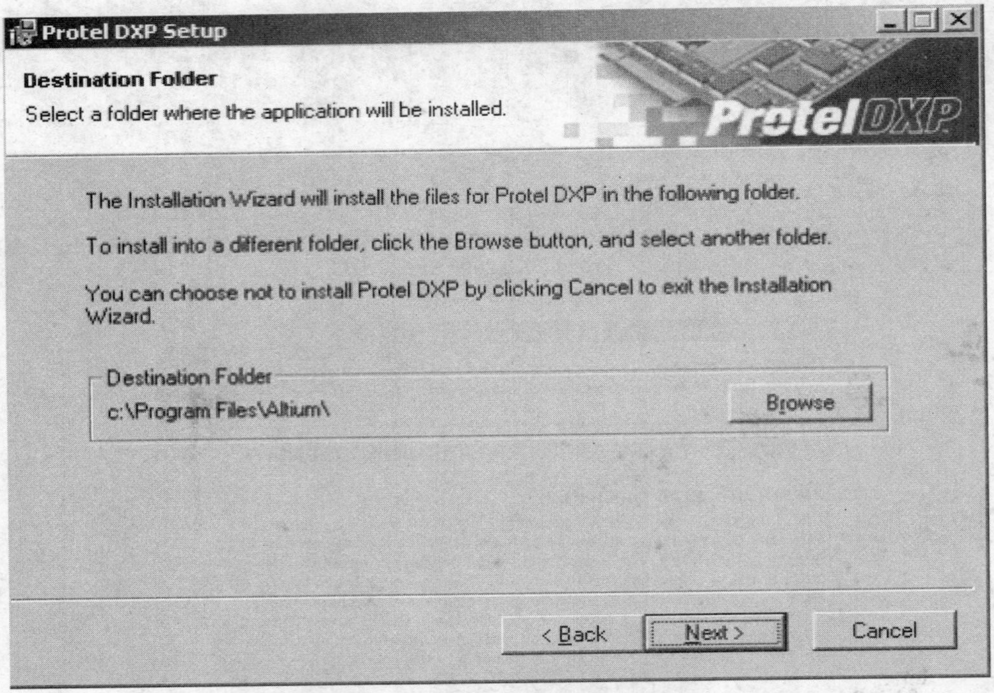

Protel DXP Setup
Destination Folder
Select a folder where the application will be installed.
ProtelDXP
The Installation Wizard will install the files for Protel DXP in the following folder.
To install into a different folder, click the Browse button, and select another folder.
You can choose not to install Protel DXP by clicking Cancel to exit the Installation Wizard.
Destination Folder
c:\Program Files\Altium\
Browse
< Back
Next >
Cancel

图 1-6 Protel DXP 2004 SP2 安装（6）

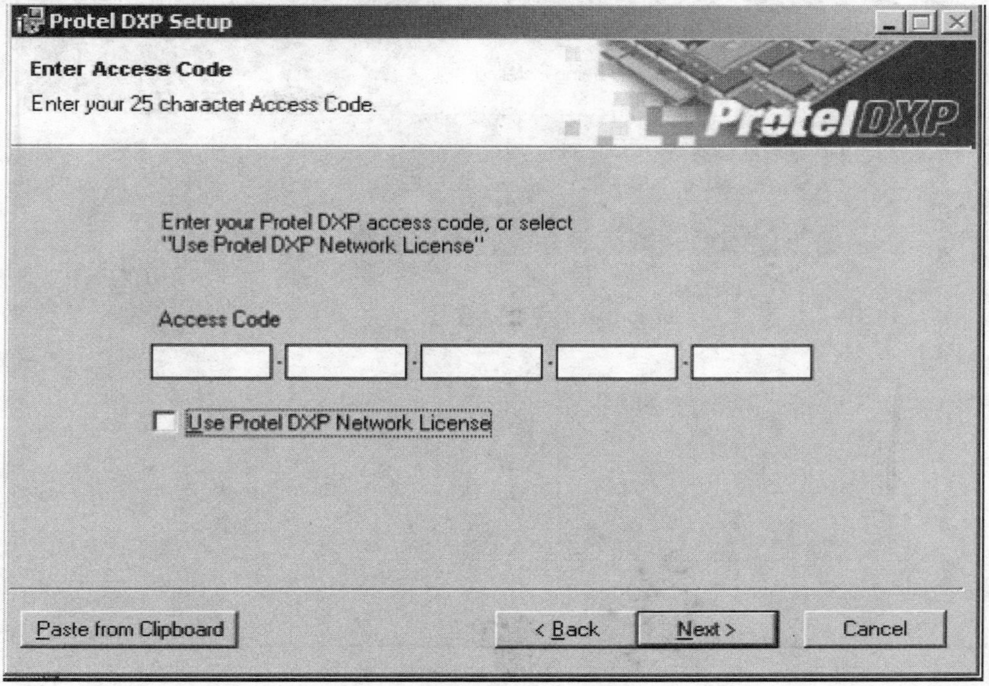

Protel DXP Setup
Enter Access Code
Enter your 25 character Access Code.
Protel DXP
Enter your Protel DXP access code, or select "Use Protel DXP Network License"
Access Code
Use Protel DXP Network License
Paste from Clipboard
< Back
Next >
Cancel

图 1-7　Protel DXP 2004 SP2 安装（7）

Protel DXP Setup
Ready to Install the Application
Click Next to begin installation.
Protel DXP
Click Next to begin installation, click the Back button to reenter the installation information or click Cancel to exit the wizard.
< Back
Next >
Cancel

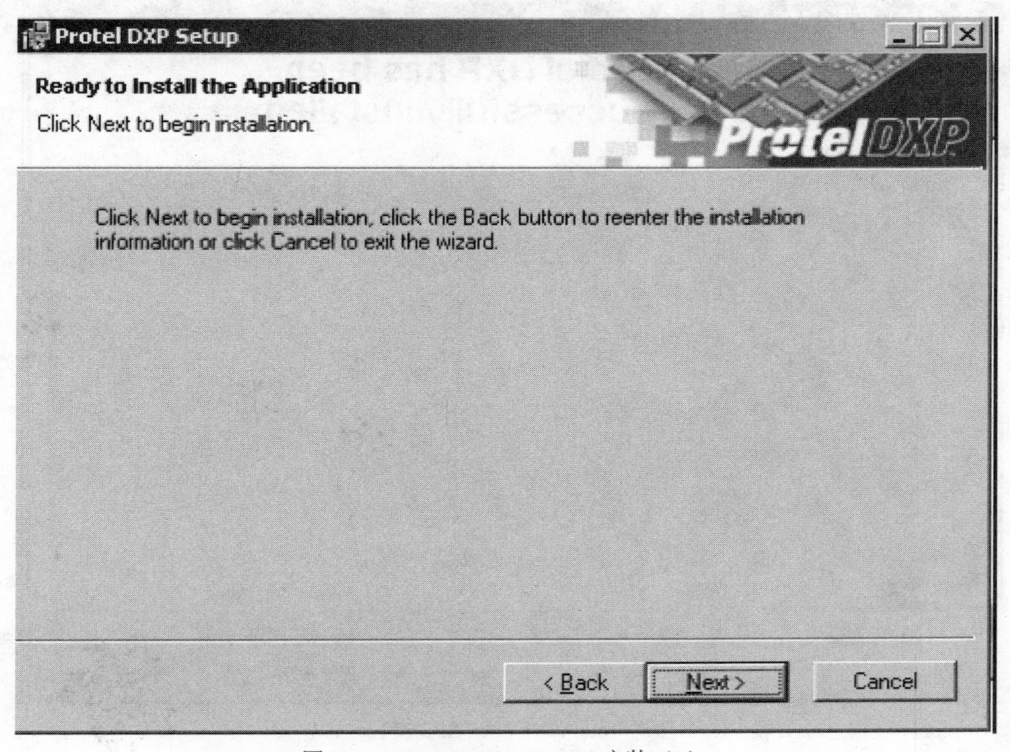

图 1-8　Protel DXP 2004 SP2 安装（8）

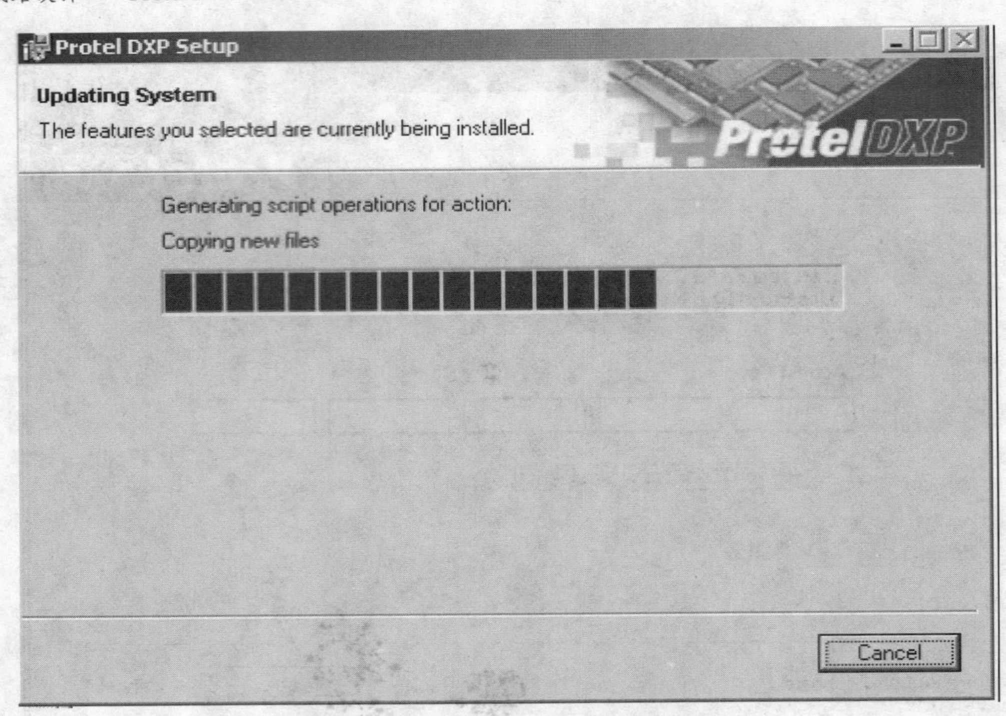

图 1-9　Protel DXP 2004 SP2 安装（9）

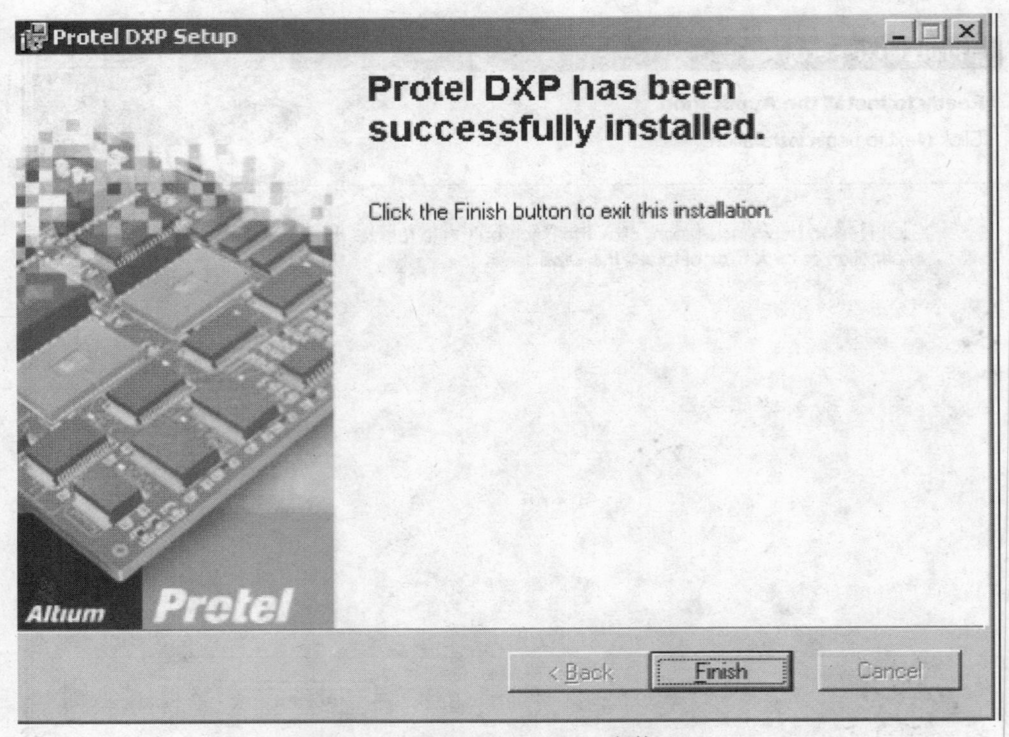

图 1-10　Protel DXP 2004 SP2 安装（10）

- 软件的基本概念
- 软件的设计和特点
- 软件的安装
- PCB 板的设计流程

专业英语词汇	行业术语
CAD（Computer Aided Design）	计算机辅助设计
SCH（Schematic）	原理图
EDA （Electronic Design Automation）	电子设计自动化
CAM（Computer Aided Manufacturing）	计算机辅助制造
PCB（Printed Circuit Board）	印制电路板
ERC（Electric Rule Check）	电气规则检测
DRC（Design Rule Check）	设计规则检查

一、选择题

1．Protel DXP 2004 SP2 是设计于（　　）的设计软件。

　A．电气工程　　B．电子线路　　C．建筑工程　　D．机械工程

2．Protel DXP 2004 SP2 是一个（　　）。

　A．操作系统　　B．高级语言　　C．CAD 软件　　D．办公应用软件

3．电子 CAD 是（　　）。

　A．高级语言　　B．计算机辅助制造

　C．计算机辅助分析　　D．计算机辅助设计

二、简答题

1．请简述 Protel DXP 2004 SP2 软件安装的整个过程。在各个环节应注意哪些问题？

2．Protel DXP 2004 SP2 对运行环境有何要求？

3．Protel DXP 2004 SP2 的特点分为几大类？

4．PCB 板设计工作流程是什么？

第 2 章　原理图设计

上一章对 Protel DXP 2004 SP2 的设计理念、设计环境、软件特点和软件安装做了详细的介绍，这些基础知识和概念无疑是设计和制作电路的重要组成部分。

从这一章起，就要开始了解 Protel DXP 2004 SP2 软件的设计原理和具体操作。众所周知，设计一块完整的电路板最主要的是原理图设计系统（Advanced Schematic）和印制电路板设计系统（Advanced PCB）两个阶段。

电路板设计的第一个阶段就是原理图设计。从本章开始，将逐步学习如何使用原理图设计系统进行电路原理图的设计。

本章要点

- 原理图设计的步骤
- 绘制原理图前的必要准备
- 放置元件
- 绘制原理图
- 绘制原理图的方法总结

2.1　原理图设计的步骤

利用 Protel DXP 2004 SP2 设计原理图的步骤如图 2-1 所示。

可以按照下面的具体步骤完成原理图的设计工作。

（1）启动 Protel DXP 2004 SP2，进入原理图设计系统。

（2）新建项目和原理图文件。

（3）设置图纸的大小，根据所需绘制图形的大小来设置合适的图纸。

（4）载入原理图库，原理图中的所有元件都来自元件库，因此在放置元件之前，要先载入原理图库。

（5）放置元件，根据电路原理图的需要，将元件从元件库中选择出来，放置到图纸上，并且同时进行设置元件的序号、元件封装的定义和设置等工作。

（6）为了电路图的美观，需要对元件进行修改、对齐的操作。

（7）通过各种布线的工具将已经设置好的元件连接起来，完成原理图制作。

（8）对完成后的原理图进行调整和修改。

（9）输出各种报表，如网络表、元件列表及层次列表等。其中最重要的是网络表。

（10）打印和输出。

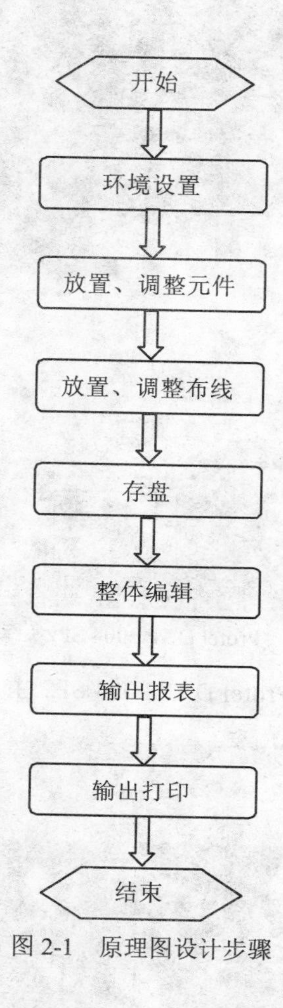

图 2-1　原理图设计步骤

2.2　绘制原理图前的必要准备

在真正进入原理图的绘制过程前，还要做一些必要的准备工作。下面就来介绍如何做好这些准备工作。

2.2.1　启动 Protel DXP 2004 SP2

启动 Protel DXP 2004 SP2 的方法非常简单，只要直接运行 Protel DXP 2004 SP2 的执行程序就可以了。一般运行 Protel DXP 2004 SP2 执行程序的方法有下述 3 种。

（1）在 Windows 桌面选择【开始】/【程序】/Protel DXP 2004 SP2/Protel DXP 2004 SP2 选项，即可启动 Protel DXP 2004 SP2。

（2）用户可以直接双击 Windows 桌面上 Protel DXP 2004 SP2 的图标来启动应用程序。

（3）用户可以直接双击 Windows【开始】菜单中的 Protel DXP 2004 SP2 图标来启动应用程序。启动 Protel DXP 2004 SP2 应用程序后会出现如图 2-2 所示的启动界面。

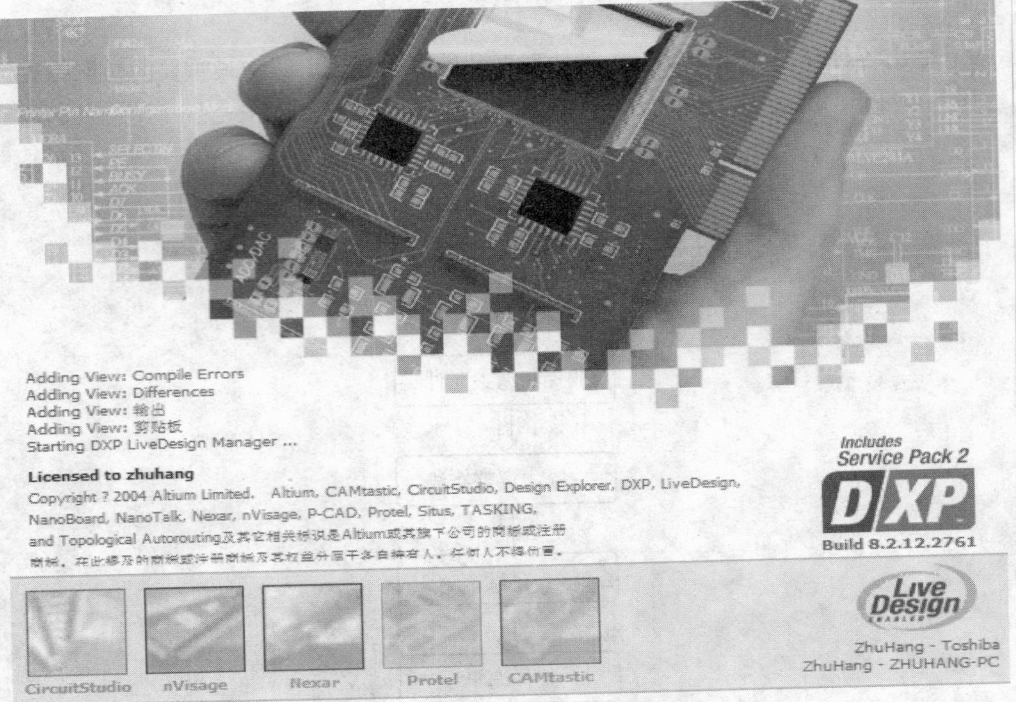

图 2-2 Protel DXP 2004 SP2 启动界面

接下来便进入如图 2-3 所示的 Protel DXP 2004 SP2 主窗口。

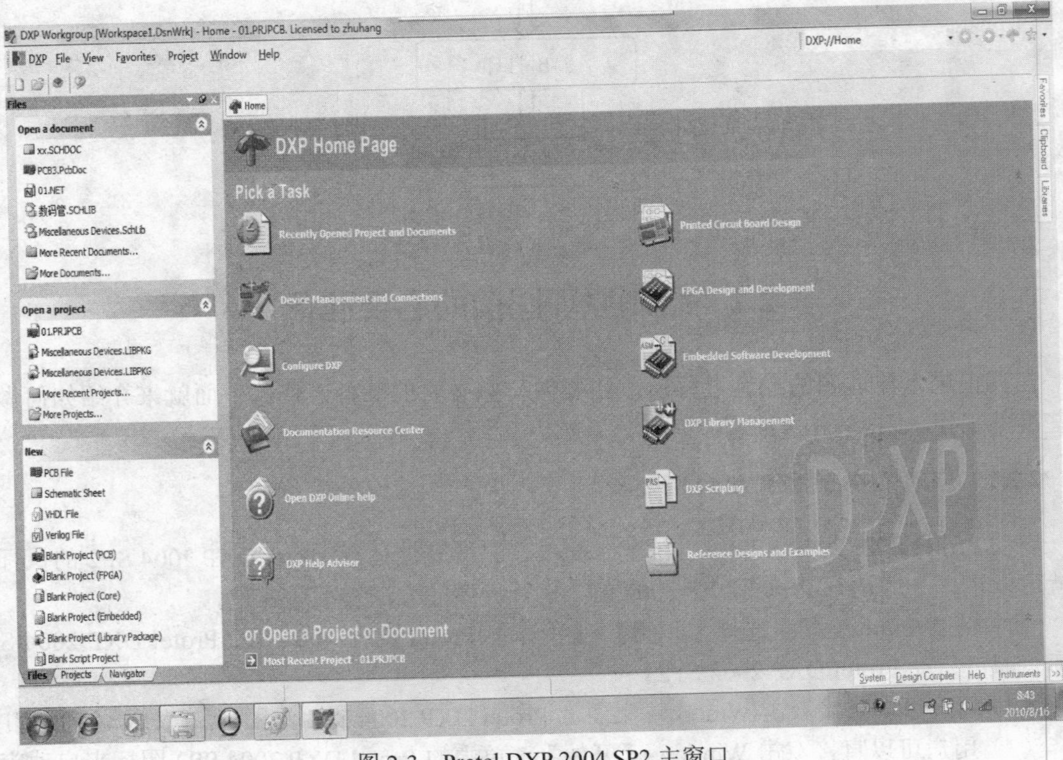

图 2-3 Protel DXP 2004 SP2 主窗口

设计管理器中分成如下几个选项：

1. Pick a Task 选项区域

Pick a Task 选项区域选项设置及功能如下：

（1）Create a new Board Level Design Project：新建一项设计项目。

Protel DXP 2004 SP2 中以设计项目为中心，一个设计项目中可以包含各种设计文件，如原理图 SCH 文件、电路图 PCB 文件及各种报表，多个设计项目可以构成一个 Project Group（设计项目组）。因此，项目是 Protel DXP 2004 SP2 工作的核心，所有设计工作均是以项目来展开的。

（2）Create a New FPGA Design Project：新建一项 FPGA 项目设计。

（3）Create a New Integrated Library Package：新建一个集成库。

（4）Display System Information：显示系统的信息。显示当前所安装的各项软件服务器，若安装了某项服务器，则能提供该项软件功能，如 SCH 服务器，用于原理图的编辑、设计、修改和生成零件封装等。

（5）Customize Resources：自定义资源。包括定义各种菜单的图标、文字提示、更改快捷键及新建命令操作等功能。这可以使用户完全根据自己的爱好定义软件的使用接口。

（6）Configure License：配置使用许可证。可以看到当前使用许可的配置，用户也可以更改当前的配置，输入新的使用许可证。

2. Or Open a Project or Document 选项区域

Or Open a Project or Document 选项区域中的选项设置及功能如下：

（1）Open a Project or Document：打开一项设计项目或者设计文档。

（2）Most Recent Project：列出最近使用过的项目名称。单击该选项，可以直接调出该项目进行编辑。

（3）Most Recent Document：列出最近使用过的设计文件名称。

3. Or Get Help 选项区域

Or Get Help 选项区域用于获得以下各种帮助。

（1）DXP Online Help：在线帮助。

（2）DXP Learning Guides：DXP 学习向导。

（3）DXP Help Advisor：DXP 帮助指南。

（4）DXP Knowledge Base：DXP 知识库。

2.2.2 汉化 Protel DXP 2004 SP2

为了使软件运用更加方便，可将软件设定成简体中文形式，以便直接清楚地操作。

（1）将光标移动到 Protel DXP 2004 SP2 主窗口，选择菜单栏的【DXP】/【Preferences…】命令，如图 2-4 所示。

（2）弹出图 2-5 所示界面，选择【General】选项，在右侧的【Localization】区域，勾选【Use localized resources】复选框，就可完成对于软件的汉化功能了。

（3）关闭 Protel DXP 2004 SP2 主窗口，重新打开就可看到汉化版的界面了。

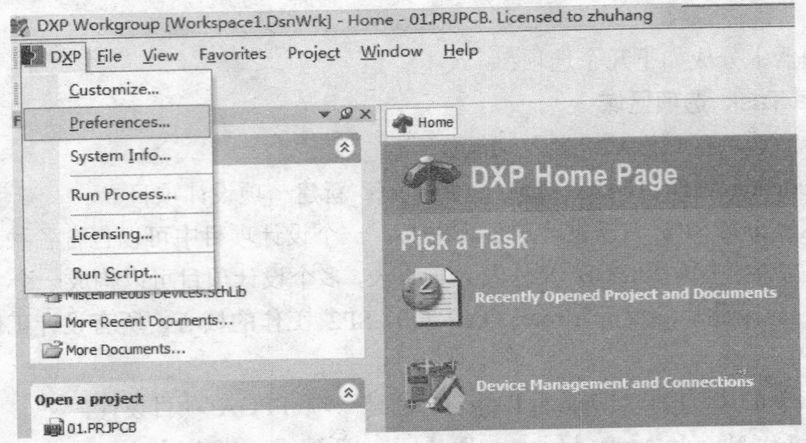

图 2-4 Protel DXP 2004 SP2 汉化步骤（1）

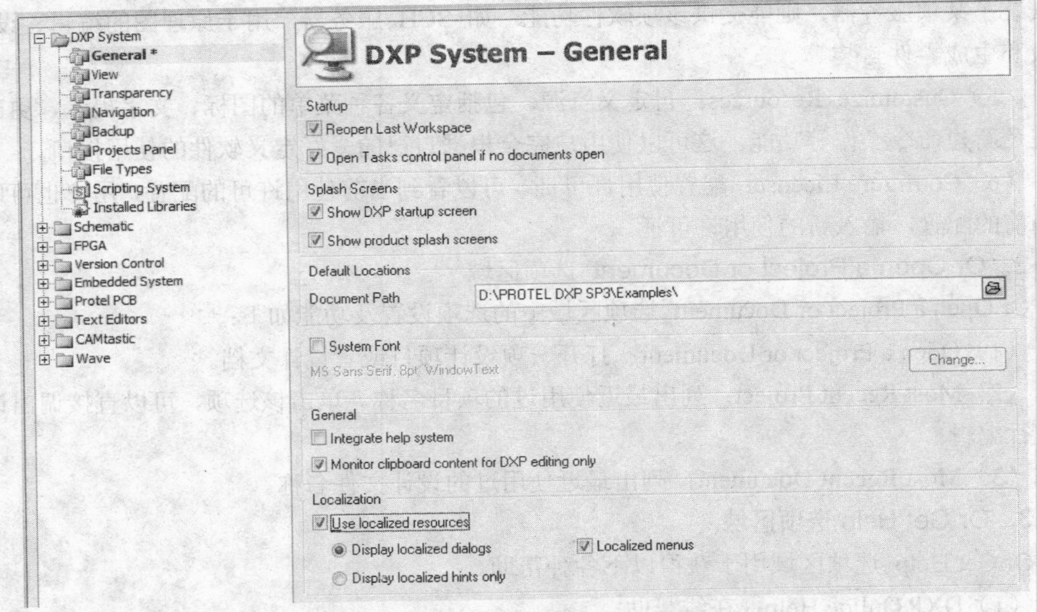

图 2-5 Protel DXP 2004 SP2 汉化步骤（2）

常用的原理图编辑器工作面板如图 2-6 所示。其中，Files 面板主要用于新建与打开各类文档；Projects 面板主要用于显示打开项目文件所包含的子文件的树型结构，类似资源管理器窗口；【元件库】面板主要用于元件库的管理，包括元件库的装载与卸载、元件查找及放置元件等功能。

2.2.3 创建项目与保存

Protel DXP 2004 SP2 是以设计项目为中心，一个设计项目中可以包含各种设计文件，如原理图 SCH 文件、电路图 PCB 文件及各种报表，多个设计项目可以构成一个 Project Group（设计项目组）。因此，项目是 Protel DXP 2004 SP2 工作的核心，所有设计工作均是以项目来展开的。

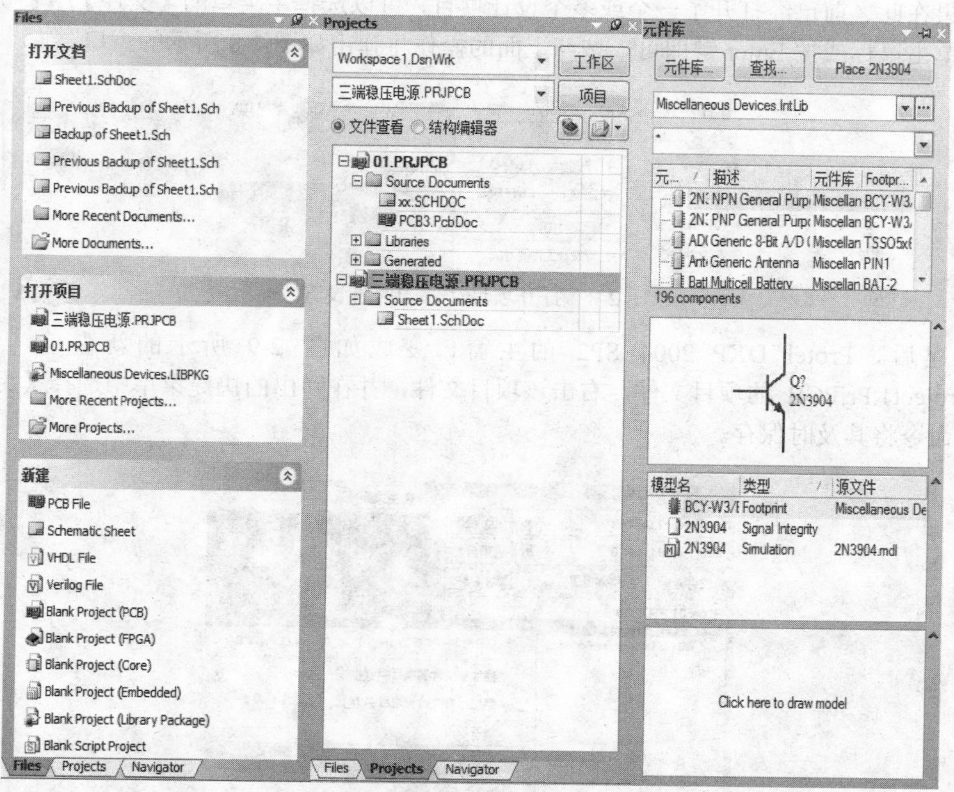

图 2-6　汉化后的原理图编辑器工作面板

如果在此之前用户没有打开任何设计数据库，可以选择主菜单区的【文件】/【创建】/【项目】/【PCB 项目】命令，如图 2-7 所示，单击鼠标或按 Enter 键即可。

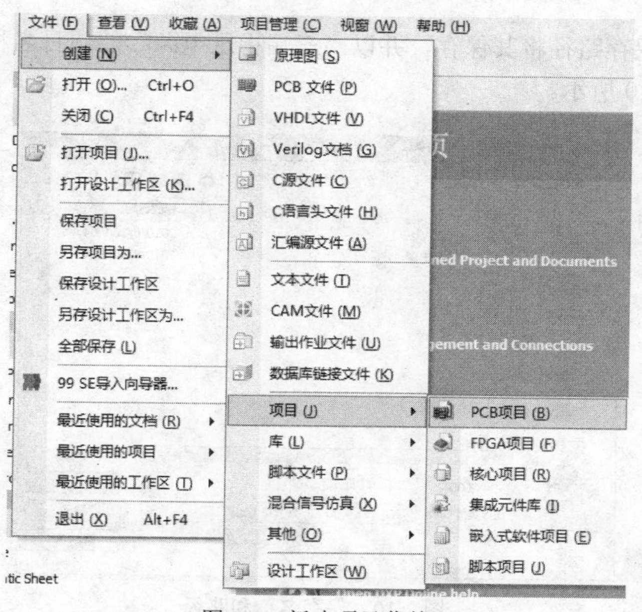

图 2-7　新建项目菜单

如果在此之前已经打开了一个或多个设计项目，可以选择主菜单的【文件】/【打开项目】命令，单击鼠标或按 Enter 键即可。按照上面的操作将弹出如图 2-8 所示的窗口。

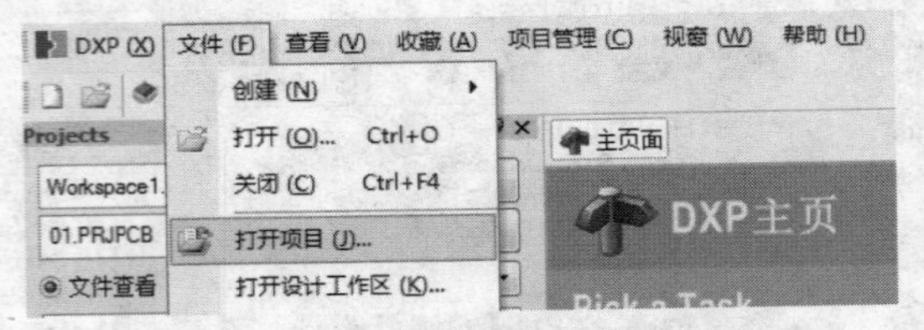

图 2-8 打开项目文件的信息设置

创建后，Protel DXP 2004 SP2 的主窗口变成如图 2-9 所示的新窗口，里面有 PCB_Project1.PrjPCB 的项目文件，右击该项目文件，并在弹出的快捷菜单中选择【另存项目为...】命令将其及时保存。

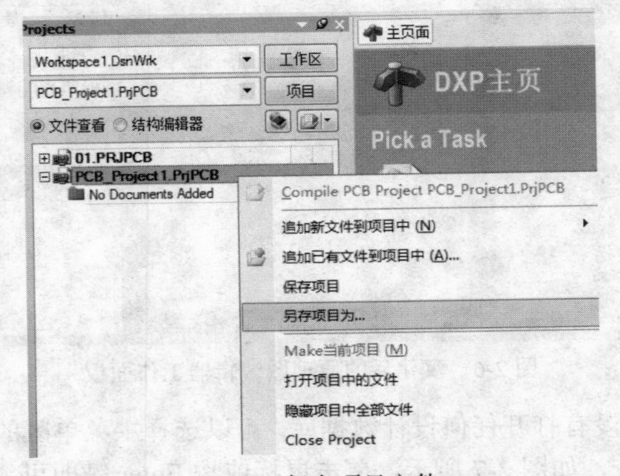

图 2-9 保存项目文件

选择好合适的保存路径将其保存，并以“三端稳压电源”的项目名称进行保存，后缀名为.PrjPCB，如图 2-10 所示。

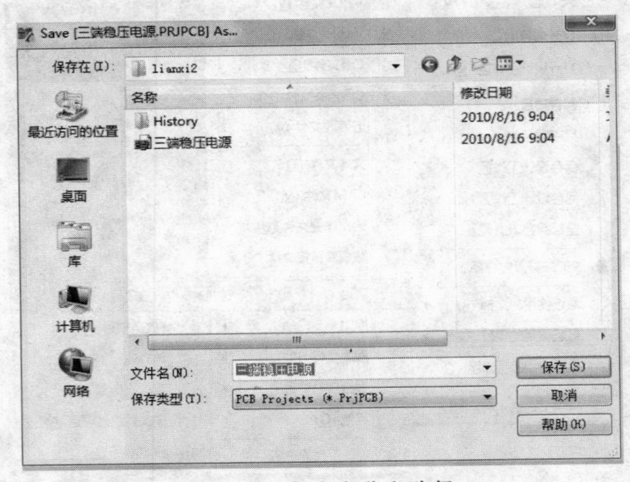

图 2-10 保存名称和路径

若要关闭项目，则选中后右击该项目，并在弹出的快捷菜单中选择【Close Project】命令，将项目文件关闭，如图 2-11 所示。

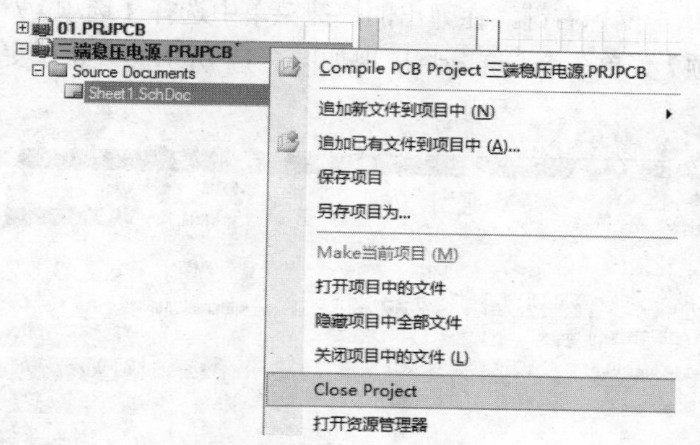

图 2-11　关闭项目文件

2.2.4　设置原理图图纸

在项目建立完成后，即建立原理图。单击菜单栏【文件】/【创建】/【原理图】命令，后缀名为.SchDoc，如图 2-12 所示，单击鼠标或按 Enter 键即可。

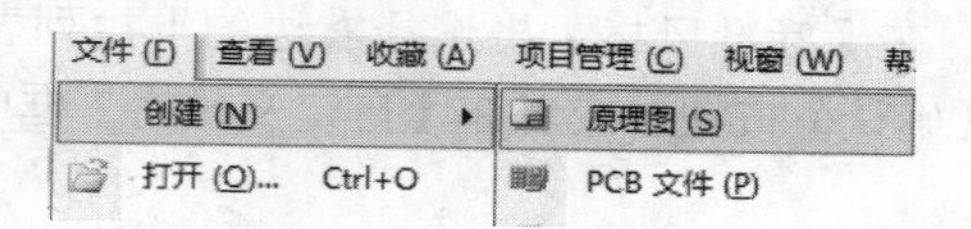

图 2-12　创建原理图

创建后的原理图显示如图 2-13 所示，需将创建好的原理图及时保存，"三端稳压电源"的项目右边的 图标是红色的，右击该项目，并在弹出的快捷菜单中选择【保存项目】命令。这样可将原理图保存在项目文件中。

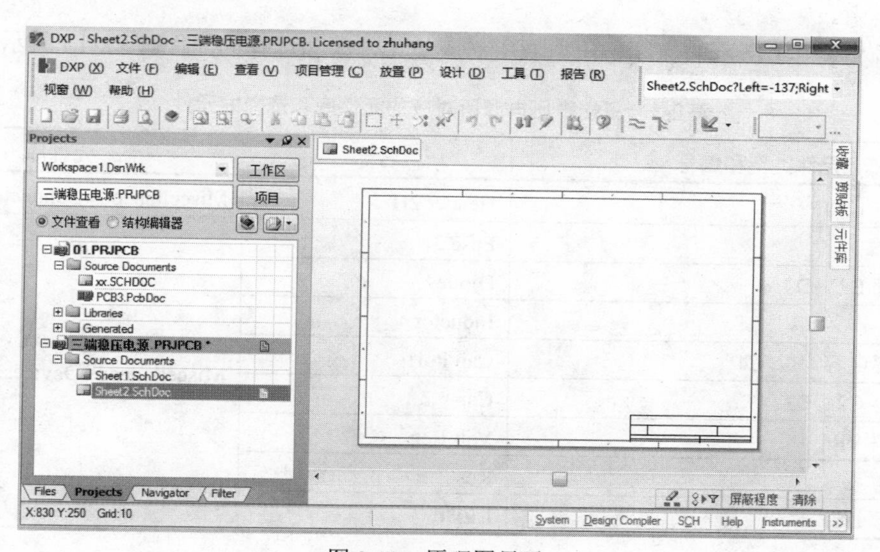

图 2-13　原理图显示

一般系统默认图纸的大小为 B 号图纸。当构思好原理图后，最好能先根据构思的整体布局设置好图纸的大小。当然，在绘图中或以后也可以再修改。

有两种方法可以改变图纸的大小。

在设计窗口中，单击鼠标右键，在弹出的快捷菜单中选择【选项】/【文档选项】命令或执行【设计】/【文档选项】菜单命令，屏幕将出现如图 2-14 所示的设置或更改图纸属性的对话框。

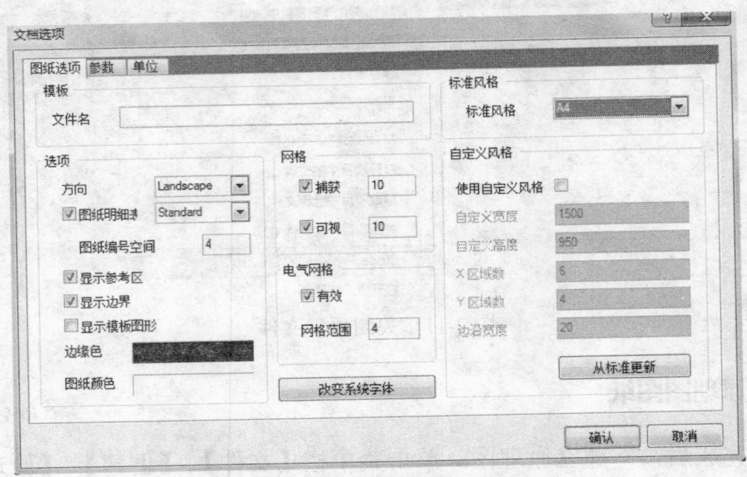

图 2-14　文档属性设置对话框

根据选择的图纸尺寸，在【标准风格】框选择右边的下拉列表框，从中选择所需的图纸大小，单击对话框下面的【确认】按钮，或者在【自定义风格】框中设置相应数据，图纸的大小就设置好了。

2.2.5　装入元件库

绘制原理图需要元件和线路，绘制一张原理图首先是要把有关的元器件放置到工作平面上。在放置元器件之前，必须知道各个元器件所在的元件库，并把相应的元件库装入到原理图管理浏览器中。

首先看如表 2-1 所示的三端稳压电源所对应的元件库和选择的元件。图 2-15 所示为其电路。

表 2-1　三端稳压电源所对应的元件库和选择的元件

元件类型和编号	名称	元件库
电源插座 JP1、JP2	Header 2H	Miscellaneous Connectors.IntLib
保险管 F1	Fuse 2	Miscellaneous Devices.IntLib
整流二极管 D1～D4	Diode	
电感 L1	Inductor	
有极性电解电容 C1、C4	Cap Pol1	
无极性电容 C2、C3	Cap	
三端稳压块 VR1	Volt Reg	
电阻 R1	Res 2	
发光二极管 DS1	LED0	

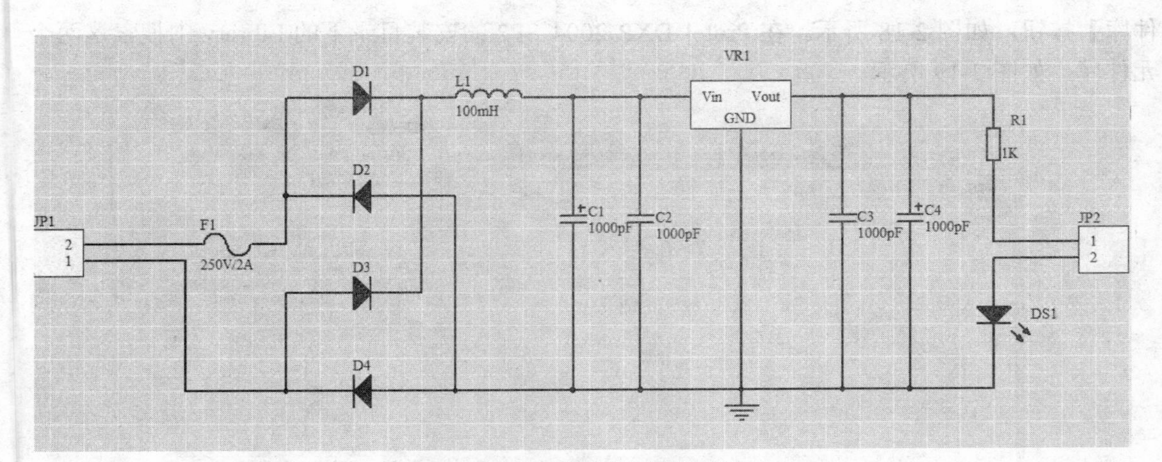

图 2-15　三端稳压电源电路图

添加原理图元件库一般按照下面的步骤来进行。

（1）在原理图界面的最右端单击【元件库】按钮，出现原理图元件库工作面板，如图 2-16 所示。

（2）单击命令状态栏 System/【元件库】命令，如图 2-17 所示。

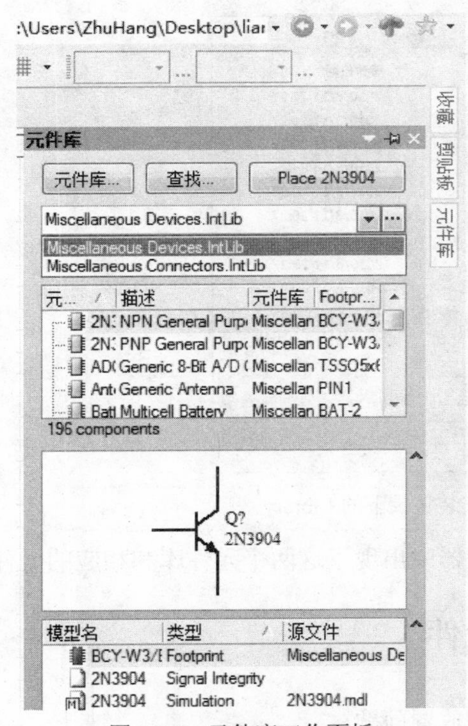

图 2-16　元件库工作面板

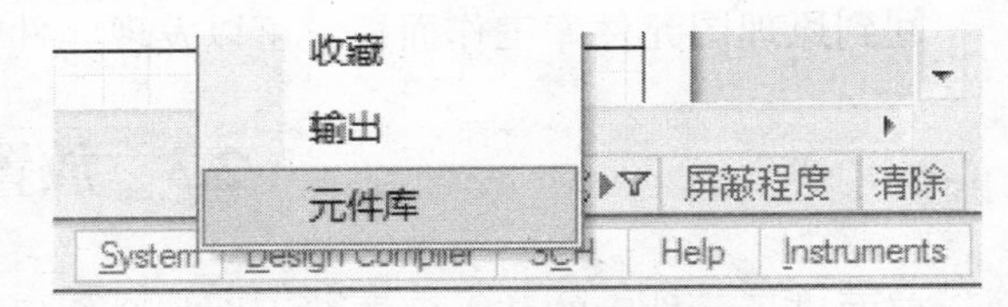

图 2-17　选择【元件库】命令

在 Protel DXP 2004 SP2 的安装目录下的 Library\Sch 下可以找到所需的元件库。一般 Miscellaneous Connectors.IntLib 和 Miscellaneous Devices.IntLib 两个文件库是常用的，所以都要添加。三端稳压电源的元件也在这两个库中。

单击【元件库】按钮，弹出【可用元件库】对话框，选择【项目】选项卡，单击【加元件库】按钮，如图 2-18 所示。在 Protel DXP 2004 SP2 的安装目录下的 Library 中搜索这两个元件库，如图 2-19 所示。

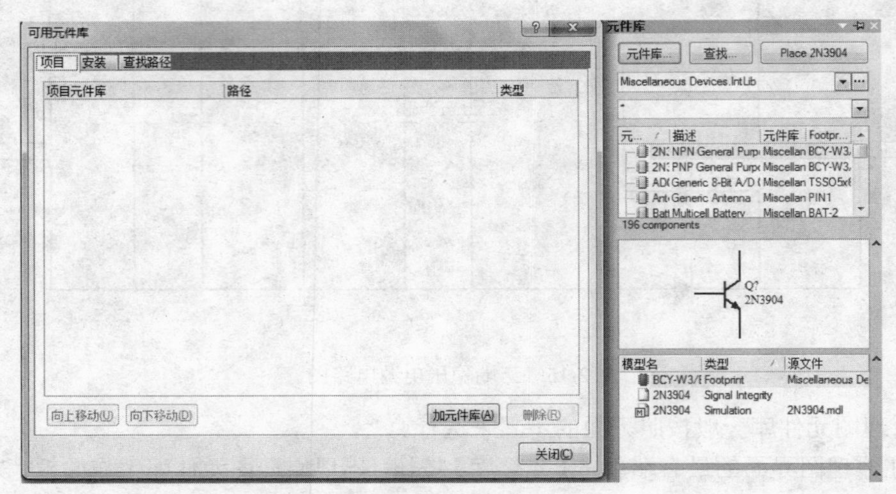

图 2-18　安装元件库

图 2-19　Protel DXP 2004 SP2 的安装目录下的 Library

回到原理图元件库工作面板，可以发现元件管理器中出现了这两个元件库和相应的元件。

2.3　放置元件

前面讲了元件库的装入问题，下面将介绍元件的放置问题。

2.3.1　利用浏览器放置元件

放置元件的方法很多，利用浏览器放置元件是一种比较直观的方法。

首先，单击鼠标左键选中所需的元件库；再在该元件库中选中所需的元件。

以三端稳压电源的直插式电源插座为例：

选择 Miscellaneous Connectors.IntLib 库，然后单击列表框中的滚动条，找出元件所在的元件库文件名，单击鼠标左键即可选中元件，如图 2-20 所示。

最后单击 Place Header 2 按钮或直接双击元件名称，将光标移至工作平面，就可以发现元件随着光标的移动而移动；再将元件随光标移到工作平面合适的位置，单击鼠标左键即可将元件放置到当前位置，如图 2-21 所示。

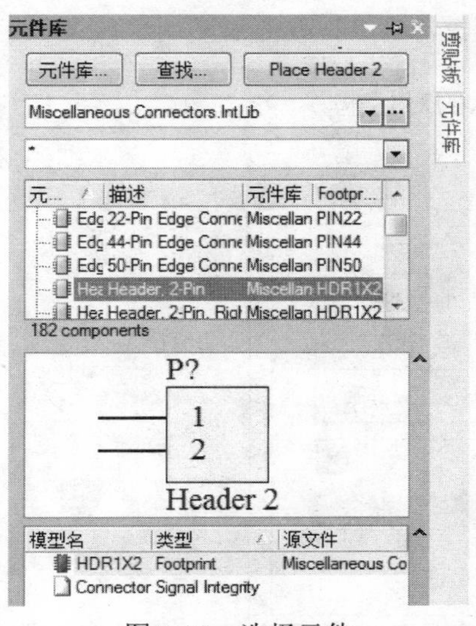

图 2-20　选择元件

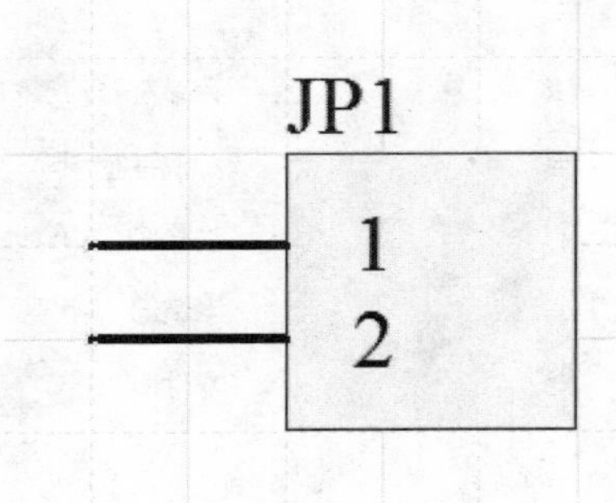

图 2-21　电源插座

此时，系统仍然处于放置元件的状态。单击鼠标左键，就会在工作平面的当前位置放置另一个相同的元件。按 Esc 键或单击鼠标右键，即可退出该命令状态，这时系统才允许用户执行其他的命令。

把“三端稳压电源”的其余元件在相应的元件库中找出：Miscellaneous Connectors.IntLib 元件库（一般为插座、排线等）和 Miscellaneous Devices.IntLib 元件库（一般为各类元件）。

表 2-2 已详细列出“三端稳压电源”的所有元件名称和相对应的库。

表 2-2　三端稳压电源”的所有元件名称和相对应的库

元件类型和编号	名称	元件库
电源插座 JP1、JP2	Header 2H	Miscellaneous Connectors.IntLib
保险管 F1	Fuse 2	Miscellaneous Devices.IntLib
整流二极管 D1～D4	Diode	
电感 L1	Inductor	
有极性电解电容 C1、C4	Cap Pol1	
无极性电容 C2、C3	Cap	
三端稳压块 VR1	Volt Reg	
电阻 R1	Res 2	
发光二极管 DS1	LED0	

2.3.2 利用菜单命令放置元件

这里介绍的是另外一种放置元件的方法，这种方法对于那些对元件库比较熟悉，或者已经有现成的元件名称的元件的放置来讲，是一种比较快捷的方法，可以使用户的设计速度加快。

具体的实现方法有下面4种。

（1）执行菜单中【放置】/【元件】命令。

（2）直接单击鼠标右键，在弹出的快捷菜单上选择【放置】/【元件】命令。

（3）直接单击电路绘制工具栏上的按扭。

（4）使用快捷键P/P。

执行以上任何一种操作，都会打开如图2-22所示的对话框。

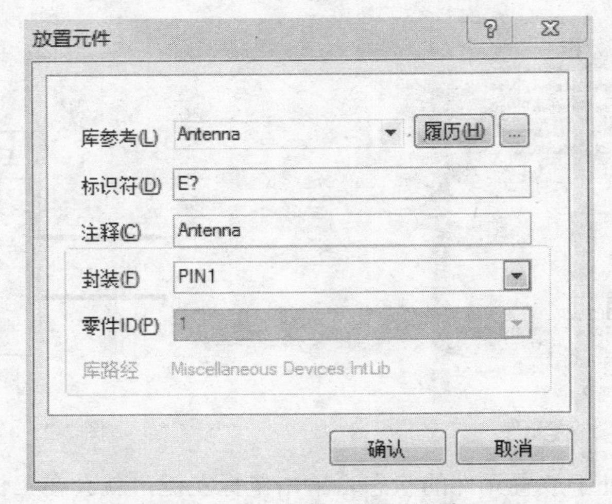

图2-22 【放置元件】对话框

输入所需元件的名称，然后单击【确认】按钮或按Enter键确认，即可出现相应的元件跟随光标的移动而移动的情形。将光标移到合适的位置，单击鼠标左键，完成放置。此时，系统仍然处于放置该元件的命令状态中，按Esc键或单击鼠标右键即可退出此状态。

2.3.3 元件的删除

在设计过程中元件的增减是必然的，不可能一次成功。明白了如何将元件放置到图纸上，还必须掌握如何从图纸上将已放置的元件或其他图件删除。

删除元件的方法通常有以下两种：

（1）可以执行菜单中【编辑】/【删除】命令，当光标变为十字形状后，将光标移到想要删除的元件上，单击鼠标左键，即可将该元件从工作平面上删除。此时，程序仍然处于该命令状态。如果还想删除某个元件，可以按照上面的方法依次删除，如果想退出该命令状态，可以单击鼠标右键或按Esc键。

（2）如果想要一次性删除多个元件，显然上述方法比较麻烦，可以按下面的方法来完成。首先，选中所要删除的多个元件，然后执行菜单中【编辑】/【清除】命令，或按Ctrl+Del组合键，即可从工作区中删除选中的多个元件。

2.3.4 元件位置的调整

绘制电路图时，为了使布线简洁、明了，并考虑到整体排版的美观性，需要对图纸上的元件位置进行适当的调整。通过各种操作将元件移动到适当的位置或将元件旋转成所需要的方向。具体操作方法介绍如下。

如果被移动的是单个元件，如在这里直插式电源插座要移动。首先，将鼠标箭头移到元件上，然后按住鼠标左键不放，此时在元件的右方出现以圆点为中心的十字光标，同时，元件的名称、序号消失，取而代之的是虚框，这样便选中了该元件，如图 2-23 所示。

按住鼠标左键不放，移动十字光标，元件会随着光标的移动而移动。将元件随光标移动到适当的位置，松开鼠标左键，即完成了移动工作。

移动单个元件也可以执行菜单中【编辑】/【移动】命令，之后会出现十字光标，将光标移到元件上，单击鼠标左键即可选中该元件。然后，就可以移动了。完成工作后，系统还是处于移动物体的命令状态下，如果还需要移动，可以采用相同的方法进行。如果不需要再移动物体，可以单击鼠标右键或按 Esc 键退出该命令状态。

下面介绍移动单个元件的第三种方法。首先单击元件，使元件周围出现虚框，如图 2-24 所示。然后单击该元件即可选中，同时出现十字光标，然后就可以移动该元件了。将元件移到适当的位置后，单击鼠标左键确认即可。此时，十字光标消失，但元件周围的虚框仍然存在，如果此时还不满意，可以按照上面的方法继续移动，如果觉得不必再移动，可以在图纸的空白处单击鼠标左键，取消对该元件的选择，退出操作。

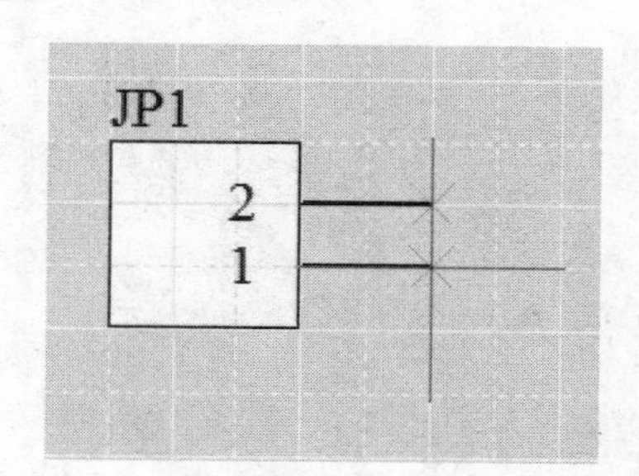

图 2-23 用鼠标移动元件方法之一

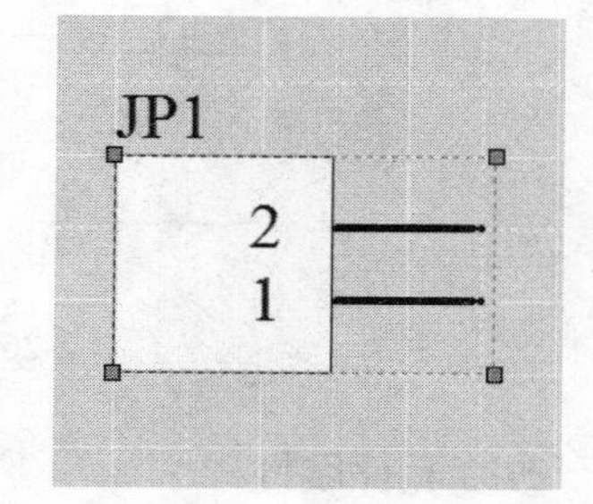

图 2-24 用鼠标移动元件方法之二

最后介绍一下对单个元件和多个元件都适用的方法。按住鼠标左键不放，移动鼠标在工作区内拖出一个适当的虚线框，将所要选择的元件包含在内，如图 2-25 所示。然后松开左键即可选中虚线框内的所有元件或图件。选中元件后，单击被选中的元件组中任意一个元件并按住鼠标不放，出现十字光标后即可移动被选中的元件组到适当的位置，然后松开鼠标左键，元件组便被放置在当前的位置。

移动被选中的元件，还可以执行菜单中【编辑】/【移动】/【移动选定对象】命令，出现十字光标后，单击被选中的元件，移动鼠标即可将它们移动到适当的位置，然后再单击鼠标左键确认，即可放置在当前的位置。

上面讲述的内容是将元件移动到适当位置的方法。在原理图的设计过程中还会碰到这样的情况：元件的方向需要调整。下面就讲述如何旋转元件。首先，要将元件选中，然后主要利用以下快捷键。

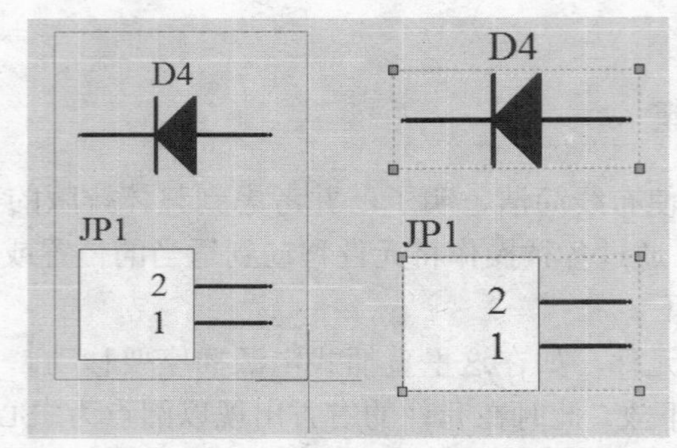

图 2-25　用鼠标移动元件方法之三

（1）Space 键（空格键）：每按一次，被选中的元件逆时针旋转 90°。

（2）X 键：使元件左右对调。

（3）Y 键：使元件上下对调。

按要求把“三端稳压电源”的其余元件放置在原理图中，按照电路图的格式和位置进行移动，如图 2-26 所示。

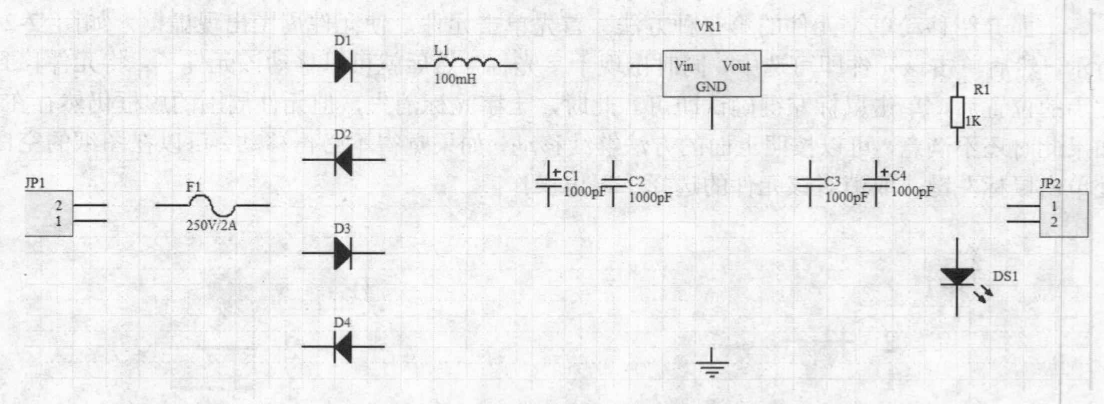

图 2-26　元件在原理图上显示及移动

2.3.5　改变元件属性

元件的位置调整仅仅是原理图设计的一个开端。对于原理图中的各个元件，如果没有合理的序号、正确的封装形式和管脚号定义等，对于后面的 PCB 板的生成将是很大的阻碍。下面将对图 2-23 所示的属性进行编辑。所有元件的对象都各自拥有一套相关的属性。某些属性只能在元件库编辑中进行定义，而另外一些属性则只能在绘图编辑时定义。

以直插式电源插座为例，在将元件放置到绘图页之前，元件符号可随鼠标移动，如果按下 Tab 键就可以打开属性对话框，但是，对于已经放置好的元件，直接双击元件，就可以弹出【元件属性】对话框，如图 2-27 所示。

【元件属性】对话框中的内容较为常用，它包括以下选项。

（1）标识符：在文本框中输入元件标号，其后的【可视】复选框用于设定是否显示元件标号名称。

（2）注释：输入元件注释，其后的【可视】复选框用于设定是否显示元件注释。

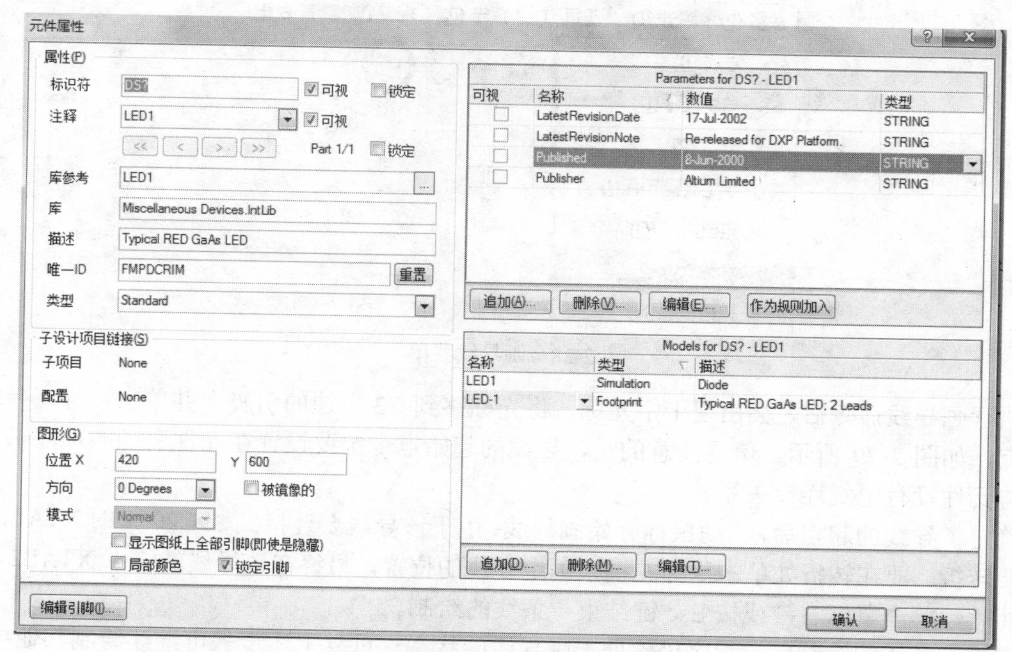

图 2-27 【元件属性】设置对话框

（3）库参考：显示此元件在库文件中的参考名。

（4）库：显示此元件所在的库文件。

（5）描述：该文本框中显示元件的描述信息。

（6）唯一 ID：元件唯一编号，由系统随机给定。

（7）图形选项：可对元件的方向、样式、颜色、边线和引脚颜色进行编辑。

改变元件的属性也可以通过执行菜单中【编辑】/【变更】命令。该命令可将编辑状态切换到对象属性编辑模式。此时，只需将鼠标指针指向该元件，单击鼠标左键，就可弹出属性窗口。将该元件的属性修改以后，系统仍然处于该命令状态，单击鼠标右键或按 Esc 键，就可以退出该命令状态。

设置结束后，单击【确认】按钮确认即可。对元件型号的设置方法与此相同。

2.4 绘制原理图

所有的元件放置完毕，并且设置好元件的属性后，就可以进行电路图中各对象间的布线。布线的主要目的是按照电路设计的要求建立网络的实际连通性。只是将元件放置在图纸上，各元件之间没有任何电气意义。

2.4.1 画导线

执行画导线命令的方法可以有以下几种。

（1）单击画原理图工具栏中的画导线按钮 。

（2）执行菜单中【放置】/【导线】命令，如图 2-28 所示。

（3）按快捷键 P/W。

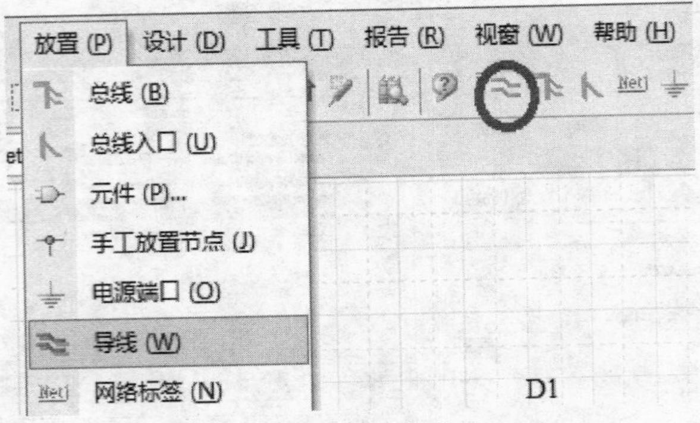

图 2-28 画导线菜单

执行画导线命令后，会出现十字光标，将光标移到 C2 右边的引脚上并单击，确定导线的起始点，如图 2-29 所示。值得注意的是，导线的起始点一定要设置在元件引脚的顶端，否则导线与元件没有电气连接关系。

确定了导线的起点后，移动鼠标开始画导线，由于该导线要连接到 89C2051 的 XTAL2 脚，所以要转折。要在转折处单击鼠标左键来确定导线的位置，最终在该导线的终点 XTAL2 处单击，此时，单击鼠标右键或按 Esc 键结束一条线的绘制。

完成一条线的绘制后，程序仍然处于画导线的状态。重复上述步骤可继续绘制其他导线。

在绘制过程中，可以发现 T 型线路的节点是程序自动放置的。绘制结果如图 2-30 所示。

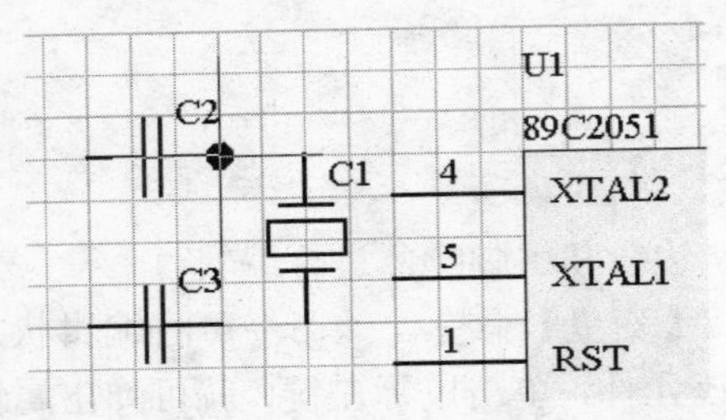

图 2-29 将光标移至元件引脚的顶端

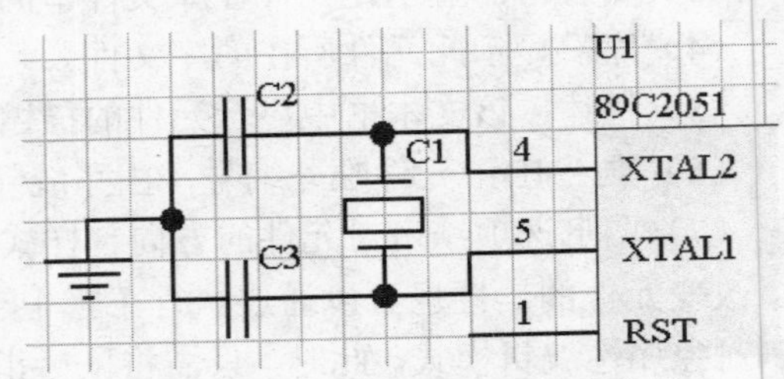

图 2-30 完成局部布线后的电路图

导线绘制完成后，单击鼠标右键或按 Esc 键即可退出画导线的状态。这时，十字光标消失。

如果对绘制的某导线不满意，可以双击该导线，在弹出的如图 2-31 所示的对话框中设定该段导线的有关参数，如线宽、颜色等。

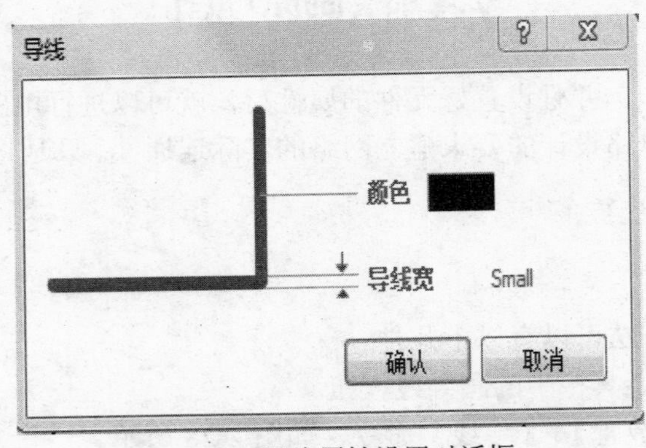

图 2-31 导线属性设置对话框

2.4.2 利用网络标号实现电气连接

在电路图中，有些本该连接的元件之间是悬空的，取而代之的是有标号的引出线段，这实际上是一种利用网络标号实现电气连接的方法。网络标号实际意义就是一个电气节点，具有相同网络标号的元件引脚、导线、电源及接地符号等具有电气意义的图件，在电气关系上是连接在一起的。网络标号的用途是将两个以上没有相互连接的网络命名为同一网络标号，采用此方法，即表明它们在电气意义上是属于同一网络的，又表明它们具有电气连接的关系。下面就介绍一下设置网络标号的方法。

假设用网络标号的方法，要将 ISA 总线的 D 口与双向缓冲器 74LS245 的 B0～B7 连接起来。为了便于放置网络标号，首先在相应的元件引脚处画上导线。画完导线后的结果如图 2-32 所示。

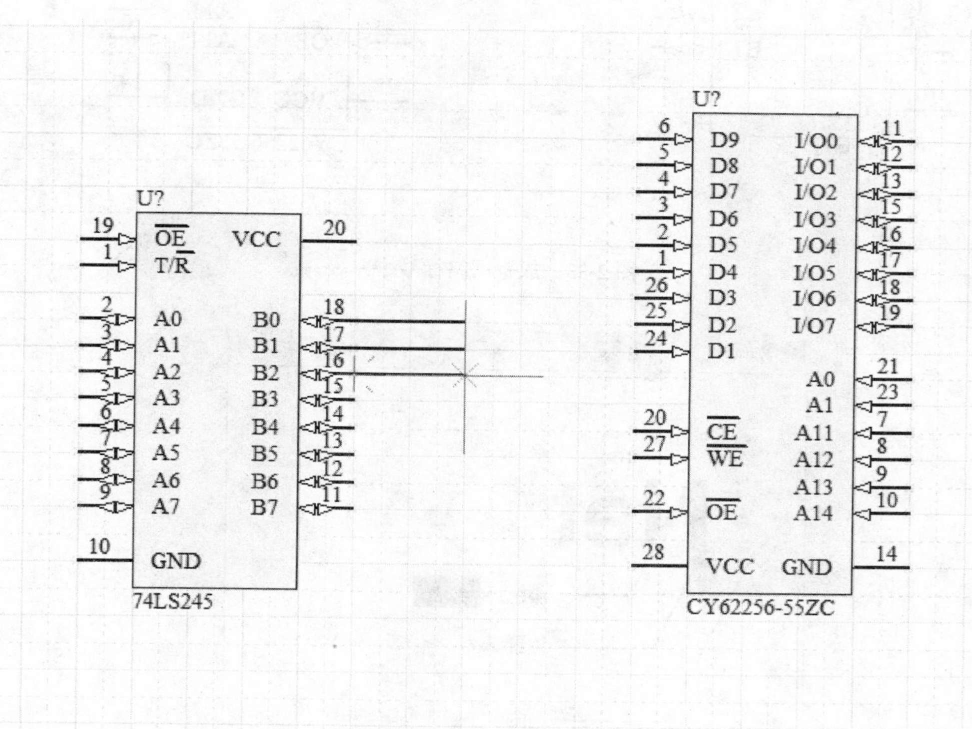

图 2-32 在将要放置网络标号的引脚上画上导线

下面的工作就是放置网络标号了，具体方法是单击画原理图工具栏中的 Net1 按钮或执行菜单中【放置】/【网络标签】命令。这时光标会变成十字形状，并且出现一个随着光标移动而移动的虚线方框，如图 2-33 所示。

按 Tab 键，会出现如图 2-34 所示的属性对话框，可以根据要求修改属性对话框中的内容。

待属性改变结束后单击【确认】按钮，将光标移到想要放置标号的地方，单击鼠标左键即可。此时，系统仍然处于放置网络标号的状态，如果想继续放置，可以按照上面的方法；如果不想放置了，可以按 Esc 键或单击鼠标右键退出该命令状态。

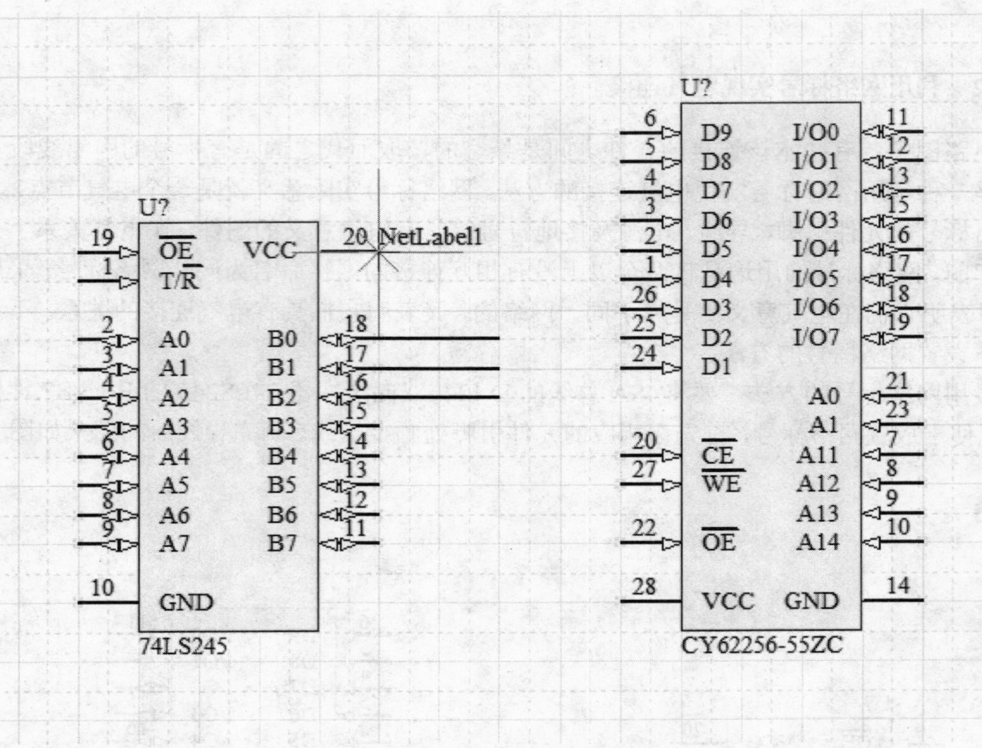

图 2-33 放置网络标号

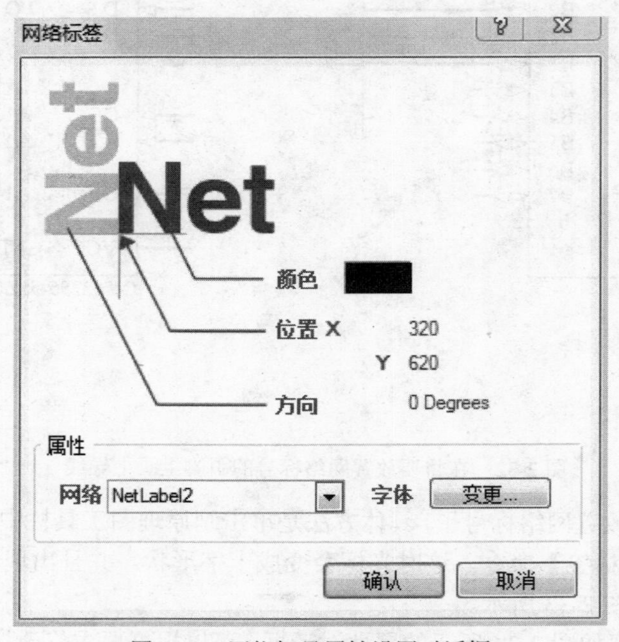

图 2-34 网络标号属性设置对话框

也可以先确定网络标号的位置，对于想修改的名称等可以双击，弹出属性对话框来进行修改即可。图 2-35 所示为网络标号在原理图上的显示。

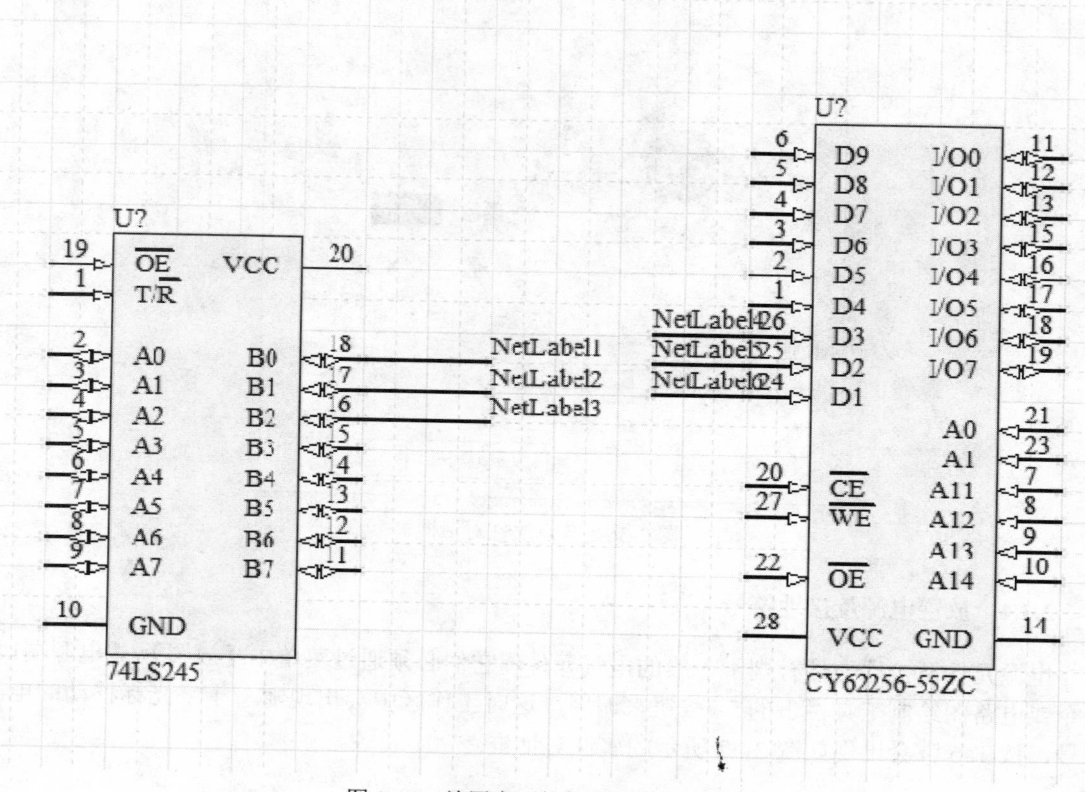

图 2-35　放置完网络标号后的电路图

2.4.3　放置电路节点

电路节点是用来判断当两条导线交叉时是否在电气上是相连的，如果在交叉点有电路节点，则认为两条导线在电气上是相连的，否则认为它们在电气上是不相连的。放置电路节点就是使相互交叉的导线具有电气意义上的连接关系。

在前面介绍连线的过程中，或许已发现有些节点是自动放置的。在 T 型的交点处会自动放置，但是“十”字型的就不会，需要自己在设计过程中根据实际需要来放置。

放置的方法有以下几种。

（1）单击画原理图工具栏上的 。

（2）执行菜单中【放置】/【手工放置节点】命令。

（3）按快捷键 P/J。

随后，在工作区会出现带着电路节点的十字光标，用鼠标将节点移至两条导线的交叉点处，单击鼠标左键即可完成节点的放置。此时，系统仍然处于放置节点的命令状态。如果想继续放置，再按上述步骤进行；如果想退出该命令状态，可以按 Esc 键或单击鼠标右键。

如果对放置的节点不满意，可以双击节点，待弹出节点的属性对话框后，如图 2-36 所示，对需要修改的加以修改，然后，单击【确认】按钮即告完成。

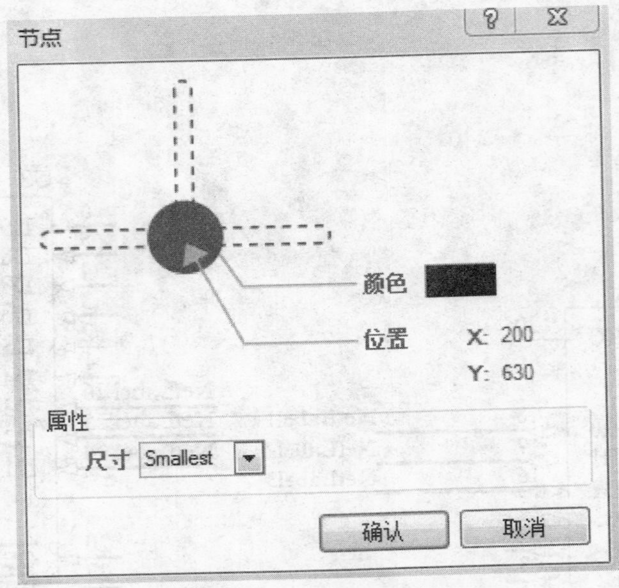

图 2-36 节点属性对话框

2.4.4 放置电源及接地符号

电源元件及接地元件有别于一般的电气元件，它们必须通过菜单中【放置】/【电源端口】命令或电路图绘制工具栏上的⏚按钮来调用，这时工作区中会出现随着十字光标移动的电源符号，按 Tab 键会出现如图 2-37 所示的属性对话框。

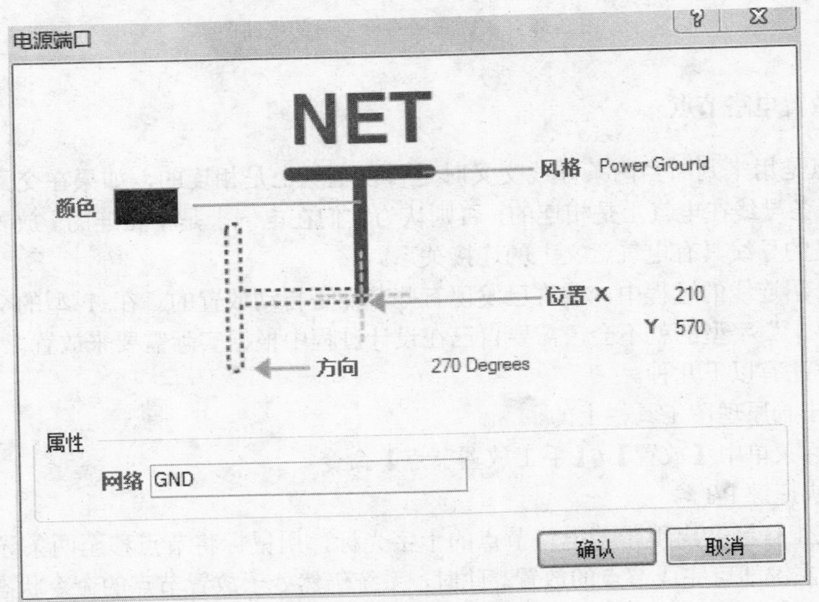

图 2-37 电源端口属性对话框

在该对话框中可以编辑电源属性，如电源符号的网络名称、修改电源类型、修改电源符号放置的角度。电源与接地符号在【风格】下拉列表框中有多种可供选择，如图 2-38 所示。

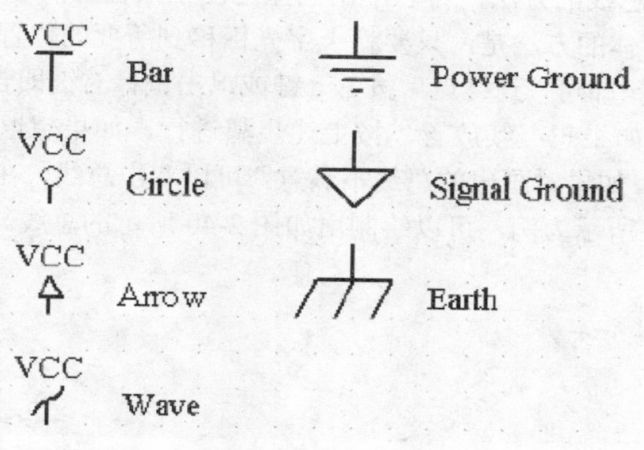

图 2-38　电源类型

设置结束后，单击【确认】按钮，然后，将光标移到要放置的地点。此时，系统仍然处于放置电源符号的状态下，如果想继续放置，按上述步骤进行，如果想退出该命令状态，可以按 Esc 键或单击鼠标右键。

对于已经放置好的电源符号，如果想修改，可以双击电源符号，弹出属性对话框后进行修改。

至此三端稳压电源原理图绘制完毕。

按照以上建立元件库、查找元件、元件位置调整、更改元件属性、画导线、放置电路节点、放置电源及接地符号等知识点，将三端稳压电源的原理图绘制完毕，如图 2-39 所示。

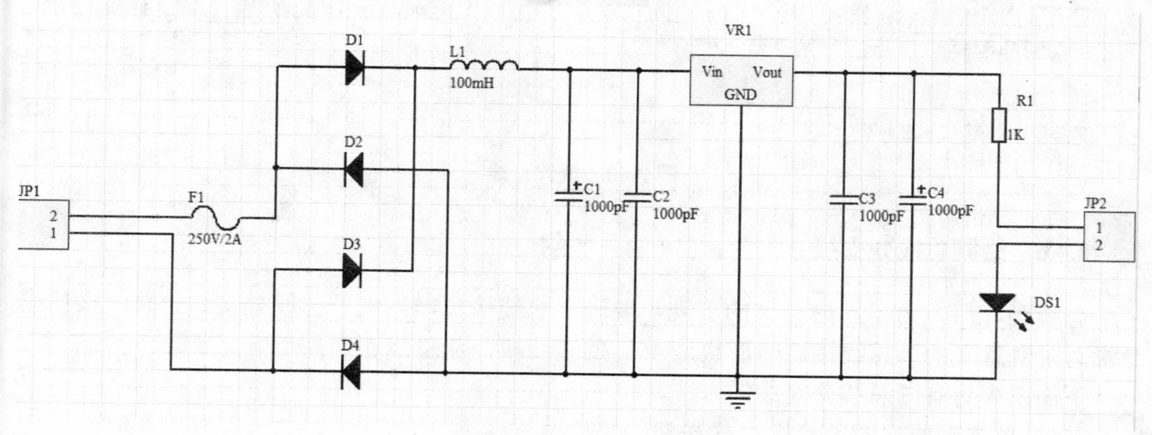

图 2-39　三端稳压电源原理图

2.4.5　画总线

为了简化原理图，可以用一条导线来代表数条并行的导线，这条线就是总线。从另一个角度来看，总线是由数条性质相同的导线所组成的线束。在图上，总线比导线要粗。

但是总线与导线有根本性的不同：总线本身并不具备电气意义，而需要由总线接出的各单一导线上的网络名称来完成电气意义上的连接。在总线本身不一定需要放置网络的名称，但由总线接出的各单一导线必须放置网络名称。

下面就来讲述放置总线的方法，可以单击画原理图工具栏上的按钮或执行菜单中【放置】/【总线】命令。具体的方法是，只要将十字光标移到所要的位置，单击鼠标左键，每到转折的地方单击鼠标左键即可，到终点后按 Esc 键或单击鼠标右键即告完成。此时，系统仍然处于画总线的状态中。如果想继续放置，按上述步骤进行，如果想退出该命令状态，可以按 Esc 键或单击鼠标右键。如果对画出的总线不满意，可以双击总线，在弹出的属性对话框中进行修改即可。以图 2-32 所示为例，可以绘制出如图 2-40 所示的总线。

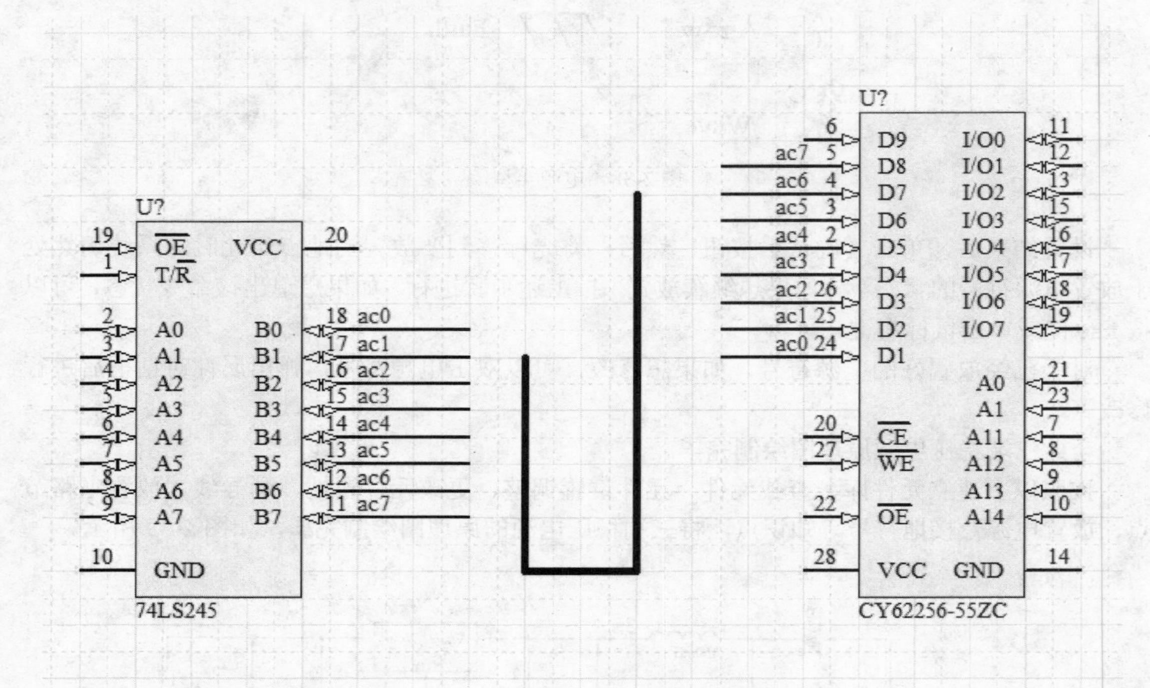

图 2-40 放置总线

2.4.6 绘制总线分支线

总线画好后，为了考虑整体的美观，要画上总线接口，也就是总线分支线。总线接口也是没有电气意义的，总线接口的形状是 45° 的直线段，从总线连到各个单一导线。

下面就来看看画总线分支线的方法。

（1）单击画原理图工具栏的按钮。

（2）执行菜单中【放置】/【总线入口】命令。

随后出现十字光标，并且带着总线分支线。将光标移到需要放置总线接口的地方，如果需要改变方向，按空格键即可，单击鼠标左键，即可将分支线放置在光标的当前位置。然后，就可以继续放置其他的分支线。以上面的图形为例，可以看到放置的结果如图 2-41 所示。

放置完所有的总线分支线后，单击鼠标右键或按 Esc 键即可退出命令状态，如果对放置的总线分支线不满意可以双击鼠标左键，在弹出的属性对话框中进行修改。

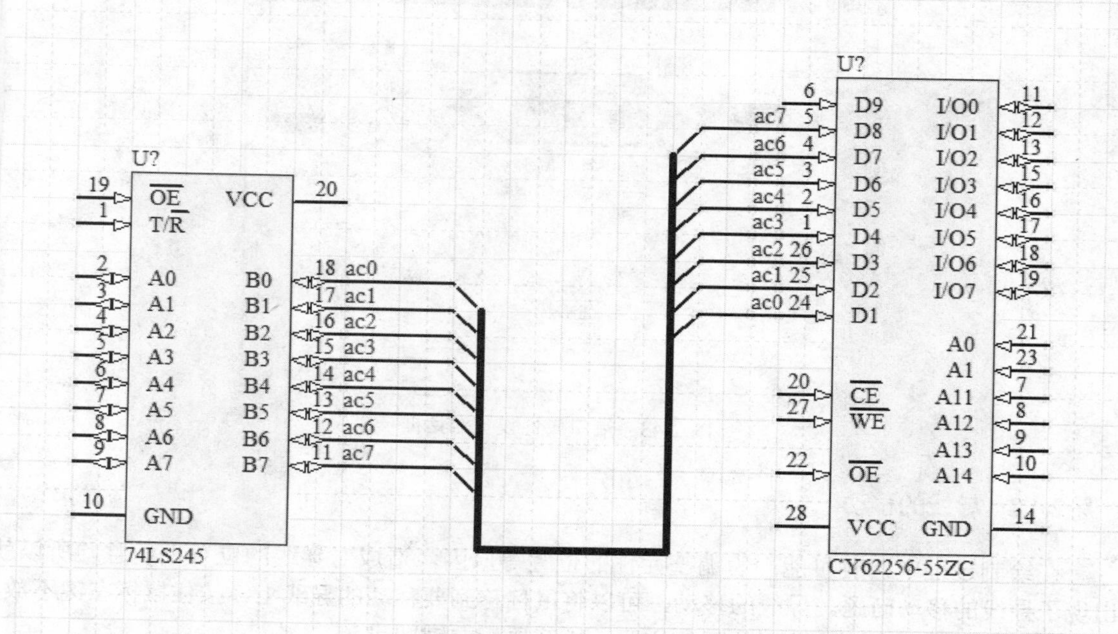

图 2-41　放置总线分支

2.4.7　放置输入/输出端口

在前面的内容中，讲到通过设置网络标号使电路在电气关系上是相连的。这里所要介绍的放置输入/输出端口，也是使电路在电气关系上相连，这种方法在规模较大的设计系统中比较常见，对于小规模的一般不需要。实际上，在层次图的设计中应用得较为常见。具有相同输入/输出端口名称的电路可以被认为属于同一网络，即在电气关系上认为它们是相连的。

下面介绍具体的实现方法。

（1）单击原理图工具栏中的按钮。

（2）执行菜单中【放置】/【端口】命令。

随后可以发现一个I/O端口随着十字光标出现在工作区内。将光标移到合适的位置，单击鼠标左键，一个I/O 端口的一端的位置就确定下来了。然后拖动鼠标，当到达适当位置后，再次单击鼠标左键，即可确定 I/O 端口另一端的位置，如图 2-42 所示。

对于端口，要设置它的属性，双击端口，弹出如图 2-43 所示的属性对话框。在【名称】栏中设置端口的名称，在【风格】栏中设置端口的外形，在【I/O 类型】栏中设置端口的输入/输出类型，在【唯一 ID】栏中设置唯一编号。

设置完端口的属性后，单击【确认】按钮确认即可。

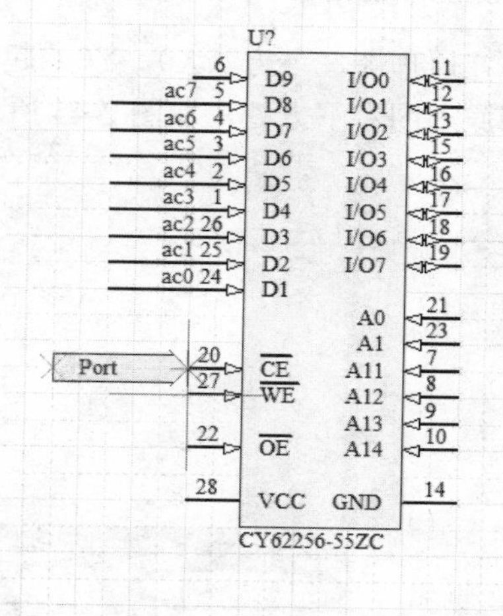

图 2-42　放置输入/输出端口

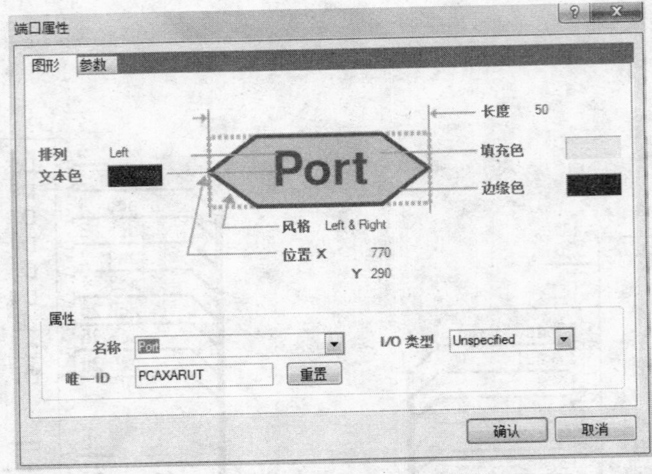

图 2-43 端口属性设置对话框

2.4.8 导线的移动

在绘制过程中，有可能因为调整元件的位置等原因，造成对导线的位置不满意，所以就出现了导线的移动问题。导线的移动，可以将鼠标移到要移动的导线上，按住鼠标左键不放，再将鼠标移到想要将导线放置的新的位置，松开鼠标左键即可。

2.4.9 绘制明细图表

单击工具栏中的【放置直线】按钮，如图 2-44 所示。

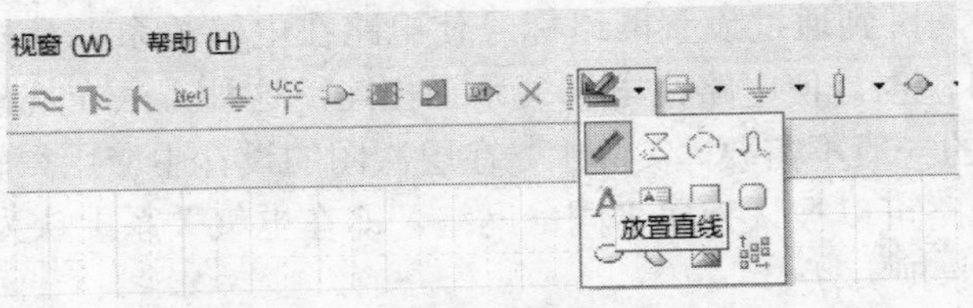

图 2-44 明细图表

在原理图左下方（X0，Y0）起点坐标处作图，按照表格的尺寸绘制表格，完成后将其移动到原理图右下方处，如图 2-45 所示。

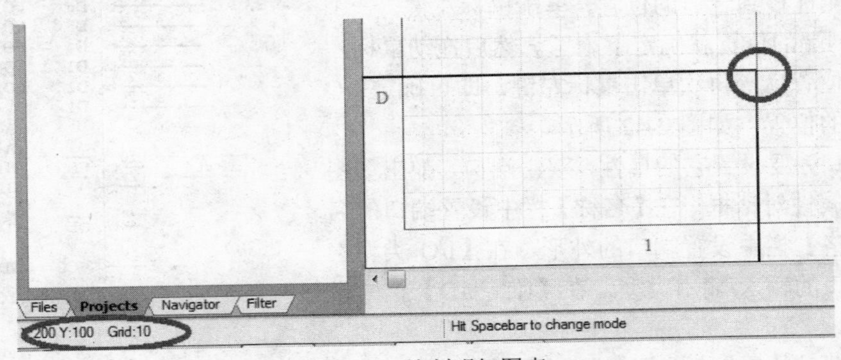

图 2-45 绘制明细图表

2.5　绘制原理图的方法总结

原理图的绘制并不复杂，主要是要学会熟练运用，要熟悉工具栏上的按钮和元件库的一些常用元件。

在绘制的过程中，有时需要将绘制区域进行适当的缩放操作。这里就介绍如何将绘制区域放大和缩小的操作。

首先，看看在非命令状态下的操作。在非命令状态下，即没有执行任何命令而处于闲置状态时，可以采用下列方法进行放大和缩小。

（1）放大。可以单击主工具栏上的按钮或执行菜单中【查看】/【放大】命令，每进行一次操作，工作区域相应地放大一次。

（2）缩小。可以单击主工具栏上的按钮或执行菜单中【查看】/【缩小】命令，每进行一次操作，工作区域相应地缩小一次。

（3）不同比例显示。【查看】菜单命令中有【50%】、【100%】、【200%】和【400%】4种比例显示可供用户选择。值得注意的是，同一命令不能重复执行多次。

（4）绘图区填满工作区。当需要查看整张原理图图纸时，可以单击主工具栏上的按钮或执行菜单中【查看】/【整个区域】命令。

（5）所有对象显示在工作区。当需要在工作区中查看电路原理图上的所有对象时（不是整张图纸），可以执行菜单中【查看】/【显示全部对象】命令。

（6）利用菜单中【查看】/【选定的对象】命令放大显示用户选定的区域。该方式是通过确定用户选定区域对角线上的两个顶点的位置，来确定所要进行放大的区域。具体的步骤是，首先，执行菜单中【查看】/【选定的对象】命令；然后，将光标移到目标区域对角线的某一顶点；接着，拖动鼠标，将光标移到对角线的另一个顶点位置，单击确认，即可将选定区域放大显示在整个工作区域中。

（7）利用菜单中【查看】/【指定点周围区域】命令放大显示用户选定的区域。该方式是通过确定用户选定区域的中心位置和某一角的位置，来确定所要进行放大的区域。具体步骤是，首先，执行菜单中【查看】/【指定点周围区域】命令；然后，将光标移到目标区域的中心单击；接着，将光标移到选定区域的某一角，单击鼠标左键确认，即可将选定区域放大显示在整个工作区中。

（8）刷新画面。设计过程中，有时可能会发现画面显示残留的斑点、线段或图形变形等问题，虽然并不影响电路的正确性，但是不美观。这时，可以通过执行菜单中【查看】/【更新】命令来刷新画面。

然后来看看命令状态下的放大与缩小的操作。

当处于命令状态下时，无法用鼠标去执行一般的菜单命令，此时要放大和缩小，必须通过功能键来完成，具体的操作如下。

（1）放大。按 PageUp 键，绘图区域会以光标当前位置为中心进行放大，该操作可连续执行多次。

（2）缩小。按 PageDown 键，绘图区域会以光标当前位置为中心进行缩小，该操作也可以连续执行多次。

（3）位移。按 Home 键，原来光标下的显示位置会移到工作区的中心位置显示。

（4）刷新。按 End 键，会对显示画面进行刷新，从而消除残留斑点或线条变形，恢复正确的画面。

除上面介绍的内容外，对于那些对键盘操作比较熟练的用户来讲，键盘的运用对于提高绘制的速度起着十分重要的作用，最好做到键盘与鼠标结合起来操作。

在上面介绍绘制原理图的过程中，只是着重介绍了鼠标操作，也就是，如何使用菜单和工具栏，对于键盘的使用提及很少。对于快捷键的用法，可以在附录 1 中查找。

- 软件的汉化操作
- 工作面板的基本使用
- 原理图设计的步骤
- 项目的创建、打开和保存
- 元件库的安装
- 元件的查找、属性设置和放置
- 放置导线、总线和输入/输出端口

专业英语词汇	行业术语
Schematic	原理图
PLD	可编程逻辑器件
File	文件
Place	放置
Bus Entry	总线分支
Alignment	对齐
Junction	节点
Explore	项目浏览器
Template	模板
Electrical Grid	电气栅格
Visible Grid	可见栅格
Snap Grid	锁定栅格

习题二

一、选择题

1．Protel DXP 2004 SP2 原理图设计工具栏共有（　　）个。

A．5　　B．6　　C．7　　D．8

2．要打开原理图，其后缀名是（　　）。

A．PCB Project　　B．PCB

C．Schematic　　D．SchDoc

3．使用计算机键盘上的（　　）键会实现原理图图样的缩小。

A．Page Up　　B．Page Down

C．Home　　D．End

4．电路原理图的设计是从（　　）步骤开始。

A．原理图布线　　B．设置电路图纸大小

C．放置元件　　D．编辑或调整

5．把一个编辑好的在 D 盘下的原理图文件保存到软盘中用（　　）命令。

A．File/Save　　B．File/Save As…

C．File/Save All　　D．Edit/Save

6．原理图中将浮动元件逆时针旋转 90°，要用到下面（　　）。

A．X 键　　B．Y 键

C．Shift 键　　D．Space 键

7．Wiring tools 工具栏和 Drawing tools 工具栏都有画直线的工具，它们的区别是（　　）。

A．都没有电气关系　　B．前者有电气关系后者没有

C．后者有电气关系前者没有　　D．都有电气关系

8．SCH 不可以完成的工作是（　　）。

A．自动布线　　B．画导线

C．插入文字标注　　D．元件移动

9．在原理图图样上放置元器件前必须（　　）。

A．打开浏览器　　B．装载元器件库

C．打开 PCB 编辑器　　D．创建设计数据库文件

二、简答题

1．简述创建一个原理图文件的方法和步骤。

2．原理图设计工具栏有几个？如何打开和关闭工具栏？

3．为什么放置元器件前应先装载原理图元器件库？

4．在原理图上放置器件的方法有哪几种？

5．文件的默认名称是什么？如何改变它的名称和保存的路径？

6．如果想给文件一些保密设置，应该如何操作？

7．为什么要装入元件库？说说装入元件库的具体操作方法和原因。

8．如何利用菜单命令或快捷键打开或关闭工具栏？

9．在命令状态下，如何放大、缩小和刷新画面？

10．可见栅格、锁定栅格和电气栅格的作用分别是什么？对它们如何设定？

11．练习将即将放置和已经放置好的元件调整方向、编辑属性。

12．T、▦和Net1 3 个按钮都可以来放置文字，它们的作用是否相同？

13．⥲和／都是画线的，它们能否互用？为什么？

14．⊤和⊾按钮的作用分别是什么？

15．如何对元器件位置进行移动和调整？

电源模块

在电子大赛硬件设计中，电源模块是十分重要的部分，若没有电源模块整个电路就无法正常运作。图 2-46 中就有两种类型的电源模块原理图供大家学习绘制。

图 2-46 所示的是电源输入模块原理图：由电池盒提供的 4.5V 直流电压经过 SPY0029 后产生 3.3V 给整个系统供电。SPY0029 是设计电压调整 IC，采用 CMOS 工艺，具有静态电流低、驱动能力强、线性调整出色等特点。

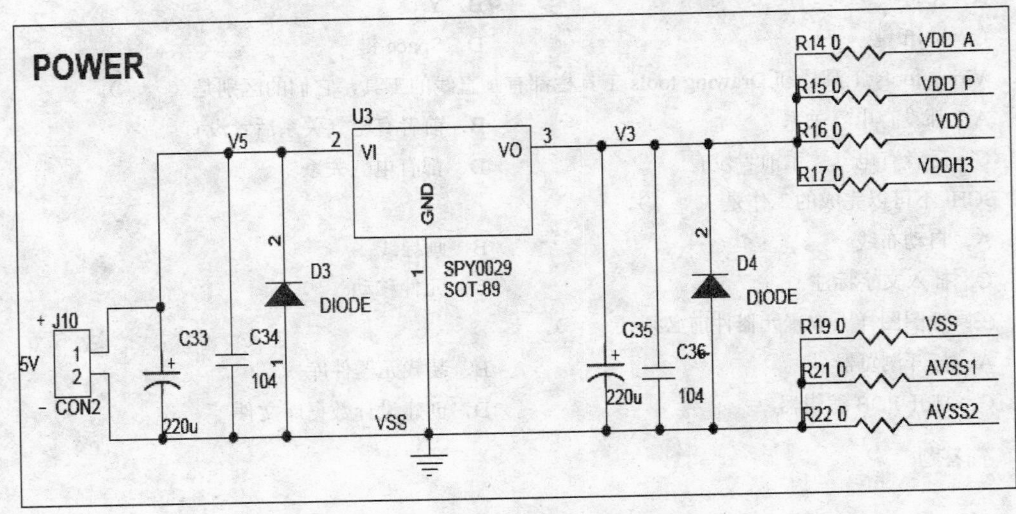

图 2-46　电源输入模块原理图

图 2-47 所示的是 USB 电源输入模块原理图：在 USB 系统中，不同种类的 USB 设备使用相同的接口，用户在设备连接时，不需要考虑连接接口的类型。USB 总线带有+5V 的电源线和地线，USB 设备可以从系统总线上获得+5V、不大于 500mA 总线供电。

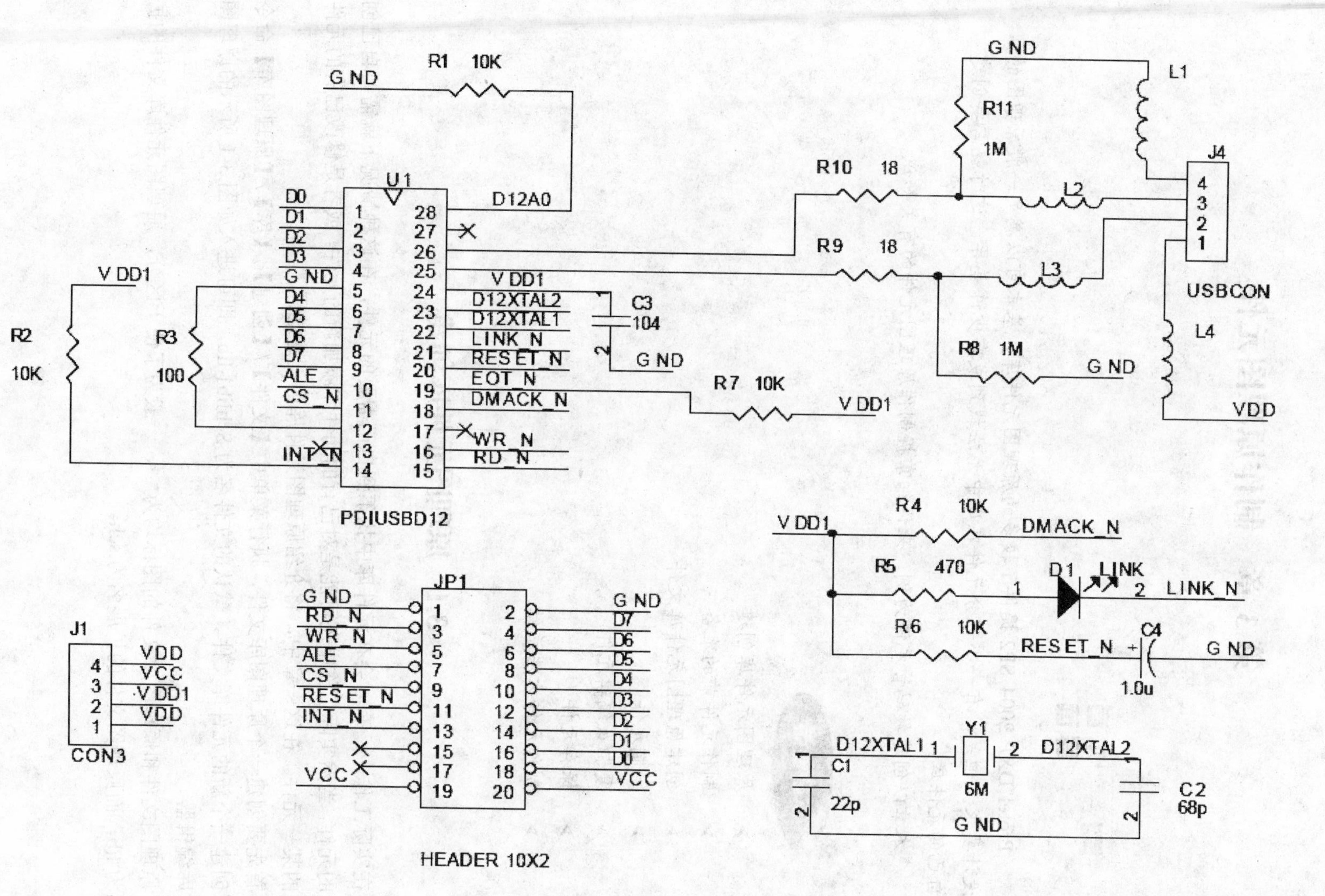

图 2-47 USB 输入模块原理图

第 3 章　制作原理图元件

Protel DXP 2004 SP2 提供了较多的原理图元件库，基本可以满足一般原理图的设计要求。但是，有一小部分元件在库中无法找到或有少许差异，这时就需要创建自己的元件库。

本章以创建数码管元件为例，来详细掌握制作原理图元件的有关知识。

- 原理图元件库创建
- 制作元件前的准备
- 创建原理图元件库文件
- 绘制元件
- 复制及编辑元件
- 保存元件
- 制作元件方法总结

3.1　原理图元件库创建

在实际工作中，有时会在元件库中找不到自己需要的元件，在这种情况下就需要自己创建新的元件，当然实际工作中还可能是对已有的元件库添加新的元件，或者是修改已有的元件库中的某一元件。在这一章中，将介绍原理图元件库的创建过程。

首先要创建一个原理图库文件，执行菜单中【文件】/【创建】/【库】/【原理图库】命令即可创建一个新的元件库文件。默认的文件名为 Schlib1.lib，即可进入如图 3-1 所示的原理图元件库编辑器。

原理图文件和原理图库文件的图标均为，一般为了便于区分，原理图元件库文件的扩展名为 lib，而原理图文件的扩展名为.sch。

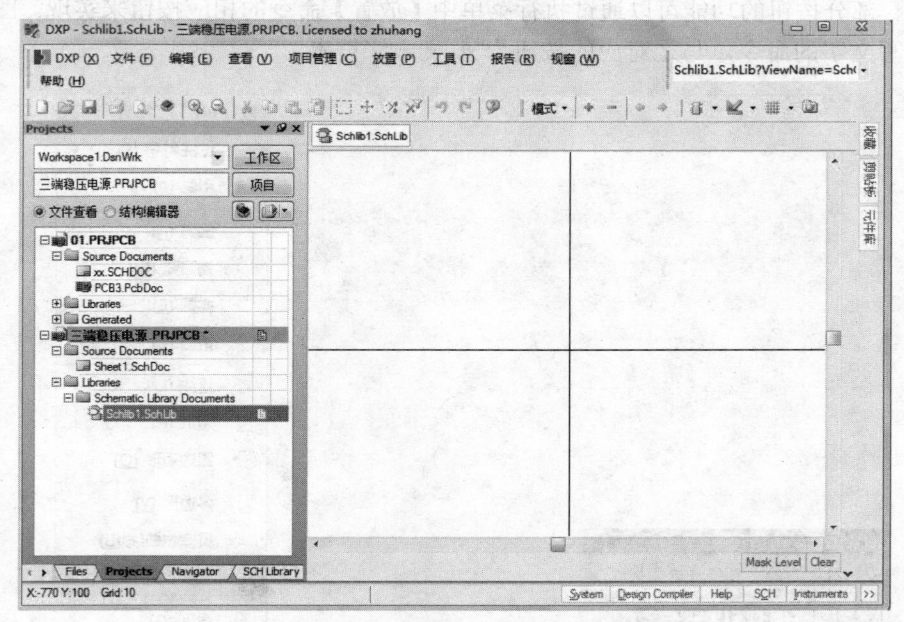

图 3-1　原理图元件库编辑器

3.2　制作元件前的准备

在图 3-1 中，左边为元件库管理器，它是元件库编辑器中的常用工具。如果再新建一个元件库时，元件库就会放置一个默认名为 Component_1 的元件，并将该元件显示在元件库管理器的 Components 列表框中。

1．绘图工具

原理图元件库绘图工具栏如图 3-2 所示。打开或关闭绘图工具栏，可以执行菜单中【查看】/【工具栏】/【实用工具】命令或利用主工具栏中的按钮。

绘图工具栏中各个按钮的功能如下。

- ：画直线。
- ：画贝塞尔曲线。
- ：画椭圆。
- ：画多边形。
- ：填写文字。
- ：画新增元件。
- ：新增部分元件。
- ：画矩形。
- ：画圆角矩形。
- ：画椭圆。
- ：粘贴图片。
- ：数组式复制工具。
- ：画引脚。

其中，部分按钮的功能可以通过执行菜单中【放置】命令的相应按钮来实现。图 3-3 所示为执行填写文字的命令，与之对应的按钮为 A 文本字符串。

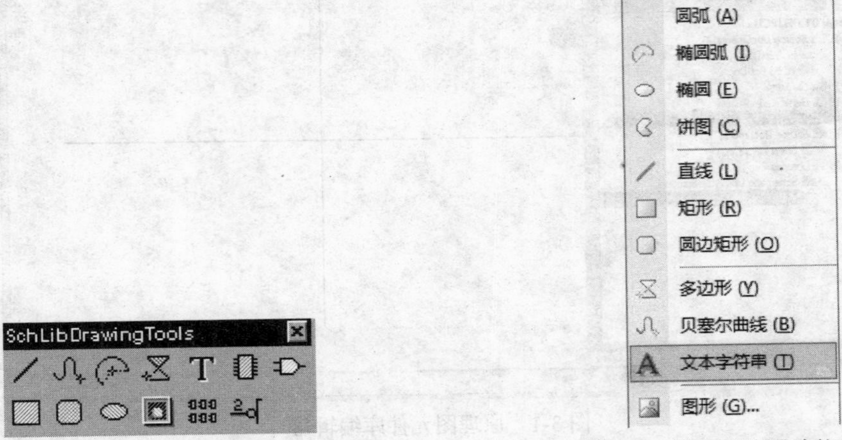

图 3-2　原理图元件库绘图工具栏

图 3-3　原理图绘图功能菜单

但是，下面两个菜单命令在绘图工具栏上没有相应按钮。

- 【放置】/【圆弧】：画圆弧。
- 【放置】/【饼图】：画圆饼图。

2．符号工具

打开或关闭 IEEE 符号工具栏，可以执行菜单中【放置】/【IEEE 符号】命令或利用主工具栏中的 按钮。

IEEE 符号工具栏中各个按钮的功能如下。

- ：低电平触发。
- ：从右到左的信号流（Right Left Signal Flow），用于指明信号传输的方向。
- ：时钟信号符号（Clock），用于表示输入从正极出发。
- ：低态动作输入符号（Active Low Input）。
- ：模拟信号输入符号（Analog Signal In）。
- ：无逻辑性连接符号（Not Logic Connection）。
- ：延时输出符号（Postponed Output）。
- ：集电极开路输出符号（Open Collector）。
- ：高阻抗状态符号（Hiz）。三态门的第三种状态时为高阻抗状态。
- ：高扇出电流符号（High Current）。用于电流比一般容量大的场合。
- ：脉冲符号（Pulse）。
- ：延时符号（Delay）。
- ：多条 I/O 线组合符号（Group Line）。用于表示有多条输入与输出线的符号。
- ：二进制组合符号（Group Binary）。

- ：低态动作输出符号（Active Low Output）。与一般的符号中用小圆点表示低态输出的含义相同。
- ：圆周率符号（Pi Symbol）。
- ：大于等于符号（Greater Equal）。
- ：内置上拉电阻的集电极开路输出符号（Open Collector PullUp）。
- ：射极开路输出符号（Open Emitter）。这种引脚的输出状态有高阻抗低态及低阻抗高态两种。
- ：内置下拉电阻的射极开路输出符号（Open Emitter PullUp）。这种引脚的输出状态有高阻抗低态和低阻抗高态两种。
- ：数字信号输入（Digital Signal In）。通常使用在类比中某些脚需要用数组信号做控制的场合。
- ：反向器符号（Inverter）。
- ：双向信号流符号（Input Output）。用来表示该引脚具有输入和输出两种作用。
- ：数据左移符号（Shift Left）。如寄存器中，数据由右向左移的情形。
- ：小于等于符号（Less Equal）。
- ：加法符号（Sigma）。
- ：施密特触发输入特性符号（Schmitt）。
- ：数据右移符号（Shift Right）。如寄存器中，数据由左向右移的情形。

IEEE 符号工具栏中的各个按钮的功能，也可以通过执行菜单中【放置】/【IEEE 符号】命令来实现。图 3-4 所示为执行菜单中放置脉冲信号的命令，与之对应的按钮为。

有 3 条命令在 IEEE 工具栏中没有对应的按钮。

- 【放置】/【IEEE 符号】/【或门】。
- 【放置】/【IEEE 符号】/【与门】。
- 【放置】/【IEEE 符号】/【异或门】。

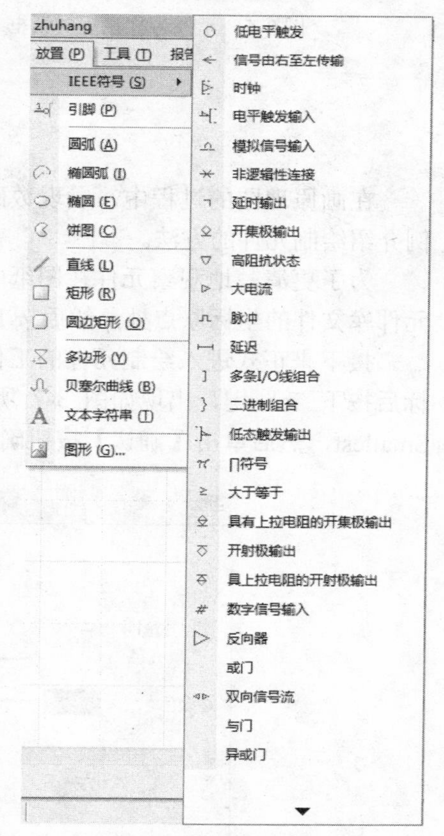

图 3-4　IEEE 符号功能菜单

3.3　创建原理图元件库文件

已经自动放置了一个名为 Component_1 的元件。

如果想改变该元件的名称，可以执行菜单中【工具】/【新元件】命令，屏幕上将会出现如图 3-5 所示的对话框。

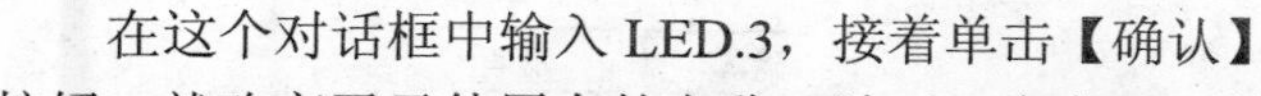

在这个对话框中输入 LED.3，接着单击【确认】按钮，就改变了元件原有的名称。随后，会发现元件管理器中的 Components 框中的元件名变成了 LED，并且在 SCH Library 中，如图 3-6 所示。

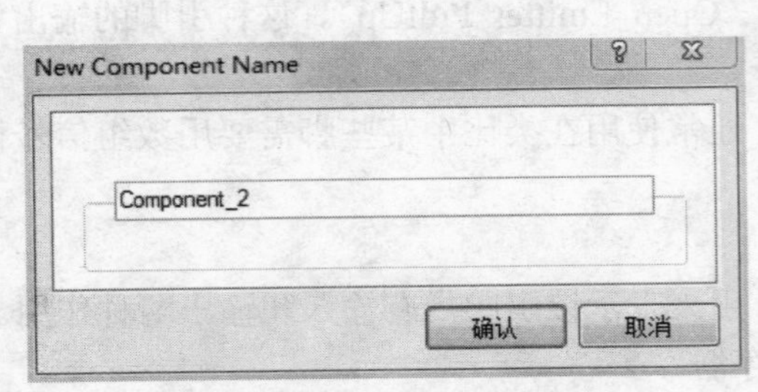

图 3-5 元件名称设置对话框

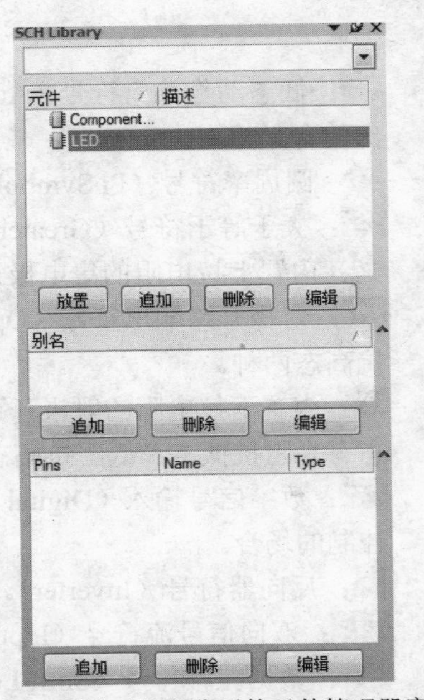

图 3-6 更改元件名称后的元件管理器窗口

3.4 绘制元件

在画原理图的过程中，发现数码管等元件在元件库中不能找到，所以在这里以数码管为例介绍绘制元件的方法。

为了更清楚地观察元件在图纸中的位置，可以提高工作区的分辨率。方法是将光标移到元件库文件的坐标原点处，然后按 PgUp 键，直到自己满意为止。

接下来正式进入绘制元件的工作。单击原理图上的绘图工具按钮 →，出现十字光标后按下 Tab 键，出现如图 3-7 所示的对话框。在该对话框中，将边界 Border 属性设置为 Smallest，然后单击【确认】按钮确认即可。

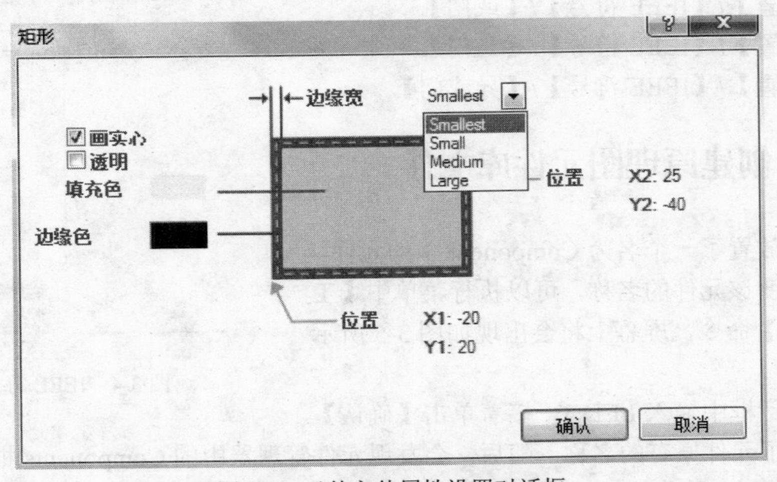

图 3-7 元件主体属性设置对话框

移动光标绘制出 LED.3 的外形，如图 3-8 所示。

单击绘图工具栏中的画直线工具 → 按钮，出现十字光标后按下 Tab 键，会出现如图 3-9 所示的设置直线属性的对话框。

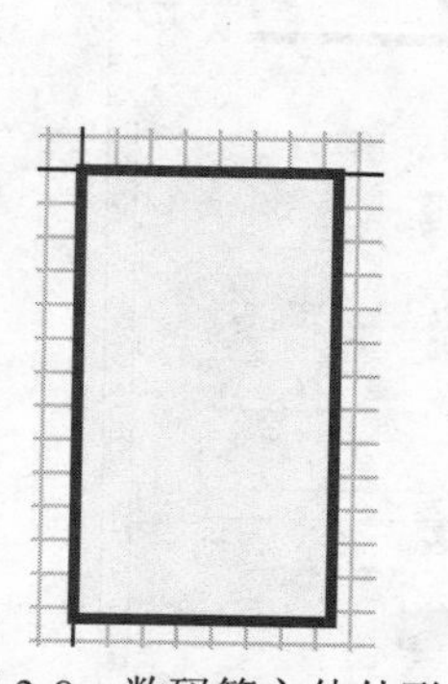

图 3-8　数码管主体外形

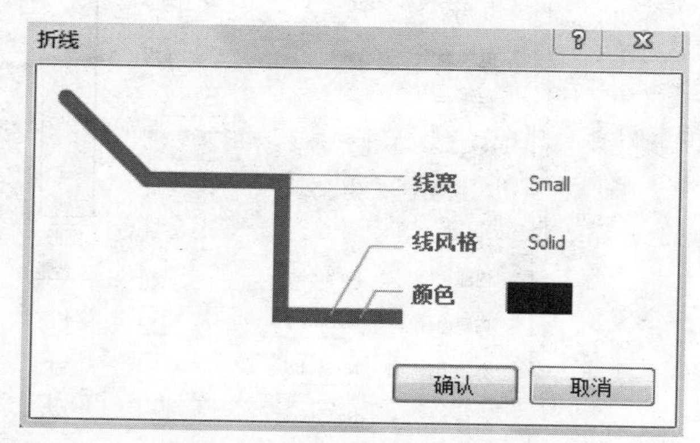

图 3-9　直线属性设置对话框

在该对话框中，将【线宽】选项设置为 Small，然后单击【确认】按钮确认即可。设置完属性后，在工作平台上绘制出 LED.3 数码管上的“日”字，如图 3-10 所示。

主要设置参数有以下 3 个：

- 线宽：直线宽度，提供 Smallest、Small、Medium 和 Large4 种选择。
- 线风格：直线属性，提供 Solid（实线）、Dashed（虚线）、Dotted（点划线）3 种线型。
- 颜色：设置线条颜色。

执行菜单中【放置】/【椭圆】命令，绘制小数点，如图 3-11 所示。

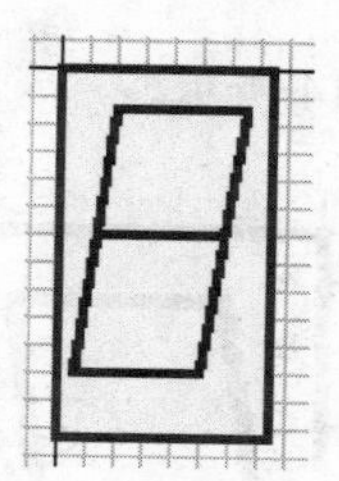

图 3-10　绘制数码管的“日”字笔画

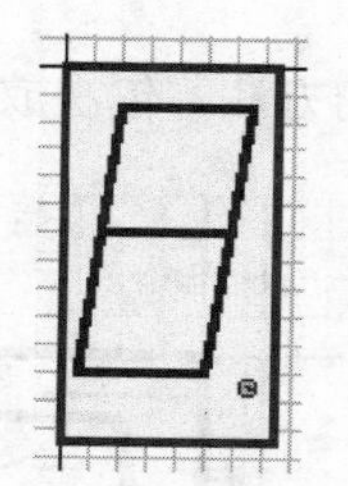

图 3-11　绘制数码管的小数点

单击绘图工具栏中的 → 按钮，出现十字光标后，按下 Tab 键，会出现如图 3-12 所示的对话框。

在该对话框中，将【显示名称】设置为 A，【标识符】设置为 10，【电气类型】设置为 Input 或 Output，单击【确认】按钮即可。

电气类型共有 4 种：

- Unspecified：不确定。
- Input：输入类型。
- Output：输出类型。
- Bidirectional：双向。

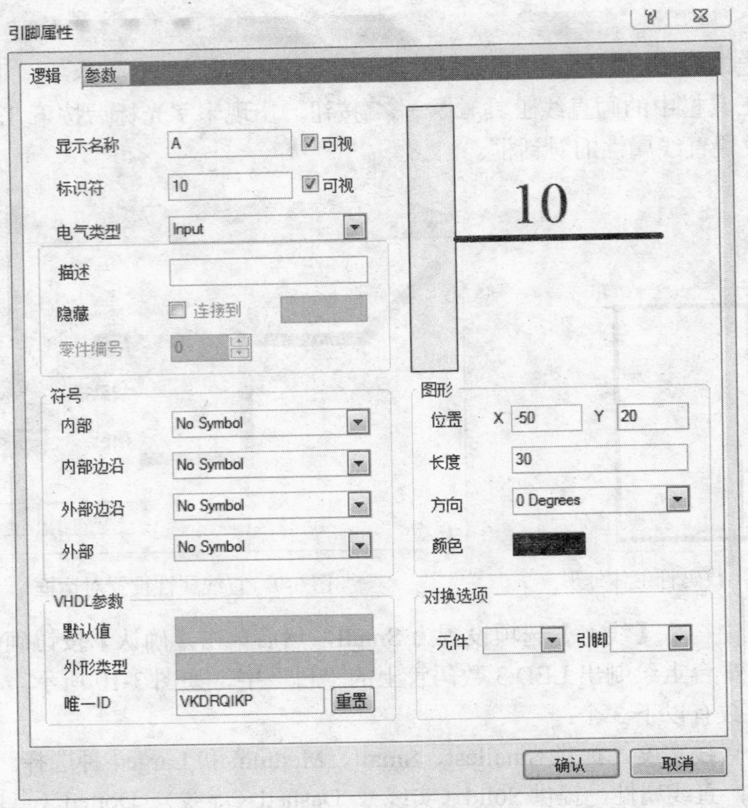

图 3-12　管脚属性设置对话框

如图 3-13 所示，将引脚移到适当的位置，并按空格键调整引脚方向，调整好后，单击鼠标左键即可。

按照上面的方法，依次放置好其他 9 个引脚。结果如图 3-14 所示。

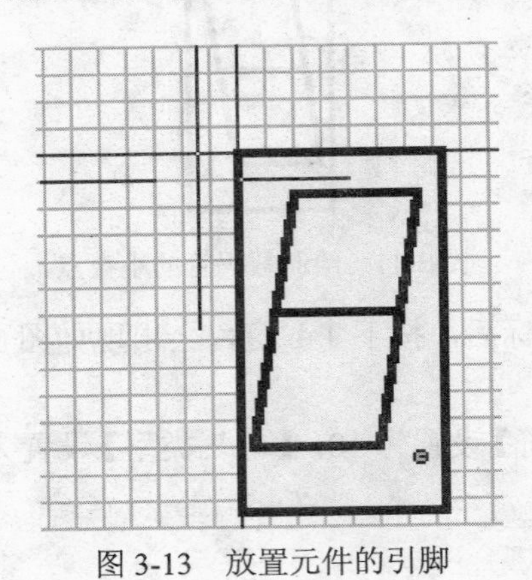

图 3-13　放置元件的引脚

图 3-14　制作完成的数码管元件

3.5　复制及编辑元件

有这样一种情况，所要绘制的元件与库中的一个元件相似，把元件库中的元件复制后稍作修改就变成所需要的元件。

执行菜单栏中【文件】/【打开】命令，在所安装的路径下选中 Library 文件夹，根据具体情况任选一种：Miscellaneous Connectors.IntLib 或 Miscellaneous Devices.IntLib 元件库，单击【抽取源】按钮，如图 3-15 所示。

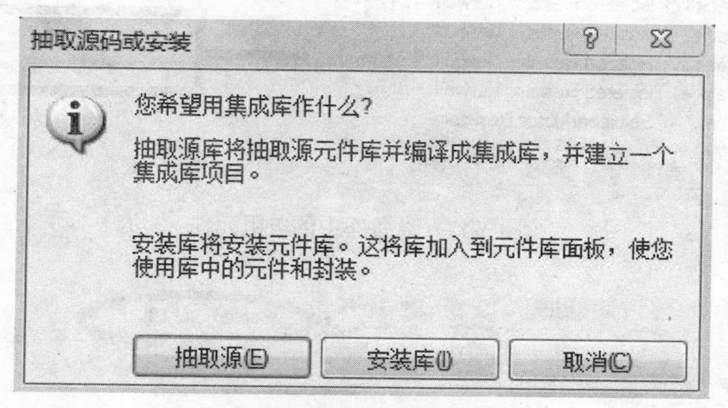

图 3-15　抽取源安装

即在 Projects 面板中出现 Miscellaneous Devices.LIBPKG 的元件设备库，选中此设备库的二级展开文件 MiscellaneousDevices.SchLib 并双击，通过导航栏切换到 SCH Library 面板，然后在元件库中寻找所要绘制的相似元件，最后复制到自己创建的库中稍作修改，如图 3-16 所示。

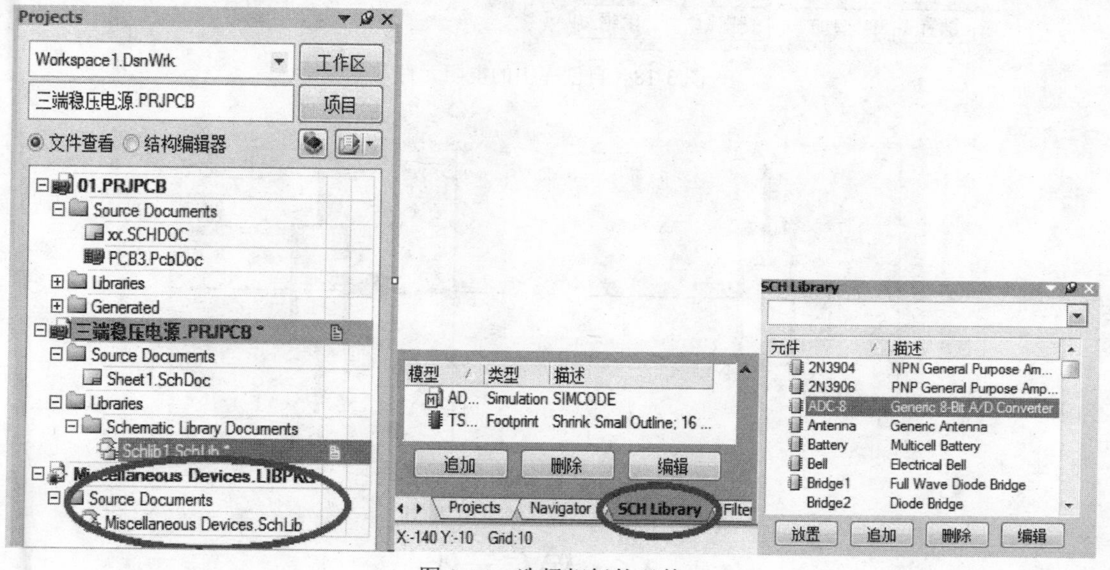

图 3-16　选择相似的元件

接下来正式进入复制及编辑元件的工作。在设备库 MiscellaneousDevices.SchLib 中选中一个电阻元件，如图 3-17 所示，然后将其复制到自己创建的 SchLib1.SchLib 库中，如图 3-18 所示，单击绘图工具栏中的画直线工具 → 按钮，再单击绘图工具栏中的画直线工具 → 按钮，把它绘制成一个滑动变阻器，如图 3-19 所示。

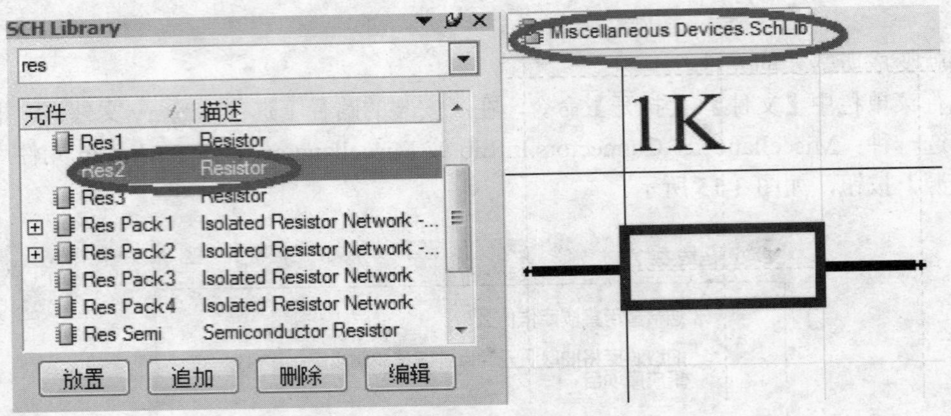

图 3-17　设备库中的电阻元件

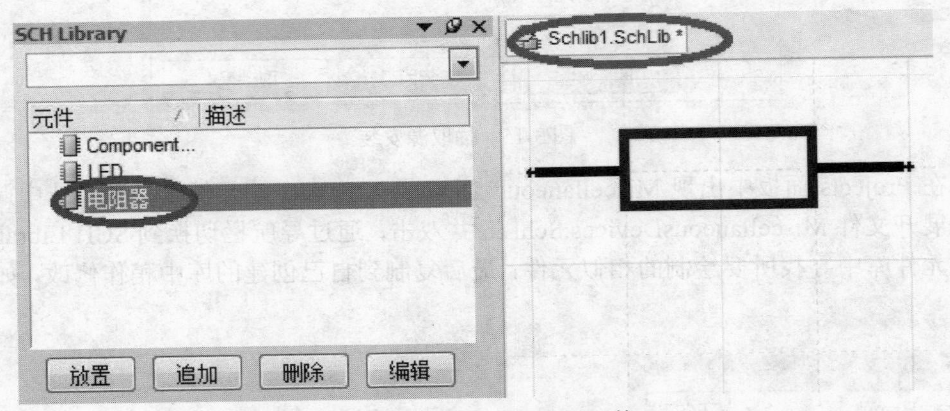

图 3-18　自创库中的电阻元件

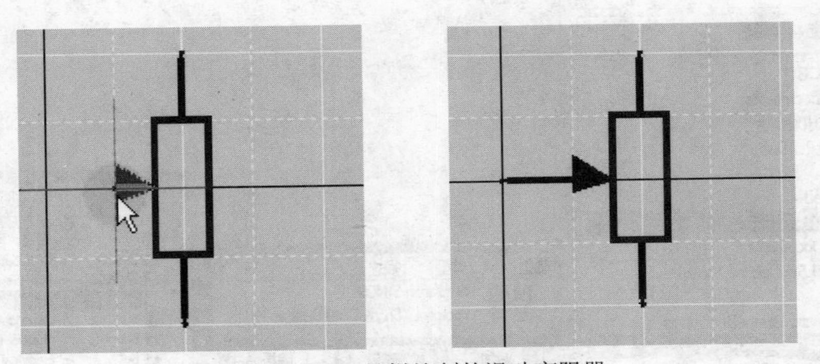

图 3-19　用工具栏绘制的滑动变阻器

3.6　保存元件

执行菜单中【文件】/【保存】命令或单击主工具栏中的按钮；还可以通过选中库元件并右击，在弹出的快捷菜单中选择【保存】命令保存，如图 3-20 所示，即可将新建的元件 LED.3 保存在当前的元件库文件中。

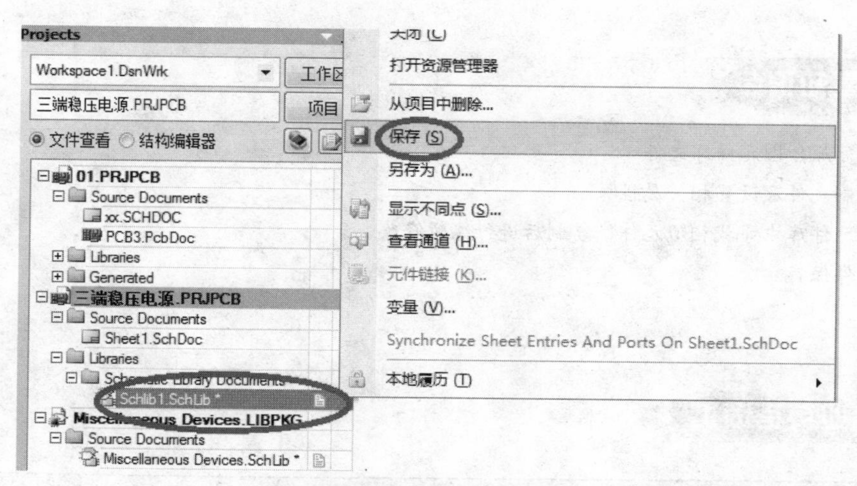

图 3-20　保存元件

如果想将新建的元件库保存到指定的目录下，可以执行菜单中【文件】/【另存为】命令，等屏幕上出现如图 3-21 所示的对话框时，可以根据要求来写入。

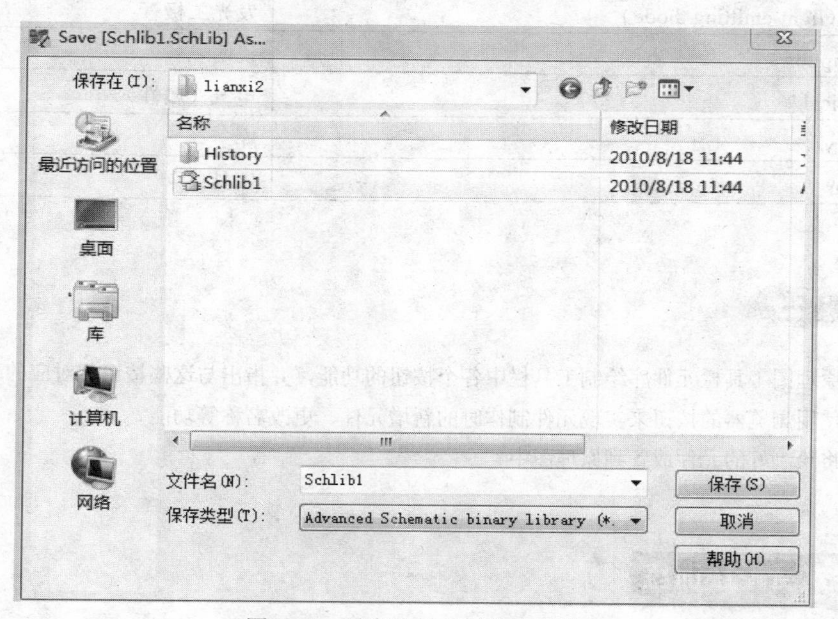

图 3-21　另存为新的元件库文件

3.7　制作元件方法总结

根据上面的介绍可以看出，一般元件的制作过程并不复杂，其过程跟建立原理图的数据库文件是一样的，不同之处就在于文件的后缀形式。进入设计过程时，熟悉放置工具栏上每个按钮的功能及其对应的菜单命令。对放置的工具进行属性的编辑时，要注意每一栏的设置，不需要改动的就选用默认值。制作完毕后，要注意设置元件的属性，如封装形式等。最后要注意保存等细节性的问题。

- 创建原理图元件库文件
- 绘制元件及设置相关属性
- 在元件库中寻找相似元件，复制后进行编辑修改
- 元件保存

专业英语词汇	行业术语
Document Options	文档属性
IEEE（Institute of Electrical and Electronic Engineers）	美国电气电子工程师协会
LED（light-emitting diode）	发光二极管
Description	说明
Electrical	电气（属性）
Library	库
toolbar	工具条

1．简述原理图工具栏元件库绘制工具栏中各个按钮的功能，并指出与这些按钮相对应的菜单命令。
2．如何使用浏览器的按钮来实现元件制作时的新增元件、更改名称等功能？
3．如何将绘制好的元件放置到原理图中？

显示模块

在电子大赛硬件设计中，显示模块作为整个系统的输出部分。对于所设计系统中的某些参数和信息通过显示的方式输出。请绘制电路图，图中数码管为自创元件。

图 3-22 所示为 4 位数码管循环显示模块，显示电路由 4 位 8 段数码管组成，采用动态显示方式驱动。

图 3-23 所示为倒计时 LED 数码管，系统共有 4 个两位的 LED 数码管，分别放置在模拟交通灯控制板上的 4 个路口完成倒计时显示功能。这里采用动态显示。

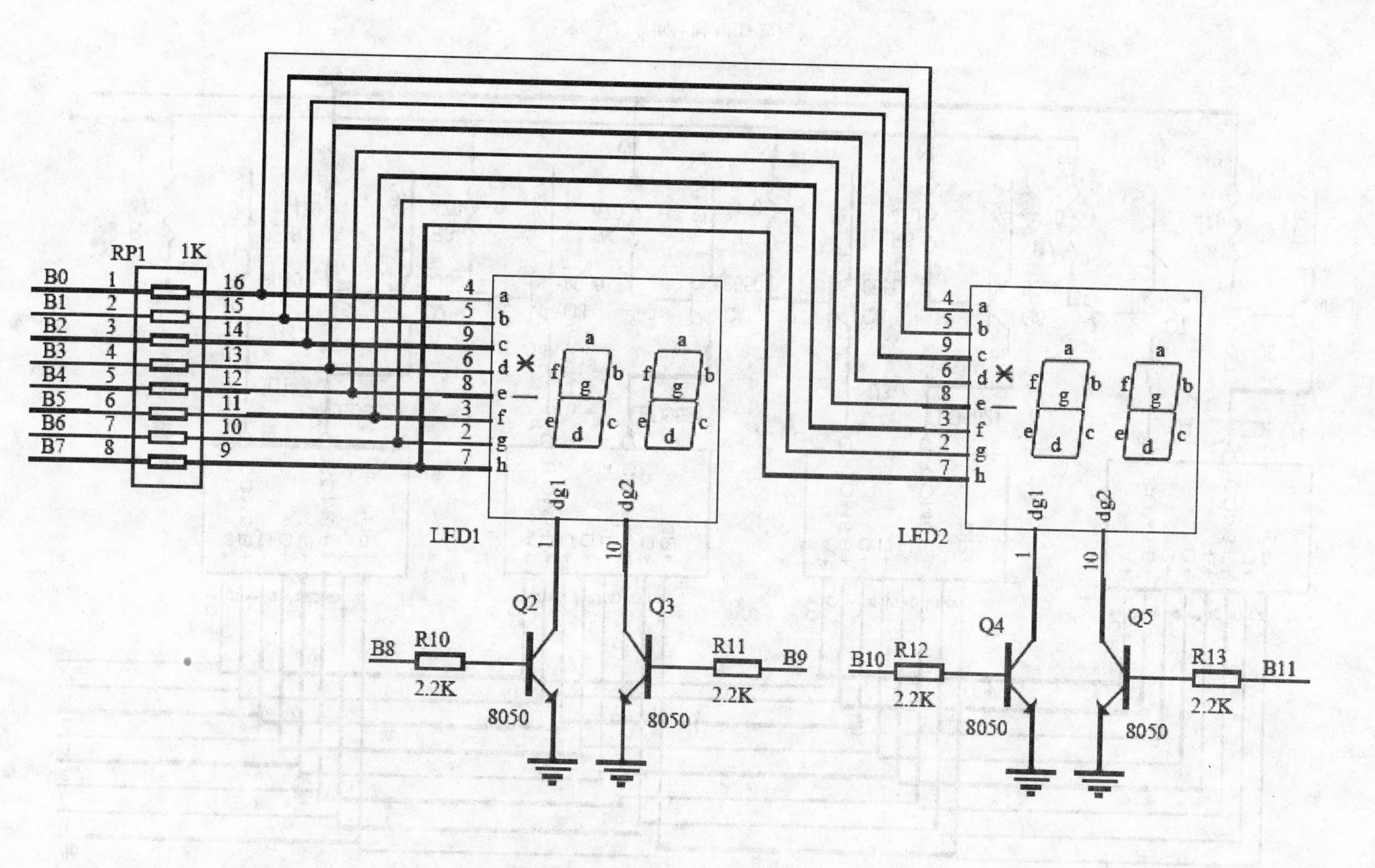

图 3-22　4 位 8 段数码管显示模块

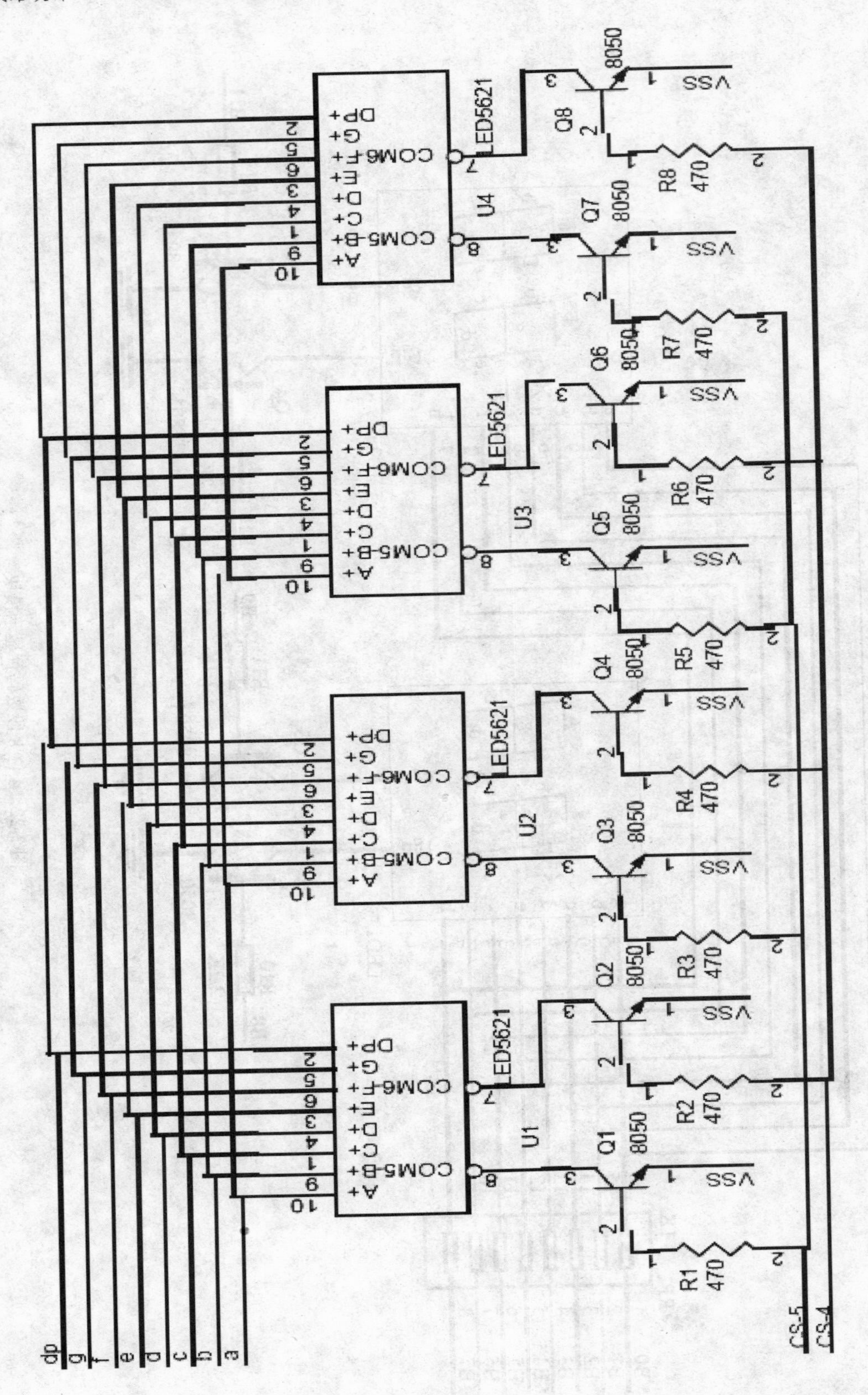

图 3-23 倒计时 LED 数码管

第4章　完成原理图设计

在前面的内容中，已经介绍了原理图的基本绘制和创建自制的元器件。但实际的原理图中还有其他的功能需要展现，以便于快速绘制原理图，提高绘制的速度和完善原理图的各项功能。在这一章的内容中，将更深入地进行学习。

- 完成原理图设计
- 美化原理图
- 项目编译和差错
- 产生报表
- 原理图的打印

4.1　完成原理图设计

4.1.1　回到原理图设计编辑环境

在上一章中讲到关于如何制作元件库中没有的元件。在经过一系列的编辑、制作，完成了所需的元件后，又应该回到原理图设计的编辑环境中来，完成原理图设计的剩余工作。

4.1.2　在原理图中添加自己制作的元件

回到原理图设计编辑环境后，首先要做的就是添加自己制作的元件到原理图中来。添加自己制作元件的方法很简单，在制作元件的工作环境下，右击浏览区的 Place 按钮。可以看到系统自动进入了原理图设计环境，并且所要添加的元件随着十字光标的移动而移动，将光标移到要放置的地方，单击鼠标左键，就可以完成制作元件的放置了。此时，系统仍然处于放置该制作元件的状态中，要想继续添加可以按照上面的方法继续添加。如果不想添加了，可以单击鼠标右键或按 Esc 键退出该状态。

4.2　美化原理图

前面一系列的工作可以将一张电路原理图完成，但是，要想进一步美化原理图还需要了解以下的内容才能使原理图达到理想中的效果，所以下面就来看看如何使用画图工具、添加文字和更改图形尺寸等。

4.2.1 画图工具（Drawing Tools）介绍

在前面的内容中，都没有用上画图形的工具。主要是因为这些工具只是起标注的作用，并不代表任何电气意义。

图 4-1 所示图形是工具栏中的 按钮，下面就来逐个介绍各按钮的功能。

- ：画直线。
- ：画多边形。
- ：画椭圆弧线。
- ：画贝塞尔曲线。
- ：添加文字。
- ：添加文本框。
- ：画矩形。
- ：画圆角矩形。
- ：画椭圆。
- ：画扇形
- ：粘贴图片。
- ：粘贴复制图件。

图 4-1 原理图画图工具栏

下面分别看看几个主要画图工具的使用方法。

1．绘制多边形

要在原理图上画一个不影响电路电气结构的多边形，就必须使用画图工具中的绘制多边形的功能，来看看具体的实现方法。

执行绘制多边形命令的方法有下面 3 种。

- 执行菜单中【放置】/【多边形】命令。
- 单击画图工具栏上的按钮，用于画多边形。

执行命令后，工作区会出现十字光标，这时如果按 Tab 键，可弹出绘制多边形参数的对话框，如图 4-2 所示。

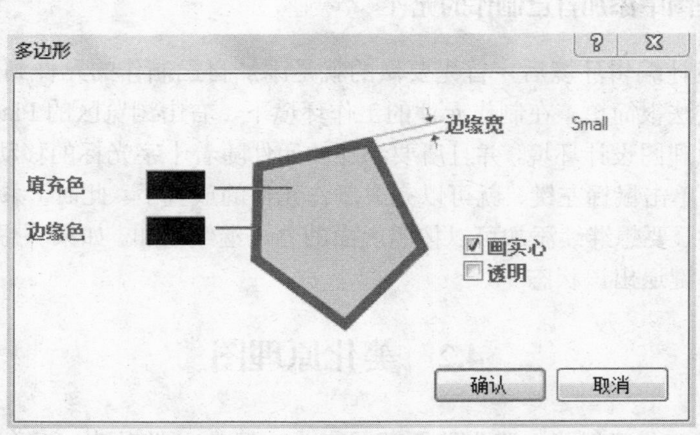

图 4-2 多边形属性

其中各选项的用途说明如下。

- 【边缘宽】：用于设置边框的宽度，该选项跟画线时的线宽选项一致。
- 【边缘色】：用于设置边框的颜色。
- 【填充色】：用于设置多边形的填充颜色。

完成设置后，单击【确认】按钮确认，接下来就可以进行绘制了。每单击一次鼠标左键或按 Enter 键，就会出现一个多边形的顶点被确定。最后单击鼠标右键或按 Esc 键完成一个多边形。再单击鼠标右键或按 Esc 键即可退出绘制多边形的命令状态。

图 4-3 就是所绘制的多边形。

2．绘制椭圆弧

椭圆的边界即为椭圆弧线。当椭圆的 X 轴半径和 Y 轴半径相等时，椭圆弧线即变成圆弧。

例如，要绘制一个半径为 30mil 的半圆，就应该单击按钮，用于画椭圆弧线，会出现如图 4-4 所示的光标。

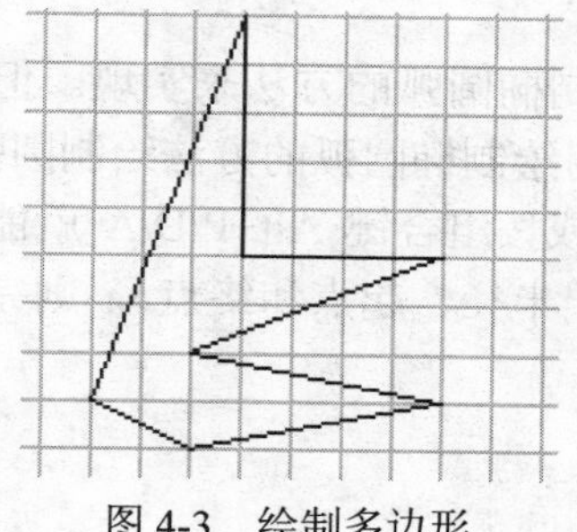

图 4-3　绘制多边形

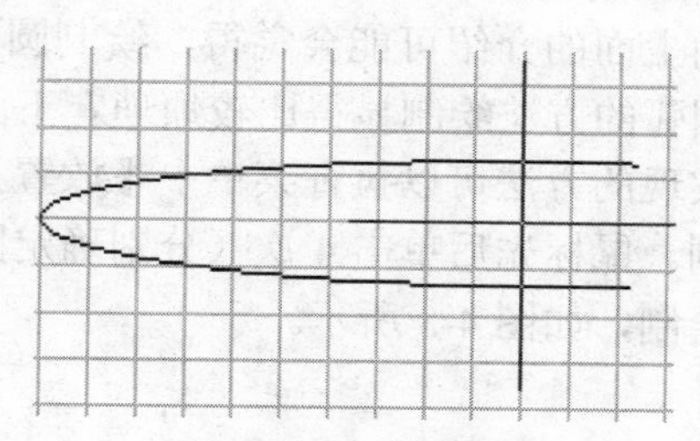

图 4-4　绘制椭圆弧

这时，如果用鼠标直接在图上绘制，要分别单击 5 次以确定圆弧的中心位置、X 向半径、Y 向半径、起始点位置和终止点位置。而这样很难做到精确，所以还应用如图 4-5 所示的对话框加以设置，即在单击按钮后按 Tab 键弹出如图 4-5 所示的对话框。

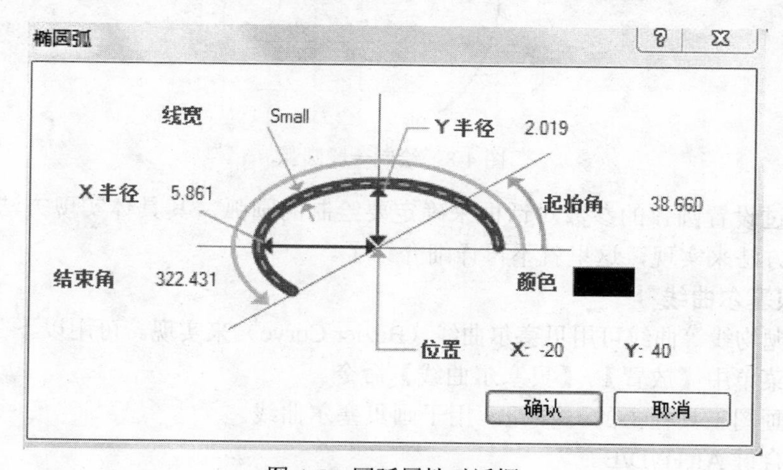

图 4-5　圆弧属性对话框

将 X-Radius（X 半径）和 Y-Radius（Y 半径）选项都设置成 30（单位为 mil）。

【线宽】选项用于设置线宽，这里设置不变，为默认的 Small。

将【起始角】选项设置为 0，将【结束角】选项设置为 180。单击【确认】按钮确认。这时光标变成如图 4-6 所示的形状。

将其移到适当的位置，连续单击 5 次（注意不能移动鼠标），这时一个半径为 30mil 的半圆就画好了，如图 4-7 所示。

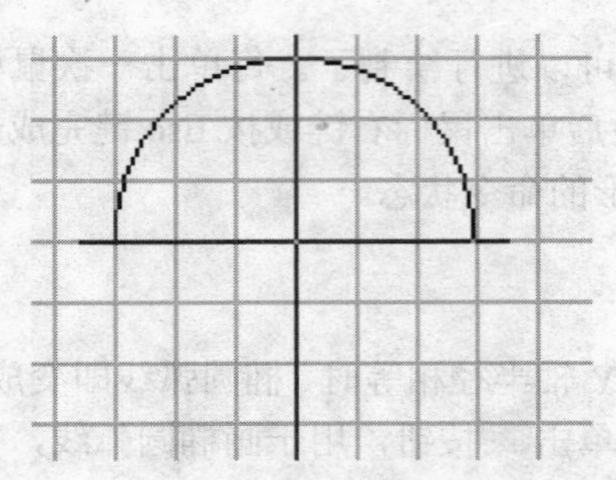

图 4-6　开始绘制半圆

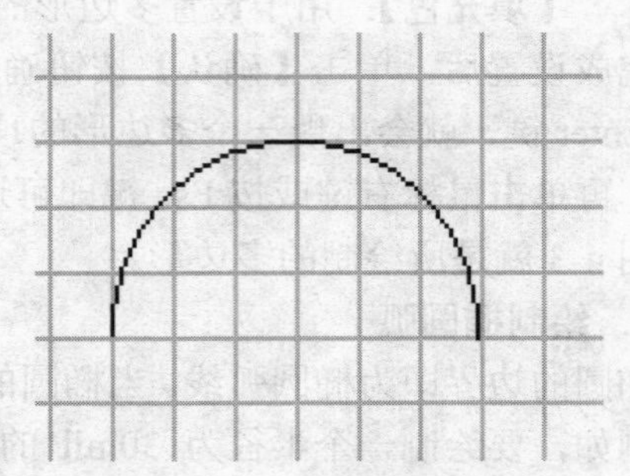

图 4-7　绘制完成的半圆

3．绘制圆弧

由上面的介绍可能会觉得，绘制圆弧完全可以用绘制椭圆弧的方法来实现。但是，用绘制椭圆弧的方法绘制显得比较烦琐。下面就来看看如何用绘制椭圆弧的方法绘制圆弧。

实现的方法可以执行菜单中【放置】/【圆弧】命令或按组合键 Alt+P/D/A 就能进行圆弧的绘制。鼠标先后单击 4 次（分别确定圆弧的中心位置、半径、起点和终点），则完成一段圆弧的绘制，如图 4-8 所示。

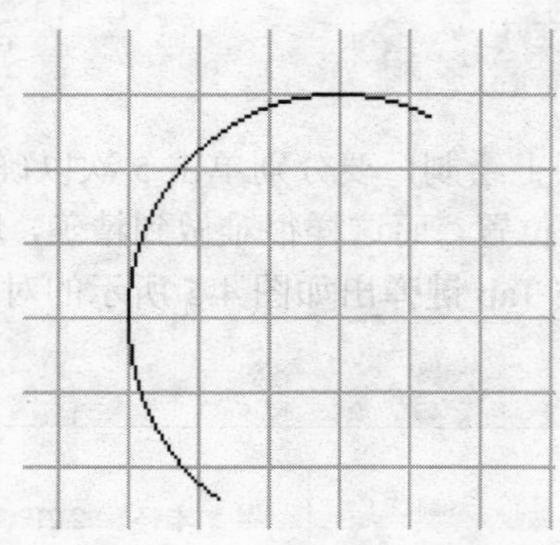

图 4-8　绘制一段圆弧

也可以通过设置圆弧的参数对话框来确定要绘制的圆弧，其具体实现方法可以按照上面绘制椭圆弧的方法来实现，这里就不再详细介绍了。

4．绘制贝塞尔曲线

正弦波、抛物线等曲线可用贝塞尔曲线（Bezier Curve）来实现。可用以下 3 种方法。

- 执行菜单中【放置】/【贝塞尔曲线】命令。
- 单击画图工具栏上的按钮，用于画贝塞尔曲线。
- 按组合键 Alt+P/D/B。

执行命令后，同样出现十字光标。按 Tab 键弹出设置贝塞尔曲线参数的对话框，如图 4-9 所示。

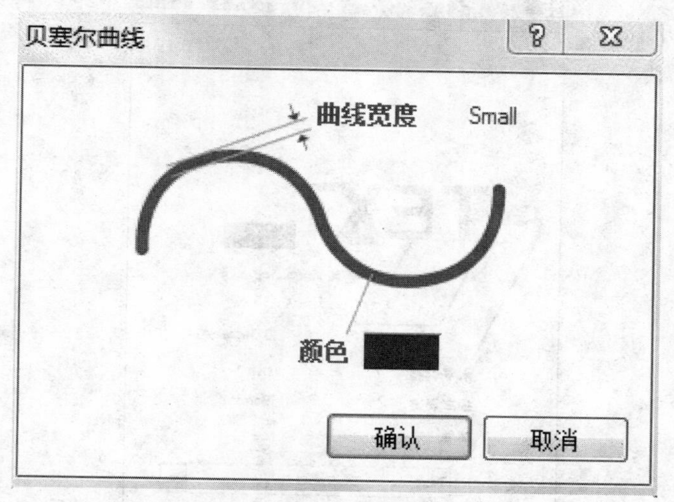

图 4-9　贝塞尔曲线属性设置对话框

其中可设置曲线的宽度，同样有 4 个选项。完成设置后，单击【确认】按钮确认。可以发现光标变成十字形状，此时，可以连续地单击鼠标左键绘制任意弯曲的曲线。图 4-10 所示的就是绘制过程中的曲线。

图 4-11 是绘制结束后的结果。

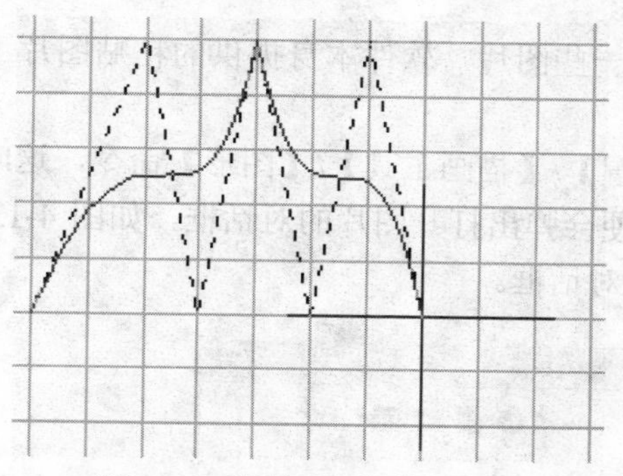

图 4-10　绘制贝塞尔曲线过程

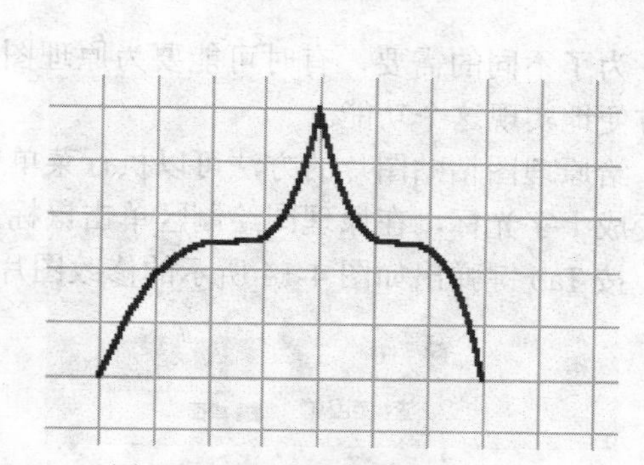

图 4-11　绘制完成的贝塞尔曲线

另外的画图工具的使用方法与上面讲述的基本类似，这里就不再做详细说明了。

4.2.2　给原理图添加文字

为了读图方便，原理图中最好能够添加文字说明，添加文字的方法通常有两种，下面来分别介绍。

添加文字的方法适用于简洁的文字说明。实现的方法一般可以执行菜单中【放置】/【文字字符串】命令或单击画图工具栏中的 A 按钮。

执行后，十字光标会带着最近一次用过的标注文字外框出现在工作区。单击鼠标左键就可以将文字框放置在当前的位置，双击该文字框或在十字光标状态下按 Tab 键，弹出文字属性对话框，可以在该对话框下修改文字属性，如图 4-12 所示。

【文本】下拉列表框就是用于更改文字标注内容的。

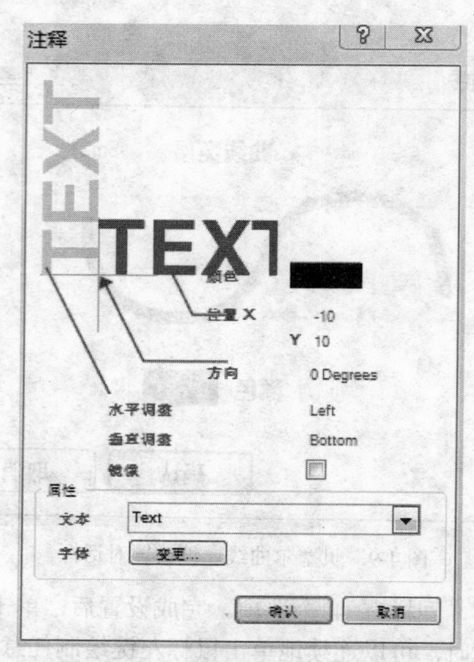

图 4-12 文字标注属性设置对话框

4.2.3 给原理图添加图片

为了不同的需要，有时可能要为原理图上增加一些图片，软件本身提供的粘贴图片工具能方便地实现这个功能。

给原理图粘贴图片的方法可以执行菜单中【放置】/【描画工具】/【图形】命令，这时鼠标变成十字光标，在原理图绘制区单击鼠标左键，便会弹出打开图片的对话框，如图 4-13 所示。按 Tab 键弹出如图 4-14 所示的修改图片属性的对话框。

图 4-13 选择粘贴图形文件对话框

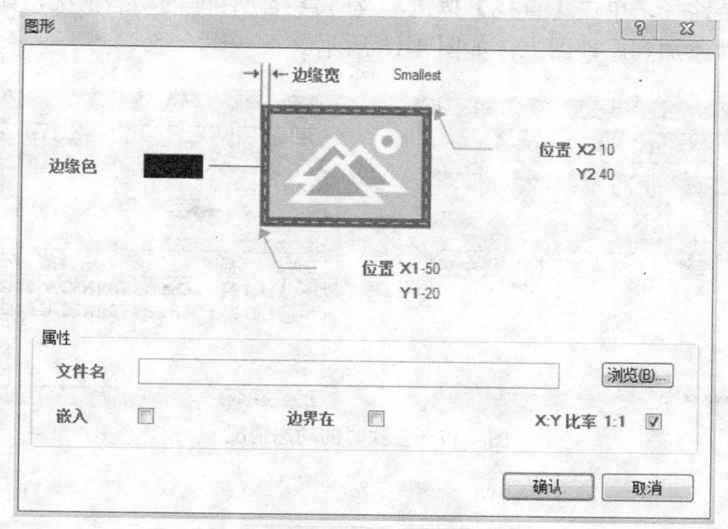

图 4-14　图片属性对话框

其中，【文件名】是所粘贴的文件名。可以单击后面的【浏览】按钮更改将要粘贴的文件。【X:Y 比率】复选项选中后，程序将锁定图片的长宽比。

设置完成后单击【确认】按钮。

随后，光标变成十字光标。接下来的工作与放置文本框操作相似。

4.2.4　给原理图查找元件

原理图中的某个元件，若不知其在哪个元件库中，利用元件库搜索来查找到元件。查找一个 LM1972M 的元件，单击【元件库】窗口中的【查找】按钮，如图 4-15 所示，弹出【元件库查找】对话框，如图 4-16 所示。

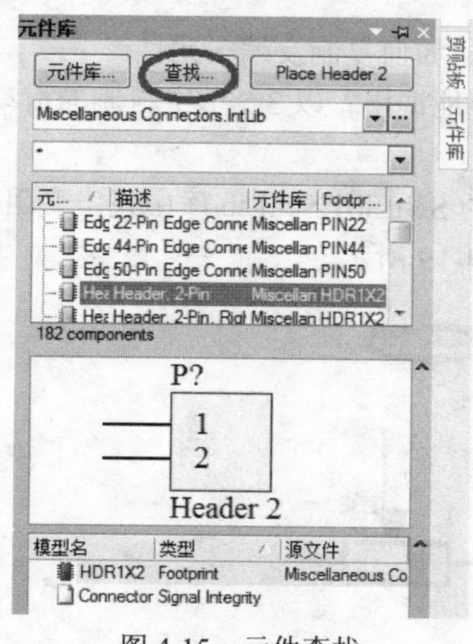

图 4-15　元件查找

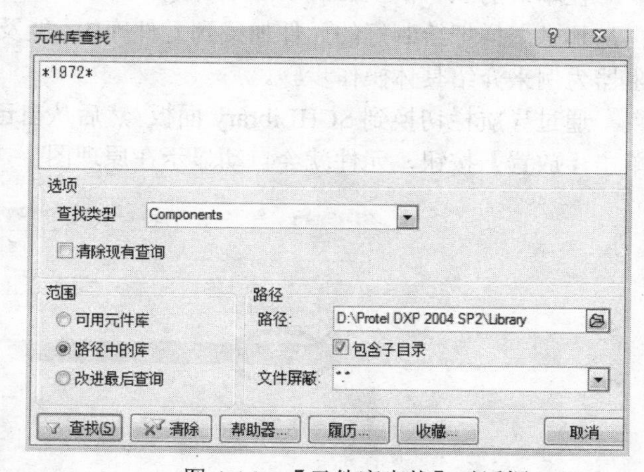

图 4-16　【元件库查找】对话框

在空白处输入元件名称，注意：元件名称只输入数字，字母等用*表示。元件 LM1972M 输入“*1972*”。【查找类型】下拉列表框中选择 Components，【范围】选择【路径中的库】单选按钮，注意安装路径，单击【查找】按钮，及时查看元件库的动态情况，如图 4-17 所示，查找完毕后将元件添加到原理图上，如图 4-18 所示。

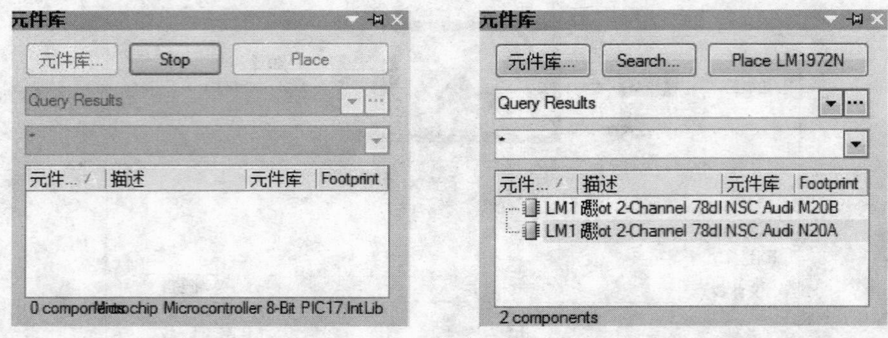

图 4-17　查找时的动态情况

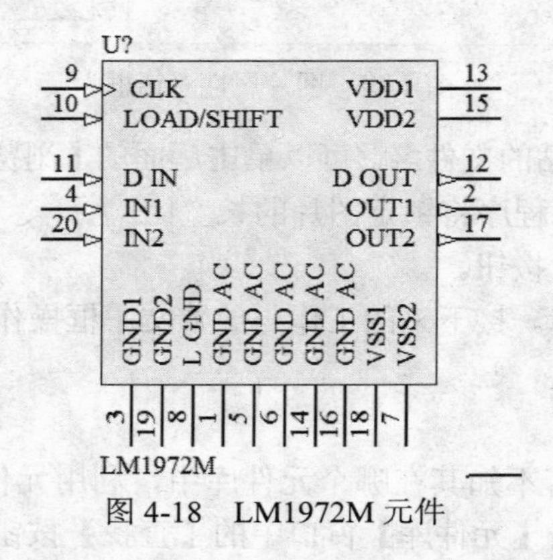

图 4-18　LM1972M 元件

4.2.5　给原理图放置自制元件

在本书的 3.4 节、3.5 节先后详细介绍了如何绘制元件、如何复制及编辑元件。

那么怎样把绘制好的元件加载到元件库中，能及时方便地调用？以 3.5 节中自制的滑动变阻器为例来介绍具体操作步骤。

通过导航栏切换到 SCHLibrary 面板，然后从自己创建的 SchLib1.SchLib 库中找出变阻器，单击【放置】按钮，元件就会自动显示在原理图上，如图 4-19 所示。

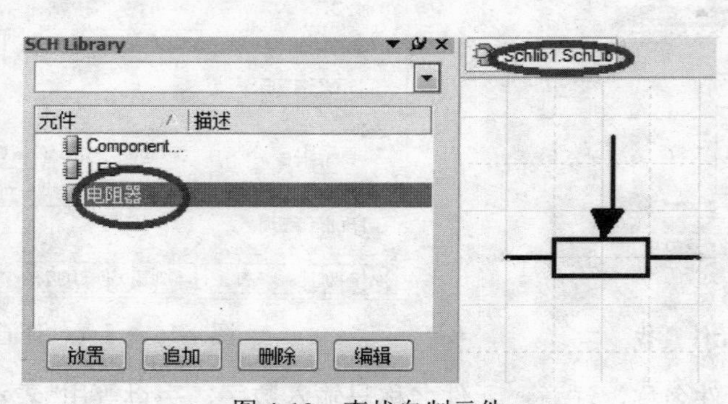

图 4-19　查找自制元件

在【可用元件库】对话框中选中【安装】选项卡，单击【安装】按钮，如图 4-20 所示，选择保存到自制元件下的路径，如图 4-21 所示。

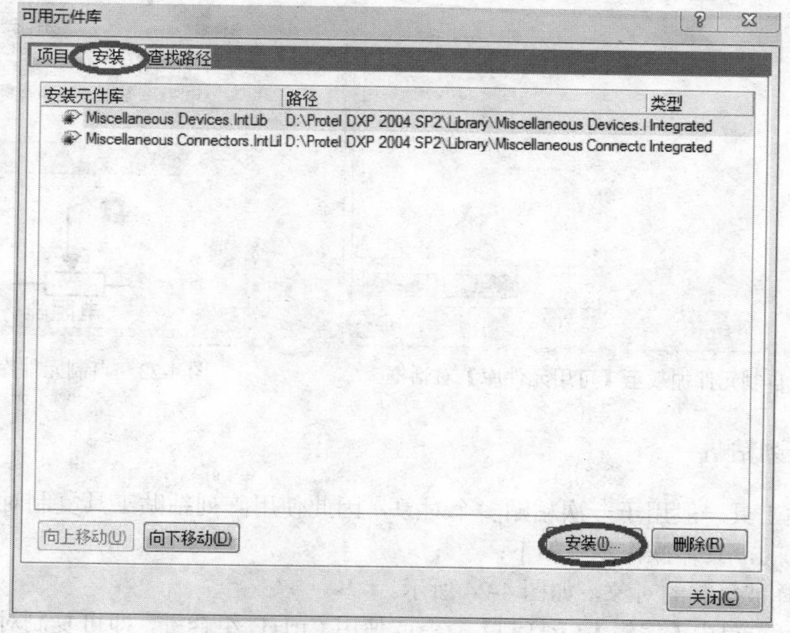

图 4-20 【可用元件库】安装对话框

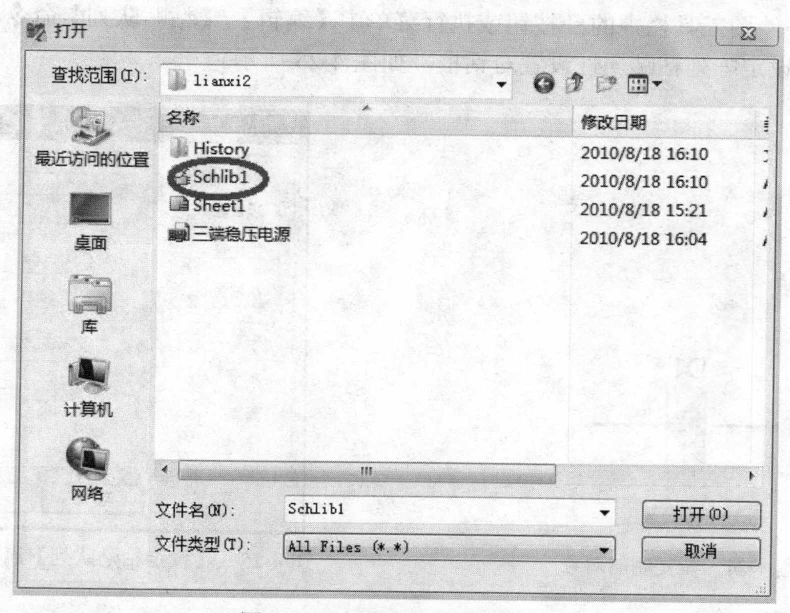

图 4-21 自制元件的保存路径

选中路径后，可在可用元件库中看到自制元件的原理图库，如图 4-22 所示，单击【安装】按钮。可在元件库中选择 Schlib1 库，选择电阻器元件（见图 4-23），这样就完成了自制元件加载到库中的操作了。

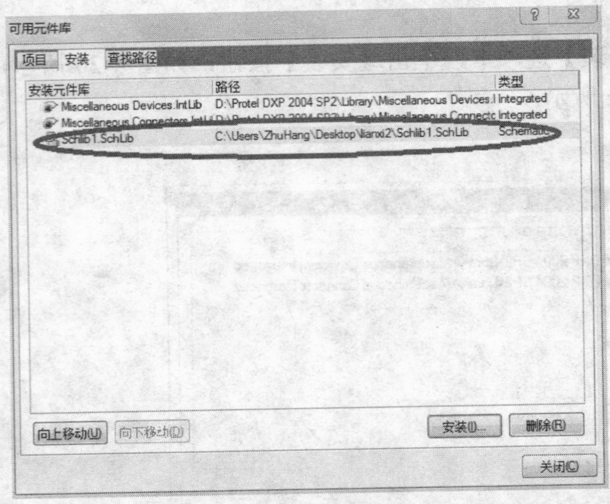

图 4-22　自制元件加载至【可用元件库】对话框

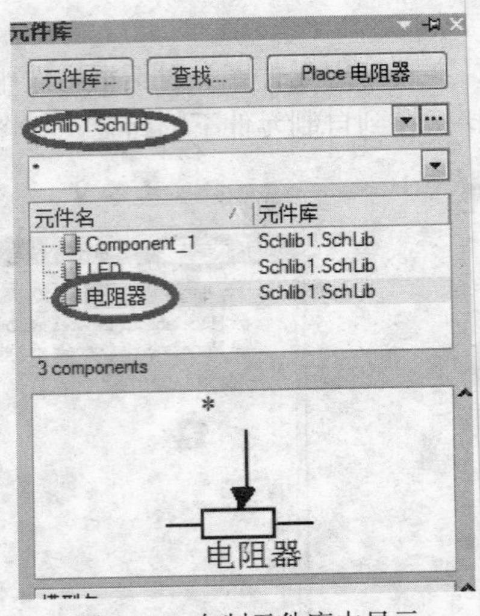

图 4-23　自制元件库中显示

4.2.6　阵列粘贴

阵列粘贴工具一般用于一次粘贴多个对象，因此使用阵列粘贴工具复制对象，既操作方便，又节省时间，具体操作步骤如下：

（1）选择被复制的对象，如图 4-24 所示。

（2）执行菜单中【编辑】/【复制】命令或使用 Ctrl+C 组合键，即可复制对象到 Windows 剪贴板中。

（3）单击绘图工具栏中的按钮或执行菜单中【编辑】/【粘贴队列】命令，启动阵列粘贴工具，弹出设定阵列粘贴属性设置对话框，如图 4-25 所示。

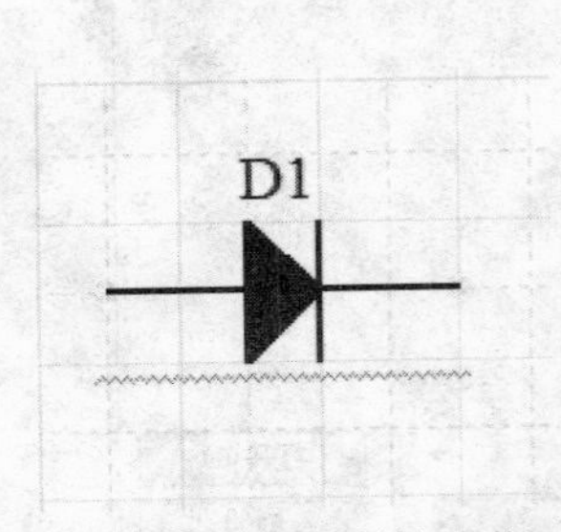

图 4-24　被复制的对象

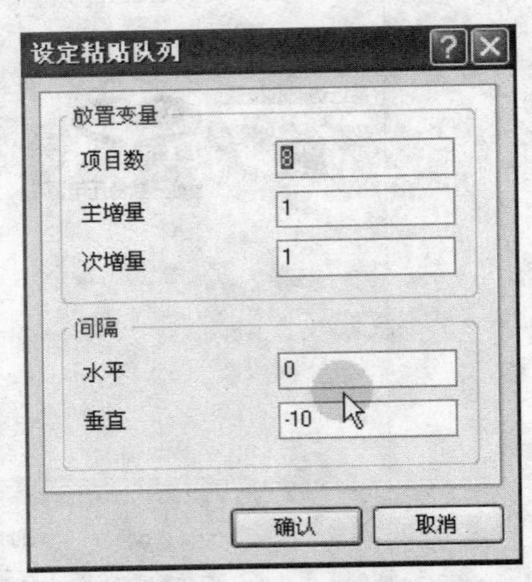

图 4-25　【设定粘贴队列】属性对话框

主要参数有 5 个：

- 项目数：即粘贴个数。
- 主增量：增量设置，若设置为 1，则在粘贴元件末尾数字后依次加 1，如 D1，则粘贴后的元件序号依次为 D2、D3、…。

- 次增量：增量设置。
- 水平：设置元件水平间隔距离。
- 垂直：设置元件垂直间隔距离。

（4）拖动到合适的位置，单击左键，阵列粘贴完毕，结果看图 4-26。

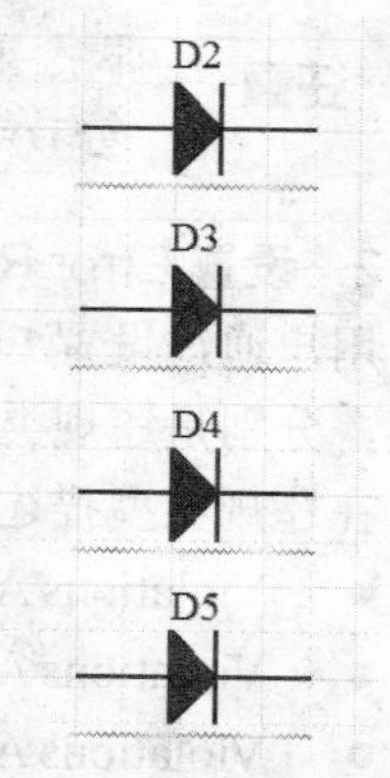

图 4-26　阵列粘贴结果

4.3　项目编译和差错

绘制完原理图后，为了验证电路的准确性，需要对原理图进行检查。Protel DXP 2004 SP2 和其他软件一样，提供了电气检测工具，并将检查结果标注到原理图中，同时生成错误报表供用户参考。

电气检测只对原理图的电气连接进行检查，电气连接以外的故障是检测不出来的。因此，电气检测不能排除原理图中全部故障，要排除所有故障，还是需要设计者根据设计要求检查和修改电路。

错误查找方法具体如下。

1．启动电气检测

执行菜单中【项目管理】/【项目管理选项】命令，启动工程项目选项，并打开对话框中的 Error Reporting（错误报告）选项卡，如图 4-27 所示。

图 4-27　设置错误报告

要启动项目管理选项，必须是在已创建工程项目或打开已存在的工程项目状态下，若只是创建或打开独立的原理图或 PCB 文件，则项目管理选项为灰色不可用状态。

2. 设置 Error Reporting 选项卡

用户通过设置 Error Reporting 选项卡可以设置原理图电气检测规则，主要设置参数有以下两类，分别是违规类型描述和（错误）报告模式。

在违规类型描述项中，Protel DXP 2004 SP2 共提供了 6 类电气规则检测：

- Violations Associated with Buses：总线违规检查。
- Violations Associated with Components：元件违规检查。
- Violations Associated with Documents：文件违规检查。
- Violations Associated with Nets：网络违规检查。
- Violations Associated with Others：其他违规检查。
- Violations Associated with Parameters：参数违规检查。

在（错误）报告模式项中，Protel DXP 2004 SP2 共提供了 4 类错误类型：

- 无报告：不产生报告，表示连接正确。
- 警告：主要起提醒警示作用，提醒设计者注意该规则。设计者根据实际情况决定是否修改或忽略。如 IC 的某个引脚为空脚而没有连线，则出现警告提示时可以忽略。
- 错误：表示存在与原理图设计规则相违背的错误，如元件序号重复等。
- 致命错误：一般是由用户设定的绝对不允许出现的错误，出现该错误可能导致严重的后果。

单击任一类错误报告类型，如“警告”，将会弹出下拉列表框，如图 4-28 所示。

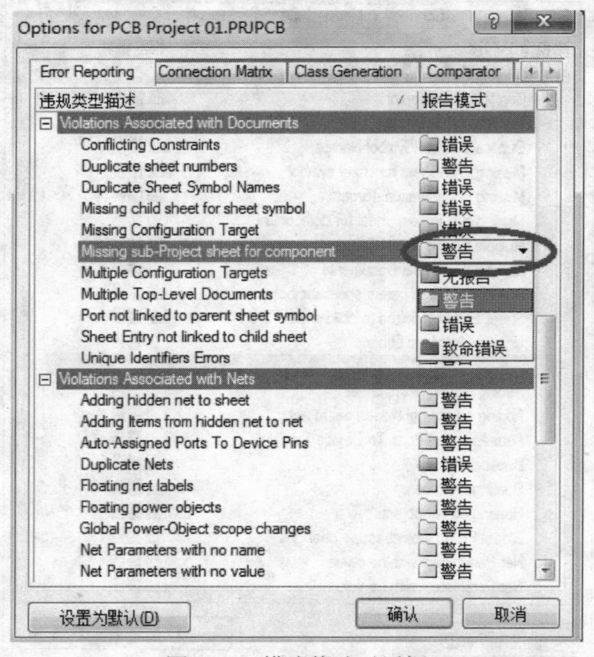

图 4-28　模式修改对话框

3. 设置 Connection Matrix 选项卡

打开图 4-27 所示的 Connection Matrix 选项卡，可启动电气连接矩阵设置对话框，如图 4-29 所示。

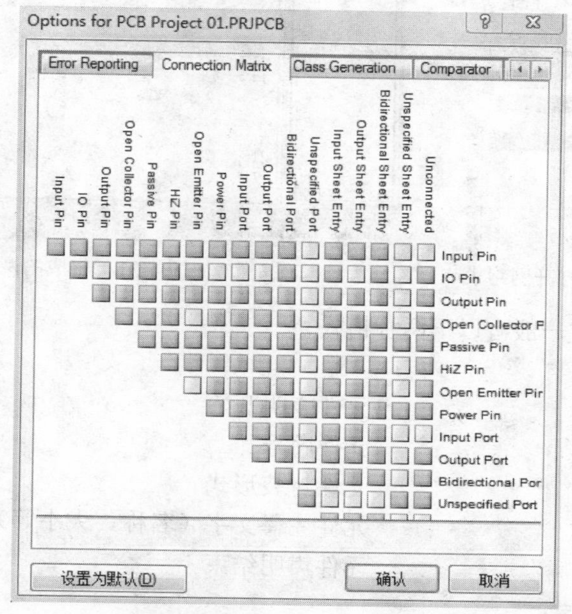

图 4-29　设置电气连接矩阵

该选项主要用来设置元件引脚和输入/输出端口间的连接状态，一般采用默认设置。

4.4　产生报表

该软件有丰富的报表功能，可以方便地利用它生成各种不同类别的报表，如网络表文件、元件列表文件和电气测试报告等。通过这些报表，设计者可以掌握项目设计中的各种重要的相关信息，以便及时对设计进行校对、比较及修改等工作。下面分别介绍这些文件。

4.4.1　生成网络表文件

网络表是原理图和印制电路板之间的桥梁，是印制电路板自动布线的灵魂。它可以在原理图编辑中直接由原理图文件生成，也可以在文本文件编辑器中手动编辑。其实，也可以在 PCB 编辑器中，由已经布线的 PCB 图中导出相应的网络表。总之，网络表把原理图与 PCB 图紧密地联系起来。

利用原理图生成网络表，一方面可以用来进行印制电路板的自动布线及电路模拟，另一方面也可以用来与从最后布好线的印制电路板中导出的网络表进行比较、校对。

生成网络表文件的方法可以执行菜单中【设计】/【设计项目的网络表】/Protel 命令，建立当前原理图文档的网络表文件。

网络表建立后，用户必须在 Projects 面板中自己打开网络表文件，如图 4-30 所示，打开后生成的网络表如图 4-31 所示。

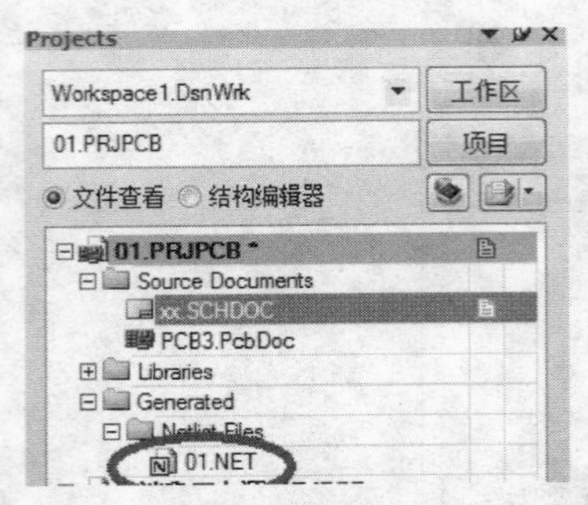

图 4-30 在 Projects 中打开网络表

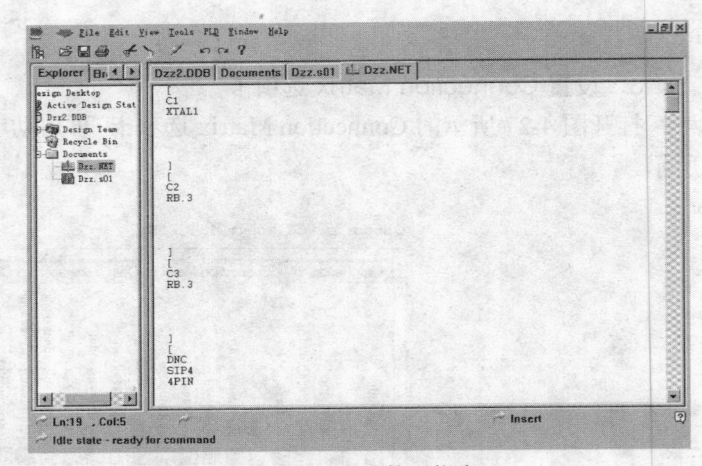

图 4-31 生成的网络表

生成网络表的格式一般有以下两种格式。

1．元件声明格式

[	元件声明开始
U1	元件序号
DIP20	元件封装形式
89C2051	元件注释文字（名称、大小等）
]	元件声明结束

2．网络的定义格式

(	网络定义开始
GND	网络名称
C2-1	网络的连接点
C3-1	网络的连接点
DNC-1	网络的连接点
DNC-2	网络的连接点
N1-E	网络的连接点
N2-E	网络的连接点
N3-E	网络的连接点
N4-E	网络的连接点
N5-E	网络的连接点
R9-1	网络的连接点
R10-1	网络的连接点
R11-1	网络的连接点
R14-1	网络的连接点
U1-10	网络的连接点
U2-7	网络的连接点
U3-5	网络的连接点
)	网络定义结束

从生成的网络表可以发现，网络表文件分为两个部分，首先是元件声明，然后是网络定义。它们有各自固定的格式与固定的组成部分，缺少其中的任何部分都有可能在 PCB 自动布线时产生错误。

4.4.2 生成元件列表文件

元件列表主要包括元件的名称、序号、封装形式。这样可以对原理图中的所有元件有一个详细的清单，以便检查、校对。下面介绍生成原理图元件列表的方法。

执行菜单中【报告】/Bill of Material 命令。随后，可以看到如图 4-32 所示的对话框。

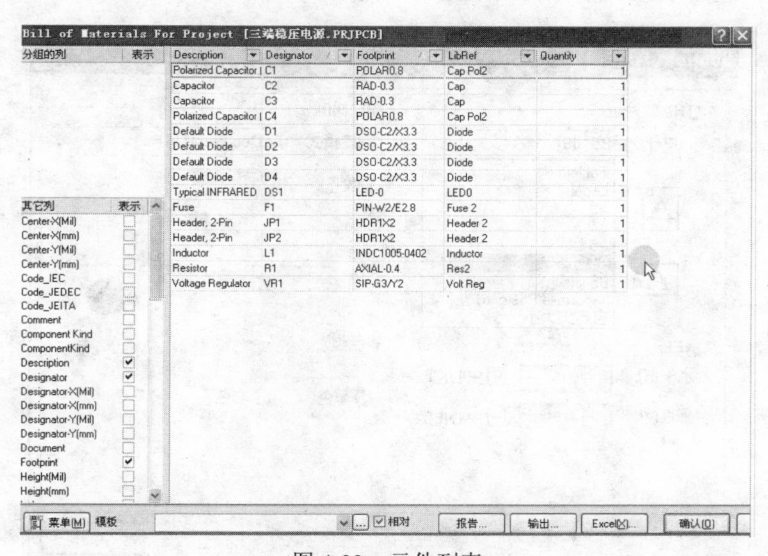

Description	Designator	Footprint	LibRef	Quantity
Polarized Capacitor (	C1	POLAR0.8	Cap Pol2	1
Capacitor	C2	RAD-0.3	Cap	1
Capacitor	C3	RAD-0.3	Cap	1
Polarized Capacitor (	C4	POLAR0.8	Cap Pol2	1
Default Diode	D1	DSO-C2/X3.3	Diode	1
Default Diode	D2	DSO-C2/X3.3	Diode	1
Default Diode	D3	DSO-C2/X3.3	Diode	1
Default Diode	D4	DSO-C2/X3.3	Diode	1
Typical INFRARED	DS1	LED-0	LED0	1
Fuse	F1	PIN-W2/E2.8	Fuse 2	1
Header, 2-Pin	JP1	HDR1X2	Header 2	1
Header, 2-Pin	JP2	HDR1X2	Header 2	1
Inductor	L1	INDC1005-0402	Inductor	1
Resistor	R1	AXIAL-0.4	Res2	1
Voltage Regulator	VR1	SIP-G3/Y2	Volt Reg	1

图 4-32　元件列表

产生、输出报表：

单击【报告】按钮，可预览元件报表清单，如图 4-33 所示。

单击【输出】按钮，可弹出导出元件报表清单对话框。

单击【Excel】按钮，将元件报表导出为 xls 文件（即 Excel 文件）。

Microsoft Excel - 三端稳压电源

	A	B	C	D	E	F	G
1	Designator	Footprint	LibRef	Quantity	Value		
2	C1	POLAR0.8	Cap Pol2	1	1000uF		
3	C2	RAD-0.3	Cap	1	1000pF		
4	C3	RAD-0.3	Cap	1	1000pF		
5	C4	POLAR0.8	Cap Pol2	1	1000uF		
6	D1	DSO-C2/X3.3	Diode	1			
7	D2	DSO-C2/X3.3	Diode	1			
8	D3	DSO-C2/X3.3	Diode	1			
9	D4	DSO-C2/X3.3	Diode	1			
10	DS1	LED-0	LED0	1			
11	F1	PIN-W2/E2.8	Fuse 2	1			
12	JP1	HDR1X2	Header 2	1			
13	JP2	HDR1X2	Header 2	1			
14	L1	INDC1005-0402	Inductor	1	100mH		
15	R1	AXIAL-0.4	Res2	1	1K		
16	VR1	SIP-G3/Y2	Volt Reg	1			
17							
18							

图 4-33　元件清单

4.5 原理图的打印

4.5.1 打印输出

要想打印出 Protel DXP 2004 SP2 环境下的原理图，首先要设置打印机，设置打印机的方法为执行菜单中【文件】/【页面设定】命令，或者直接在主工具栏中单击按钮。之后，会弹出页面设置对话框，从中选择合适的打印纸张，【刻度模式】下拉列表框中选择 Fit Document On Page（表示原理图纸张大小令自动设定），如图 4-34、图 4-35 所示。

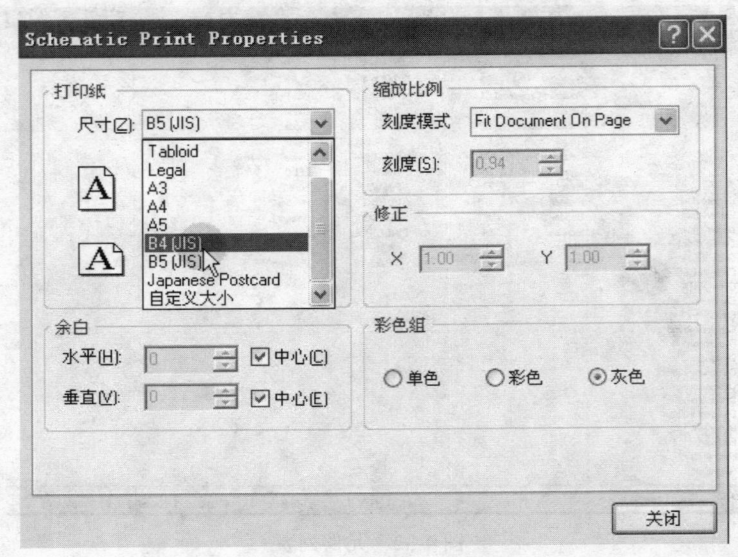

图 4-34　页面设置对话框

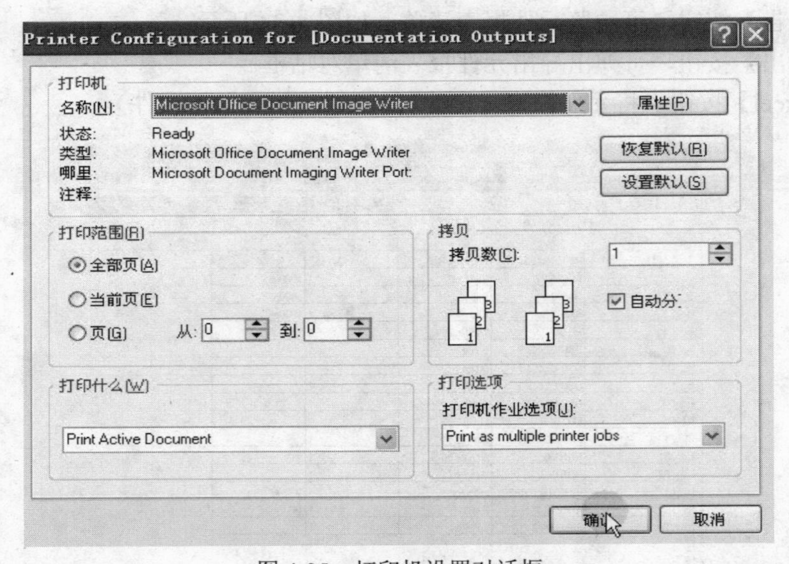

图 4-35　打印机设置对话框

4.5.2 生成图片

单击【打印预览】按钮，在空白处右击并在弹出的快捷菜单中选择【输出图元文件】命令，选择合适的保存路径，完成后就可把原理图生成图片（*.JPG 格式），如图 4-36、图 4-37 所示。

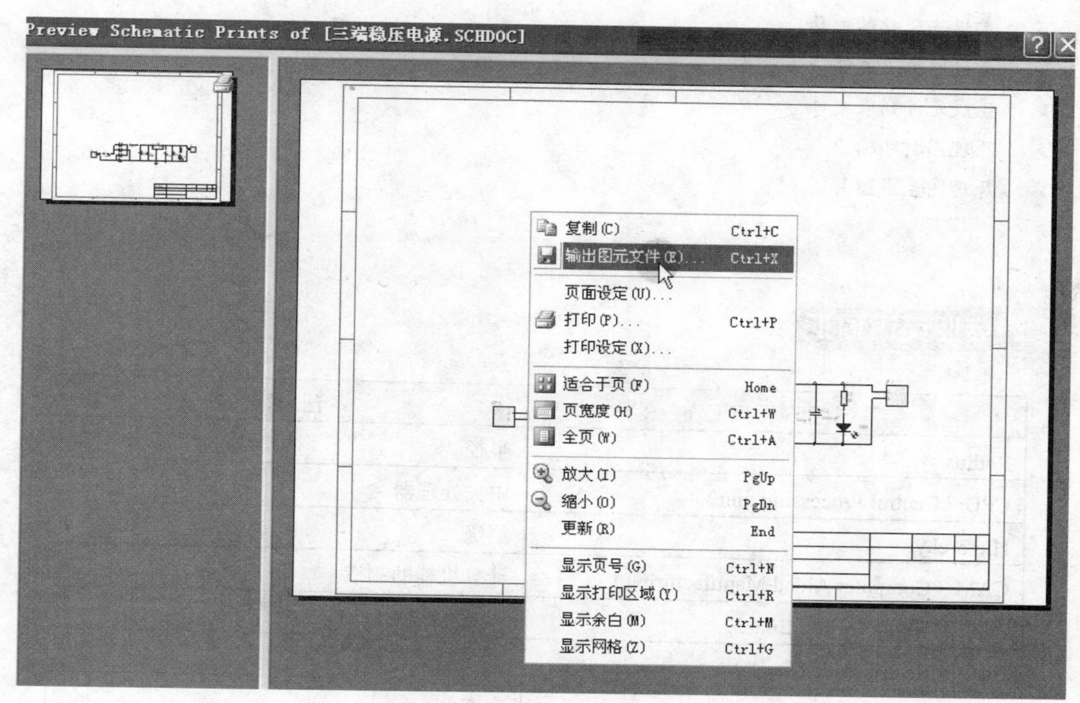

图 4-36 输出图元文件（一）

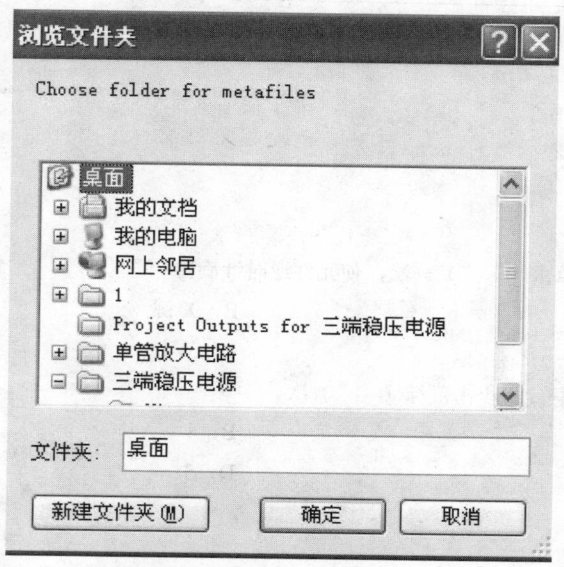

图 4-37 输出图元文件（二）

- 熟悉各种图形绘制工具
- 在原理图上添加文字和图片
- 快速查找原理图所需元件
- 掌握阵列粘贴工具
- 生成网络表文件
- 生成元件列表文件
- 原理图打印输出
- 原理图生成图片

专业英语词汇	行业术语
Radius	半径
CPU（Central Processing unit）	中央处理器
Hierarchy	层级
CAM（Computer Aided Manufacturing）	计算机辅助制造
PCB（Printed Circuit Board）	印制电路板
ERC（Electric Rule Check）	电气规则检测
Text Frame	文本框
DRC（Design Rule Check）	设计规则检查

一、选择题

1. 在原理图中，每单击（　　）一次，使元件逆时针旋转 90°。

   A．空格键　　B．X 键

   C．Y 键　　D．W 键

2. SCH 系统画一条导线最少击鼠标（　　）次。

   A．4　　B．1

   C．2　　D．3

二、简答题

1．阵列粘贴的特点是什么？

2．生成元件列表的注意事项是什么？

3．生成后的网络表如何查看？

4．项目编译时要特别注意些什么？

5．在元件库查找元件时，如何快速查询？

6．如果想在原理图上注明该电路检测步骤和注意事项，应选择什么工具？如果想给原理图某个元件的功能做简要的说明呢（A 添加文字标注，B 添加文本框）？

7．绘制导线的方法有哪些？是否有区别？对应的菜单命令是什么？

8．放置工具栏上，绘制圆弧的按钮有哪些？

9．如何给原理图添加图片？

10．简述元件列表、引脚列表的作用。

11．根据本章的实例，生成一张网络表文件。

12．如何进行电气检测？又如何避免电气检测？

13．如果想打印出一张比例为 80%的原理图该如何设置？

音频模块

在电子大赛硬件设计中，音频模块同样也是输出模块中的重要部分。通常把参数和信息通过语音播报的方式进行工作，有时对于系统中的检查和警告工作，也通过音频模块及时告知设计者。除了输出功能外，音频模块同样有输入的功能。以下两张电路图分别是音频输入/输出，请大家认真绘制。

图 4-38 所示为音频输入模块。麦克风来的语音信号经 AGC（自动增益控制放大）后进入 MIC-IN 通道进行 A/D 转换。音频录入主要分为 Microphone、AGC 电路、ADC 电路等部分。语音信号经 Microphone 转换成电信号，由隔直电容隔掉直流成分，然后输入放大器。自动增益控制电路 AGC 能随时跟踪、监视前置放大器输出的音频信号电平，当输入信号增大时，AGC 电路自动减小放大器的增益；当输入信号减小时，AGC 电路自动增大放大器的增益，以便使进入 A/D 的信号保持在最佳电平，又可使削波减至最小。

图 4-39 所示为音频输出模块：使用 SPY0030 功放，与 LM386 相比 SPY0030 具有工作电压范围宽、输出功率大等优点（SPY0030 工作电压 2.4V，LM386 工作电压 4V；SPY0030 输出功率 700mW，LM386 输出功率 100mW）。

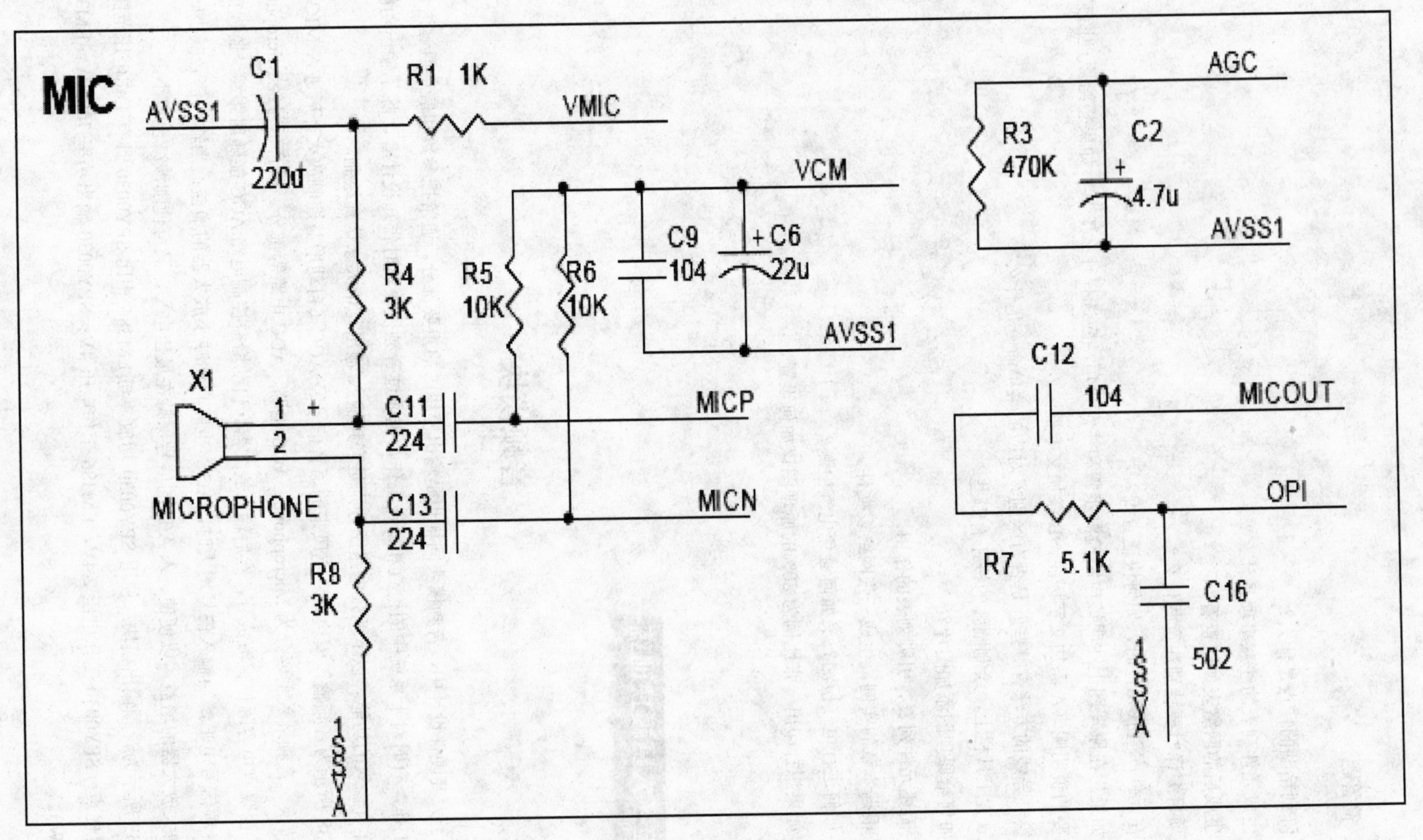
MIC
AVSS1
C1
220u
R1 1K
VMIC
VCM
C9
104
C6
22u
R4
3K
R5
10K
R6
10K
AVSS1
X1
1 +
2
C11
224
MICP
MICROPHONE
C13
224
MICN
R8
3K
AVSS1
AGC
R3
470K
C2
4.7u
AVSS1
C12
104
MICOUT
OPI
R7
5.1K
C16
502
AVSS1

图 4-38 音频输入模块

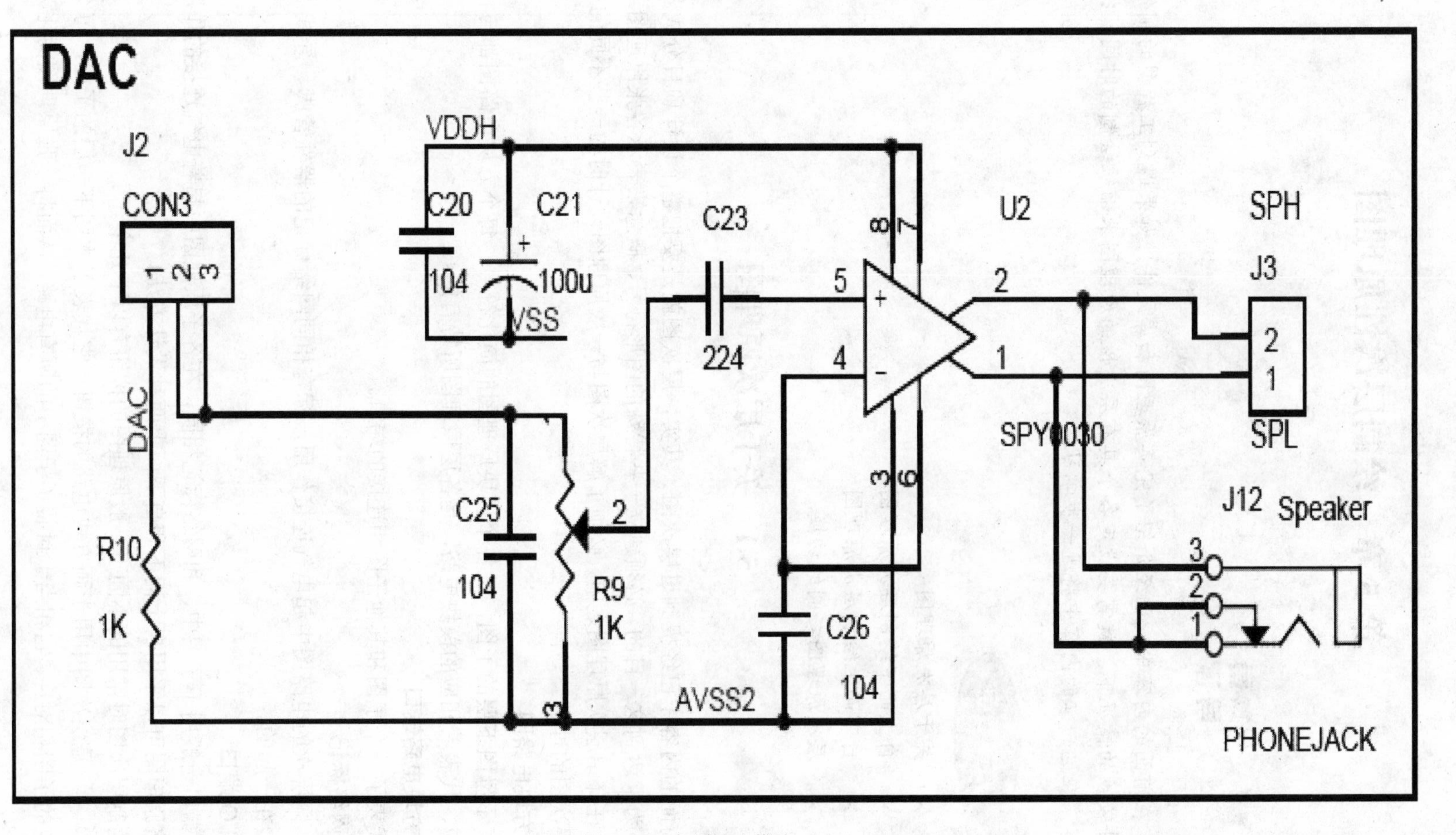
DAC
J2
CON3
1 2 3
DAC
R10
1K
VDDH
C20
104
C21
100u
VSS
C25
104
R9
1K
C23
224
AVSS2
C26
104
U2
SPY0030
SPH
J3
SPL
J12 Speaker
PHONEJACK

图 4-39 音频输出模块

第 5 章　绘制层次性原理图

在前面的内容中，已经介绍了完善原理图和库文件。如果遇到工程型的制作，文件较多的情况下，就需要设定各个具有层次性的原理图来缩短绘制的时间，提高效率。在这一章的内容中将进一步学习。

- 关于层次原理图
- 自上而下绘制层次原理图
- 自下而上绘制层次原理图
- 层次原理图之间的切换

5.1　关于层次原理图

在前面的内容中已经提到过层次图。其实，层次图就是要把整个设计项目分成若干原理图表达。为了达到这一目的，必须建立一些特殊的图形符号、概念来表示各张原理图之间的连接关系。在介绍层次原理图之前，必须了解层次图与一般原理图设计时的一些不同的符号，来加深对层次图的理解。

1．方块电路图

它表示母图下层的子图，是各个模块原理图的简化符号，每个方块电路图都与特定的子图相对应，代表着相应的模块电路，是各层原理图所特有的。

2．方块电路端口

它代表了一个子图和其他子图相连接的端口。

3．网络标记

在不同层次的电路图中起电气连接作用，标有相同网络标记的器件管脚、导线等在电气上是连接在一起的。

4．I/O 端口

I/O 端口一般用于子图中，和网络标记相同，在各子原理图中起着电气连接的作用，绘制层次电路原理图可以采用自上而下和自下而上两种设计方法。

在绘制层次图时常用的不同于一般原理图的按钮有以下几个。

（1）▪ 是层次图中用于画方块电路的按钮，它代表了本图下一层的子图，每个方块图都与特定的子图相对应。它相当于封装了子图中的所有电路，从而将一张原理图简化为一个符号。方块电路是层次原理图所特有的。

（2）是用于画方块电路图端口的按钮，用它画出来的端口是方块电路所代表的下层子图与其他电路连接的端口。通常情况下，方块电路端口与和它同名的下层子图的I/O端口相连。

（3）是用来画I/O端口的按钮，它虽不是层次图所特有的，但是它在层次图中发挥了很大的作用。

以上几个符号对轻松地设计层次式原理图有很大的帮助。

层次原理图的设计方法通常有两种，一种是自上而下的设计方法，另一种是自下而上的设计方法（用户也可以根据实际需要，将两者结合起来使用）。不同的设计方法对应的层次原理图的建立过程也不相同。

下面来分别看看这两种方法的具体实现。

5.2 自上而下绘制层次原理图

用自上而下设计时，首先建立一张总图（Master Schematic）。在总图中，用方块电路代表它下一层的子系统图，接下来就是按顺序将每个方块对应的子图逐步绘制出来。这样逐步细化，直至整个电路的设计，如图5-1所示。

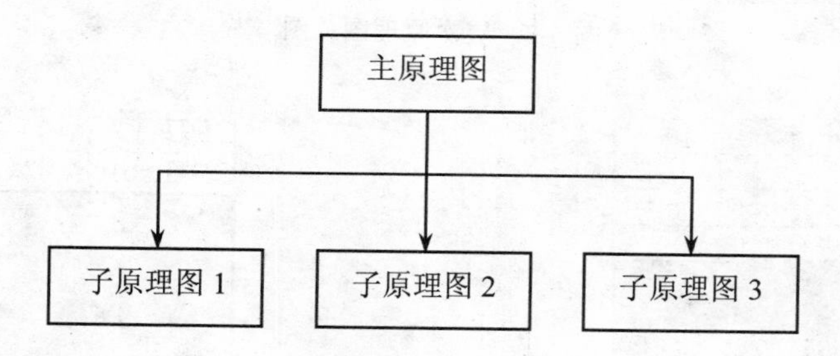

图5-1 自上而下原理

建立总图是这种方法的第一步工作，图5-2所示的就是一个总图的例子。

这是一个电子钟设计的总图，将其分成4个模块，很清晰地表明了设计模块之间的相互关系及其工作原理。

下面以图5-2为例介绍一下层次原理总图的设计过程。

绘制层次原理图母图如下：

（1）在Protel DXP 2004 SP2中建立一个原理图。

（2）执行菜单中【文件】/【创建】/【原理图】命令。

（3）执行菜单中【放置】/【图纸符号】命令，或单击Wiring工具栏中的按钮，启动放置方块电路命令。

执行上述命令后，鼠标变成十字形，并有一个方块电路的虚影随鼠标移动，如图5-3所示。单击鼠标左键，确定方块电路的第一顶点。

（4）将鼠标移到原理图上，这时光标变成十字形状，十字右下角有一个默认大小的方块电路，如图5-4所示。移动光标的位置，会发现方块电路随着光标的移动而移动。

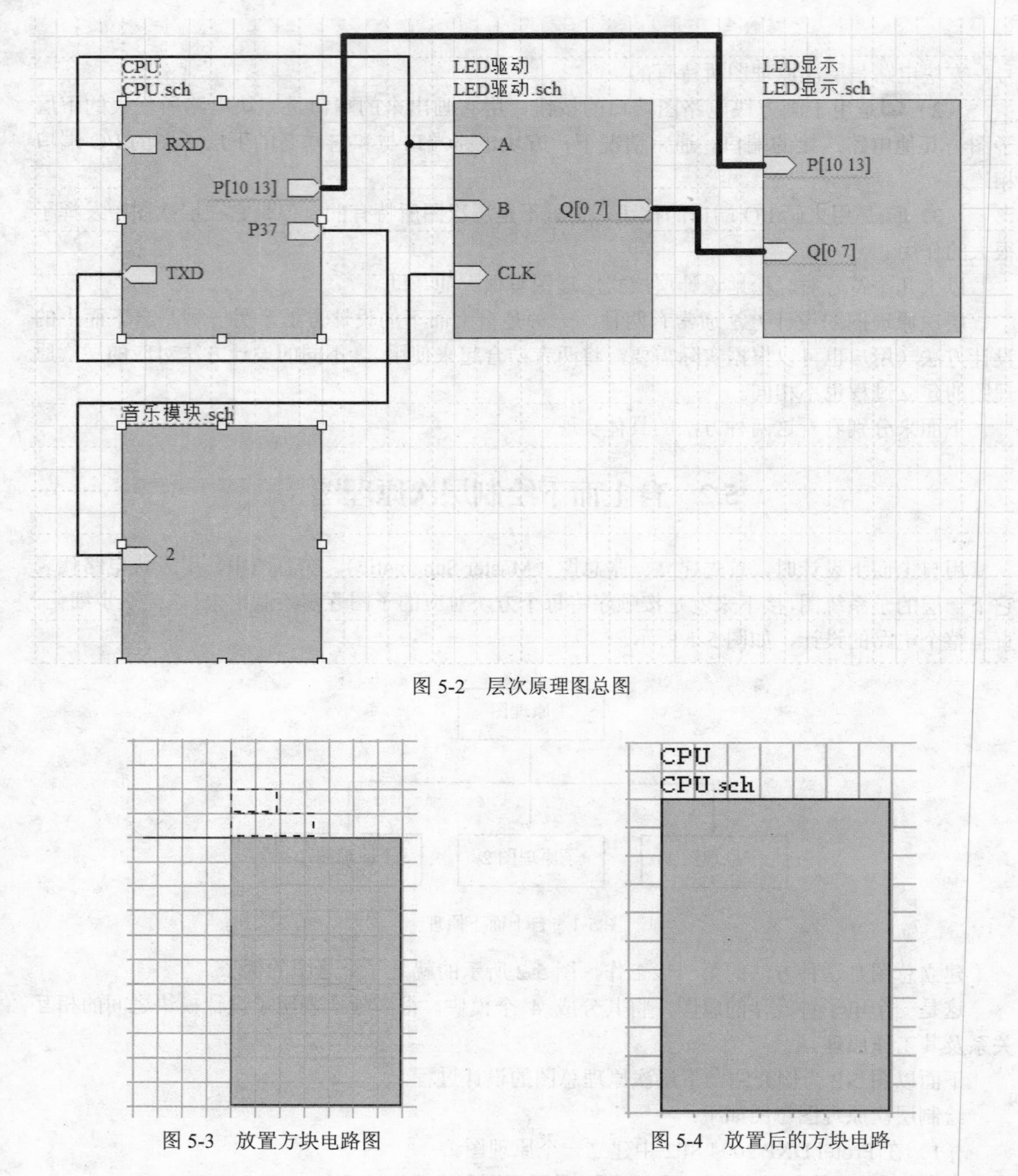

图 5-2　层次原理图总图

图 5-3　放置方块电路图

图 5-4　放置后的方块电路

（5）双击鼠标左键，方块电路就会放置在当前的位置上。当然，用户很可能对默认方块电路的大小不满意。其实，可以先单击鼠标左键，这时方块电路的左上角位置就确定了，接着移动鼠标，会发现方块电路的大小随着光标的移动而改变，调整到用户满意的大小，再单击鼠标左键，一个方块电路就放置好了。这时，方块电路的许多参数都是默认设置的，将它们按照设计要求指定好，这一步骤是必需的。

（6）用鼠标双击刚刚放置好的方块电路，弹出如图 5-5 所示的对话框。

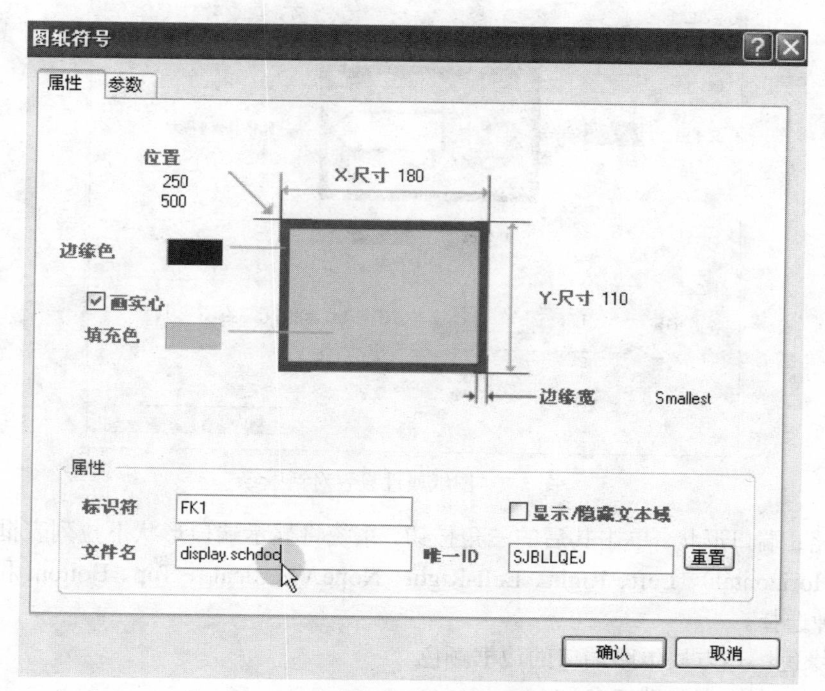

图 5-5　方块电路图属性设置对话框

- 标识符：方块电路图标识符。
- 文件名：方块电路所对应的子原理图文件名。
- 唯一 ID：系统给出的编号，一般不用修改。
- 画实心：选中该复选框，使用 Fill Color 设定的颜色填充，一般选用系统默认设置。
- 填充色：填充颜色。
- 位置：方块电路位置，一般不用修改。
- X-尺寸：设置该方块电路的宽度。
- Y-尺寸：设置该方块电路的高度。
- 边缘宽：设置边框宽度。

（7）单击画原理图工具栏上的放置方块电路端口的按钮或执行菜单中【放置】/【加图纸入口】命令，执行放置方块电路端口的命令，这时鼠标光标变为十字形状。

（8）将光标移到 CPU 方块电路中，单击鼠标左键，这时十字光标上将叠加一个方块电路端口的形状，它会同光标一起移动，如图 5-6 所示。

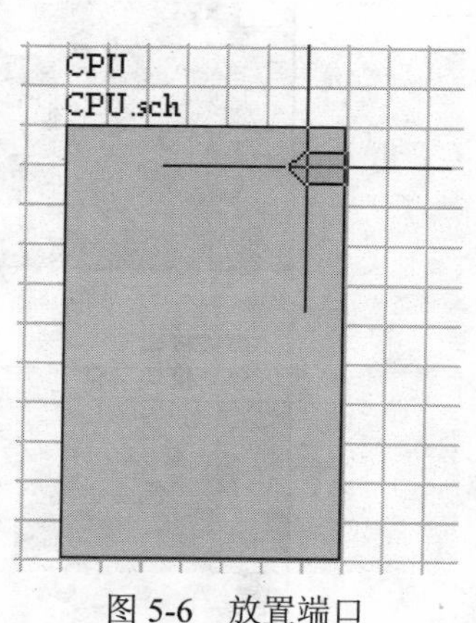

图 5-6　放置端口

（9）在此状态下，按 Tab 键弹出方块电路端口属性设置对话框，如图 5-7 所示。

- 填充色：端口填充颜色。
- 文本色：文字颜色。
- 边：端口放置位置单击三角按钮，系统将显示放置位置下拉列表框，其中有 Right（右侧）、Left（左侧）、Top（顶部）、Bottom（底部）4 种选项。

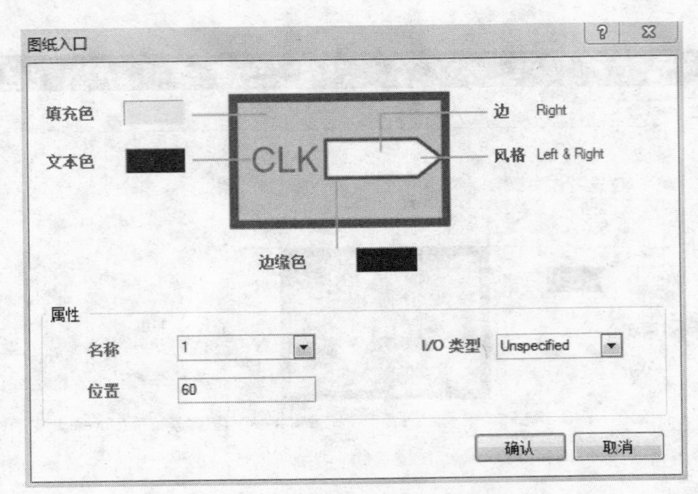

图 5-7 图纸属性设置对话框

- 风格：端口形状。单击其后的三角按钮，系统将显示端口形状下拉列表框，共有 None（Horizontal）、Left、Right、Left-Right、None（Vertical）、Top、Bottom 和 Top-Bottom 8 种选择。
- 边缘色：是方块电路端口的边框颜色。
- 名称：方块电路端口名称。
- I/O 类型：端口输入、输出类型。在其后的下拉列表框中有 Unspecified（不指定）、Output（输出）、Input（输入）、Bidirectional（双向）4 种类型选项。
- 位置：设置端口在方块电路符号中的数值位置。

单击鼠标左键放置端口，如图 5-8 所示。

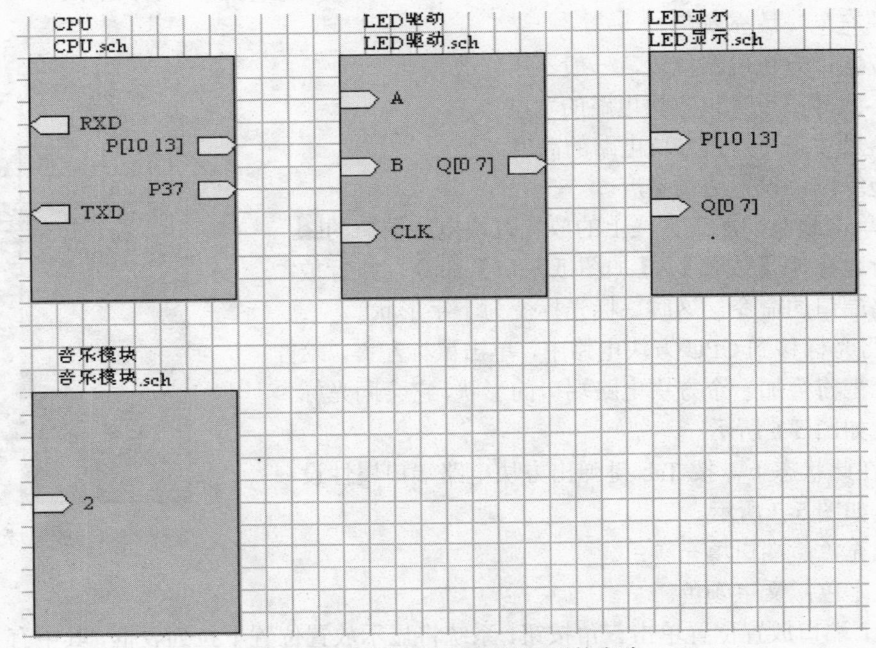

图 5-8 放置完各方块电路图后的电路

（10）将具有电气连接关系的方块电路端口用导线或总线连接，并添加网络标号，如图5-9所示。

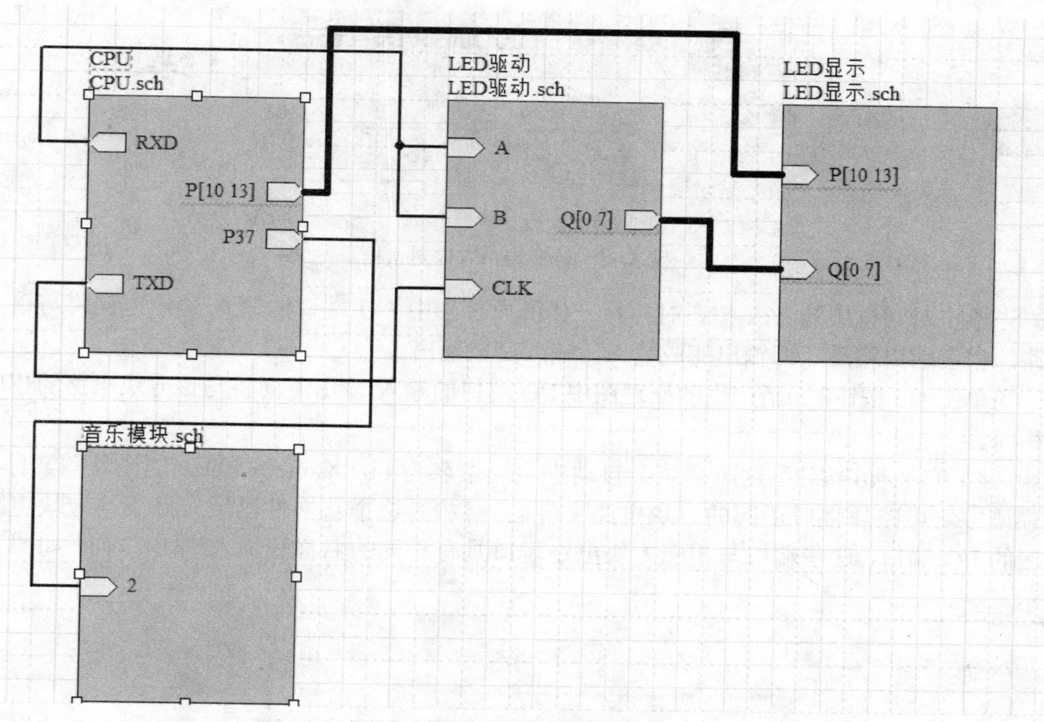

图 5-9　方块电路图连接后结果

绘制层次原理图子图步骤如下：

（1）在母图中执行菜单中【设计】/【根据符号创建图纸】命令，启动由方块电路产生原理图子图命令，此时光标变成十字形。

（2）这时光标变成十字形状，将其移到方块电路内，如图5-10所示。

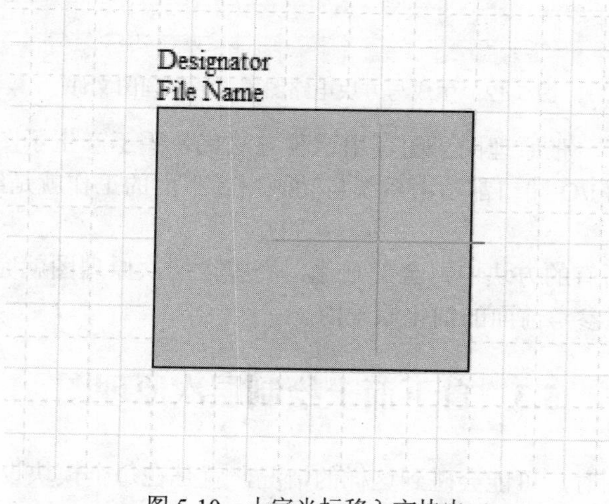

图 5-10　十字光标移入方块内

（3）单击鼠标左键，系统将弹出转换端口方向对话框，如图 5-11 所示。

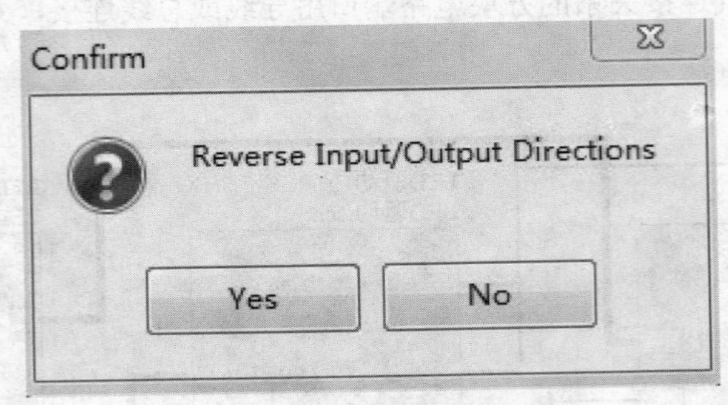

图 5-11　转换端口方向对话框

当单击对话框中的 Yes 按钮时，新产生的原理图中 I/O 端口的输入/输出方向将与该方块电路的相应端口相反，即输出变成输入，输入变成输出。

当单击 No 按钮时，新产生的原理图中 I/O 端口的输入/输出方向将与该方块电路的相应端口相同。

（4）单击 No 按钮，这时系统会自动产生一个名为 File Name.SchDoc 的原理图文件（与设置该方块电路属性时所起的方块电路文件名一致）。这个新文件已经布好了与方块电路相对应的 I/O 端口，这些端口与相应方块电路端口具有相同的名称和输入/输出方向，如图 5-12 所示。

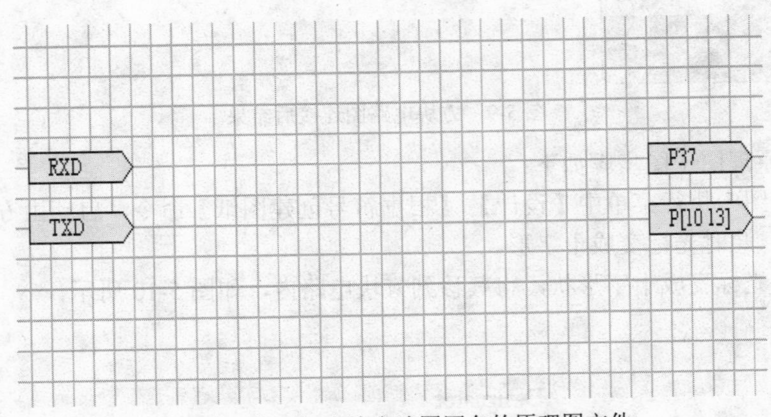

图 5-12　生成与方块电路图同名的原理图文件

至此，已经产生了一张原理图子图，用这种方法代替手工产生子图，可以大大提高绘图效率，因为所有需要的 I/O 端口都是由系统自动画出。下面的工作就是继续添加元件、连线，将这张图完成。

用同样的方法将所有的方块电路全部细化，则整个层次原理图就完成了。对于本例中的两张层次原理图，可以参考前面的细化原理图。

5.3　自下而上绘制层次原理图

在设计层次原理图时，可能会碰到这样的情况，就是在每个模块设计出来之前，并不清楚每个模块到底有哪些端口。这时如果还要用自上而下的设计方法就显得力不从心了，因为没办法画出一张详尽的总图。所以这里要用即将介绍的自下而上设计的方法。

这种设计方法中，先设计出下层模块的原理图，再由这些原理图产生方块电路，进而产生上层原理图。这样层层向上组织，最后生成总图。

下面就以上面的设计项目为例介绍这种方法的具体操作过程。需要指出的是本节和上节所介绍的两种方法虽然过程相反，但在具体操作时仍有许多相同之处。只是对设计方法中的特殊之处加以介绍。下面介绍具体的步骤。

（1）绘制好底层模块，把需要与其他模块相连的端口用 I/O 端口的形式画出，如绘制好 4 张层次原理子图 CPU.sch、“LED 驱动.sch”、“LED 显示.sch”和“音乐模块.sch”。

（2）在设计数据库中建立一个新的原理图文件，双击这个文件的图标使之处于打开状态。

（3）执行菜单中【设计】/【根据图纸建立图纸符号】命令，这时弹出如图 5-13 所示的对话框，将光标移到文件名 Sheet1.sch 处，单击鼠标使之处于高亮度显示状态。

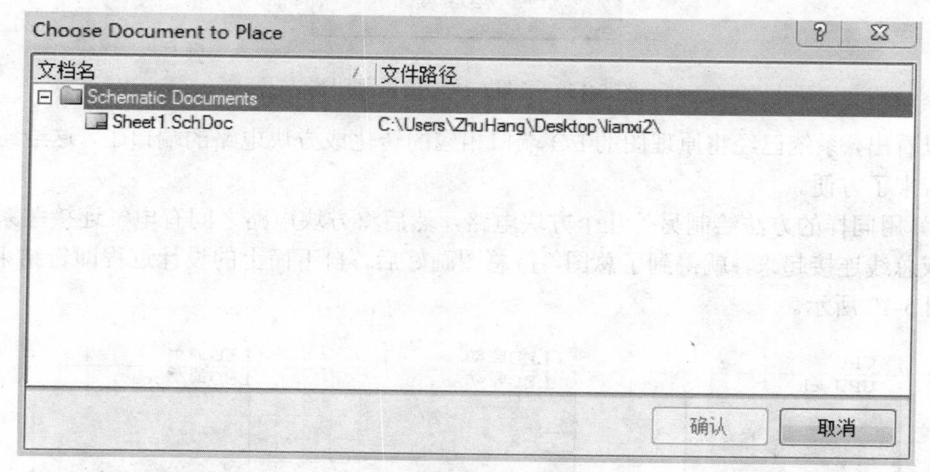

图 5-13　选择子图对话框

然后单击【确认】按钮确认，这时系统会自动产生代表该母图的方块电路阴影，如图 5-14 所示。

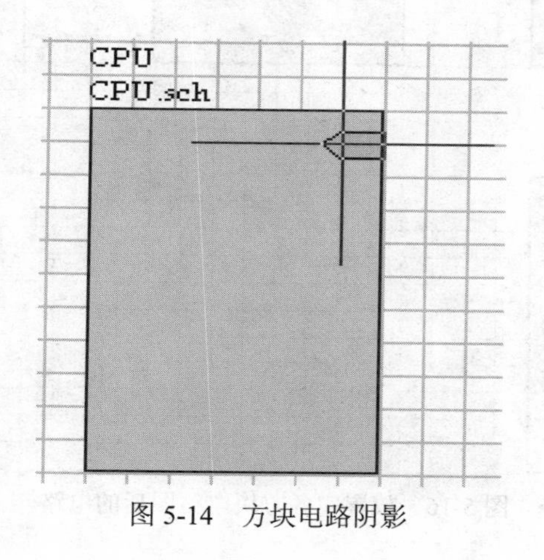

图 5-14　方块电路阴影

（4）移动光标，将方块电路符号移至合适的位置，单击鼠标左键，将方块电路放到原理图中，如图 5-15 所示。

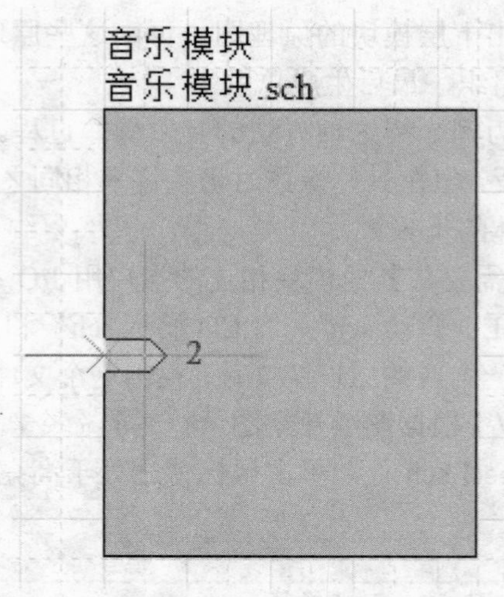

图 5-15　子图方块电路符号阴影

可以看出，系统已经将原理图的 I/O 端口相应的转化成方块电路的端口了，这给绘制上层原理图带来了方便。

（5）用同样的方法绘制另外几个方块电路，然后将方块电路之间有电气连接关系的端口用导线或总线连接起来，就得到了总图，待总图画好后，自下而上的设计过程即告结束，如图 5-16、图 5-17 所示。

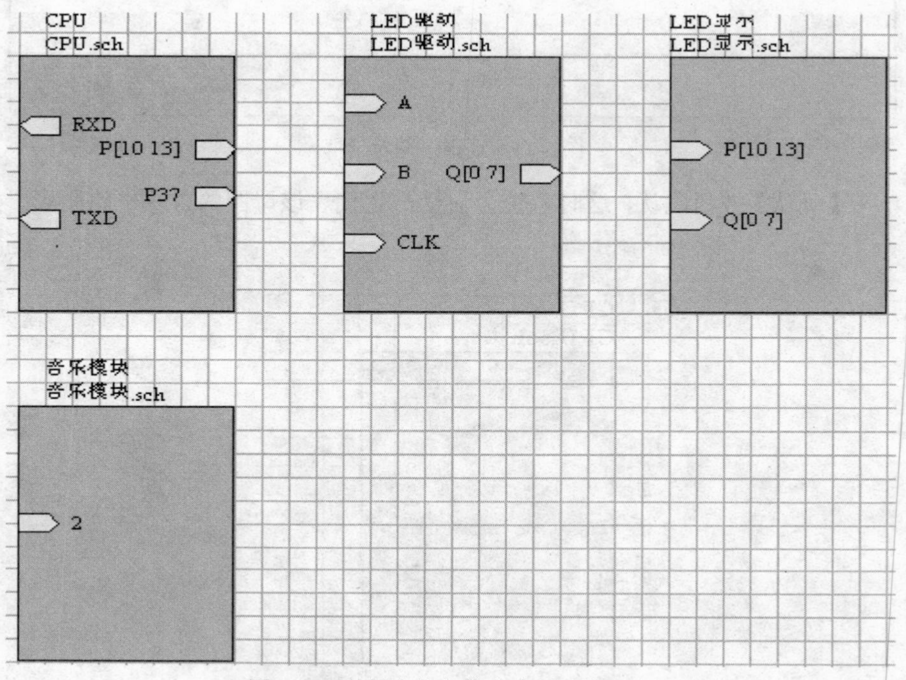

图 5-16　放置完各方块电路图后的电路

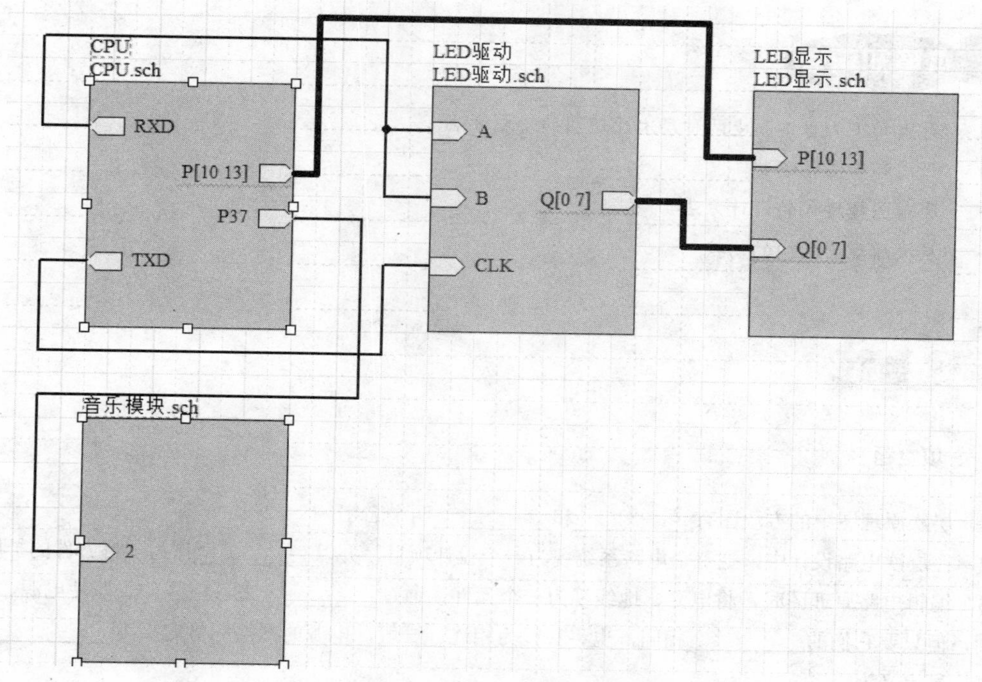

图 5-17　方块电路图连接后结果

5.4　层次原理图之间的切换

当进行较大规模的原理图设计时，所需的层次原理图张数是非常多的。用户常常需要在多张原理图之间进行切换，Protel DXP 2004 SP2 的层次之间的切换也是相当方便的。

对于简单的层次原理图可以用鼠标双击项目管理器中相应的图标即可切换到对应的原理图上，而遇到更多的情况是在很复杂的层次原理图中进行切换。比如想从总图切换到它上面某一方块图对应的子图上，或者要从某一层次原理图切换到它的上层原理图上。下面就介绍一下实现这种切换的方法。这里还是以前面的例子讲解。

从总图切换到方块电路对应的子图具体的实现步骤如下。

（1）执行菜单中【工具】/【改变设计层次】命令或单击工具栏上的⇩⇧按钮。

（2）执行命令后，鼠标光标变成十字形状。将其移到总图的方块电路上，单击或按 Enter 键就可切换到它所对应的原理图上了。

由方块电路对应的子图切换到总图上的实现步骤如下。

（1）执行菜单中【工具】/【改变设计层次】命令或单击工具栏上的⇩⇧按钮。

（2）光标变成十字形状后，移动光标到原理图的某个 I/O 端口上，单击鼠标左键。这时程序会切换到总图上，而且光标会停在与刚刚单击的 I/O 端口对应的方块电路上。

（3）此时，程序仍然处于切换命令的状态，单击鼠标右键即可退出切换命令状态。

关于层次图的一些网络标号等，这里就不再详细说明了。另外，在前面的章节中，介绍了原理图生成的一系列文件等，在这里也就不再做详细的说明了，用户可以根据自己的要求对照前面的内容做相应的调整。

- 自上而下和自下而上两种层次原理图的绘制方法
- 母图和子图的绘制
- 原理图模块化的设计方法
- 层次原理图之间的切换

一、填空题

1. 层次原理图中的方块图有__________和__________两个名字。

2. 在层次电路设计中，把整个电路系统视为一个设计项目，并以__________作为项目文件的扩展名。

3. 编辑电路原理图时，将电源、地线视为一个元件，通过__________来进行区分，即使电源、地线符号不同，但只要它们的__________相同，也将其视为相连。一般，电源的网络标号定义为__________，地线的网络标号定义为__________。

4. 一张原理图中有各种电气连接符号用于层次原理图，绘制原理图设计的电气连接符号主要包括__________和__________。

5. 层次原理图有两种实现途径：__________和__________。

二、简答题

1. 一般层次原理图的设计方法有哪些？
2. 网络标识符的使用要注意些什么？
3. 母图和子图的切换操作应该怎样进行？
4. 如何对不同工作层面中的对象进行单独观察？

音频综合模块

本章介绍的内容是绘制层次性原理图，那么就用电子大赛中的音频综合模块作为例子来绘制一张具有实用性的音频综合模块。在母图和子图中分别绘制收音机调谐电路、扬声器驱动电路，最后绘制成一张完整的收音机整体电路。

收音机装置是由集成电路 D7088 和扬声器放大模块 SDC304N 组成。采用电调谐方式选择电台，省去了可变电容器。D7088 采用 16 脚双列扁平封装，工作电压为 3V。

图 5-18 所示为收音机调谐电路。D7088 集成电路中包含了调频收音机从天线接收、振荡器、混频器、AFC（频率自动控制）电路、中频放大器（中频频率为 70kHz）、中频限幅器、中频滤波器、鉴频器、低频静噪电路、音频输出等全部功能，还专门设有搜索调谐电路、信号检测电路及频率锁定环路。

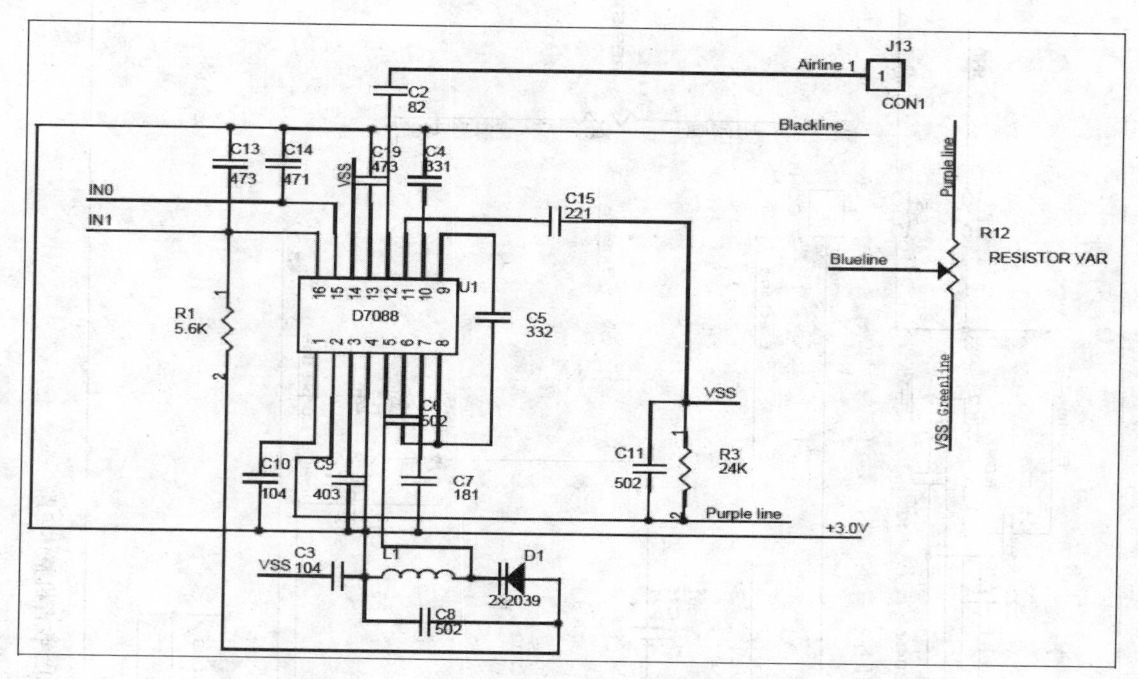

图 5-18　收音机调谐电路

图 5-19 所示为扬声器电路。因较简单故不做介绍。

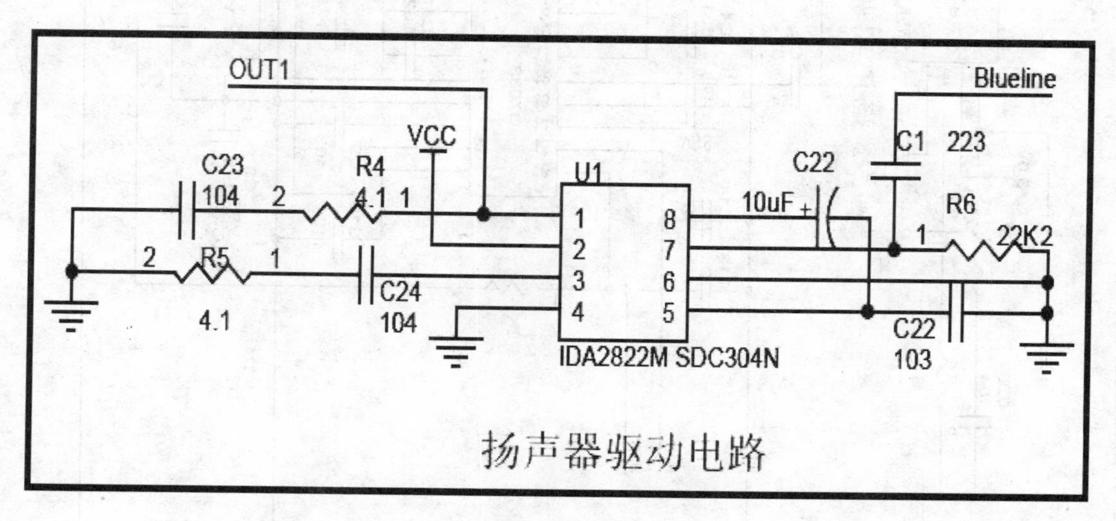

图 5-19　扬声器驱动电路

图 5-20 所示为收音机整体电路。

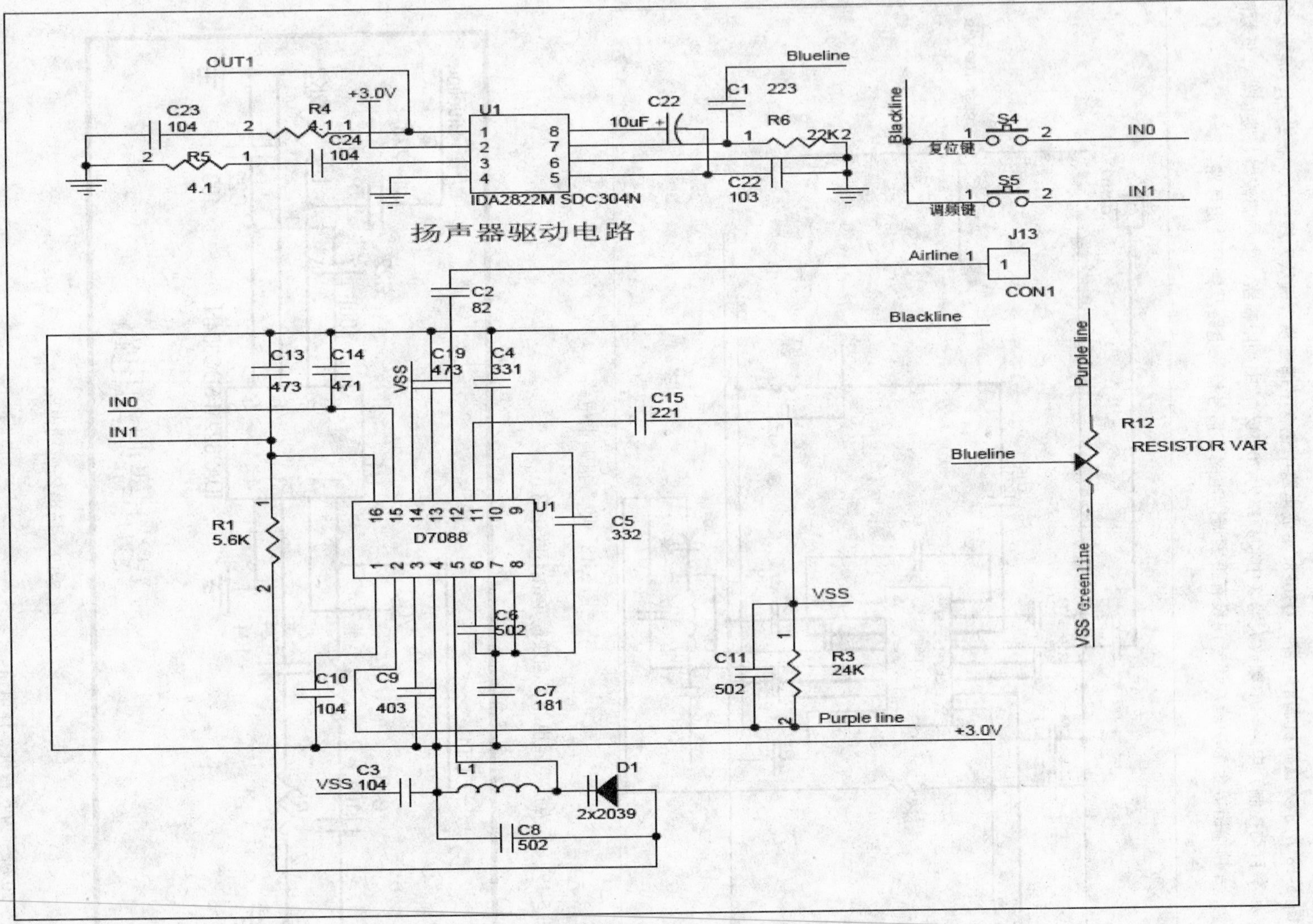

图 5-20 收音机整体电路

第 6 章 印制电路板设计基础

在前面的章节中，已经对原理图的绘制及原理图元件的创建等方面的内容进行了详细的介绍，设计好原理图就为设计印制电路板提供了基础。从本章开始，将介绍印制电路板设计系统，学习印制电路板的设计方法。只有掌握了印制电路板设计系统才能真正进行实际电路板的设计工作。

本章主要介绍印制电路板的概念、制作流程、层面概述和元件的封装等，为印制电路板的制作打下基础。

- 印制电路板概述
- 印制电路板层面概念
- 认识元件
- 元件封装
- 印制电路板布线流程

6.1 印制电路板概述

6.1.1 印制电路板概述

印制电路板（Printed Circuit Board，PCB）是以一定尺寸的绝缘板为基材，以铜箔为导线，经特定工艺加工，用一层或若干层导电图形（铜箔的连接关系）及设计好的孔（如元件孔、机械安装孔和金属化过孔等）来实现元件间的电气连接关系，它就像在纸上印制上去似的，故得名印制电路板或称印制线路板。在电子设备中，印制电路板可以对各种元件提供必要的机械支撑，提供电路的电气连接并用标记符号把板上所安装的各个元件标注出来，以便于插件、检查及调试。

6.1.2 印制电路板结构

一般来说，印制电路板的结构有单面板、双面板和多层板 3 种。

1．单面板

单面板是一面有敷铜，另一面没有敷铜的电路板，它只可在敷铜的一面布线并放置元件。单面板由于成本低，不用打过孔而被广泛应用。单面板初听起来好像很简单，容易设计。实际上并非如此，由于单面板走线只能在一面上进行，因此单面板的设计往往比双面板或多层板困难得多。

2．双面板

双面板包括顶层（Top Layer）和底层（Bottom Layer）两层，顶层一般为元件面，底层一般为焊锡层面，双面板的双面都是敷铜，都可以布线。双面板的电路比单面板的电路复杂，但布线比较容易，是制作电路板比较理想的选择。

3．多层板

多层板就是包含了多个工作层面的电路板。除了上面讲的顶层、底层以外，还包括中间层、内部电源或接地层等。随着电子技术的高速发展，电子产品越来越精密，电路板也就越来越复杂，多层电路板的应用越来越广泛。多层电路板一般包含 3 层及 3 层以上。

6.1.3 铜膜导线

铜膜导线也称铜膜走线，简称导线，用于连接各个焊点，是印制电路板最重要的部分。

印制电路板设计都是围绕如何布置导线来进行的。与导线有关的另一种线，常称之为飞线，即预拉线，飞线是在引入网络表后，系统根据规则生成的，用来指引布线的一种连线。

飞线与导线有本质的区别，飞线只是一种形式上的连线。它只是形式上表示出各个焊点间的连接关系，没有电气的连接意义，导线则是根据飞线指示的焊点间的连接关系而布置的，是具有电气连接意义的连接线路。

6.1.4 焊点和导孔

1．焊点

焊点（Pad）的作用是放置焊锡、连接导线和元件引脚。焊点是 PCB 设计中最常接触，也最重要的概念。但初学者往往容易忽视它的选择和修正，在设计中统统使用圆形焊点。事实上，选择焊点类型要综合考虑该元件的形状、大小、布置形式、振动和受热情况等。Protel 给出了一系列不同大小和形状的焊点，如圆形、方形、八角、圆方形等焊点。此外，Protel 还允许用户自行设计焊点形状。例如，对于发热、受力、电流较大的焊点，可以设计成“泪滴状”焊点。自行设计或编辑焊点时，要考虑以下几个方面的因素：

（1）形状上长短不一致时，要考虑连线的宽度与焊点特定边长的大小差异不能太大。

（2）需要在元件之间走线时，选用长短不对称的焊点往往能收到“事半功倍”的效果。

（3）各元件焊点孔的大小要按照元件引脚粗细分别进行编辑确定，一般应该让孔的尺寸比元件引脚直径大 0.2～0.4 mm。

2．导孔

导孔（Via）的作用是连接不同板层间的导线，在各层需要连通的导线交汇处钻一个公共孔——导孔。导孔有 3 种：

（1）从顶层贯通到底层的穿透式导孔。

（2）从顶层通到内层或从内层通到底层的盲导孔。

（3）内层间的隐藏导孔。

导孔从上面看上去有两个尺寸，即通孔直径和导孔直径，如图 6-1 所示。通孔和导孔之间的孔壁由与导线相同的材料构成，用于连接不同的板层的导线。

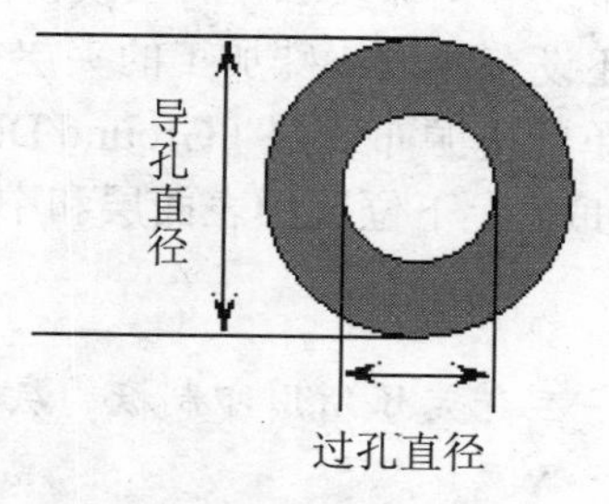

图 6-1　导孔尺寸

设计线路时，对导孔的处理原则如下：

（1）尽量少用导孔，一旦选用了导孔，就务必要处理好导孔和它周边各个实体之间的间隙，特别是容易被忽视的中间各层与导孔不相连的线与导孔的间隙。

（2）需要的载流量越大，所需的导孔尺寸越大，如电源层和接地层与其他层连接所用的导孔就要大一点。

6.1.5　助焊膜和阻焊膜

各类膜（Mask）不仅是 PCB 制作工艺过程中必不可少的，而且更是元件焊接的必要条件。按膜所处的位置及作用，膜可以分为元件面（或焊接面）助焊膜（Top or Bottom Solder）和元件面（或焊接面）阻焊膜（Top or Bottom Paste Mask）两类。助焊膜是涂于焊点上，提高可焊性能的一层膜。阻焊膜的情况则正好相反，为了使制成的板子适应波峰焊等焊接形式，要求板子上非焊点处的铜箔不能粘焊锡，因此，在焊点之外的各个部位都要涂覆一层涂料，用于阻止这些部位上锡。可见，助焊膜和阻焊膜是一种互补关系。

6.1.6　过孔

1．定义

实现不同板层间的电气连接，也即连接两个层面上的铜膜走线。这种连接两面电路间的“桥梁”叫做过孔（Via）。过孔是在 PCB 上充满或涂上金属的小洞，它可以与两面的导线相连接。

当铜膜导线在某层受到阻挡无法布线时，可钻上一个孔，通过该孔翻到另一层继续布线（尽量少用过孔，需要的载流量越大，所需过孔越大）。

2．过孔的分类

过孔主要有 3 种。

穿透式过孔（Through）：从顶层一直打到底层的过孔。

半盲孔（Blind）：从顶层通到某个中间层的过孔，或者是从某个中间层通到底层的过孔（半隐藏式）。

盲孔（Buried）：只在中间层之间导通，而没有穿透到顶层或底层的过孔（隐藏式）。

6.2　印制电路板层面概念

Protel 的“层”不是虚拟的，而是印制板材料本身实实在在的铜箔层。当前，由于电子线路的元件密集安装、抗干扰和布线等特殊要求，一些较新的电子产品中所用的印制板不仅上下两面可以走线，在板的中间还设有能被特殊加工的夹层铜箔。这些层因为加工难度相对较大而大多用于设置走线比较简单的电源布线层（Ground Dever 和 Power Dever），并常常用大面积填充的方法来布线（如 Fill）。上下位置的表面层和中间层需要连通的地方用“导孔”来沟通。

注意 在 Protel 中，一旦选定了所用印制板的层数，必须关闭未被使用的“层”，以免布线错误。

Protel 提供了若干不同类型的工作面，最基本的层面如下：顶层（Top Layer）、底层（Bottom Layer）、机械层（Mechanical Layer）、顶层丝印层（Top Over Layer）、禁止布线层（Keep Out Layer）、多层（Multi-Layer）。

1．信号层（Signal Layers）

信号层主要用来放置元件和导线。包括 32 层，即顶层、底层及 30 个中间层（Mid Layer）。1～30 对于单面板顶层不可布线，底层是唯一可以布线的工作层。

2．内部电源/接地层（Internal Planes）

内部电源/接地层主要用于放置电源和地线，共可放置 16 层，是一块完整的铜箔。可直接连到元件的电源和地线引脚。这样单独设置电源和接地层的方法，最大限度地减少了电源和地之间连线的长度，可以将电路板表层布线大大简化，同时也对电路中的高频信号的辐射起到了良好的屏蔽作用，特别适用于较复杂的电路。

注意 多层板的 Mid Layer（中间层）和 Internal Plane（内层）是不相同的两个概念，中间层是用于布线的中间板层，该层均布的是导线，而内层主要用于做电源层或者地线层，由大块的铜膜所构成。

3．机械层（Mechanical Layer）

机械层一般用于放置各种指示和说明性文字，如电路板尺寸、孔洞信息。共可放置 16 层。在 PCB 层数不多的情况下通常只用一个机械层。

4．阻焊层（Solder Mask Layers）

阻焊层有 2 层，即顶层阻焊层（Top Solder Mask）和底层阻焊层（Bottom Solder Mask），将不需要焊接的地方涂上阻焊剂，阻焊剂能防止板子上焊锡随意流动，避免非焊盘处的铜箔粘锡，而造成各种对象之间的短路。因此，在焊盘以外的各部位都要涂覆一层涂料，用于阻止这些部位上锡。同时，阻焊层能将铜膜导线覆盖住，防止铜膜过快在空气中氧化，但是在焊点处留出位置，并不覆盖焊点。

5．助焊层（锡膏防护层 Paste Mask Layers）

助焊层有两层，用于将表面贴装元件（SMD）粘贴到电路板上。对于针脚式元件，涂于焊盘上，提高可焊性能的一层膜。

6．丝印层（Silkscreen Layers）

丝印层主要用于绘制元件的轮廓、放置元件的编号名称、参数等其他文本信息。为了焊接元件或维护时便于查找元件而设置的，共 2 层。对于单层板来说，因只在顶层放置元件，故只选择顶层丝印层。

7．禁止布线层（Keep Out Layer）

禁止布线层也即允许布线的范围，用于定义放置元件和布线的范围。自动布线和布局都要预先设定好。

8．多层（Multi-Layers）

该层又叫穿透层，用于放置所有穿透式焊盘和过孔在每层都可见的符号。

注意 为方便电路的安装和维修等，在印制板的上下两个表面印制上所需要的标志图案和文字代号等（如元件标号、标称值、元件外廓形状），这就是被称为丝印层的“层”（SilkscreenTop/Bottom Overlay）。

需要指出的是，在设计丝印层时，不能只注意布置的美观而忽略实际制作的PCB效果。要注意，字符不能被元件盖住，不能侵入助焊区（在制作PCB板时会被抹掉），不能将元件标号打到别的元件上去等。

6.3 认识元件

在原理图和PCB板图中，元件占较大比例。元件是图素中的一个重要的组成部分。元件的种类繁多，要想一一搞清楚，是很难的。如果弄清各种元件在电路板设计过程中的不同阶段对设计人员而言所关注的重点，那么对元件的认识将会有一个清晰的概念。下面，就从不同的角度来认识它们。

6.3.1 原理图元件与PCB元件

在原理图设计过程中，曾经提到要在它的属性编辑框中输入正确的封装形式，以便在制作印制电路板图时能够很快地从元件库中调用正确的封装形式。下面就来看看原理图元件和印制电路板元件的联系和区别。

原理图元件着重于表现元件图的逻辑意义，而不太注重元件的实际尺寸与外观，而代表其电气特性的关键部分就是引脚。引脚名称（或引脚序号）元件序号是延续该元件电气意义的主要数据。PCB 元件（封装）则着重于表现元件实体，包括元件的物理尺寸及相对位置，而其承接电气特性的部分是焊盘名称（或焊盘序号）及元件符号。换言之，原理图中的引脚名称（或引脚序号），转移到PCB图中就是焊盘名称（或焊盘序号），而原理图中的元件序号，转移到PCB图中就是相同的元件序号，如图6-2所示。

除了元件序号外，在电路原理图的编辑工作区里，还要通过电路原理图元件的Footprint 栏所指定的元件封装名称，才能从电路板的元件库中取得该元件。

电路原理图元件与印制板元件之间的对应关系不一定是一一对应的关系，可能是一对多，也可能是多对一或多对多的关系。图6-3所示为电阻的原理图符号与电阻的封装之间的关系。电阻的原理图符号有两种（不包括可变电阻、排阻等），元件名称为RES1、RES2，而其封装形式有AXIAL0.3、AXIAL0.4、…这是因为不同功率、不同性质的电阻其实际外形尺寸各不相同，设计者要根据实际元件的选择情况来选择元件的封装，这样才能保证实际元件能够顺利安装到电路板上。

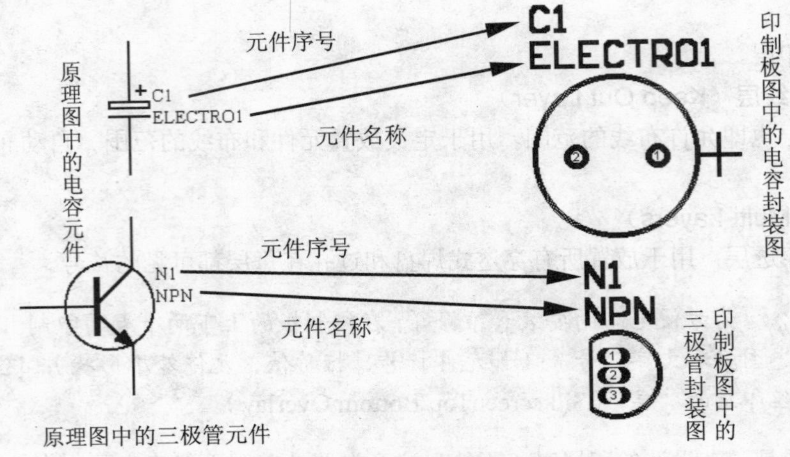

图 6-2 原理图中的元件与印制板图中元件之间的关系

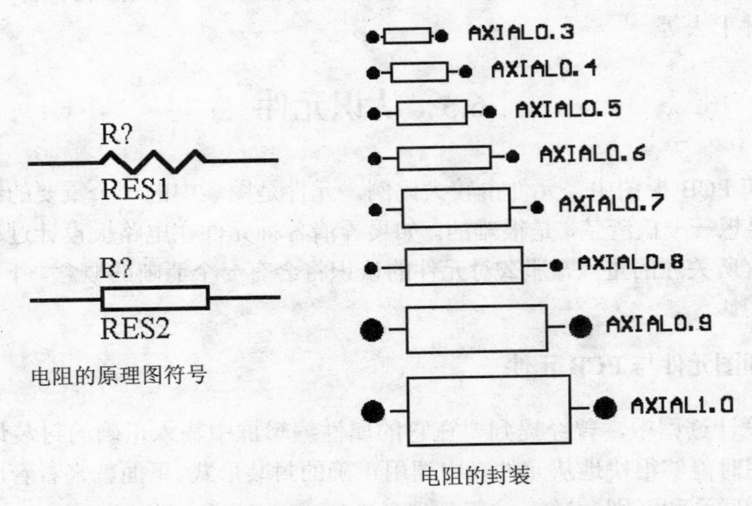

图 6-3 电阻的原理图符号与电阻的封装符号之间的对应关系

另外，不管是对电路原理图还是对电路的印制板图的编辑过程中，元件序号、引脚名称（或引脚序号）、焊盘名称（或焊盘序号）等，最好习惯性地采用大写，以免发生错误，同时原理图元件的引脚名称（或引脚序号）必须与焊盘名称（或焊盘序号）一致。例如，二极管、三极管在原理图中其元件的引脚一般用字母来命名，而在 PCB 图中相应的元件焊盘往往用数字来命名，这样使两者之间名称不一致，在将网络表调入电路板图环境时会出现网络丢失错误。

6.3.2 针脚式元件

所谓针脚式元件，就是元件的引脚是一根导线，安装元件时该导线必须通过焊盘穿过电路板焊接固定。所以在电路板上，该元件的引脚要有焊盘，焊盘必须钻一个能够穿过引脚的孔（从顶层钻通到底层），图 6-4 所示为针脚式元件的封装图，其中的焊盘属性中的 Layer 板层属性必须设为 Multi-Layer。

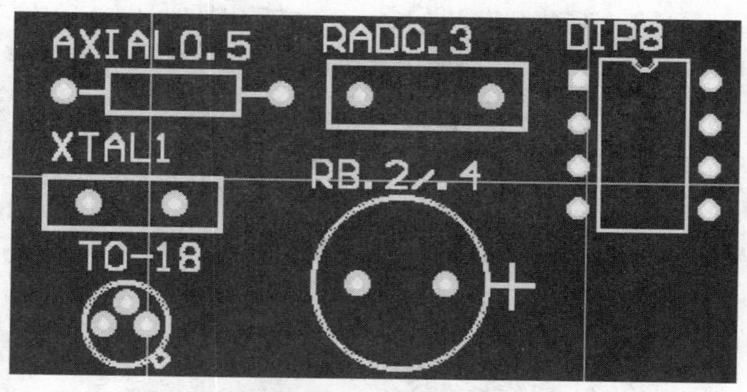

图 6-4　针脚式元件的封装图

由于要钻孔，所以电路板的制作比较麻烦，而且还得切除过长的引脚，因此成本较高。此外，针脚式元件的体积较大，也会造成产品的体积增大，不利于产品的小型化。所以，许多场合都尽量避免采用这类元件。

对于针脚式元件，其焊盘穿透每个板层，所以其板层属性为 Multi Layer。

6.3.3　表面贴装式元件

表面贴装式元件是直接把元件贴在电路板表面上。它是靠粘贴固定的，所以焊盘就不需要钻孔了，因此成本较低。表面贴装式元件各引脚间的间距很小，所以元件体积也较小。由于安装时不存在元件引脚穿过钻孔的问题，所以它特别适合于用机器进行大批量、全自动、机械化的生产加工。图 6-5 所示为表面贴装式元件的封装图，其中焊盘的 Layer 属性必须设置为单一板层，如 TopLayer（顶层）或 BottomLayer（底层）。

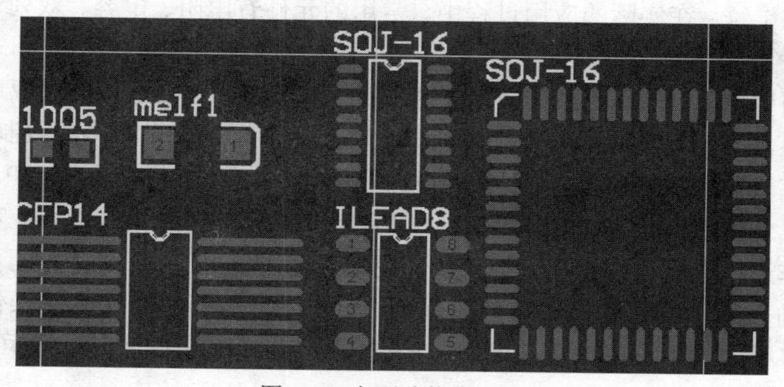

图 6-5　表面贴装式元件

6.3.4　封装图结构

不管是针脚式元件还是表面贴装式元件，其结构如图 6-6 所示，可以分为元件图、焊盘、元件属性 3 个部分，说明如下。

1．元件图

元件图是元件的几何图形，不具备电气性质，它起到标注符号或图案的作用。这些符号或图案大多放置在 Top Overlay 层（丝印层），能够帮助元件布置，但并不影响布线，所以元件图的主要目的是给人看的。

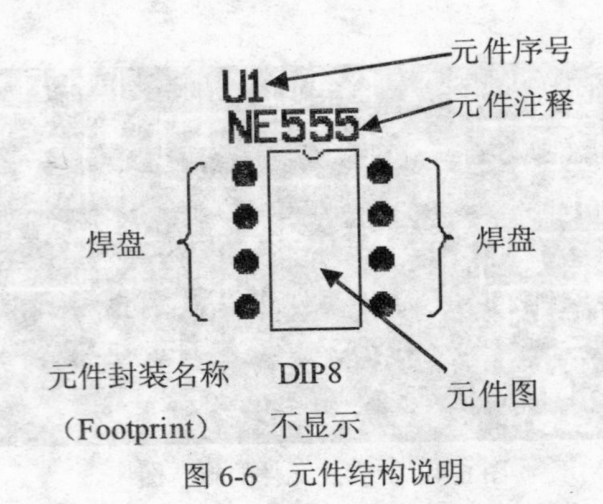

图 6-6　元件结构说明

2．焊盘

焊盘是元件主要的电气部分，相当于电路图里的引脚。焊盘在电路板中非常重要，焊盘上的号码就是管脚号码。焊盘号码必须与原理图中元件的引脚号码一致，否则就会出现缺少网络节点的错误。焊盘的尺寸、内孔大小、位置更影响日后的电路板制作与生产，如果弄错了，将导致电路板不能使用，因此不可不注意。

3．元件属性

在电路板的元件里，其属性部分主要用来设置元件的位置、层次、序号和注释等项内容。元件的基本属性有元件序号（Designator）和标注元件值（或元件编号）的元件注释（Comment）。

6.3.5　元件名称

在实际的应用过程中，用到的元件比较多，要想提高绘图速度，对元件的名称及命名原则就应该有一个了解。在实际的应用过程中，常用的元件有电阻、电容、双列直插元件、表面贴装元件和插头等。

在实际应用中电阻、电容的名称分别是 AXIAL 和 RAD，对于具体的对应可以不做严格的要求，因为电阻、电容都是有两个管脚，管脚之间的距离可以不做严格的限制。

直插元件有双排直插和单排直插之分，双排被称为 DIP，单排被称为 SIP。

表面贴装元件的名称是 SMD，贴装元件又有宽窄之分：窄的代号是 A，宽的代号是 B。

电路板制作过程中，往往会用到插头，它的名称是 DB。

通过上面的介绍，或许对元件的名称有了一定的了解。当然在实际的操作过程中，碰到的元件是多种多样的，用户可以在长期的实践过程中来加以认识，在必要时可以查阅附录表，以供参考。

6.4　元件封装

通常设计完印制电路板后，将它拿到专门制作电路板的单位制作电路板。取回制好的电路板后，要将元件焊接上去。那么如何保证取用元件的引脚和印制电路板上的焊点一致呢？那就得靠元件封装了。

元件封装是指实际元件焊接到电路板时所指示的外观和焊接位置。既然元件封装只是元件的外观和焊接位置，那么纯粹的元件封装仅仅是空间的概念，因此，不同的元件可以共用一个元件封装；另外，同种元件也可以有不同的封装。如 RES 代表电阻，它的封装形式有 AXIAL0.3、AXIAL0.4 和 AXIAL0.6 等，所以在取用焊接时，不仅要知道元件名称，还要知道元件的封装。元件的封装可以在设计电路图时指定，也可以在引进网络表时指定。

6.4.1 元件封装式的分类

元件封装可以分为针脚式元件封装和 STM（表面粘贴式）元件封装。

（1）针脚式元件封装如图 6-7 所示。针脚式元件焊接时先要将元件针脚插入焊点导通孔，然后再焊锡。由于针脚式元件封装的焊点导孔贯穿整个电路板，所以其焊点的属性对话框中，Layer 板层属性必须为 Multi-Layer。

（2）STM 元件封装。STM 元件封装的焊点只限于表面板层。其焊点的属性对话框中，Layer 板层属性必须为单一表面，如 TopLayer 或者 BottomLayer。图 6-8 所示为一些常见的 STM 封装。

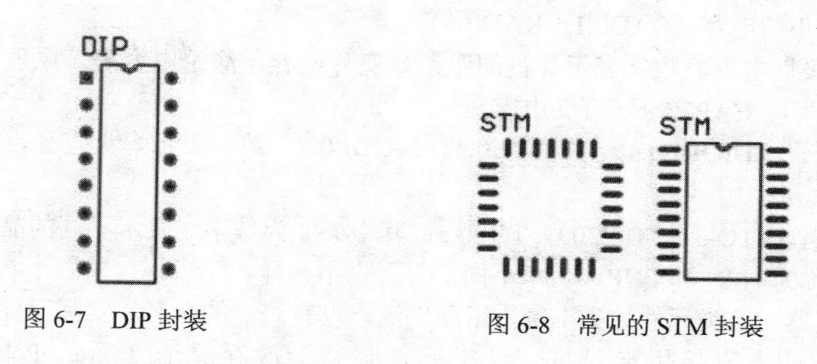

图 6-7 DIP 封装

图 6-8 常见的 STM 封装

6.4.2 元件封装的编号

元件封装的编号一般为元件类型+焊点距离（焊点数）+外形尺寸。可以根据元件封装编号来判别元件封装的规格数字。例如，AXIAL0.4 表示此元件封装为轴状的，两焊点间的距离为 400mil（约等于 10mm）；DIPl6 表示双排引脚的元件封装，两排共有 16 个引脚；RB.2/.4 表示极性电容类元件封装，引脚间距离为 200mil，元件直径为 400mil，这里.2 和 0.2 都表示 200mil。

Protel 可以使用两种单位，即英制和公制。英制的单位为 in（英寸），在 Protel 中一般使用 mil，即微英寸。公制单位一般为 mm（毫米）。英制和公制单位的换算关系为：1in=25.4mm，1mil ≈ 0.0254mm ≈ 1/40mm。

6.4.3 常用元件和集成块封装

1．元件

（1）电阻。电阻或无极性双端类元件电阻承受功率不同，电阻的体积也不同，封装自然也不同。

1）插式封装（AXIAL0.3～AXIAL1.0）1/4W 和 1/2W 的电阻，都可以用 AXIAL0.3 元件封装,而功率数大一点的话，可用 AXIAL0.4、AXIAL0.5 等。

2）贴片封装。例如，0603表示的是封装尺寸与具体阻值没有关系，封装尺寸与功率有关，通常来说有0603 1/16W、0805 1/10W、1206 1/8W。

电容和电阻外形尺寸与封装的对应关系是:

0402=1.0×0.5　　0603=1.6×0.8　　0805=2.0×1.2

1206=3.2×1.6　　1210=3.2×2.5　　1812=4.5×3.2

2225=5.6×6.5（mm）

（2）电容。电容种类比较多，封装形式也相对多一些，根据电容种类、容量，所选封装可能会有较大差异，甚至完全不同。一般来说，容量越大，体积越大。

1）容量较大的电解电容（RB.2/.4～RB.5/.10）即有极性电容，斜杠前数字表示焊盘间距，斜杠后数字代表电容外直径。

RB.2/.4比较适合几百μF的电容，若容量再小，需自建元件封装。

2）容量较小的电解电容。

容量在几μF到几十μF，可以选择插式封装或者贴片封装（同电阻贴片封装）。

3）容量更小的电容（RAD0.1～RAD0.4）。

一般指无极性电容，数字表示焊盘间距，如瓷片电容、涤纶电容等。原理图中常用名称为CAP（无极性）、CAPVAR（可变电容）。

（3）二极管（DIODE0.4）。DIODE0.4～DIODE0.7：数字表示焊盘直径，注意二极管的正负极。

（4）三极管（TO-3～TO-220）。TO-xxx：其中xxx为数字，表示不同的晶体管封装，原理图中常用名称为NPN和PNP，功率不同，外形也不一样。

（5）连接器。这类元件种类丰富，用途广泛，没有统一的命名。实际元件的尺寸可以从手册中查到，或者直接用卡尺量。此类元件封装一般存放于Library\Pcb\Miscellaneous Connectors.ddb库中，此库内容丰富，一般的连接件如并口、串口和耳机插口都可以找到。

（6）EC（Edge Connectors）。EC为边沿连接，常用于两块电路板之间的连接，便于一体化的设计。最常见的例子是制作PCI接口的板卡时，与计算机主板的卡槽连接。

2．集成电路块

（1）DIP**（Dual Inline Package）。

双列直插封装，**表示引脚数。

焊盘中心距为100mil。

边缘间距为50mil。

焊盘直径为50mil。

孔直径为32mil。

（2）PLCC（Plastic Leadless Chip Carrier）。

无引出脚芯片封装，是一种贴片式封装，其引脚向内弯曲。

（3）PGA（Pin Grid Arrays）。引脚栅格阵列，其引脚从底部垂直引出，且整齐地分布于芯片四周。

（4）QFP**封装。方形贴片式封装，与PLCC封装类似，但其引脚没有向内弯曲，而是向外伸展。面积相对大，但焊接方便，拆卸也很容易。芯片引脚之间距离很小，管脚很细，一般大规模或超大规模集成电路采用这种封装形式，其引脚数一般都在100个以上。

（5）SOP**（Small Outline Package）。为小贴片封装，与 DIP 相比，体积大大减小，应用日益广泛。

SOP 封装其实是 SO 封装系列之一，SO 封装还有 SOP、SOJ、SOL、TSOP 等。

（6）单列直插。

SIP*：*表示引脚数。

6.5 印制电路板布线流程

印制电路板设计的流程如下。

1．绘制电路图

这是电路板设计的先期工作，主要是完成电路原理图的绘制，包括生成网络表。当然有时也可以不进行原理图的绘制，而直接进入 PCB 设计系统。

2．规划电路板

在绘制印制电路板之前，用户要对电路板有一个初步的规划，比如说电路板采用多大的物理尺寸，采用几层电路板，是单面板还是双面板，各元件采用何种封装形式及其安装位置等。这是一项极其重要的工作，是确定电路板设计的框架。

3．设置参数

参数的设置是电路板设计的重要步骤。设置参数主要是元件的布置参数、板层参数、布线参数等。一般说来，有些参数用其默认值即可，有些参数在使用过 Protel DXP 2004 SP2 以后，即第一次设置后，以后几乎无须修改。

4．装入网络表及元件封装

前面已经谈过，网络表是电路板自动布线的灵魂，也是电路原理图设计系统与印制电路板设计系统的接口。因此这一步也是非常重要的环节。只有将网络表装入之后，才可能完成对电路板的自动布线。元件的封装就是元件的外形，对于每个装入的元件必须有相应的外形封装，才能保证电路板布线的顺利进行。

5．元件的布局

元件的布局可以让 Protel DXP 2004 SP2 自动布局。规划好电路板并装入网络表后，用户可以让程序自动装入元件，并自动将元件布置在电路板边框内。Protel DXP 2004 SP2 也可以让用户手工布局。元件的布局合理，才能进行下一步的布线工作。

6．自动布线

Protel DXP 2004 SP2 采用世界上最先进的无网格、基于形状的对角线自动布线技术。只要将有关的参数设置得当，元件的布局合理，自动布线的成功率几乎是 100%。

7．手工调整

到目前为止，还没有一种自动布线软件能够完美到不用手工调整的地步。自动布线结束后，往往存在令人不满意的地方，需要手工调整。

8．文件保存及输出

完成电路板的布线后，保存完成的电路线路图文件。然后利用各种图形输出设备，如打印机或绘图仪输出电路板的布线图。

以上已经把 PCB 板的概念、制作流程、层面概述和元件封装做了简单的叙述。特别是元件封装，这对后面三章的PCB板的生成、布局、自动布线等知识点的掌握都有所帮助。只有充分了解印制电路板的基础知识才能更好地掌握PCB板设计的具体操作和功能。

- 印制电路板概述
- 印制电路板的结构
- 印制电路板层面
- 认识元件
- 常用元件的封装介绍
- 印制电路板的布线流程

一、填空题

1．印制电路板结构分为__________、__________和__________。

2．印制电路板过孔分为__________、__________和__________。

3．Protel DXP 2004 SP2 提供了 6 种类型工作层面，包括__________、__________、__________、__________、__________、__________。每个工作层面都可以用不同颜色显示出来，Protel DXP 2004 SP2 最多可以支持__________层PCB设计。

4．通常元件分为两种形式，分为__________和__________。

5．PCB板上的参数标识一般位于__________层。

6．PCB板上的覆铜和补泪滴一般位于__________层。

二、简答题

1．焊点在自行设计和编辑时应考虑哪些因素？

2．简述导孔的种类。

3．设计线路时导孔的设计原则是什么？

4．简述印制电路板的布线流程。

第 7 章　PCB 图设计常用操作功能

在上一章中，已经初步学习和了解印制电路板的设计基础。在这一章的内容中，将进一步具体讲述 PCB 图设计常用操作功能，为进一步完善一幅 PCB 图打下良好的基础。

- 确定合适的元件封装
- 生成网络表
- 新建 PCB 文件
- 设置 PCB 板图纸
- 载入元件封装和导入网络表
- PCB 板布局
- 自动布线

7.1　确定合适的元件封装

在上一章中已经了解了什么是封装，那么在绘制好的原理图中查看元件的封装是否正确、合适，以便 PCB 设计。

以第 2 章中三端稳压电源为例，具体操作如下：

在原理图中选择合适元件，在此以电容元件为例（见图 7-1），双击进入【元件属性】对话框（见图 7-2），查看元件封装是否正确。

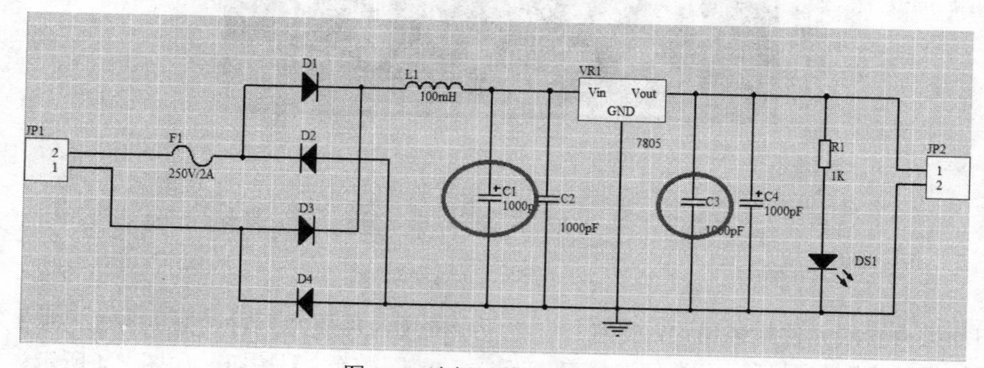

图 7-1　选择元件查看封装性

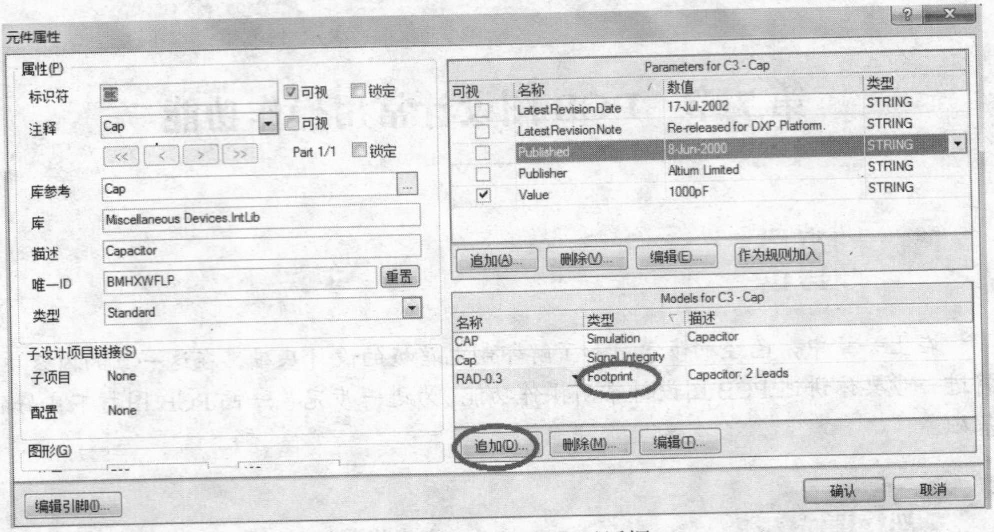

图 7-2 【元件属性】对话框

在【元件属性】对话框的右下角双击 Footprint 选项，进入 PCB 模型窗口查看元件的封装，图 7-3 所示为 C3 无极性电容的封装，查看的结果是正确的。

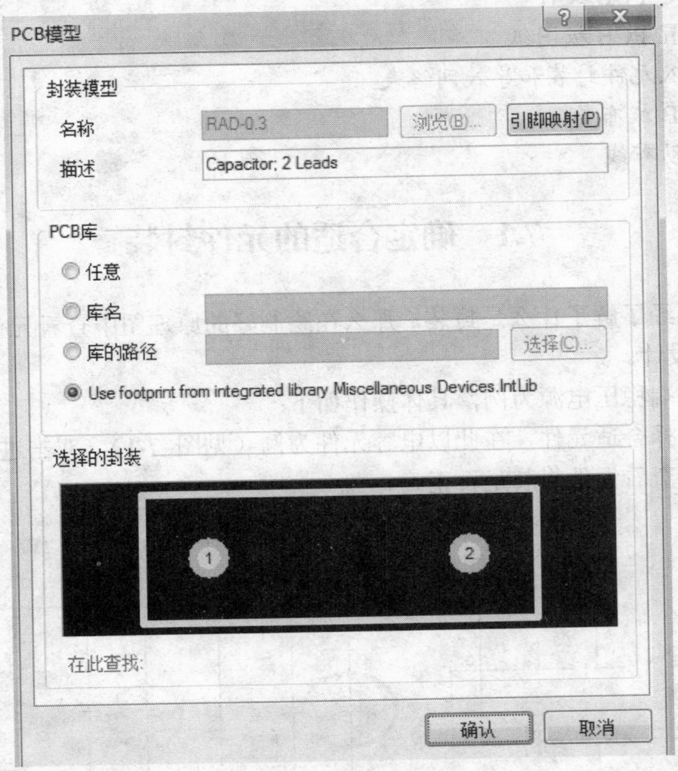

图 7-3 查看 C3 电容封装

但如果查看的元件封装错误，则在图 7-2 所示的【元件属性】对话框单击【追加】按钮，进入【加新的模型】对话框，类型选择 Footprint，单击【确认】按钮，如图 7-4 所示。

单击【浏览】按钮，如图 7-5 所示，在【库浏览】对话框中选择合适的库，常用元件库选择 Miscellaneous Devices.IntLib【Footprint View】，在【屏蔽】下拉列表框中输入所要封装的名称，如图 7-6 所示，选择合适的元件封装。

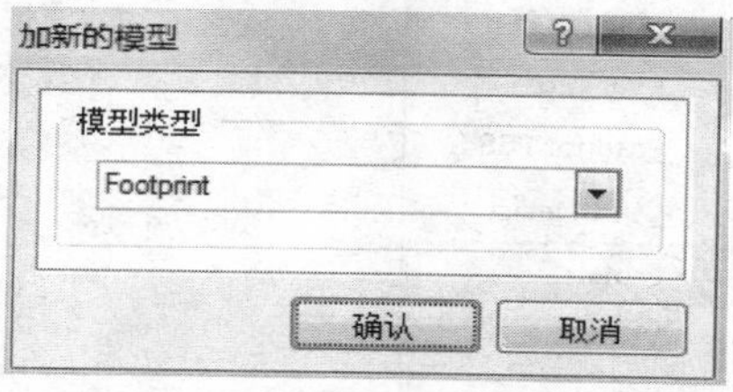

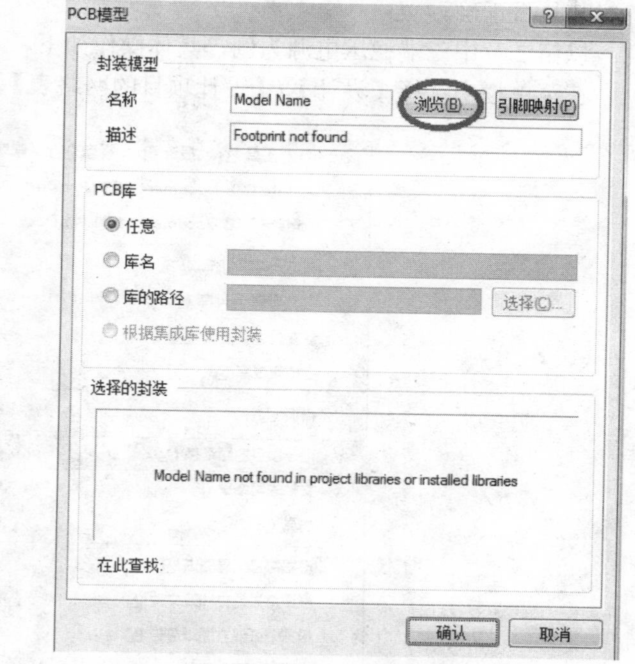

图 7-4 【加新的模型】对话框

图 7-5 【PCB 模型】对话框

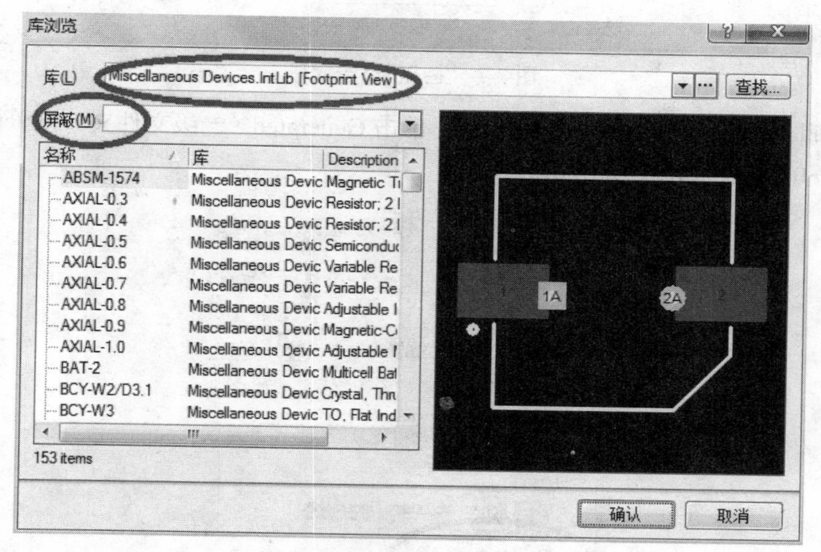

图 7-6 选择合适的元件封装

在【屏蔽】下拉列表框中输入所要封装的名称，常用元件可在第 6 章中查询，其余可在附录 2 中查询。

7.2　生成网络表

通过网络表可以查看原理图中所有元件的封装，不需要像上一节所介绍的查询单个元件的封装是否正确。

以第 2 章中三端稳压电源为例，具体操作如下。

在菜单栏中选择【设计】/【设计项目的网络表】/【Protel】命令，如图 7-7 所示。

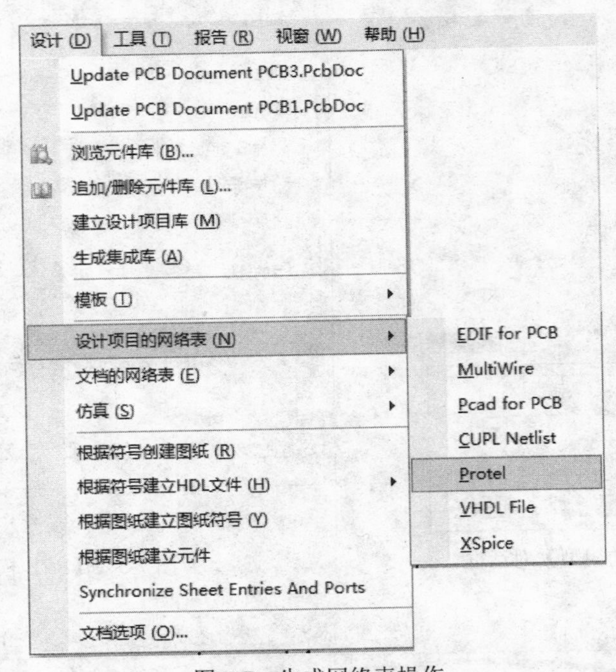

图 7-7　生成网络表操作

查看原理图元件在 Projects 工作面板中，单击 Generated（一级文件夹）→Netlist Files（二级文件夹）→01.Net，如图 7-8 所示。

图 7-8　网络表查看操作

双击 01.NET 文件，生成网络表如图 7-9 所示。

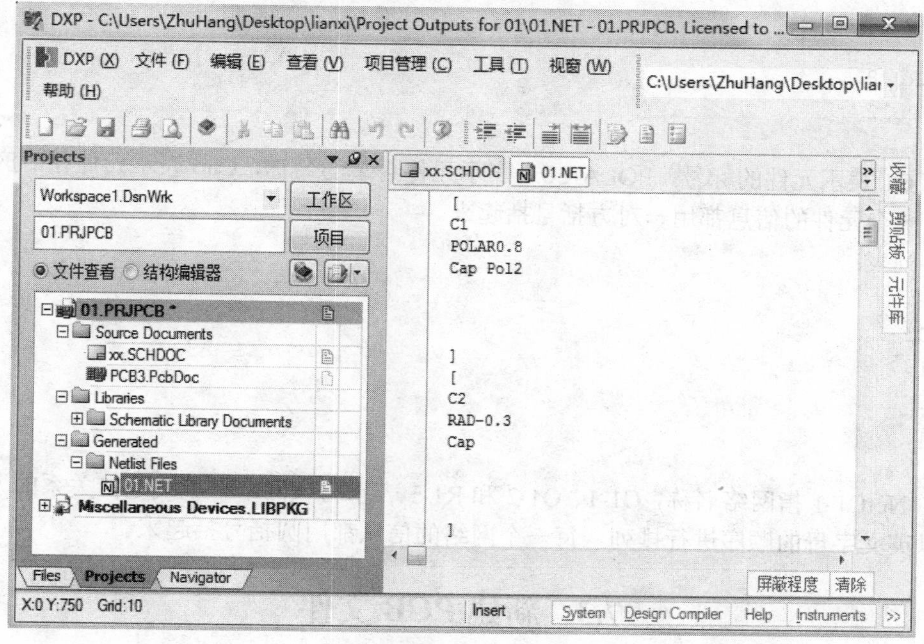

图 7-9 生成网络表

生成的网络表如下：

```
[
C1
POLAR0.8
Cap Pol2
]

[
C2
RAD-0.3
Cap
]

[
C3
RAD-0.3
Cap
]

[
C4
POLAR0.8
Cap Pol2
]
```

元件列表：

以元件 C1 为例，C1 的元件列表为：

```
[
C1
POLAR0.8
Cap Pol2
]
```

其中 C1 表示元件的标号，POLAR 0.8 表示元件封装的名称，Cap 表示元件在对应库中的名称，每一个元件的信息都用一对方括号括起来。

网络列表：

```
(
NetC1-1
C1-1
Q1-2
R1-1
)
```

其中 NetC1-1 指网络名称，C1-1、Q1-2 和 R1-1 表示与该网络有电气连接关系的元件管脚列表，以英文字母的顺序进行排列，每一个网络的信息都用圆括号括起来。

7.3 新建 PCB 文件

在设计 PCB 时，必须新建一个 PCB 文件。新建 PCB 文件的方法有两种：一种是通过向导生成 PCB 文件；另一种是手动创建空白 PCB 文件。

7.3.1 通过向导生成 PCB 文件

Protel DXP 2004 SP2 提供了 PCB 文件向导生成工具，利用该向导可以使复杂的电路板参数设置工作变得简单，这种方法比较适合于初学者新建 PCB 文件。下面介绍其操作步骤。

打开 Files 工作面板，选择【根据模板新建】栏的 PCB Board Wizard…选项，如图 7-10 所示。系统将启动 PCB 板设计向导，如图 7-11 所示。

图 7-10 Files 面板中的 PCB Board Wizard 选项

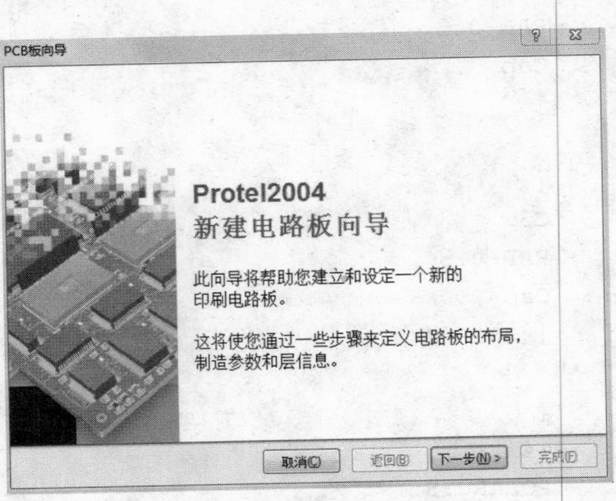

图 7-11 进入 PCB 板向导

单击【下一步】按钮，弹出【选择电路板单位】对话框，如图 7-12 所示。

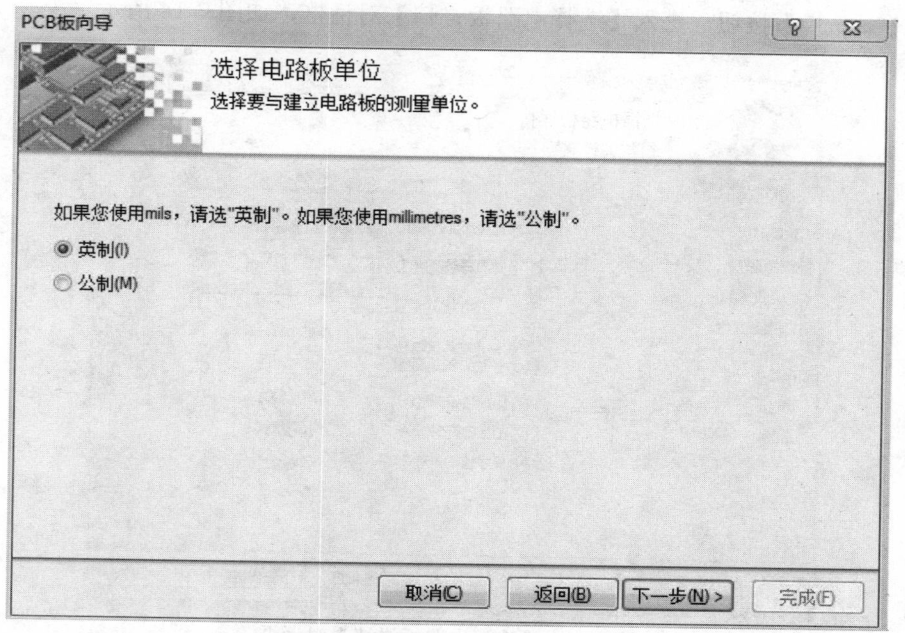

图 7-12　【选择电路板单位】对话框

电路板的单位有英制和公制两种，英制的单位为米尔（mil）或英寸（in），公制的单位为毫米（mm），它们的换算关系是 1 in=1000 mil≈25.4mm。

单击【下一步】按钮，进入【选择电路板配置文件】对话框，如图 7-13 所示。

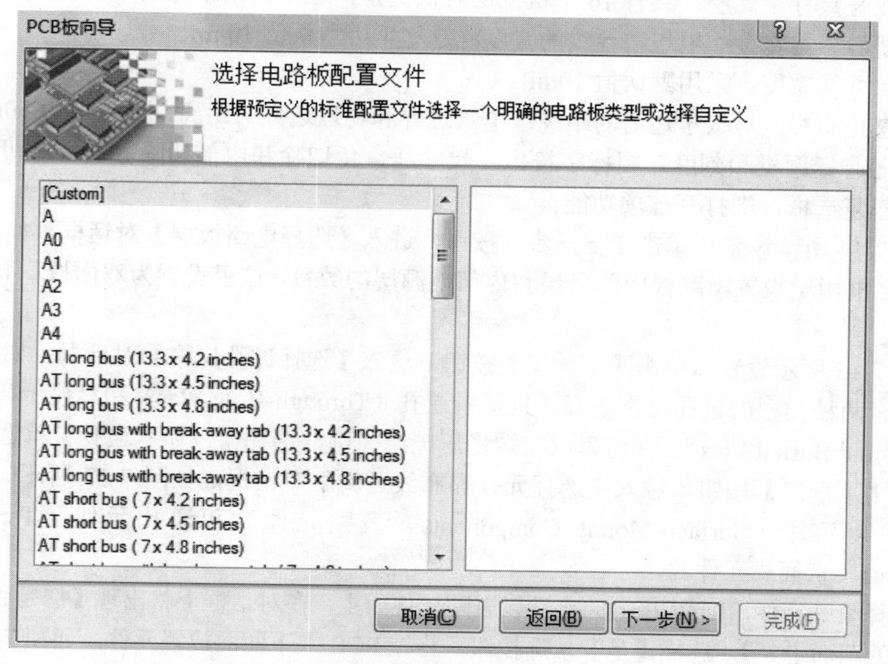

图 7-13　【选择电路板配置文件】对话框

Protel DXP 2004 SP2 提供了多种工业标准版规格，用户既可以选用其中的标准类型，也可以根据自己的需要，选择自定义模式（Custom），这里选择自定义模式。

单击【下一步】按钮，进入【选择电路板详情】对话框，如图 7-14 所示。

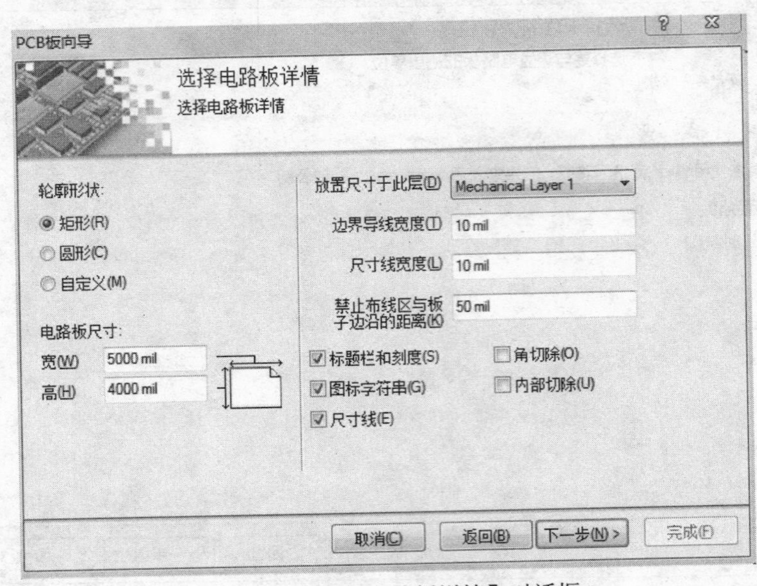

图 7-14 【选择电路板详情】对话框

电路板主要参数如下：

- 轮廓形状：共有【矩形】、【圆形】和【自定义】3 种形状，本例选用矩形。
- 电路板尺寸：电路板高度和宽度。这里设置高为 4000mil，宽为 5000mil。
- 放置尺寸于此层：共有 16 个机械层可供选择，这里采用默认的 Mechanical Layer1。
- 边界导线宽度：电气边界线的宽度，这里采用默认值 10mil。
- 尺寸线宽度：采用默认值 10mil。
- 禁止布线区与板子边沿的距离：电气边界和物理边界的距离，默认值为 50mil。

此外还有标题栏和刻度、图标字符串、尺寸线、角切除和内部切除等复选框可供选择。若选中某一复选框，则打开该项功能。

按图 7-14 所示设置后单击【下一步】按钮，进入【选择电路板层】对话框，如图 7-15 所示。该对话框用于设置电路板中信号层和内部电源层的数目，这里设置为双面板，不打开内部电源层。

按图 7-15 所示设置后单击【下一步】按钮，进入【选择过孔风格】对话框，如图 7-16 所示。这里有两种类型的过孔可供选择：只显示通孔（Through-Hole Vias）和只显示盲孔或埋过孔（Blind and Buried Vias）。在这里以三端稳压电源为例，选择【只显示通孔】单选按钮。

单击【下一步】按钮，进入【选择元件和布线逻辑】对话框，如图 7-17 所示。元件类型有表面贴装元件（Surface-Mount Components，表贴元件）和通孔元件（Through-Hole Components，直插式元件）。

若选择表贴元件，则 PCB 上的元件以表贴元件为主，在对话框上将出现【您是否希望将元件放在板的两面上？】，选择【是】单选按钮，将在 PCB 上下两面放置元件，如图 7-17 所示。

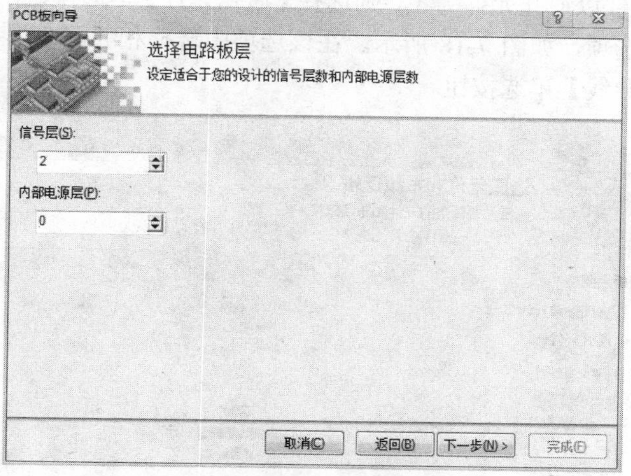

PCB板向导
选择电路板层
设定适合于您的设计的信号层数和内部电源层数
信号层(S):
2
内部电源层(P):
0
取消(C)
返回(B)
下一步(N) >
完成(F)

图 7-15 【选择电路板层】对话框

PCB板向导
选择过孔风格
选择适用于您的设计的布线过孔风格。
只显示通孔(T)
只显示盲孔或埋过孔(L)
取消(C)
返回(B)
下一步(N) >
完成(F)

图 7-16 【选择过孔风格】对话框

PCB板向导
选择元件和布线逻辑
选择您想使用的元件和布线风格。
此电路板主要是:
表面贴装元件(S)
通孔元件(H)
您是否希望将元件放在板的两面上?
是(Y)
否(O)
取消(C)
返回(B)
下一步(N) >
完成(F)

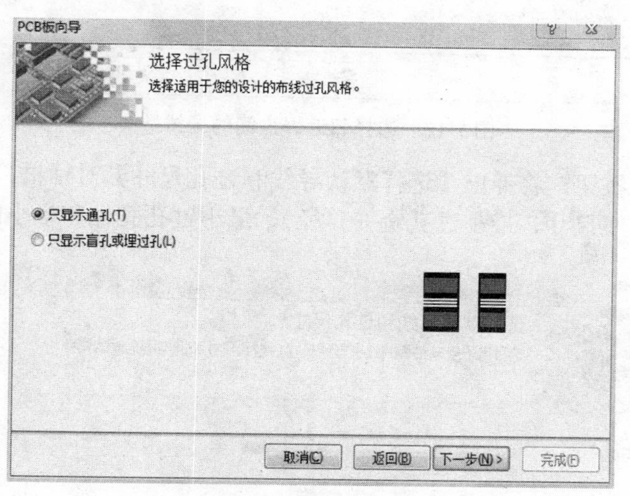

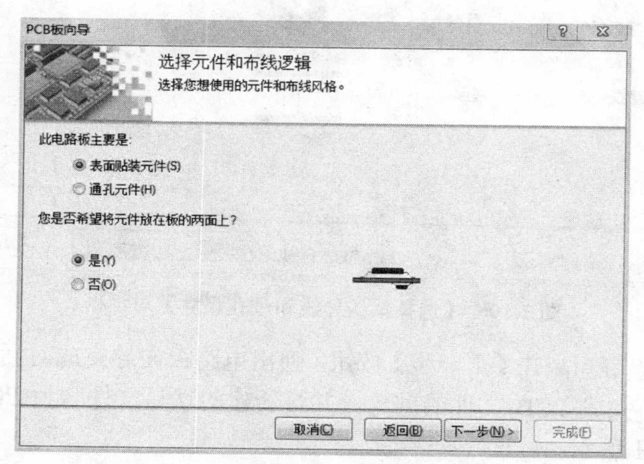

图 7-17 【选择元件和布线逻辑】对话框

如果 PCB 上的元件以通孔元件为主，则选择【通孔元件】单选按钮，该对话框将出现【邻近焊盘间的导线数】选项，如图 7-18 所示。在该选项中选择相邻两个焊盘可以通过的导线数量，本例选择【一条导线】单选按钮。

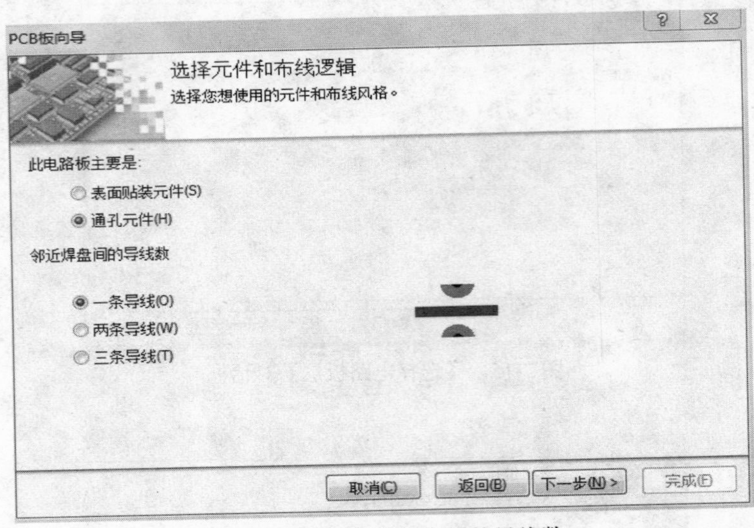

图 7-18　选择邻近焊盘间的导线数

单击【下一步】按钮，将弹出【选择默认导线和过孔尺寸】对话框，如图 7-19 所示。该对话框可设置最小导线尺寸、最小过孔宽（直径）、最小过孔孔径和最小间隔 4 项。

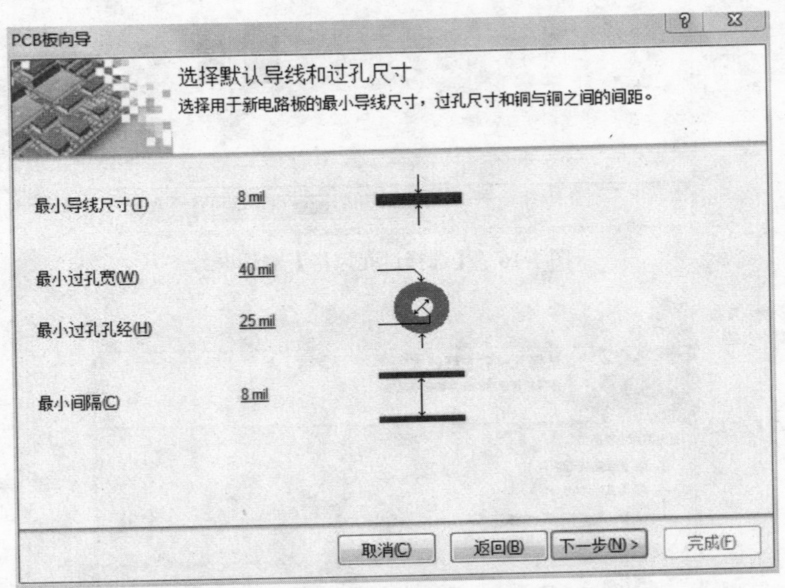

图 7-19　【选择默认导线和过孔尺寸】对话框

按图 7-19 所示设置后单击【下一步】按钮，弹出电路板向导完成对话框，如图 7-20 所示。单击【完成】按钮，完成 PCB 文件的创建，并将新建的默认文件名为 PCB1.PcbDoc 的 PCB 文件打开，如图 7-21 所示。

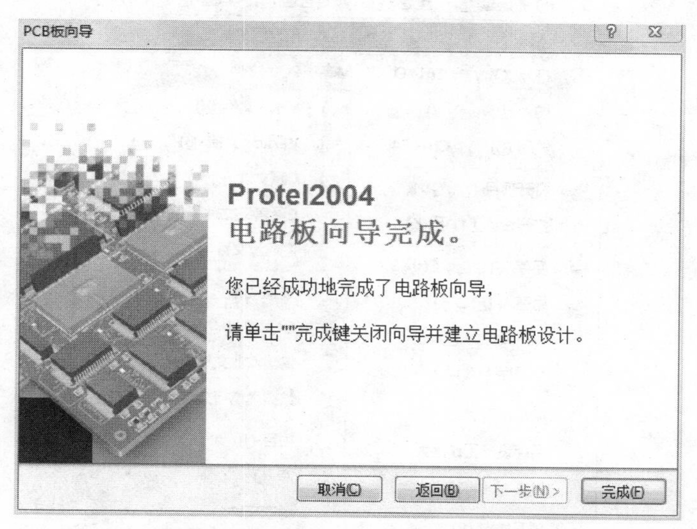

图 7-20　电路板向导完成对话框

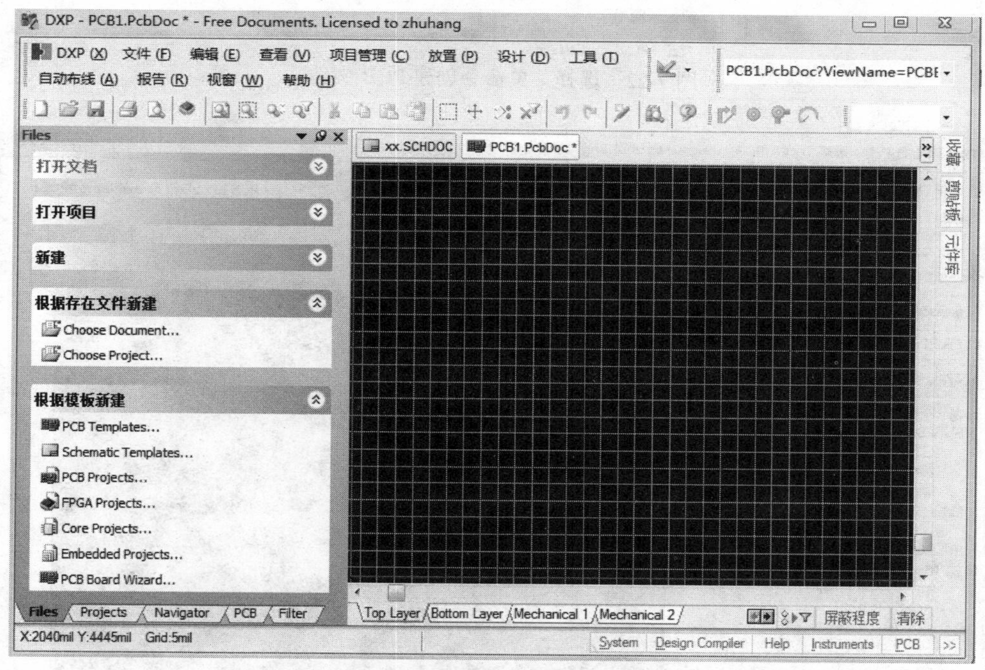

图 7-21　利用向导生成的 PCB 文件

7.3.2　手动创建 PCB 文件

执行菜单中【文件】/【创建】/【PCB 文件】命令，如图 7-22 所示。新建并打开一个空白的 PCB 文件，文件名默认为 PCB*.PcbDoc，其中“*”表示创建的次数。

1. 设置 PCB 板物理边界

执行菜单中【设计】/【PCB 板形状】/【重定义 PCB 板形状】命令，此时绘图窗口的 PCB 区变成绿色，用鼠标重定义 PCB 的边界，如图 7-23 所示。

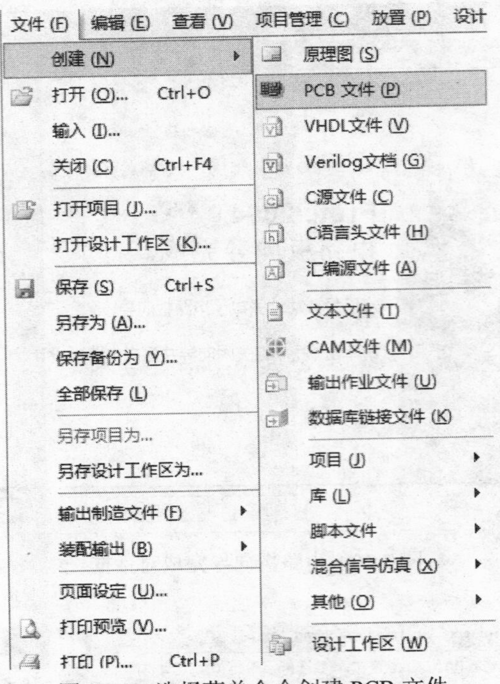

图 7-22 选择菜单命令创建 PCB 文件

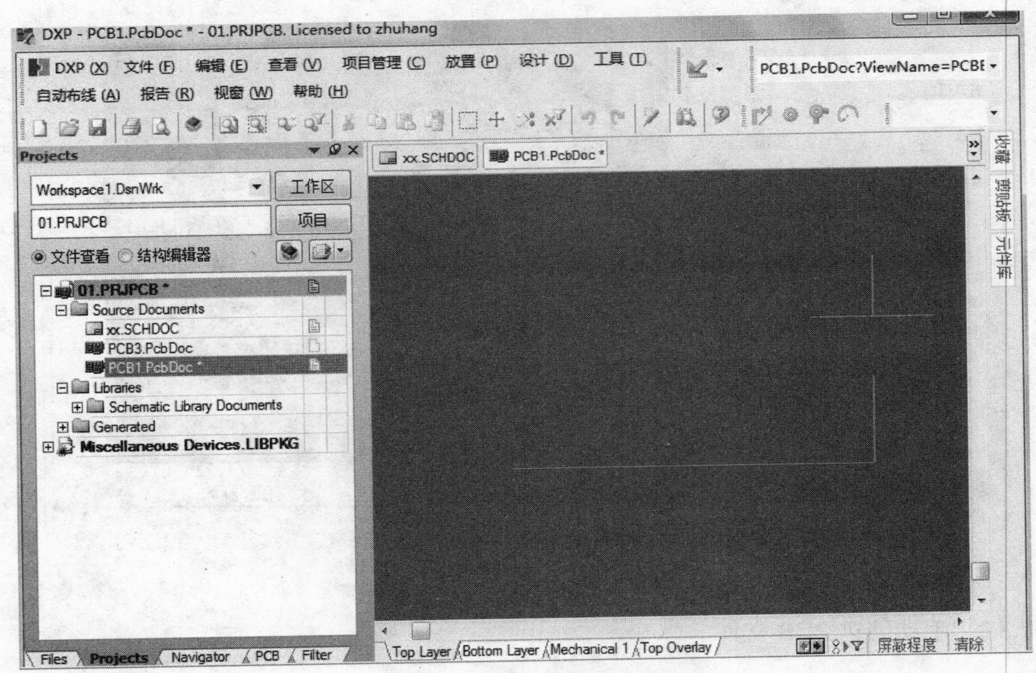

图 7-23 重定义 PCB 边界

将 PCB 绘图窗口的当前层设置为 Mechanically（机械层 1），然后单击实用工具栏中的直线工具按钮，绘制 PCB 板的物理边界。在画线过程中，可按空格键切换直线的走向，规划物理边界后的 PCB，如图 7-24 所示。

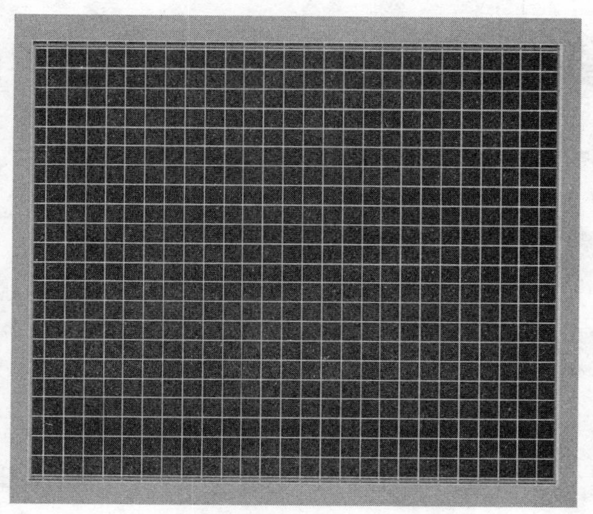

图 7-24　设置好物理边界的 PCB

2．设置 PCB 板的电气边界

PCB 板的电气边界用于设置元件和导线的放置范围，电气边界必须在禁止布线层（Keep-Out Layer）绘制。方法是：先将当前层设置为禁止布线层，然后单击实用工具栏的直线工具按钮，画出边界线，如图 7-25 所示。

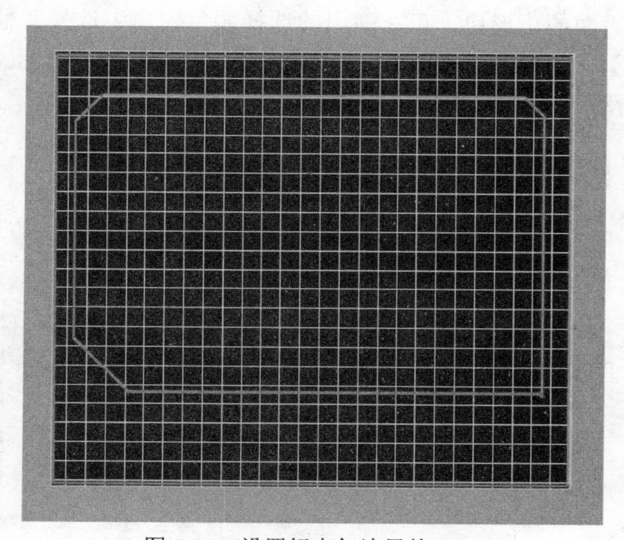

图 7-25　设置好电气边界的 PCB

7.4　设置 PCB 板图纸

7.4.1　控制图层显示

执行菜单中【设计】/【PCB 板层次颜色】命令或按快捷键 L，将打开【板层和颜色】对话框，如图 7-26 所示。

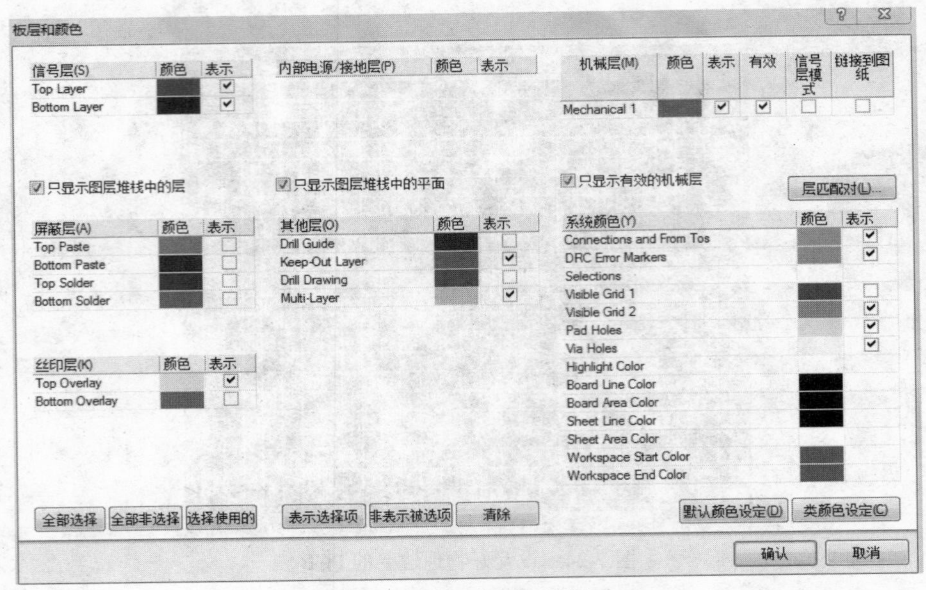

图 7-26 选择板层和颜色

该对话框共有 7 个选项区，包括信号层（Signal Layers）、内部电源/接地层（Internal Planes）、机械层（Mechanical Layers）、屏蔽层（Mask Layers）、丝印层（Silk-Screen Layers）、其他层（Other Layers）和系统颜色层（System Colors）。每个图层的后面都有“表示”复选框，选中时将显示该图层。单击每项后面的矩形块，可在弹出的选择颜色窗口中选择其他颜色。

单击【全部选择】按钮，将显示所有层；单击【全部非选择】按钮，将关闭所有层；单击【选择使用的】按钮，则只显示用户用到的层。

7.4.2 设置 PCB 图纸的栅格和测量单位

执行菜单中【设计】/【PCB 板选择项】命令，将打开【PCB 板选择项】对话框，如图 7-27 所示。该对话框共有 6 个选项区，分别如下。

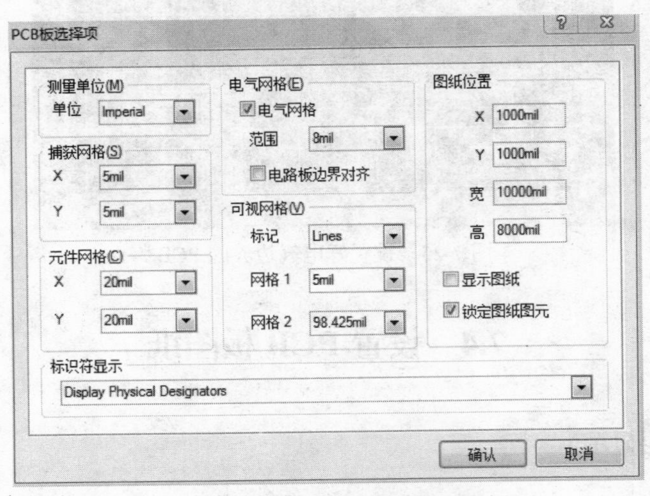

图 7-27 【PCB 板选择项】对话框

（1）测量单位：单击下拉列表框右边的下三角形按钮，可选择英制单位（Imperial）或公制单位（Metric）。

（2）捕获网格：用于设置图纸捕获网格的距离。系统的最小网格纸为 1mil，X 方向和 Y 方向的捕获网格值可分别设置。

（3）元件网格：用于 X 方向和 Y 方向的元件网格值。元件网格是指在移动元件时每跳一步的步长。

（4）电气网格：用于对给定范围内的电气点进行搜索和定位，默认值为 8mil。

（5）可视网格：该选项区的【标记】选项用于选择可视网格的类型，有 Lines（线状）和 Dots（点状）两种。【网格 1】和【网格 2】用于设置可视网格 1 和可视网格 2 的值。

（6）图纸位置：用于设置图纸左下角的坐标值、图纸的宽度和高度、是否显示图纸、锁定图纸图元等。

7.5 载入元件封装和导入网络表

创建和规划好 PCB 板文件后，接下来就是装载需要用到的 PCB 元件库和向 PCB 中导入网络表。

7.5.1 装入元件封装库

装入 PCB 元件库的方法和装入原理图元件库的方法一样。其方法是：打开元件库工作面板，如图 7-28 所示，并单击该面板左上角的【元件库】按钮，进入可用元件库窗口，来加载 PCB 元件库（具体方法可参考 2.2.5 节）。

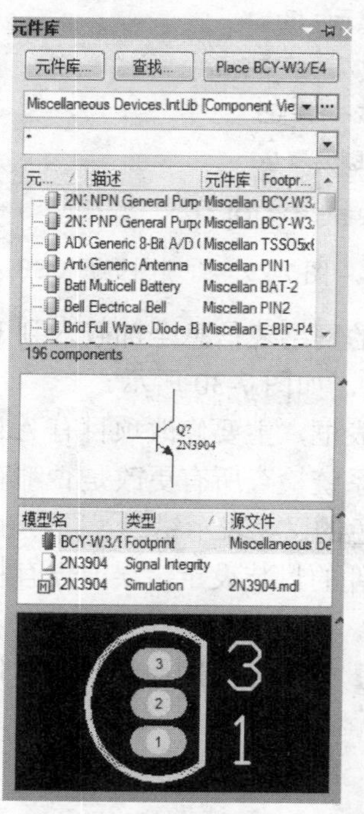

图 7-28 元件库工作面板

Protel DXP 2004 SP2 使用的是集成库，在元件库工作面板中提供了原理图元件（Components）和 PCB 元件（Footprints）两种元件的浏览窗口，可同时浏览选中元件的原理图元件模型和 PCB 元件模型。

7.5.2 导入网络表

正确装入元件封装库后，就可导入网络表。导入网络表实际上就是将原理图的设计信息装入到 PCB 设计系统中，才能进行之后的布局和布线工作。

Protel DXP 2004 SP2 提供了从原理图到 PCB 板的自动更新功能，方法是执行菜单中【设计】/Import Changes From *.PRJPCB 命令，如图 7-29 所示。其中“*”表示文件名，对于不同名称的文件，其表示的内容也随之变化。

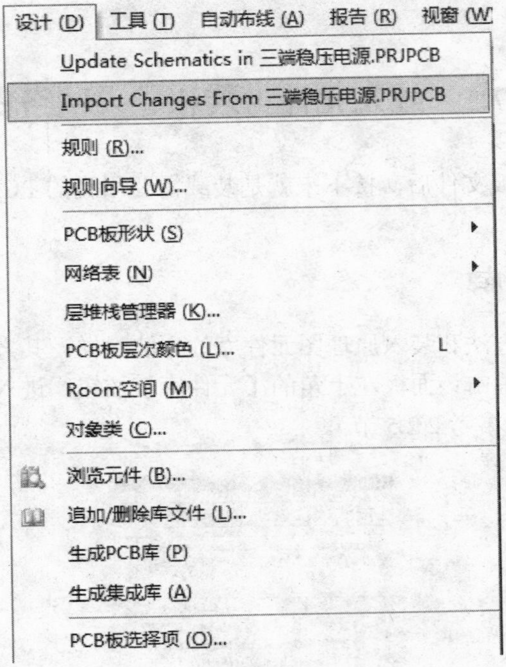

图 7-29　原理图更新 PCB

执行该命令相当于将原理图的网络表信息全部载入到 PCB 文件中。执行该命令后将弹出【工程变化订单（ECO）】对话框，如图 7-30 所示。

该对话框左边为“修改”列表框，主要修改项目有 Add Components、Add Nets 等几类。

单击【使变化生效】按钮，系统检查所有更改是否都有效。如果有效，将在右边【检查】栏的对应位置打勾；否则打上红色的叉，表示错误，同时在右边的【消息】栏显示产生错误的原因。一般错误是由于原理图元件的封装设定错误或没有将所用元件封装库载入 PCB 编辑器中所造成的。

若出现错误，则单击【关闭】按钮，返回原理图进行修改，或添加所需的 PCB 库，直到【检查】栏全部正确为止。

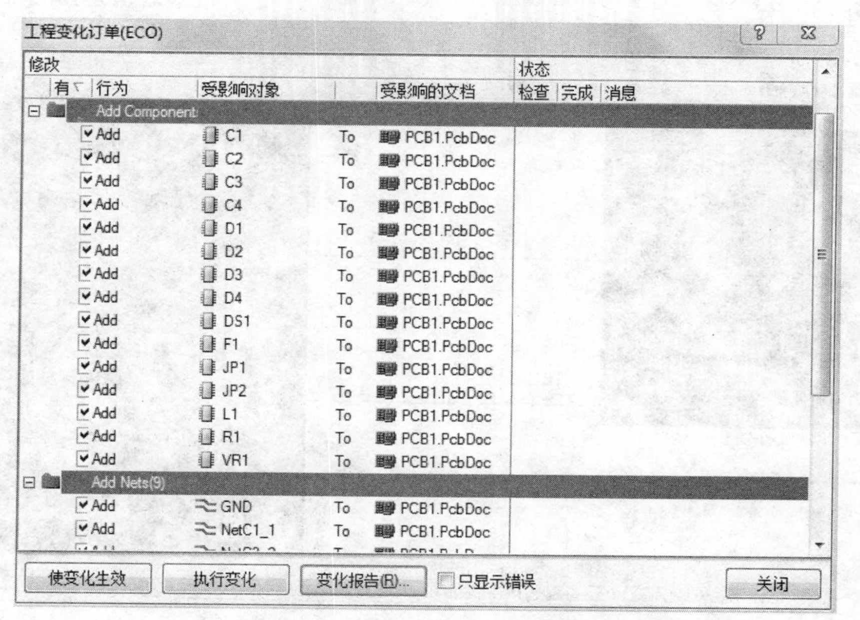

图 7-30 【工程变化订单】对话框

在【检查】栏全部正确后，单击【执行变化】按钮，系统将执行所有更改操作。若执行成功，【完成】栏将全部打上勾，如图 7-31 所示。

工程变化订单(ECO)

修改					状态		
有	行为	受影响对象		受影响的文档	检查	完成	消息
Add Component							
✓	Add	Sheet1	To	PCB1.PcbDoc	✓	✓	
Add Component							
✓	Add	C1	To	PCB1.PcbDoc	✓	✓	
✓	Add	C2	To	PCB1.PcbDoc	✓	✓	
✓	Add	C3	To	PCB1.PcbDoc	✓	✓	
✓	Add	C4	To	PCB1.PcbDoc	✓	✓	
✓	Add	D1	To	PCB1.PcbDoc	✓	✓	
✓	Add	D2	To	PCB1.PcbDoc	✓	✓	
✓	Add	D3	To	PCB1.PcbDoc	✓	✓	
✓	Add	D4	To	PCB1.PcbDoc	✓	✓	
✓	Add	DS1	To	PCB1.PcbDoc	✓	✓	
✓	Add	F1	To	PCB1.PcbDoc	✓	✓	
✓	Add	JP1	To	PCB1.PcbDoc	✓	✓	
✓	Add	JP2	To	PCB1.PcbDoc	✓	✓	
✓	Add	L1	To	PCB1.PcbDoc	✓	✓	
✓	Add	R1	To	PCB1.PcbDoc	✓	✓	
✓	Add	VR1	To	PCB1.PcbDoc	✓	✓	
Add Nets(9)							

使变化生效　执行变化　变化报告(R)...　只显示错误　关闭

图 7-31 执行变化后的工程变化订单对话框

单击【变化报告】按钮，可将更新结果生成报表。

在对话框的【完成】栏全部打上勾后，单击【关闭】按钮，关闭该对话框，同时原理图的设计信息将被全部传送到 PCB 文件中，如图 7-32 所示。接下来的工作就是设置布局和布线规则，在 PCB 上进行元件的布局和布线操作。

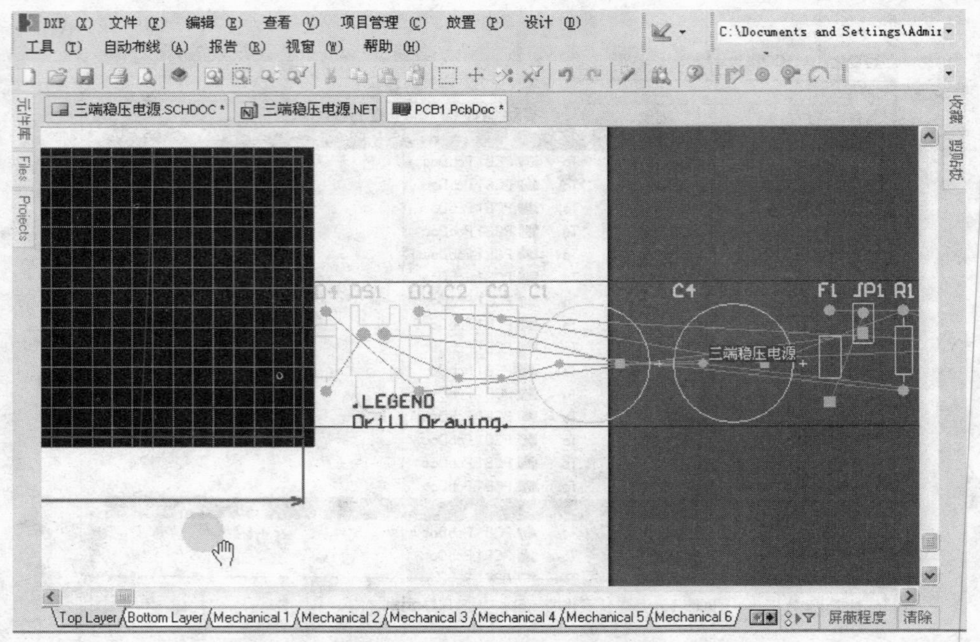

图 7-32　执行变化后 PCB 板

在本章开始处，以“三端稳压电源”为例：

（1）7.3 节“新建 PCB 文件”，新建后应该保存在与三端稳压电源原理图的同一路径处，即同一项目文件中。

（2）7.4 节“设置 PCB 板图纸”，按照三端稳压电源原理图的大小进行设置，在此例中设置为（3000mil×4000mil）的矩形板。

（3）7.5 节“导入网络表”，一定要再次查看 PCB 文件与原理图是否保存在同一项目中，如果不是，则无法正确导入。还需检查 PCB 文件和项目文件是否保存，如没有保存，导入也无法正常使用。标签是红色代表尚未保存，必须保存后变成白色才可。

图 7-32 是“三端稳压电源”原理图正确导入 PCB 板的结果。

7.6　PCB 板布局

导入网络表后，所有元件都已经更新到 PCB 板上，由于此时元件的摆放往往不合理，所以需对元件进行布局。Protel DXP 2004 SP2 提供了两种元件布局方法，一种是自动布局，另一种是手工布局，下面将分别介绍。

7.6.1　PCB 板自动布局

Protel DXP 2004 SP2 提供了强大的自动布局功能，通常使用自动布局能提高 PCB 板的设计效率。

在 PCB 编辑环境下，执行菜单中【工具】/【放置元件】/【自动布局】命令，将弹出【自动布局】对话框，如图 7-33 所示。

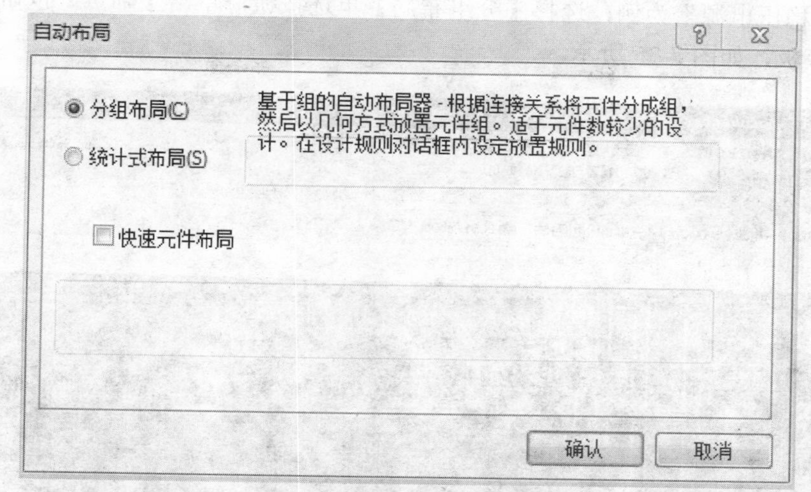

图 7-33　【自动布局】对话框

自动布局有两种布局方式，分别如下：

（1）分组布局。系统将根据元件之间的连接关系，将元件划分为一个个组群，并以布局面积最小为基准进行布局，这种布局规则适合于元件数量较少的电路板，如图 7-33 所示。

（2）统计式布局。系统将以元件之间连接长度最短为标准进行布局，这种布局规则适合于元件数量较多的电路板。选择该单选按钮后，对话框中的说明和设置将随之变化，如图 7-34 所示。

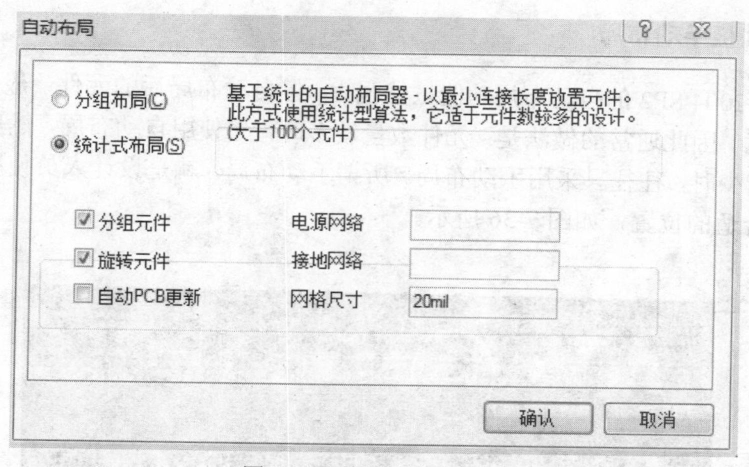

图 7-34　统计式自动布局

统计式布局各设置项功能如下：

- 分组元件：将当前布局中连接紧密的元件组成一组。
- 旋转元件：布局时根据需要对元件进行旋转调整。
- 自动 PCB 更新：在布局中自动更新 PCB 板。
- 电源网络：定义电源网络名称。
- 接地网络：定义接地网络名称。
- 网格尺寸：设置元件网格大小。

以“三端稳压电源”为例，选择【分组布局】单选按钮，单击【确认】按钮，出现自动布局后的 PCB 板，如图 7-35 所示。

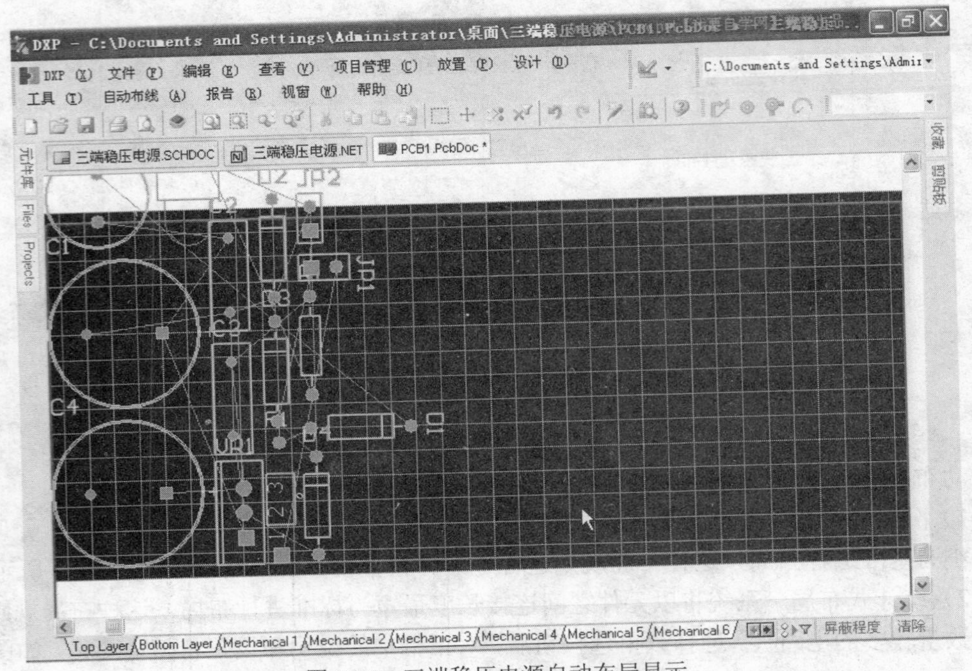

图 7-35　三端稳压电源自动布局显示

7.6.2　PCB 板手动布局

Protel DXP 2004 SP2 的自动布局功能虽然强大，但自动布局后的元件一般都比较凌乱，结果难以令人满意。因此通常的做法是：元件数量较多时，先使用自动布局，然后再进行手动调整；元件数量较少时，往往只采用手动布局。所谓手动布局，就是设计人员使用鼠标，将 PCB 上的元件放到合适的位置，如图 7-36 所示。

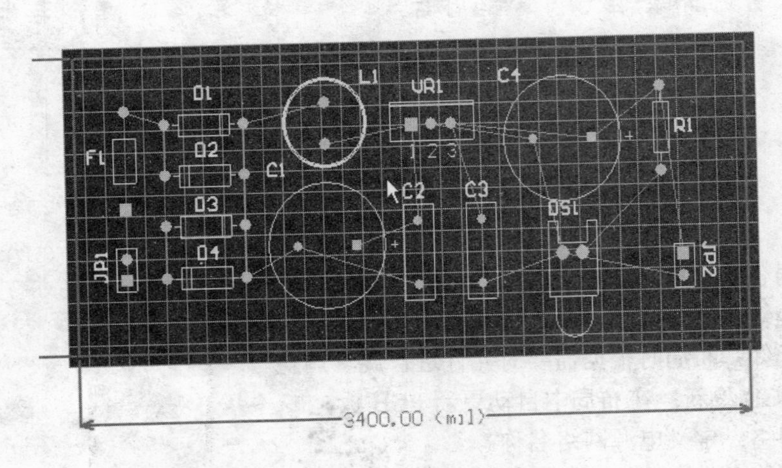

图 7-36　三端稳压电源手动布局显示

7.7 自动布线

自动布线就是根据用户设定的相关布线规则，依照一定的算法，自动将元件有连接关系的焊盘用铜膜导线连接起来的过程。

上节中介绍的自动和手动布局所显示的白线如图 7-36 所示，不代表真正连接元件，只代表元件连接关系。

7.7.1 设置自动布线规则

通常在自动布线之前需要设置布线规则，常用的布线规则包括导线间最小间距、导线宽度、布线优先级别、过孔的直径和孔径、布线拐角等。

执行菜单中【设计】/【规则】命令，打开【PCB 规则和约束编辑器】对话框，如图 7-37 所示。

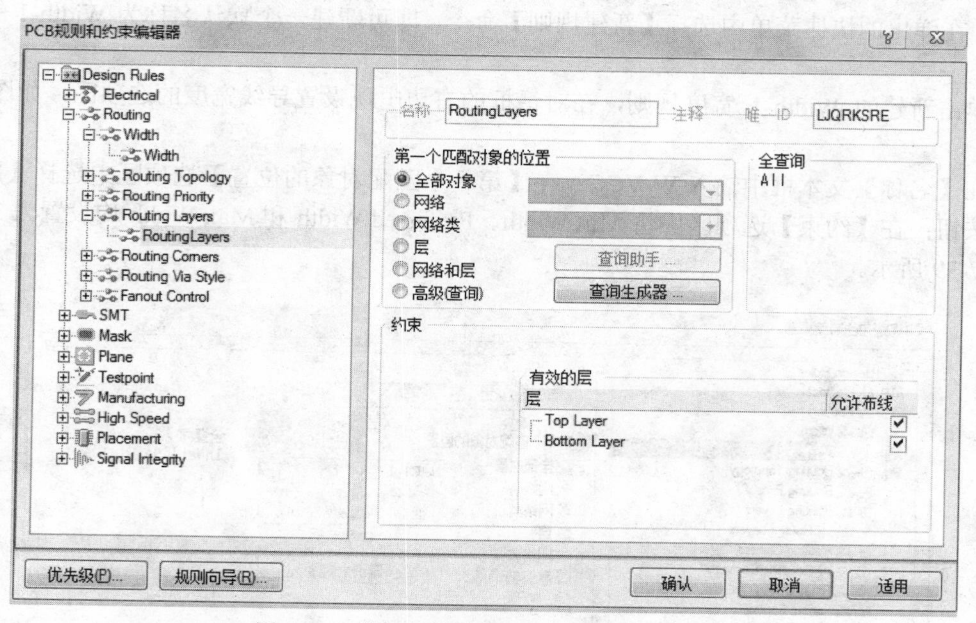

图 7-37 【PCB 规则和约束编辑器】对话框

该对话框左侧列表中包含有 Electrical、Routing、SMT、Mask、Plane、Testpoint 等设置项，下面介绍最常用的 Routing 设置项的内容。

（1）Width：用于设置布线宽度。可设置某个网络、某一网络类、某一层或某个层上的某个网络导线的最小宽度、最大宽度和优先使用宽度。

（2）Routing Topology：用于设置布线的拓扑结构，即定义焊盘与焊盘间的布线规则。布线拓扑结构的类型有 6 种，分别是 Shortest、Horizontal、Vertical、Daisy-Mid-Driven、Daisy-Balanced 和 Starburst，默认值为 Shortest。

（3）Routing Priority：用于设定布线优先权。允许用户设定网络布线顺序，早布线的网络优先权高于晚布线的网络，优先权由 0～100 依次升高。

（4）Routing Layers：用于设定在哪一个工作层布线和布线的方向。

（5）Routing Corners：用于设定布线拐角模式。拐角模式有 90Degrees、45Degrees、Rounded 等 3 种，如图 7-38 所示。

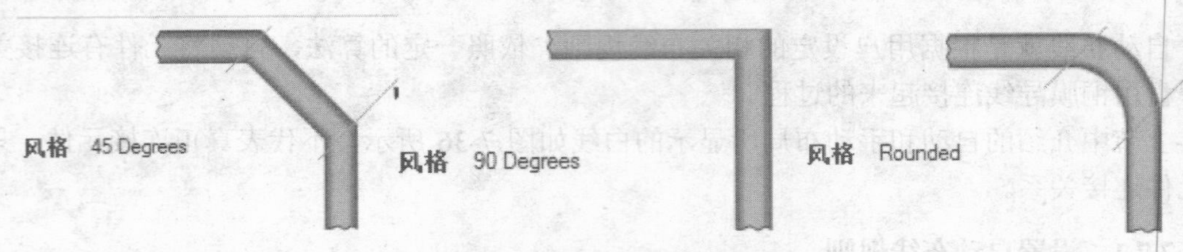

图 7-38　3 种布线拐角模式

（6）Routing Via Style：用于设定布线过孔的形式。定义表层与内层、内层与内层之间过孔的类型和相关尺寸。

下面以将 VCC 导线的宽度设置为 30mil 为例，介绍布线规则的设置方法。

在图 7-37 所示对话框中选择 Routing 设置项下的 Width 选项，将光标置于 Width 选项之上右击，在弹出的快捷菜单中选择【新建规则】命令，即可新建一个默认名称为 Width-1 的宽度规则。

单击新建的 Width-1 宽度规则，在对话框的右边出现设置导线宽度的选项区，如图 7-39 所示。

在【名称】文本框中输入 W-VCC；在【第一个匹配对象的位置】选项区中选择【网络】单选按钮；在【约束】选项区中将 Min Width、Preferred Width 和 Max Width 均设置为 30mil，如图 7-39 所示。

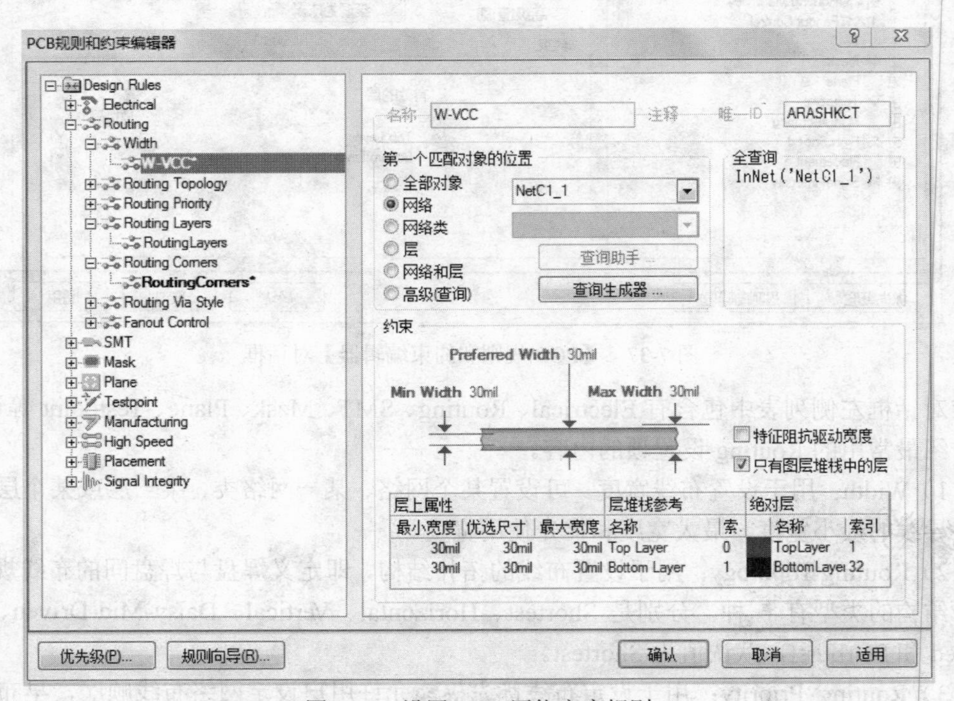

图 7-39　设置 VCC 网络宽度规则

单击【确认】按钮关闭对话框，VCC 网络的宽度规则设置完毕。

7.7.2 自动布线

设置好自动布线规则后，接下来就可以进行自动布线了。

单击菜单栏【自动布线】选项，系统会弹出自动布线菜单，由用户选择自动布线方式，如图 7-40 所示。

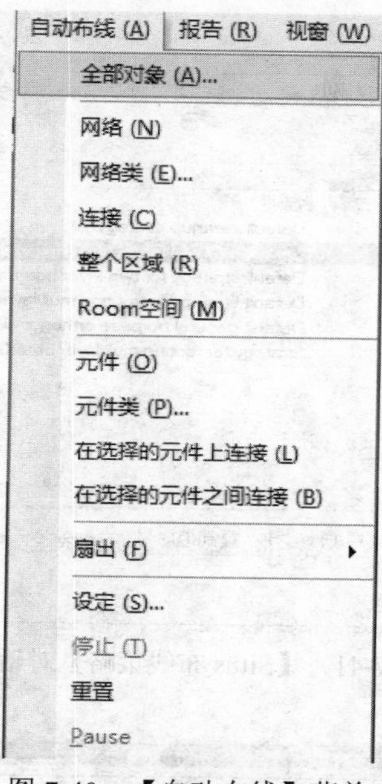

图 7-40 【自动布线】菜单

1. “全部对象”布线方式

使用该方式，系统会自动完成整块电路板的布线，具体操作如下：

执行菜单中【自动布线】/【全部对象】命令，打开【Situs 布线策略】对话框，如图 7-41 所示。

该对话框有【布线设置报告】和【可用的布线策略】两个区。其中“布线设置报告”区用于查看或设置相关的布线规则，【可用的布线策略】区为有效布线策略，单击【追加】按钮，可对布线策略进行编辑。

单击 Route All 按钮，系统将弹出【自动布线信息】对话框，如图 7-42 所示。

布线完成后，关闭【自动布线信息】对话框，布线后的 PCB 板如图 7-43 所示。

- 在自动布线过程中想暂停布线，可执行菜单中【自动布线】/【Pause】命令或按组合键 A+P 来实现。
- 在自动布线过程中想终止布线，可执行菜单中【自动布线】/【停止】命令或按组合键 A+T 来实现。
- 想重新自动布线，可执行菜单中【自动布线】/【重置】命令或按组合键 A+E 来实现。

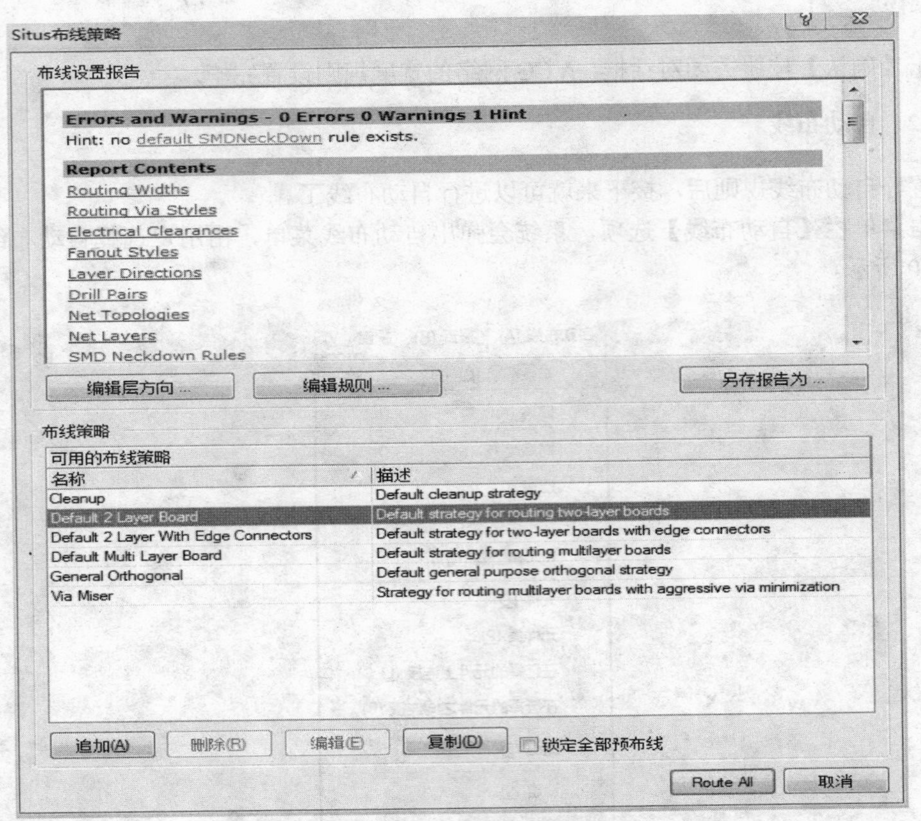

图 7-41 【Situs 布线策略】对话框

Messages

Class	Document	Source	Message	Time	Date	No.
Situs Ev...	PCB1.PcbDoc	Situs	Routing Started	19:06:06	2010/8/20	1
Routing ...	PCB1.PcbDoc	Situs	Creating topology map	19:06:07	2010/8/20	2
Situs Ev...	PCB1.PcbDoc	Situs	Starting Fan out to Plane	19:06:07	2010/8/20	3
Situs Ev...	PCB1.PcbDoc	Situs	Completed Fan out to Plane in 0 Seconds	19:06:07	2010/8/20	4
Situs Ev...	PCB1.PcbDoc	Situs	Starting Memory	19:06:07	2010/8/20	5
Situs Ev...	PCB1.PcbDoc	Situs	Completed Memory in 0 Seconds	19:06:07	2010/8/20	6
Situs Ev...	PCB1.PcbDoc	Situs	Starting Layer Patterns	19:06:07	2010/8/20	7
Routing ...	PCB1.PcbDoc	Situs	Calculating Board Density	19:06:07	2010/8/20	8
Situs Ev...	PCB1.PcbDoc	Situs	Completed Layer Patterns in 0 Seconds	19:06:07	2010/8/20	9
Situs Ev...	PCB1.PcbDoc	Situs	Starting Main	19:06:07	2010/8/20	10
Routing ...	PCB1.PcbDoc	Situs	21 of 22 connections routed (95.45%) in 1 Second	19:06:08	2010/8/20	11
Situs Ev...	PCB1.PcbDoc	Situs	Completed Main in 1 Second	19:06:09	2010/8/20	12
Situs Ev...	PCB1.PcbDoc	Situs	Starting Completion	19:06:09	2010/8/20	13
Situs Ev...	PCB1.PcbDoc	Situs	Completed Completion in 0 Seconds	19:06:09	2010/8/20	14
Situs Ev...	PCB1.PcbDoc	Situs	Starting Straighten	19:06:09	2010/8/20	15
Routing ...	PCB1.PcbDoc	Situs	22 of 22 connections routed (100.00%) in 7 Seconds	19:06:13	2010/8/20	16
Situs Ev...	PCB1.PcbDoc	Situs	Completed Straighten in 4 Seconds	19:06:14	2010/8/20	17
Routing ...	PCB1.PcbDoc	Situs	22 of 22 connections routed (100.00%) in 7 Seconds	19:06:14	2010/8/20	18
Situs Ev...	PCB1.PcbDoc	Situs	Routing finished with 0 contentions(s). Failed to complete 0 connectio...	19:06:14	2010/8/20	19

图 7-42 【自动布线信息】对话框

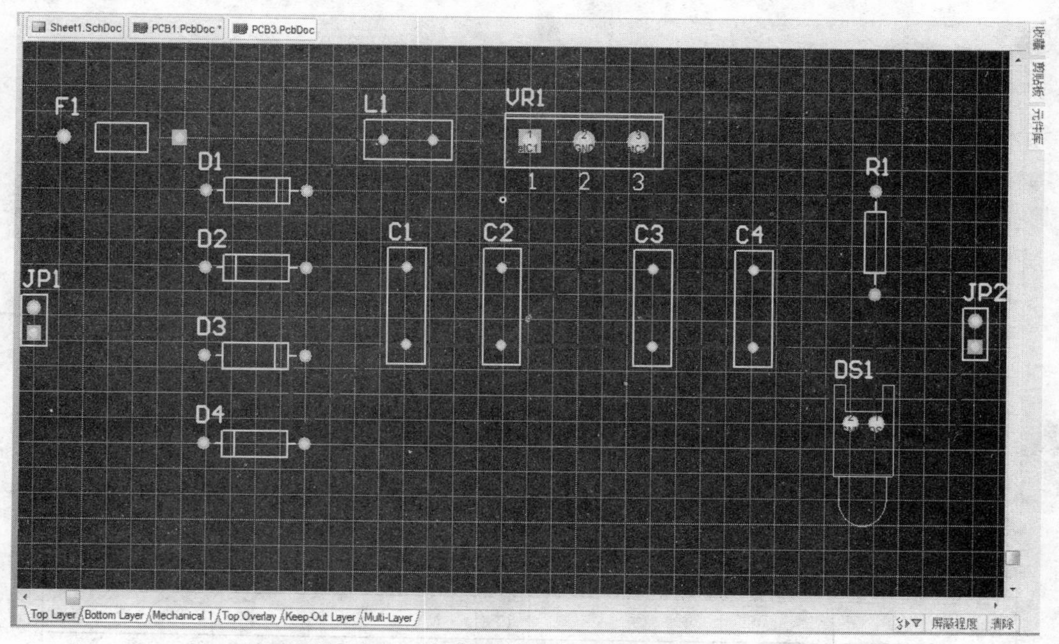

图 7-43　三端稳压电源自动布线后的 PCB

2. “网络”布线方式

执行菜单中【自动布线】/【网络】命令，此时系统会弹出一个布线信息对话框，同时光标变成十字形。

移动光标到需布线网络的一个焊盘上，单击鼠标右键，在弹出的快捷键菜单中选择 Pad 或 Connection 命令，即可完成指定网络的自动布线。

如果想撤销已布好的线，可执行菜单中【工具】/【取消布线】子菜单下的各种撤销布线命令，如图 7-44 所示。

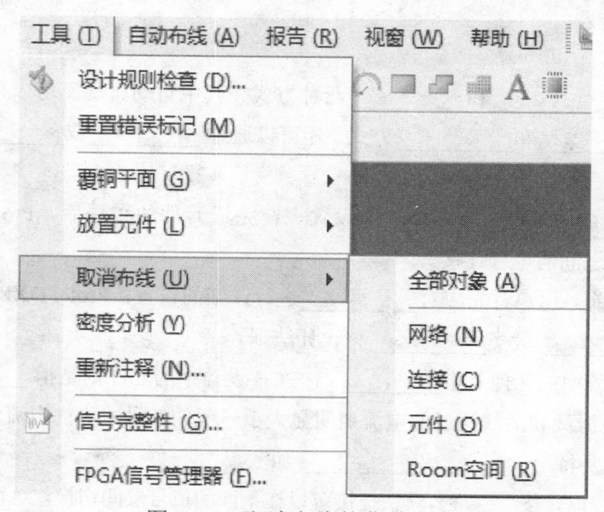

图 7-44　取消布线的菜单命令

- 元件生成网络表查看
- 创建 PCB 文件操作流程
- 设置 PCB 板图纸
- 载入元件封装和导入网络表
- PCB 板自动布局和手动布局
- PCB 板自动布线

专业英语词汇	行业术语
Via	过孔
Linear	线性的
Drag	拖动
Array	阵列
Polygon Plane	多边形填充

一、填空题

1．元件布局可分为__________和__________两种方式。其中自动布局又可以采用不同方式实现，包括 Auto Placer 菜单中的__________和__________方式，还可以通过__________或__________对 PCB 进行自动布局操作。

2．自动布局前首先应该进行__________的设置。在完成元件的布局后，Protel DXP 2004 SP2 通过__________描述元件管脚之间的电气连接。

3．在进行自动布线前，用户首先应对__________进行详细的设置，Protel DXP 2004 SP2 的 PCB 电路板编辑器为用户提供了__________大类__________种设计法则。

4．在原理图设计过程中的元件是指__________，PCB 设计中的元件则是指__________。

5．在 PCB 板上，电源线和地线流过的电流要明显大于一般的信号线内的电流。所以，出于可靠性和稳定性方面的考虑，一般需要将__________和__________加宽。

6．在进行交互式布线时，按__________快捷键可以在不同的信号层间切换，这可以完成不同层间的走线。

二、选择题

1．PCB 系统所谓安全间距是（　　）。

A．同一层面的 2 个独立对象之间的最大距离

B．同一层面的 2 个独立对象之间容许的最小距离

C．焊盘的尺寸和形状

D．不同层面到 2 个对象之间的最小距离

2．双面板放置元件的层面一般为（　　）。

A．Top　　B．Power Plane

C．Ground Plane　　D．Bottom

3．在印制电路板的设计中，焊接面应该放在（　　）。

A．Top 顶层　　B．Bottom 底层

C．Mid 中间层　　D．Mechanical 机械层

三、简答题

1．对于初学者来说，主要应了解哪几个方面的 PCB 的设计错误就可以基本保证 PCB 设计的正确无误？

2．尺寸标注是否可以在 Top 层进行？

3．装载元件库的操作可以有几种方法？

4．在 PCB 图中练习使用选取向导选取元件。

5．元件的排列和对齐的工具栏上的按钮是否有对应的菜单命令？

6．如何实现元件的底部对齐，并且调整元件之间的间距？

7．如何实现元件的整体编辑？

8．如何实现导线的整体编辑？

9．如何改变导线所处的层面？

传感器——超声波测距模块

在电子大赛硬件设计中，各种传感器对于整个电路或系统设计是必不可少的组成部分，各种形式不同的传感器模块所起到的作用和功能也是不同的。请绘制原理图后生成 PCB 文件并对 PCB 文件进行自动布局和手动布线的操作。

图 7-45 所示为超声波测距传感器。声波在其传播介质中被定义为纵波。当声波受到尺寸大于其波长的目标物体阻挡时就会发生反射，反射波称为回声。假如声波在介质中传播的速度是已知的，而且声波从声源到达目标然后返回声源的时间可以测量得到，那么就可以计算出从声波到目标的距离。这就是本系统的测量原理。这里声波传播的介质为空气，采用不可见的超声波。

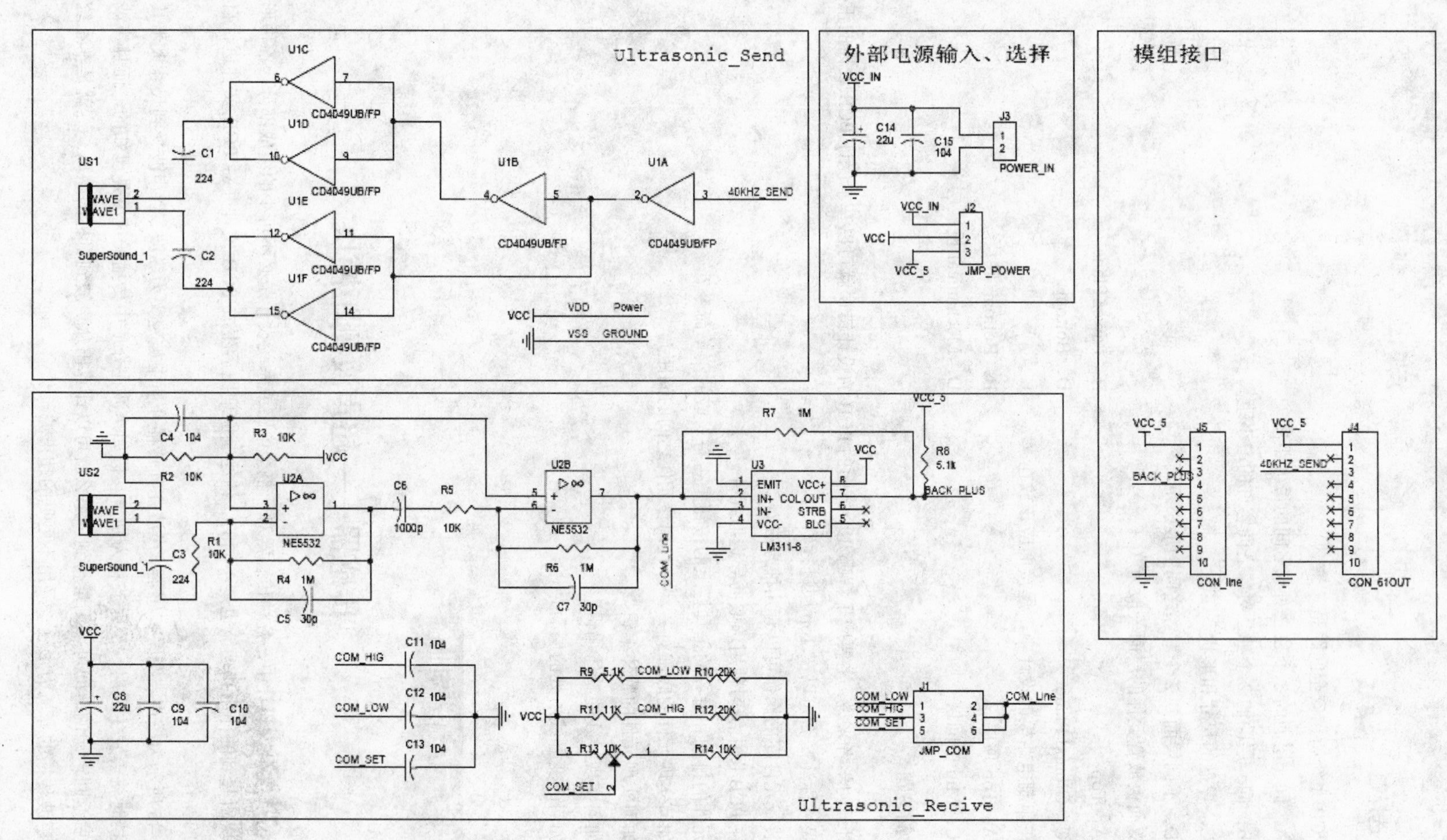

图 7-45 超声波测距模组 V2.0

第 8 章　PCB 板编辑和完善

由于自动布线往往难以满足有特殊要求的电路（如大电流、高电压等），因此设计者必须在自动布线的基础上通过手动调整来完成。这一章将通过完成“三端稳压电源电路 PCB 板”任务来学习“PCB 板高级设计”的有关知识。

- 手动布线完善
- 添加安装孔
- 覆铜和补泪滴
- PCB 板层管理和内电层建立
- 打印输出 PCB 文件

8.1　手动布线完善

手动布线是复杂 PCB 板设计不可缺少的重要操作。复杂 PCB 板布线通常采用自动布线和手动布线相结合的方法完成布线工作。具体做法是：先采用自动布线，然后在自动布线的基础上，根据电路的实际需要进行手动调整。

手动布线既可在自动布线之前进行，也可在自动布线之后进行。若在自动布线之后进行手动布线，须先拆除 PCB 板上的导线。

8.1.1　拆除布线

根据实际情况，可采取以下方法拆除全部或部分布线。

1．拆除 PCB 板上的所有布线

执行菜单中【工具】/【取消布线】/【全部对象】命令，如图 8-1 所示，则可拆除 PCB 板上的所有布线。

2．拆除网络上的导线

下面以拆除图 8-2 中 VCC 网络上的所有导线为例，介绍这一功能的使用。

执行菜单中【工具】/【取消布线】/【网络】命令，光标将变成十字形，如图 8-2 所示。

移动十字光标到 VCC 网络的某一段导线上，单击鼠标左键，则 VCC 网络上的所有导线都被删除，如图 8-3 所示。

此时光标仍为十字形，可继续删除其他网络的导线。

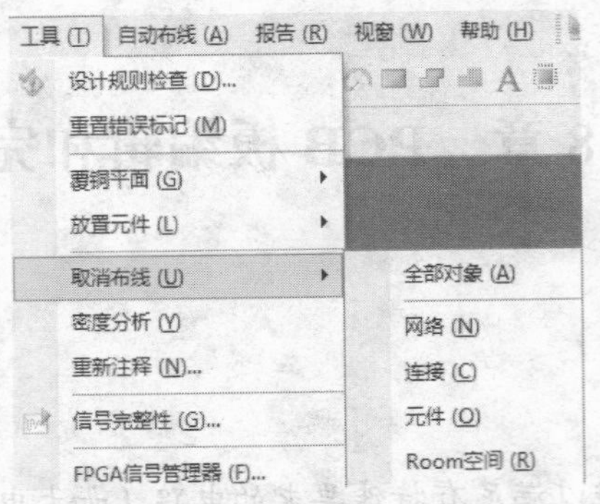

图 8-1　拆除布线菜单

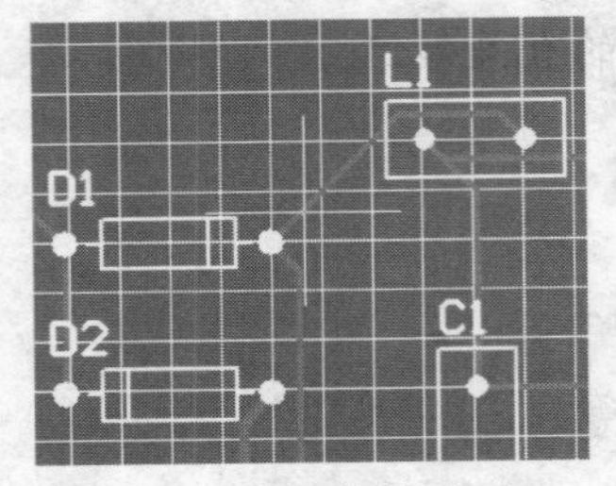

图 8-2　执行拆除命令

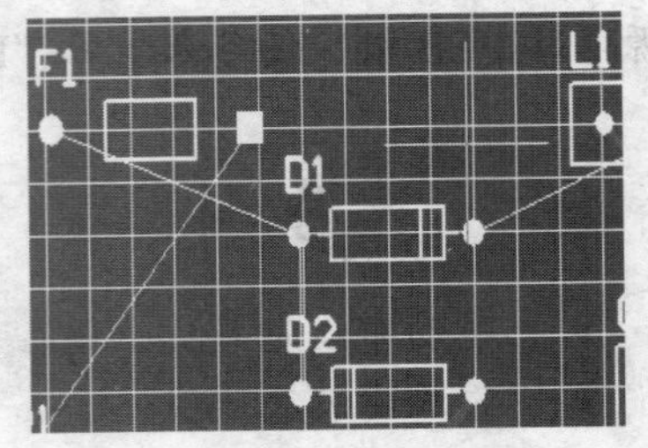

图 8-3　拆除 VCC 网络上的导线

单击鼠标右键或按 Esc 键，可退出该操作。

3．拆除某个连接上的导线

执行菜单中【工具】/【取消布线】/【连接】命令，光标将变成十字形。

移动十字形光标到某根导线上，单击鼠标左键，则该导线建立的连接被删除。此时光标仍处于十字形，可继续删除其他连接导线。

单击鼠标右键或按 Esc 键，可退出该操作。

注意　删除网格上的导线与删除某个连接上导线的区别：前者是删除该网络上的所有导线，可同时删除多根导线（网络名相同）；后者只能删除该连接上的导线，每执行一次删除一根导线。

4．拆除某个元件上的导线

执行菜单中【工具】/【取消布线】/【元件】命令，光标将变成十字形，如图 8-4 所示。

移动十字光标到要删除导线的元件上，如图 8-4 中的 L1 所示，单击鼠标左键，即可删除与该元件连接的所有导线，如图 8-5 所示。

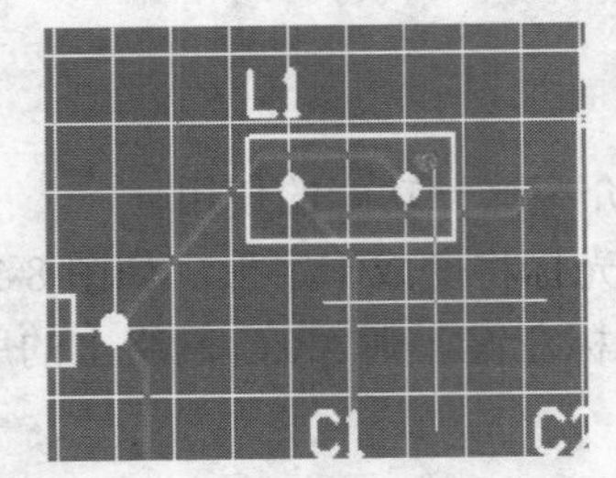

图 8-4　执行命令后出现十字光标

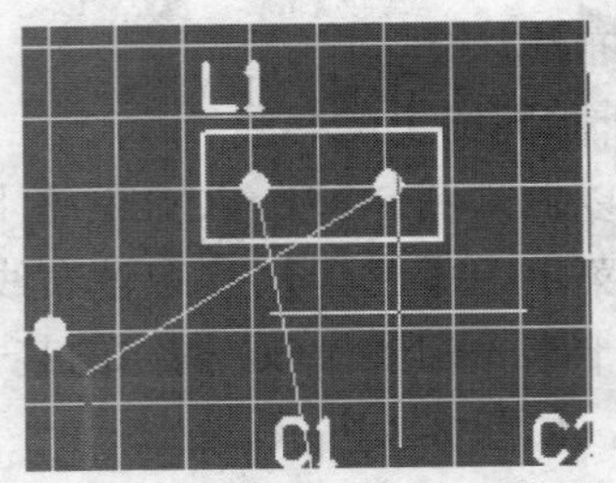

图 8-5　拆除元件 L1 上的导线

单击鼠标右键或按 Esc 键，可退出该操作。

8.1.2 手动布线

对于一些有特殊要求的布线，一般通过手动布线来完成，下面将介绍手动布线的基本步骤。

（1）首先，将要放置的导线的信号层切换为当前工作层。本例将导线放置在底层上，因此将底层切换为当前工作层。

（2）单击配线工具栏中的按钮，或执行菜单中【放置】/【交互式布线】命令，光标将变成十字形。

（3）移动十字光标到手动布线的起点焊盘上，此时将出现一个八角形的框，单击鼠标左键，随十字光标的移动将出现一段实心导线，当导线转折时，后一段为空心导线，这段导线被称为 Look-Ahead，通过该导线的布线情况可预先查看下一段导线是否能够绕开屏障物，如图 8-6 所示。

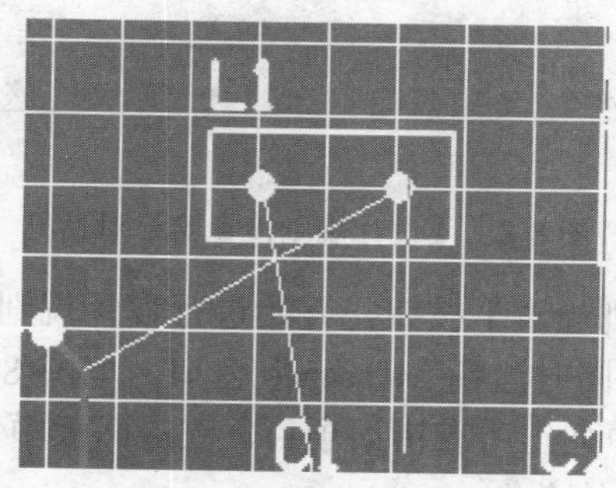

图 8-6　单击布线起点焊盘后的 PCB 板

（4）确定好走线方向后，单击鼠标左键，此时 Look-Ahead 导线变成实心导线，移动十字光标至终点焊盘，单击鼠标左键，即可完成该段导线的布线，手动布线后的结果如图 8-7 所示。

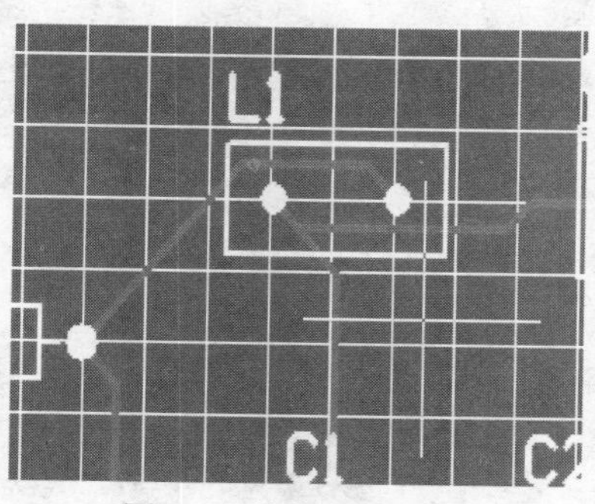

图 8-7　绘制好的导线

（5）单击鼠标右键或按 Esc 键，可结束手动布线。

8.1.3 检查布线结果

完成 PCB 板布线工作后，可通过设计规则检查来检测布线结果。设计规则检查的步骤如下：

（1）执行菜单中【工具】/【设计规则检查】命令，将打开【设计规则检查器】对话框，如图 8-8 所示。

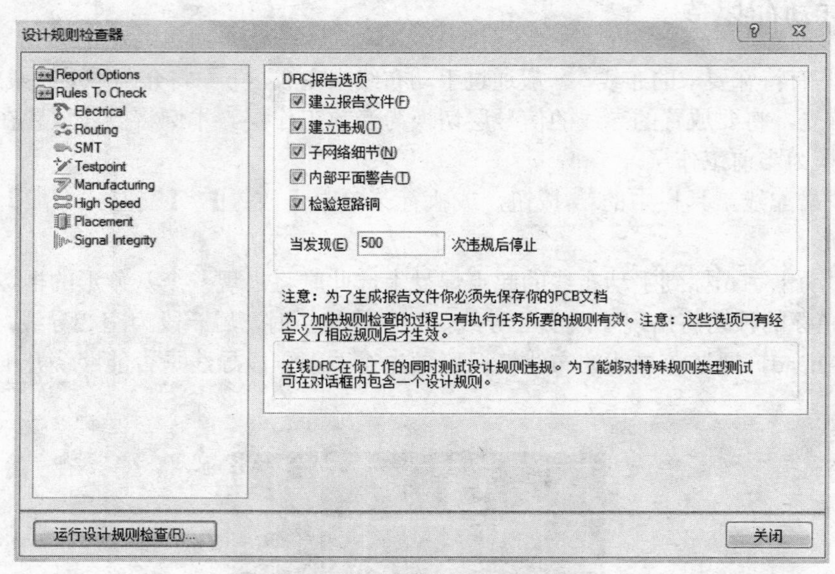

图 8-8 【设计规则检查器】对话框

（2）单击【运行设计规则检查】按钮，开始进行设计规则检查。检查完毕后，将生成并打开设计规则检查报表文件，同时激活 Messages 窗口，如图 8-9 所示。通过该文件可以查询检查结果，在 Messages 窗口中列出所有错误项目，双击面板中错误选项，系统自动将 PCB 板上出错的地方移动到工作窗口的中央。

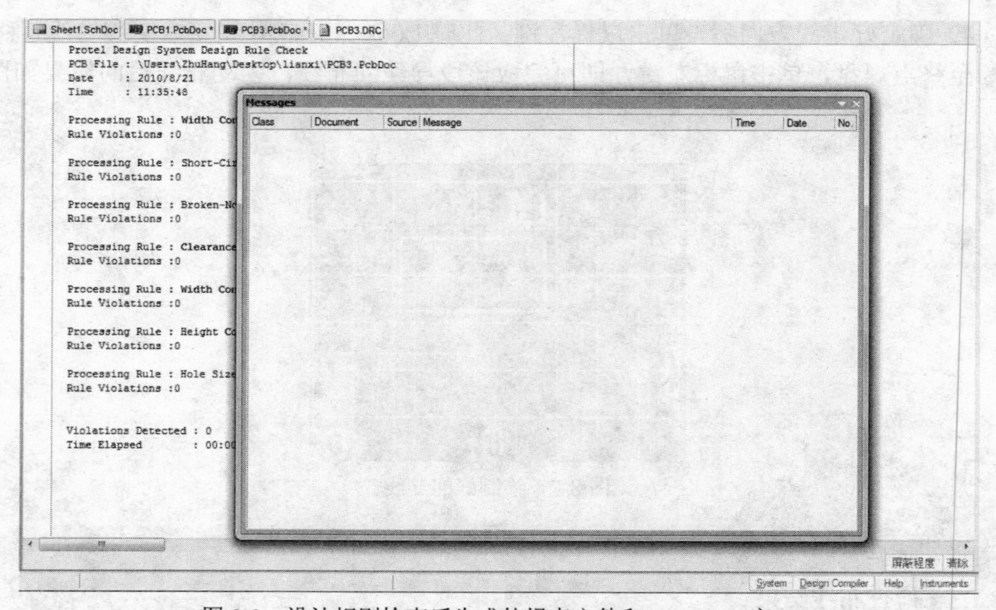

图 8-9 设计规则检查后生成的报表文件和 Messages 窗口

（3）根据检查后产生的错误提示，纠正错误。

8.2 添加安装孔

在实际工程中，电路板需要固定和安装。安装方法比较多，可以通过卡槽从两边固定，这种方法在拆卸电路板时比较方便；也可以通过插接件固定在其他电路板上，如计算机的内存条；不过最常用的方法是通过定位孔用螺钉固定。因此，在完成电路板布线后需要添加安装孔。安装孔通常采用过孔形式，添加过程如下。

执行菜单中【放置】/【过孔】命令，或单击配线工具栏中的按钮，此时光标变成十字形，如图 8-10 所示。

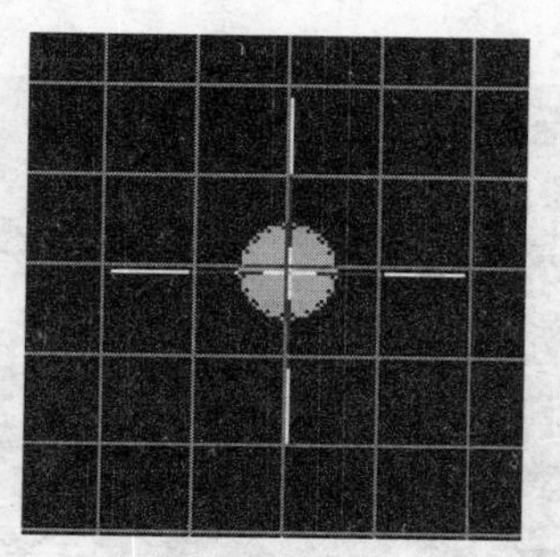

图 8-10　放置过孔

按 Tab 键，弹出【过孔】属性对话框，如图 8-11 所示。

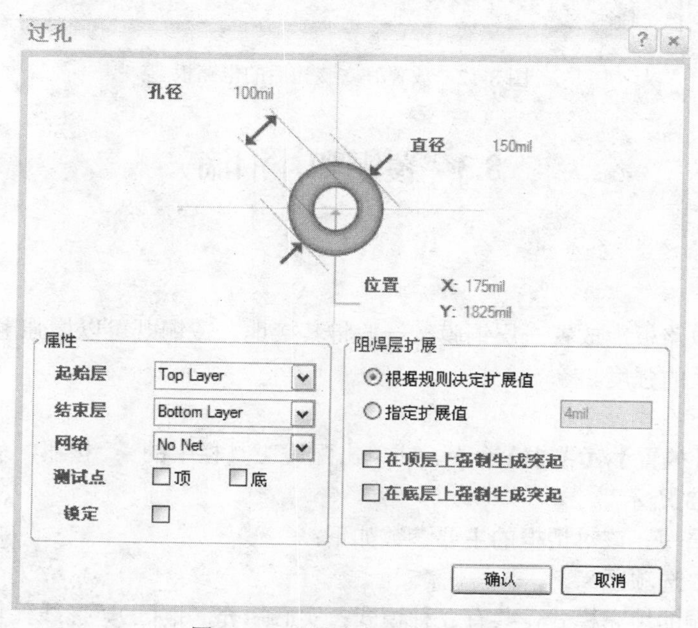

图 8-11　【过孔】属性对话框

（1）孔径：过孔内径。由于该过孔作安装孔使用，应考虑安装螺钉的尺寸，此处设置为 100mil。

（2）直径：过孔外径。此处设置为 150mil。

（3）位置：过孔孔心在绘图窗口中的位置（坐标）。此处设置为 X：175mil，Y：1825mil。

（4）属性：包括以下内容：

起始层：过孔的起始层。由于该过孔作安装孔使用，它贯穿电路板的所有板层，因此起始层为 Top Layer（顶信号层）。

结束层：过孔的结束层。同理，结束层应设置为 Bottom Layer（底信号层）。

网络：过孔所属网络。

测试点：是否将该过孔设置为测试点。

锁定：是否锁定该过孔，这里选中该复选框。

单击【确认】按钮，单击鼠标右键或按 Esc 键，退出放置过孔状态。放置好安装孔后的电路板如图 8-12 所示。

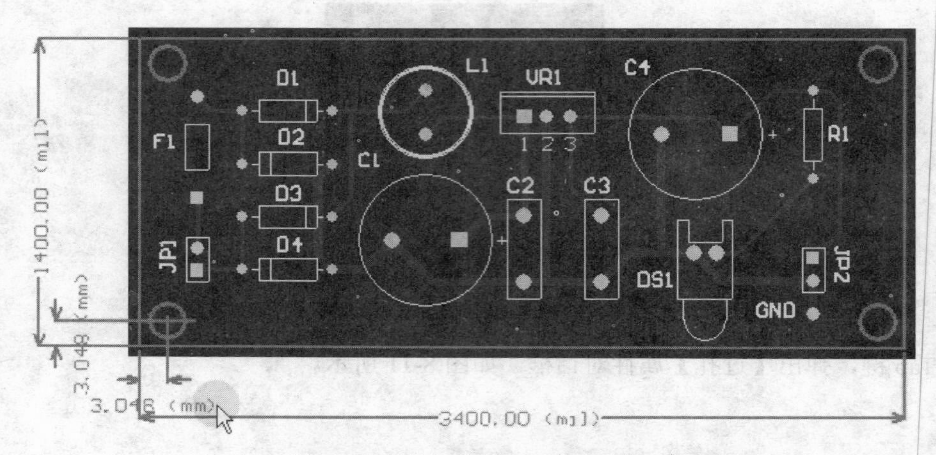

图 8-12　放置好安装孔后的电路板

8.3　覆铜和补泪滴

8.3.1　覆铜

覆铜就是在电路板上放置一层铜膜，一般将其接地。覆铜既可以增强电路的抗干扰能力，也可以提高电路板的强度。

具体操作如下：

执行菜单中【放置】/【覆铜】命令，或单击配线工具栏中的 按钮，系统将弹出【覆铜】对话框，如图 8-13 所示。

设置覆铜的属性。该对话框的主要参数如下：

【填充模式】选项区：

用于选择覆铜的填充模式，共有 3 种模式：实心填充（铜区）、影线化填充（导线/弧）和无填充（只有边框）。

- 实心填充模式：覆铜区为实心的铜膜，选中该单选按钮后，【覆铜】属性对话框如图 8-13 所示。

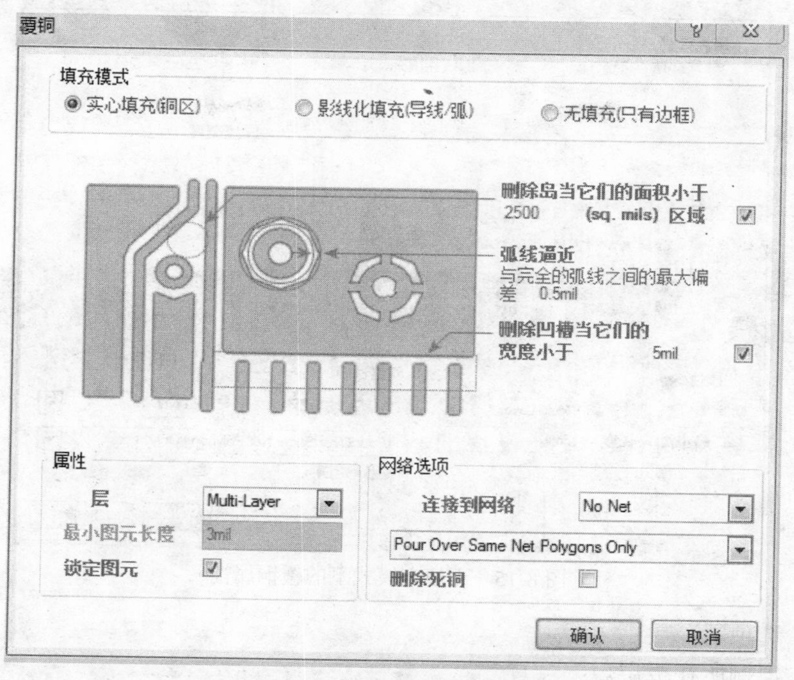

图 8-13 【覆铜】属性对话框

- 影线化填充模式：覆铜区用导线和弧线填充，选中该单选按钮后，【覆铜】属性对话框如图 8-14 所示。

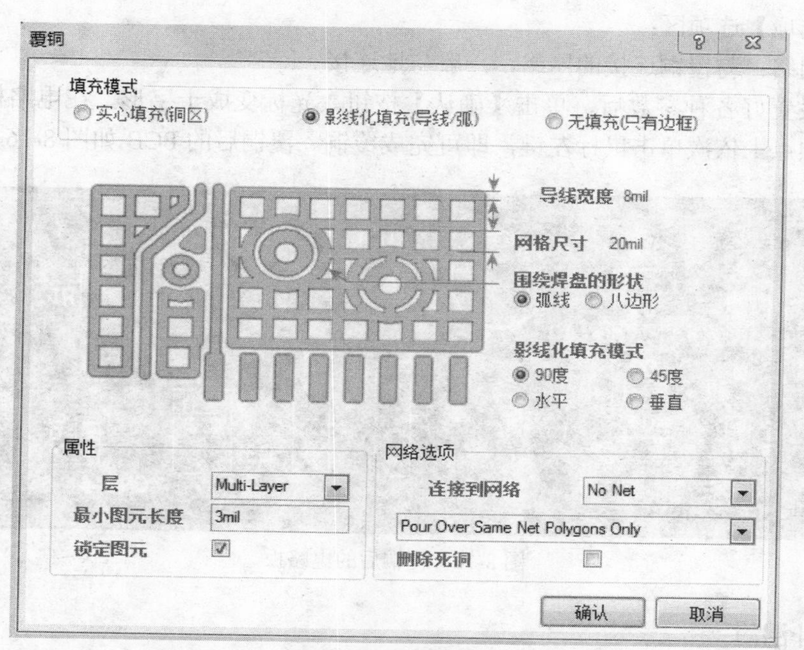

图 8-14 影线化填充模式下的覆铜属性

- 无填充：覆铜区的边框为铜膜导线，而覆铜区内部没有填充铜膜，选中该单选按钮后，【覆铜】属性对话框，如图 8-15 所示。

图 8-15 无填充模式下的覆铜属性

【属性】选项区：

- 层：覆铜所在板层。
- 最小图元长度：覆铜中最小导线长度，该项在实心填充模式下不可用。
- 锁定图元：选中时，将属于该覆铜的所有铜膜锁定为一个整体；不选时，则该覆铜的各个组成图元可单独移动或进行其他设置。

【网络选项】选项区：

连接到网络：与覆铜连接的网络，一般与地连接。

按需要设置好各种参数后，单击【确认】按钮，光标变成十字形，在电路板上准备覆铜区域的各个顶点上依次单击鼠标左键，即可完成覆铜。覆铜后的 PCB 如图 8-16 所示。

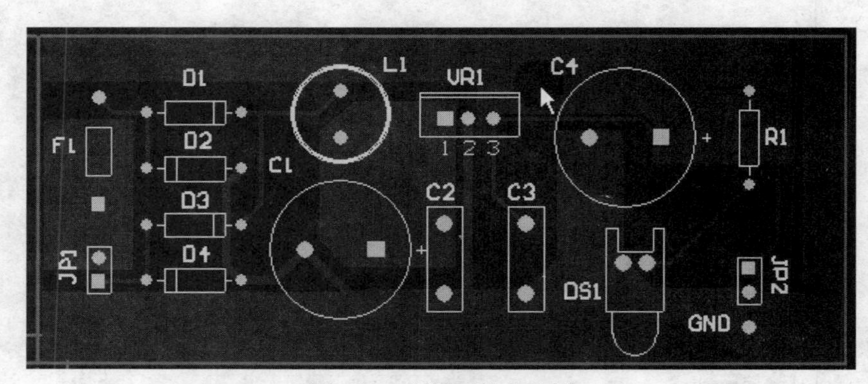

图 8-16 覆铜后的电路板

8.3.2 补泪滴

补泪滴是指在导线和焊盘或过孔的连接处放置泪滴状的过渡区域，其目的是增强连接处的强度，补泪滴的操作过程如下。

执行菜单中【工具】/【泪滴焊盘】命令，弹出【泪滴选项】对话框，如图 8-17 所示。

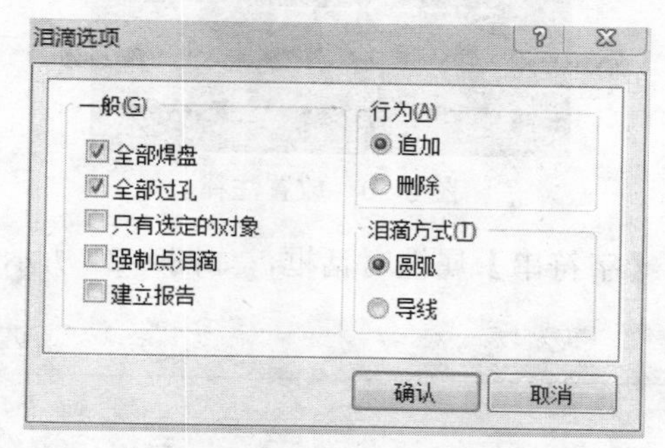

图 8-17 【泪滴选项】对话框

该对话框主要参数如下：

【一般】选项区：

- 全部焊盘：对所有焊盘补泪滴。
- 全部过孔：对所有过孔补泪滴。
- 只有选定的对象：只对被选中的焊盘和过孔补泪滴。
- 强制补泪滴：忽略规则，约束强制为焊盘或过孔叫泪滴。
- 建立报告：创建报告文件。

【行为】选项区：

- 追加：添加泪滴。
- 删除：删除泪滴。

【泪滴方式】选项区：

- 圆弧：弧形泪滴。
- 导线：直线形泪滴。

采用默认设置，即对全部焊盘和过孔添加圆弧形泪滴，单击【确认】按钮，补泪滴前后的 PCB 如图 8-18 和图 8-19 所示。

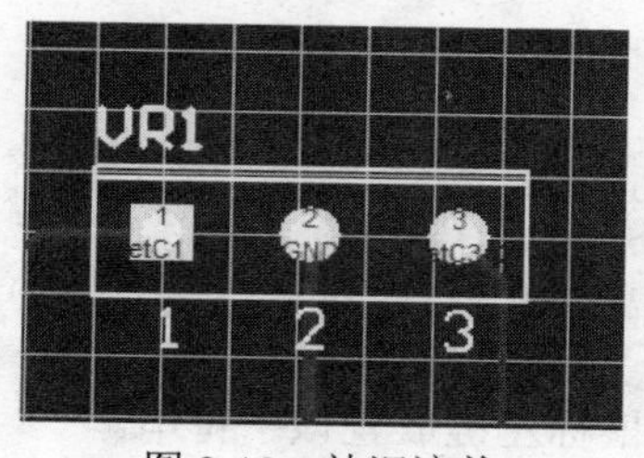

图 8-18 补泪滴前

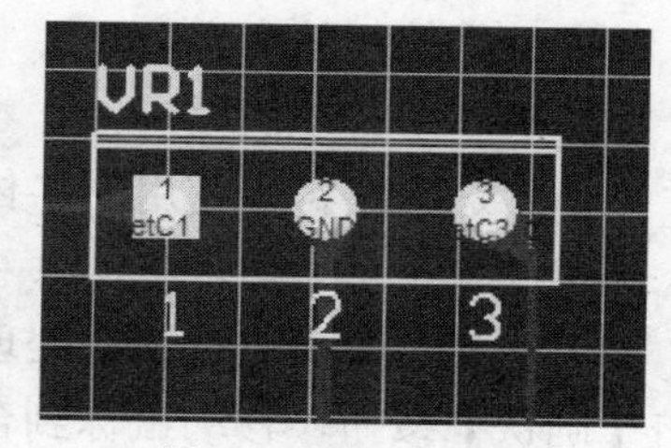

图 8-19 补泪滴后

8.3.3 放置电路板注释

放置电路板注释是指在丝印层上放置单行说明性文字，该文字没有任何电气特性，在电路板上放置注释的步骤如下：

（1）执行菜单中【放置】/【字符串】命令，或单击配线工具栏中的 A 按钮，进入放置注释的命令状态，鼠标变成十字光标，如图 8-20 所示。

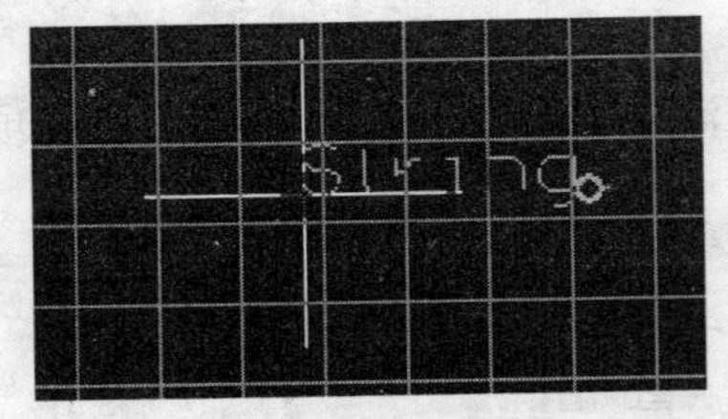

图 8-20　放置注释

（2）按 Tab 键，弹出【字符串】属性对话框，如图 8-21 所示。

图 8-21　设置字符串属性

该对话框主要参数如下：

- 宽：字符串字符宽度。
- 高：字符串字符高度。
- 旋转：字符串相对于水平方向的旋转角度。
- 位置：字符串在工作窗口的位置。
- 文本：字符串的内容。
- 层：放置字符串的板层。
- 字体：选择字符串使用的字体。
- 锁定：锁定字符串。
- 镜像：将字符串进行镜像处理。

单击【确认】按钮，移动鼠标到合适的位置，单击鼠标左键放置该字符串。

放置好字符串后，单击鼠标右键或按 Esc 键退出。

8.4　PCB 板层管理和内电层建立

PCB 板层管理就是通过 PCB 板层堆栈管理器，对电路板的信号层和内电层进行设置，包括电路板的层数、各层属性及其叠放次序等。

PCB 板的内电层是用来放置电源和地线的整块铜膜，Protel DXP 2004 SP2 提供了 16 个内电层。建立 PCB 板内电层可以增强 PCB 的抗干扰性能，降低布线密度。

8.4.1 PCB 板层管理器

执行菜单中【设计】/【层堆栈管理器】命令，弹出【图层堆栈管理器】对话框，如图 8-22 所示。

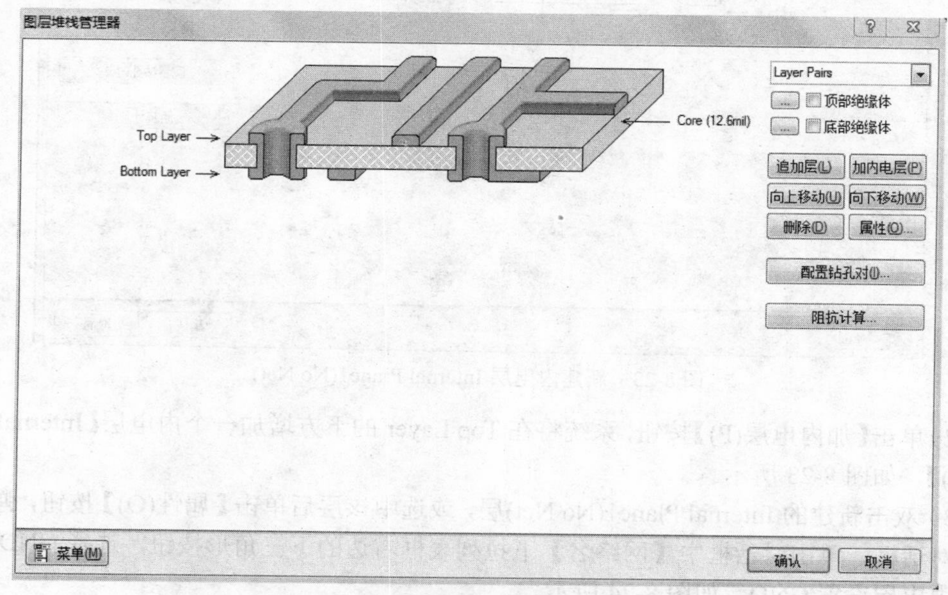

图 8-22 【图层堆栈管理器】对话框

该对话框的主要参数如下：

- 顶部绝缘体：在 PCB 顶层使用绝缘介质。
- 底部绝缘体：在 PCB 底层使用绝缘介质。
- 【追加层(L)】：增加一个信号层，使用之前必须先设定一个参考层。
- 【加内电层(P)】：增加一个内电层，使用之前必须先设定一个参考层。
- 【向上移动(U)】：将选中的层向上移动。
- 【向下移动(W)】：将选中的层向下移动。
- 【删除(D)】：将选中的信号层或内电层删除。
- 【属性(O)】：设置选中板层的属性。
- 【配置钻孔对(I)】：设置电路板的钻孔对。
- 【阻抗计算】：设置输出阻抗或导线宽度的计算公式。
- 【菜单(M)】：以菜单形式存放上述命令。

8.4.2 建立内电层

PCB 板的内电层用来设置内部电源和接地层，以便放置电源网络和接地网络。它是通过层堆栈管理器来建立的，操作步骤如下：

（1）执行菜单中【设计】/【层堆栈管理器】命令，弹出【图层堆栈管理器】对话框，选中 Top Layer（顶层），如图 8-23 所示。

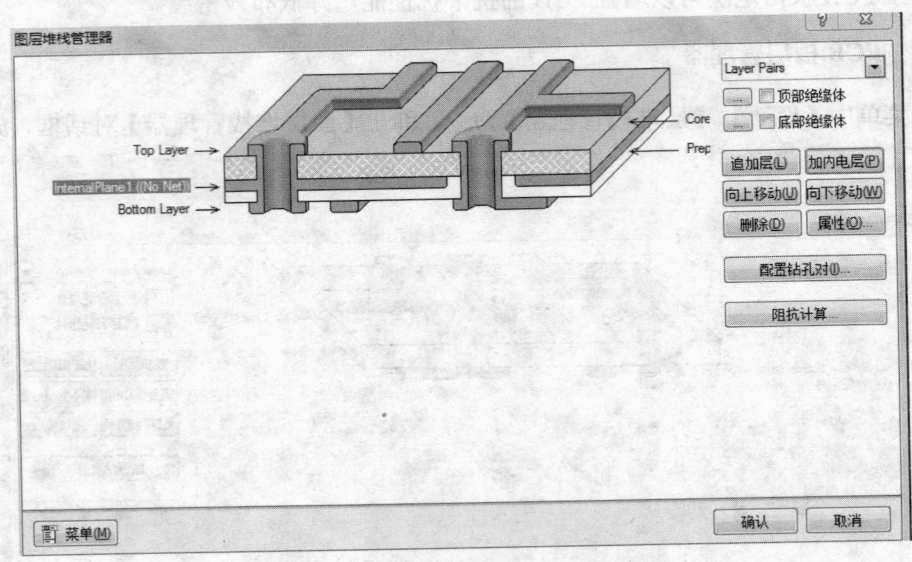

图 8-23　新建内电层 Internal Plane1(No Net)

（2）单击【加内电层(P)】按钮，系统将在 Top Layer 的下方增加一个内电层【Internal Plane1 (No Net)】，如图 8-23 所示。

（3）双击新建的 Internal Plane1(No Net)层，或选中该层后单击【属性(O)】按钮，弹出【编辑层】对话框，单击对话框中【网络名】下拉列表框右边的下三角形按钮，选择 GND 选项，表示该内电层设置 GND，如图 8-24 所示。

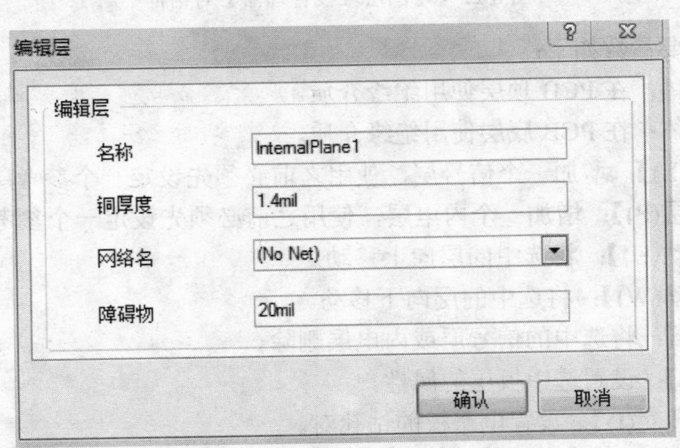

图 8-24　【编辑层】对话框

（4）单击【确认】按钮，返回【图层堆栈管理器】对话框，如图 8-25 所示。

（5）单击图 8-25 所示的【确认】按钮，完成内电层的建立。

（6）执行菜单中【设计】/【PCB 板层次颜色】命令，或按 L 键，弹出【板层和颜色】对话框，如图 8-26 所示。

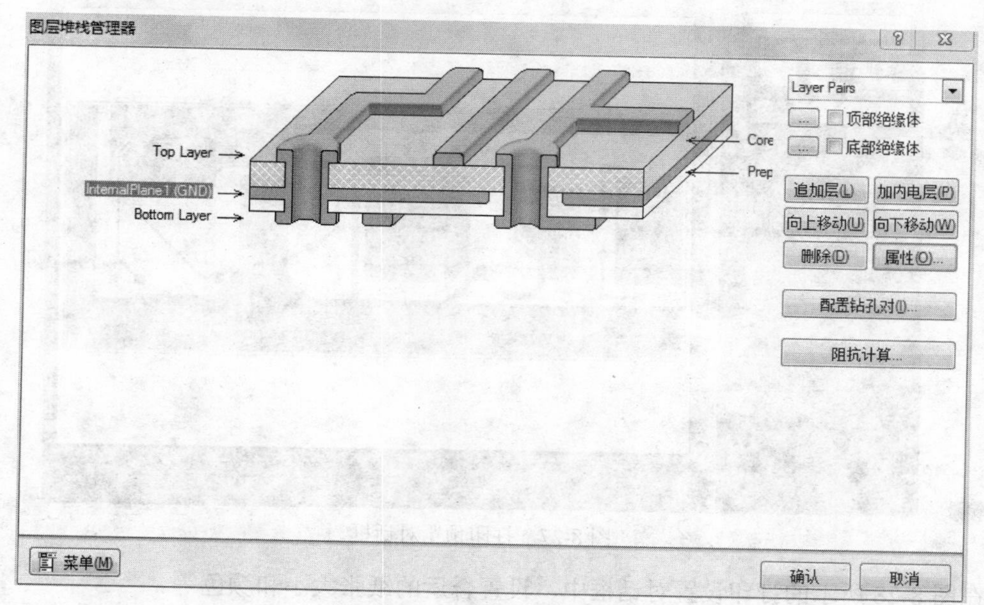

图 8-25　新建好的内电层 GND

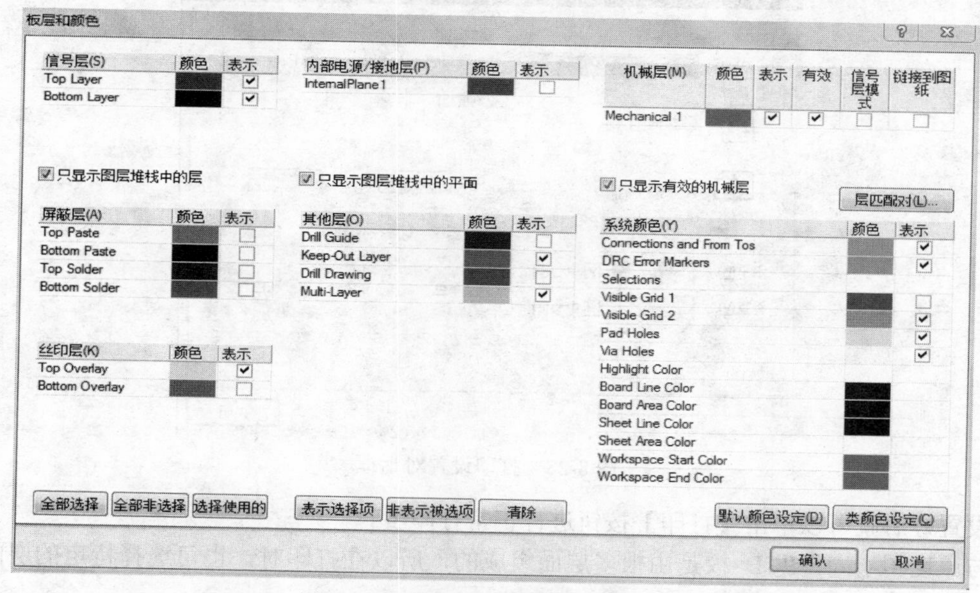

图 8-26　【板层和颜色】选择对话框

（7）选中【内部电源/接地层】选项区各内电层后面【表示】列的复选框，让内电层可用，如图 8-26 所示。

8.5　打印输出 PCB 文件

执行菜单中【文件】/【打印预览】命令，进入图 8-27 所示对话框，在空白处右击并在弹出的快捷菜单中选择【页面设定】命令。

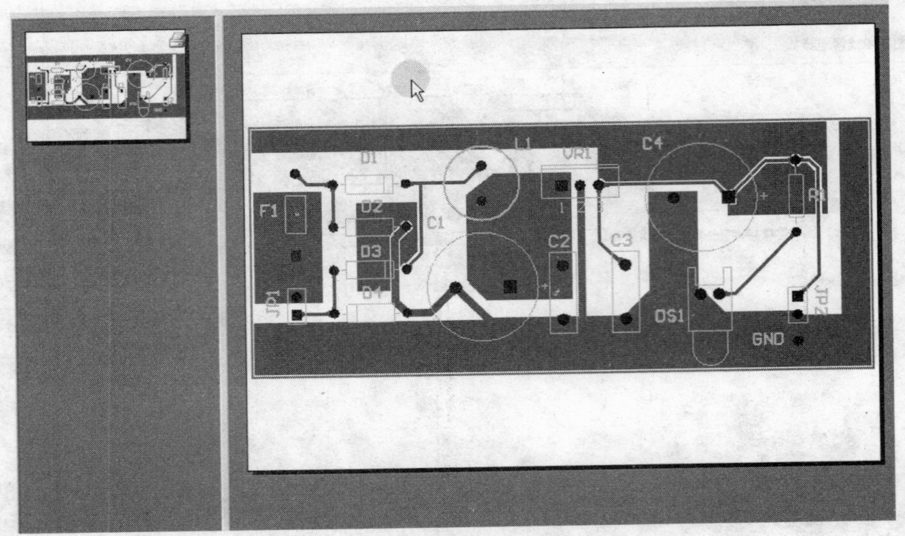

图 8-27 打印预览对话框

在图 8-28 所示的打印设置对话框中，设置合适的纸张大小和颜色等。

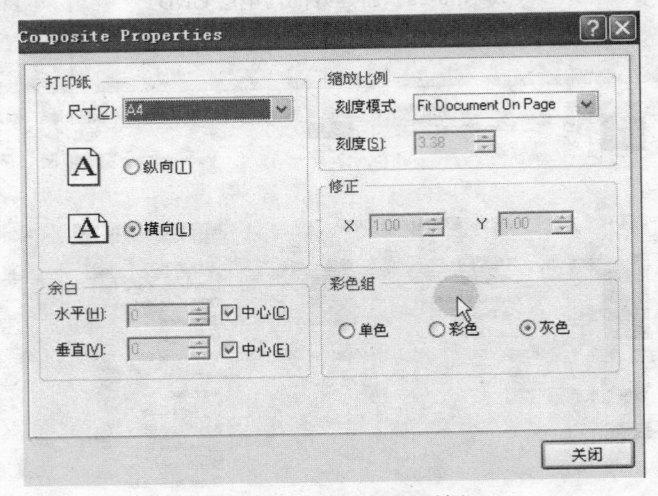

图 8-28 打印设置对话框

设置好后就可以单击【打印】按钮进行正常打印了。

与原理图不同，PCB 板是由很多层面组成的，所以在打印时，也可选择特定的层面进行打印，具体步骤如下：

（1）执行菜单中【文件】/【打印预览】命令，进入如图 8-27 所示对话框，在空白处右击并在弹出的快捷菜单中选择【配置】命令，进入【PCB 打印输出属性】对话框，如图 8-29 所示。

（2）选择所要打印的层面，单击【确认】按钮，将看到所要打印层面的打印预览，如图 8-30 所示。

（3）在预览图空白处右击并在弹出的快捷菜单中选择【输出图元文件】命令，进入图片保存路径，选择合适的保存路径进行保存，如图 8-31 所示。

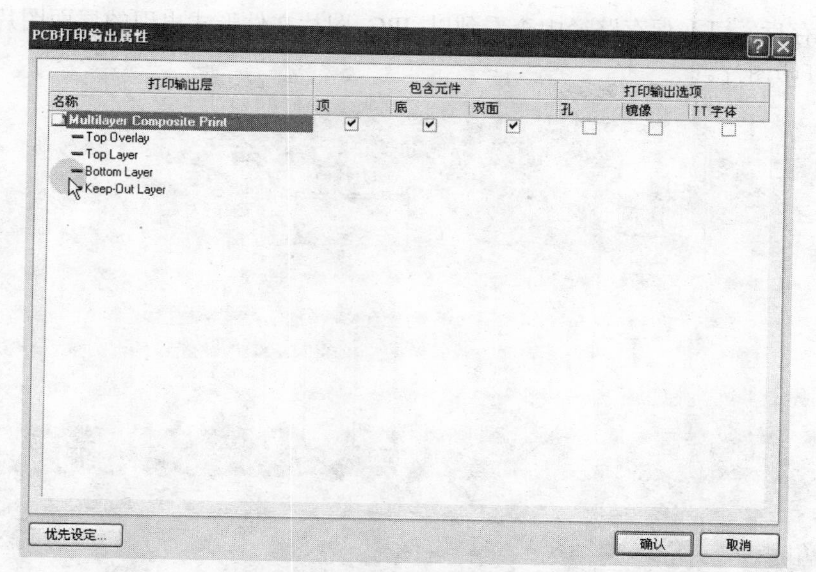

图 8-29　【PCB 打印输出属性】对话框

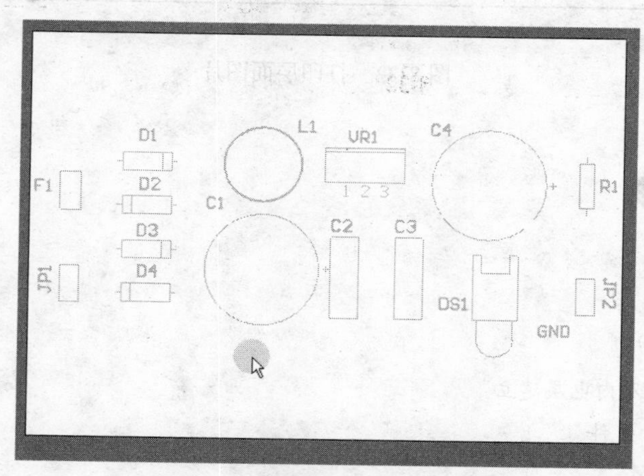

图 8-30　选择要打印层面的预览图

图 8-31　层面图片保存

（4）保存后，可在保存路径中查看到以 JPG 图片文件形式出现的层面图片，如图 8-32 所示，最后打印图片。

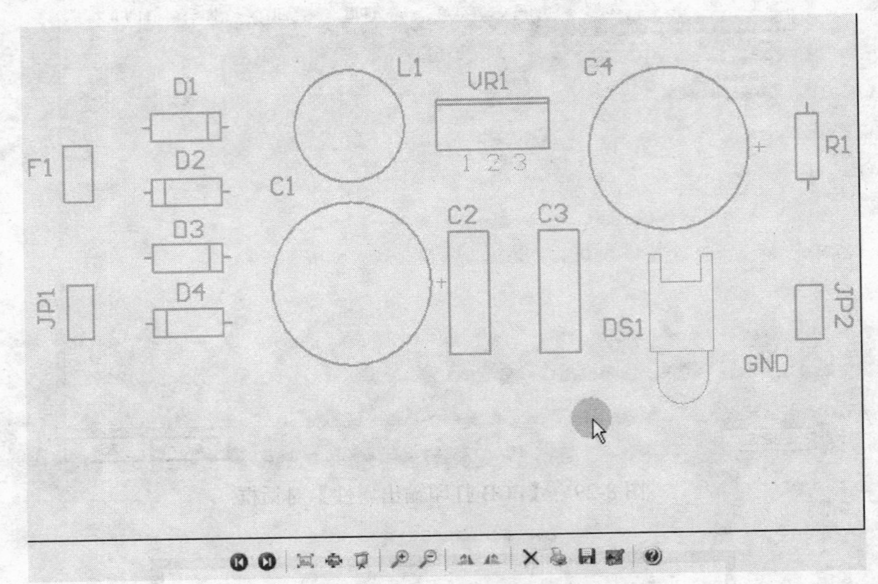

图 8-32 打印层面图片

- 手动布线
- 添加安装孔
- 覆铜和补泪滴
- PCB 板层管理及内电层建立
- 打印输出 PCB 文件

专业英语词汇	行业术语
DIP（Dual in-line Package）	双列直插封装
Wizard	向导
SMD	表面贴装
Markers	标记
Tools	工具
Update	更新

一、填空题

1. Protel DXP 2004 SP2 提供了__________、__________和__________3 种覆铜连接方式。

2. 安装孔主要是为了固定电路板而设置的，采用__________的形式。通常都将安装孔设置为__________或者__________网络。

3. 添加电路板的注释通常是在电路板的__________层上完成的，电路板的注释不具有任何的电气特性。

4. PCB 特有的报表文件为__________，该报表中详细地列出了每一个网络的名称、布线所处的工作层面及网络的完整走线长度等。

二、简答题

1. 设计者可以在哪些情况下使用矩形填充？

2. 如何生成 PCB 网络报表？

3. 电路原理图元件和印制板元件的区别在什么地方？

4. 哪些元件属于针脚式元件？

5. 表面贴装元件有何优、缺点？

6. 如何根据元件的名称来区别元件？

7. 元件库浏览器中的按钮主要功能分别是什么，有没有对应的菜单命令，如果有，对应的菜单命令分别是什么？

8. 在设计的过程中，如何增加一个新的元件？

硬件完整设计——智能小车

通过一个完整的硬件设计，便会得到具体的实物。绘制一块智能小车的控制电路板，各种元器件和传感器在这块控制电路板上安装后即可开动。你想不想也来制作一辆你所喜爱的智能小车呢？快来试试吧！

要求：把绘制后的原理图生成 PCB 文件自动布局、手动布线、覆铜和补泪滴、添加安装孔、建立内电层、最后输出成图片。图 8-33 所示为智能小车电路。

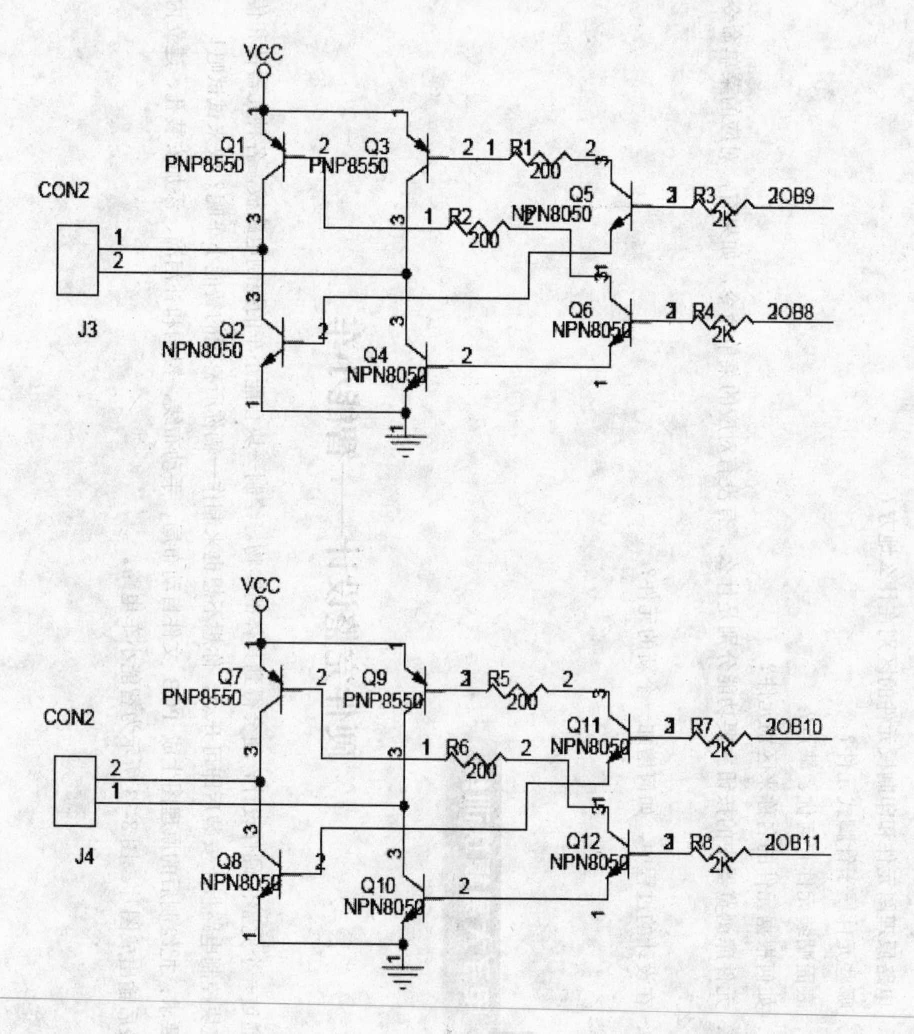

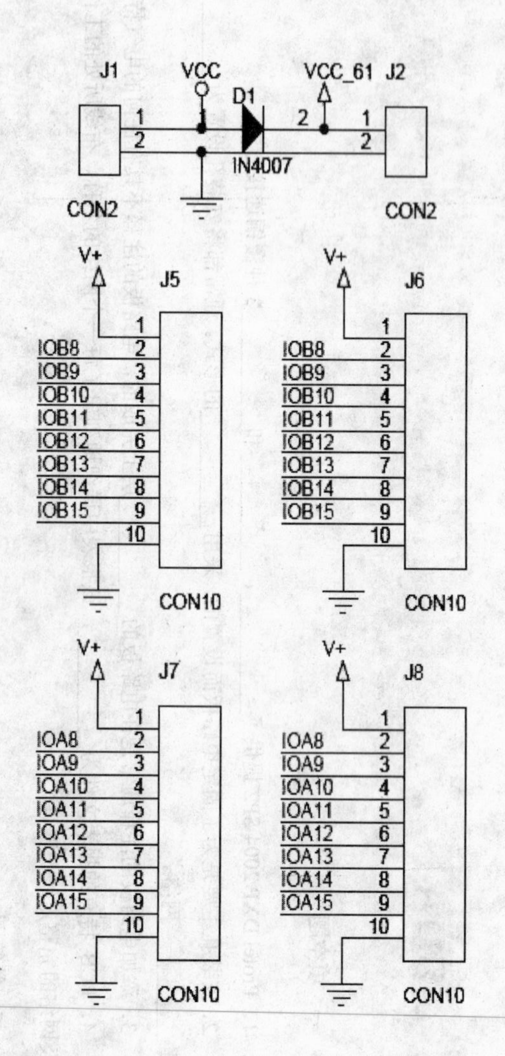

图 8-33 智能小车电路图

第 9 章　创建自己的 PCB 元件库

在编辑绘制电路原理图时，所使用的元件是原理图元件；编辑绘制印制电路板（PCB）图时，所使用的元件是 PCB 元件（又称元件封装或包装）。这两者之间存在怎样的联系和区别呢？它们又是怎样沟通的呢？在绘制 PCB 时遇到元件库中没有的元件，又是如何来创建自己的 PCB 元件的？这就是本章要讨论的主要问题。

- 创建一个 PCB 元件库
- 制作数码管 PCB 元件库
- 在 PCB 板中应用自制的元件封装

9.1　创建一个 PCB 元件库

在下面的内容中就要举个例子来看看创建一个元件库的整个过程。前面制作原理图元件时，在 3.4 节介绍了自己绘制的数码管元件，以此为例详细介绍本章节的内容。

要制作数码管 PCB 元件库，必须先新建一个 PCB 元件库文件，然后绘制满足实物要求的图形和放置引脚，再保存，最后在原理图中调用。

9.1.1　新建 PCB 元件库

执行菜单中【文件】/【创建】/【库】/【PCB 库】命令，选择新建 PCB 元件库文件，如图 9-1 所示。

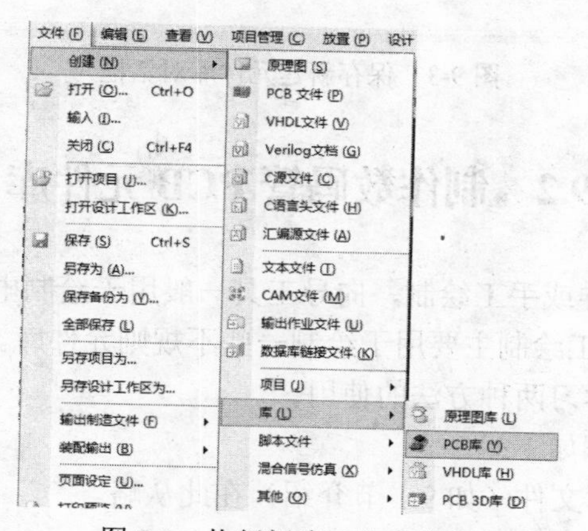

图 9-1　执行新建元件库命令

新建 PCB 元件库后，选择界面右下脚的 PCB 库，进入 PCB 元件库编辑器界面，如图 9-2 所示。

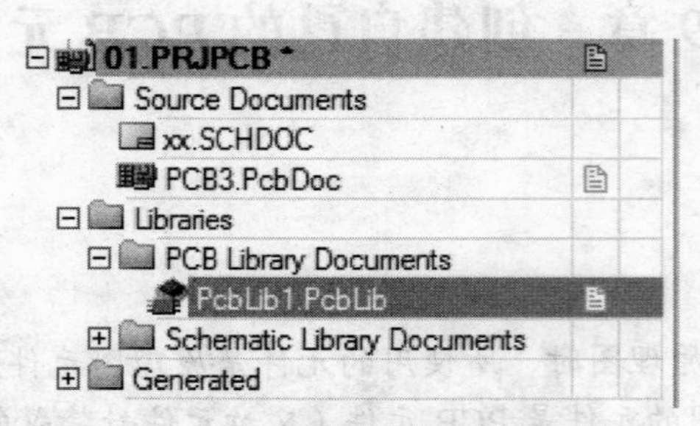

图 9-2 PCB 元件库编辑器显示

9.1.2 保存元件库

制作完元件库后，执行菜单中【文件】/【保存】命令，或对如图 9-2 所示的 PcbLib1.PcbLib 元件库右击保存，会弹出如图 9-3 所示的对话框，要求用户输入元件库文件名。

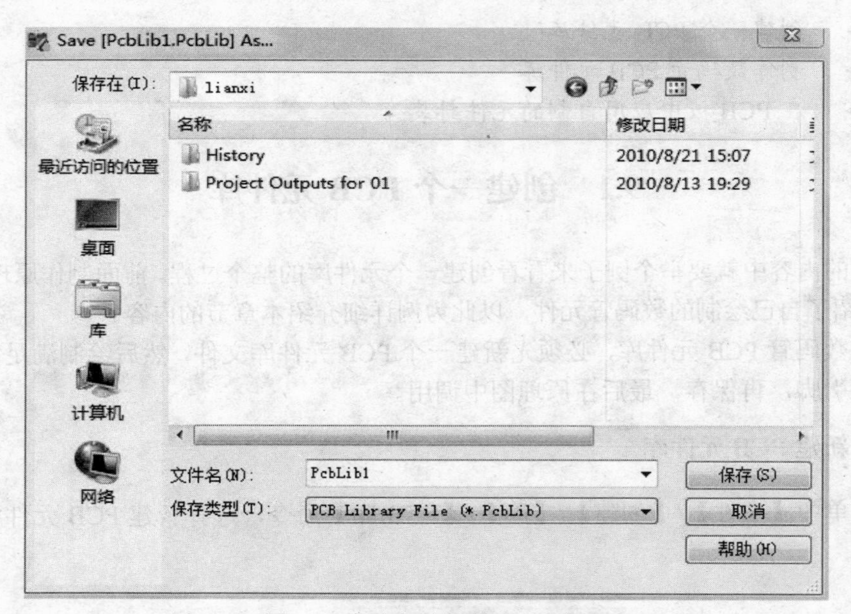

图 9-3 保存新建元件库对话框

9.2 制作数码管 PCB 元件库

PCB 元件库可采用向导或手工绘制，向导工具一般用于绘制电阻、电容、双列直插式 IC（DIP）等规则元件库，手工绘制主要用于绘制一些不规则元件库。本节以“制作数码管 PCB 元件库”的任务为例，来学习两种方法的使用。

向导工具绘制操作步骤如下：

（1）创建 PCB 元件库文件（如 9.1 节介绍）在此从略。

（2）新建元件。执行菜单中【工具】/【新元件】命令，启动向导工具，如图 9-4 所示。

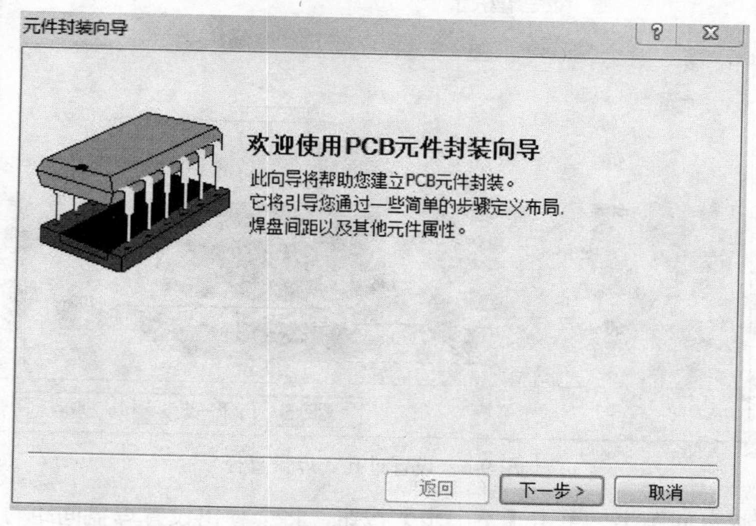

图 9-4　向导工具

（3）选择元件模型。单击【下一步】按钮，弹出选择元件模型与尺寸单位对话框，如图 9-5 所示。提供可供选择的元件模型有电容模型、电阻模型、双列直插式（DIP）模型。由于数码管形状类似 DIP，因此选择 Dual in-line Package(DIP)；元件尺寸单位选择英制单位。

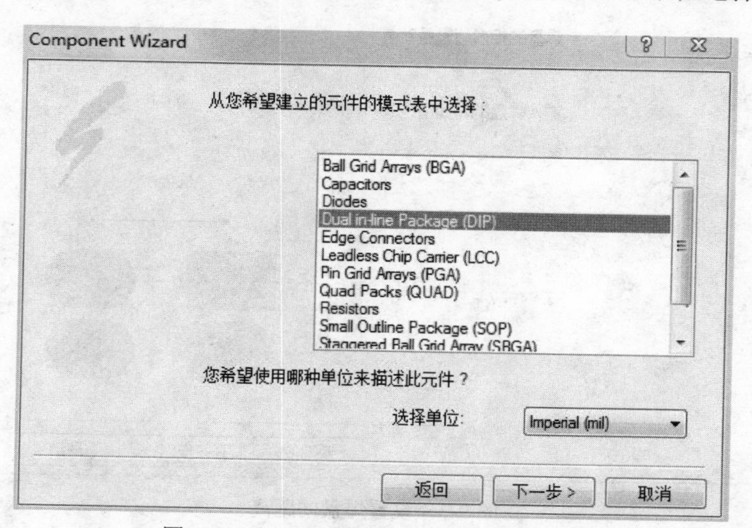

图 9-5　选择元件模型与尺寸单位对话框

（4）设置过孔、焊盘直径。单击【下一步】按钮，弹出设置过孔与焊盘直径对话框，如图 9-6 所示。这里过孔直径设置为 25mil，焊盘直径设置为 50mil。

注意

根据经验，焊盘直径、过孔直径与实物引脚直径一般遵循以下规则：

- 过孔直径=实物引脚直径+（5～10mil）。
- 焊盘直径=过孔直径+过孔直径×（10%～40%）。

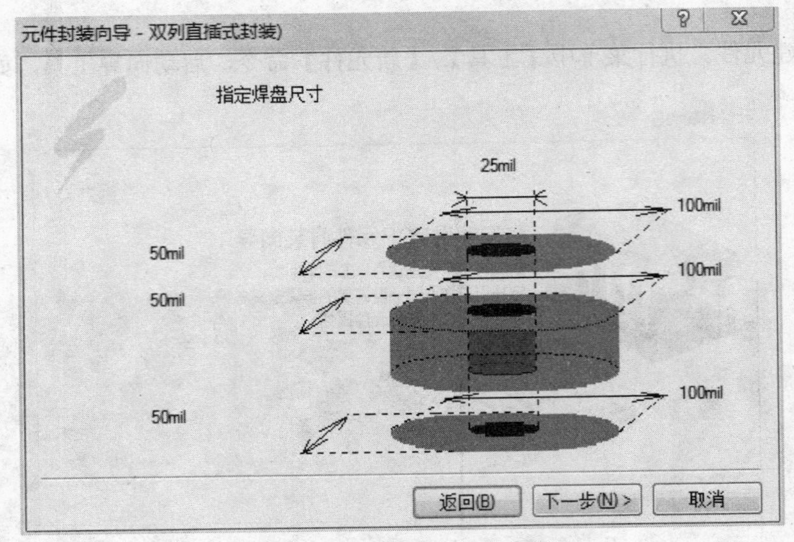

图 9-6　设置过孔、焊盘直径

（5）设置焊盘间距离。单击【下一步】按钮，将会弹出设置焊盘间距对话框，如图 9-7 所示。根据要求，这里同一列焊盘之间的距离设置为 100mil，两列焊盘之间的距离设置为 600mil。

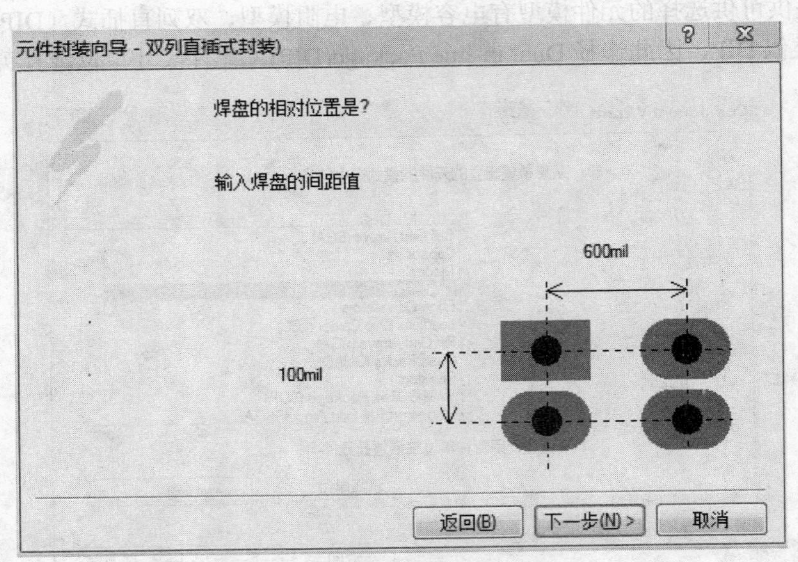

图 9-7　设置焊盘间距离

（6）设置元件轮廓线宽。单击【下一步】按钮，将会弹出设置元件轮廓线宽对话框，如图 9-8 所示，这里使用默认值。

（7）选择元件中焊盘数目。单击【下一步】按钮，将会弹出选择元件中焊盘数目对话框，如图 9-9 所示。数码管共有 10 只引脚，因此选择 10。

（8）设定元件库名称。单击【下一步】按钮，将会弹出设定 PCB 元件库名称对话框，如图 9-10 所示。根据要求在名称栏输入 LED10。

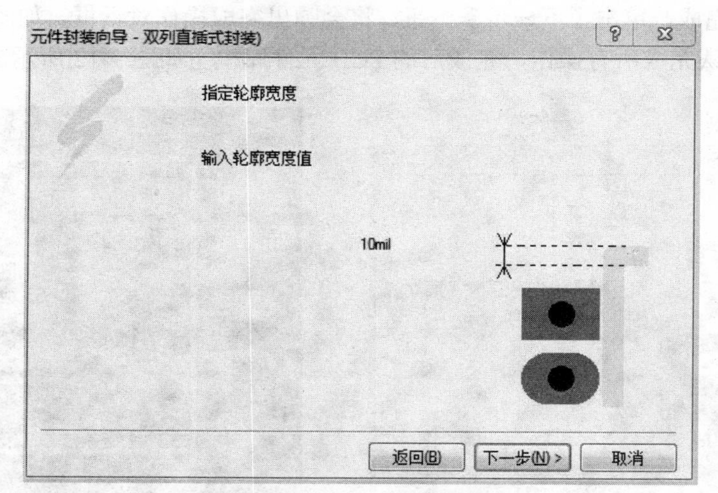

图 9-8　设置元件轮廓线宽

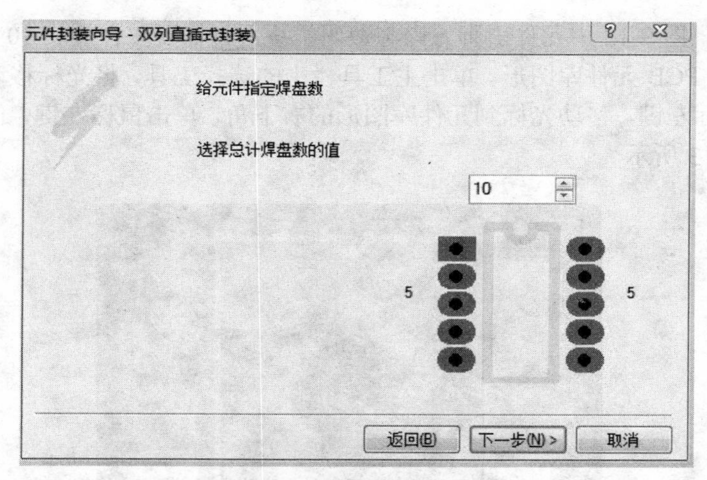

图 9-9　选择焊盘元件数目

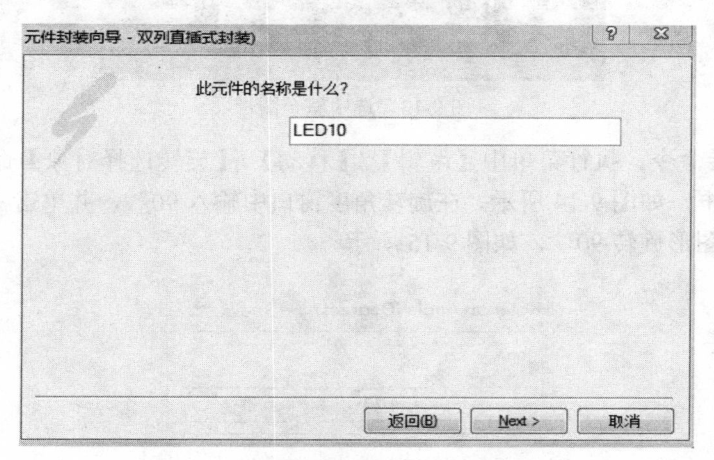

图 9-10　设定元件库名称

（9）确认完成。单击【下一步】按钮，将会弹出完成操作对话框，如图 9-11 所示。单击 Finish 按钮，确认完成所有操作，完成后的 PCB 元件库模型如图 9-12 所示。

图 9-11　确认完成

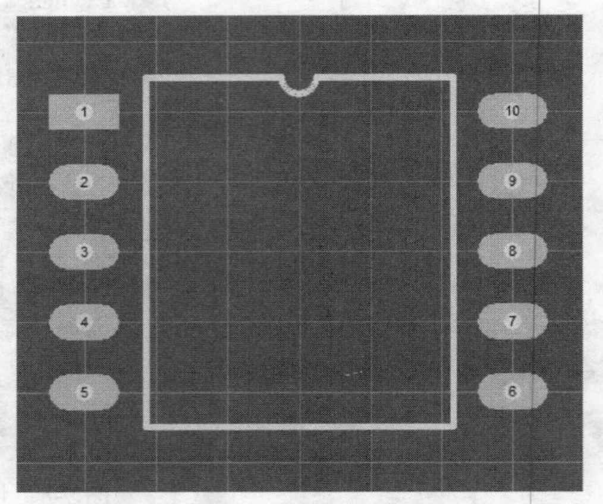

图 9-12　使用向导创建的 PCB 元件库

（10）旋转。图 9-12 中元件引脚方向与数码管不同，需要整体旋转 90°。

1）选择整个 PCB 元件库图形。单击主工具栏中的选择工具，将光标移动至元件库图形的左上角，单击鼠标左键，移动光标到元件库图形的右下角，单击鼠标左键，使整个图形处于选中状态，如图 9-13 所示。

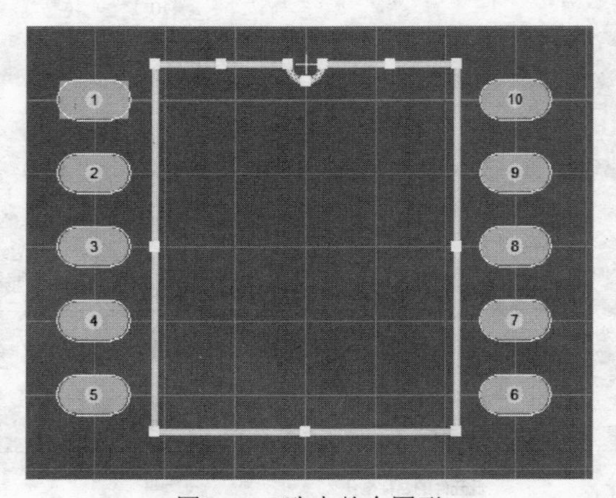

图 9-13　选中整个图形

2）执行旋转命令。执行菜单中【编辑】/【移动】/【旋转选择对象】命令，系统将会弹出旋转角度对话框，如图 9-14 所示。在旋转角度窗口中输入 90°，并单击【确认】按钮，在元件上单击，将图形旋转 90°，如图 9-15 所示。

图 9-14　输入旋转角度

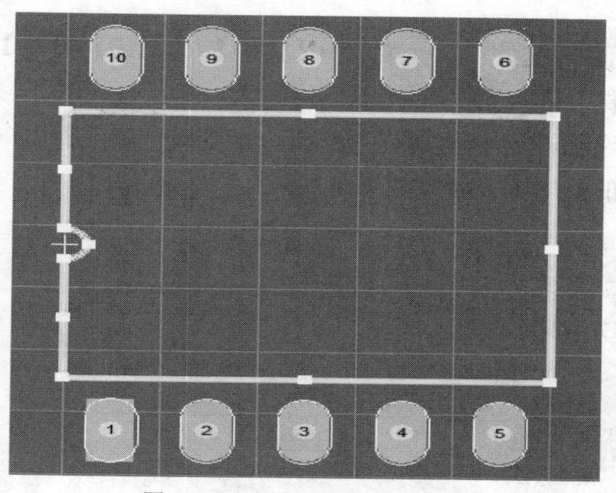

图 9-15　旋转后的数码管元件

（11）修改引脚焊盘名称。根据数码管具体引脚即排列规则，依次将鼠标移动到图 9-15 所示的焊盘上，双击鼠标左键，进入设置焊盘属性对话框，逐一修改焊盘名称，如图 9-16 所示。

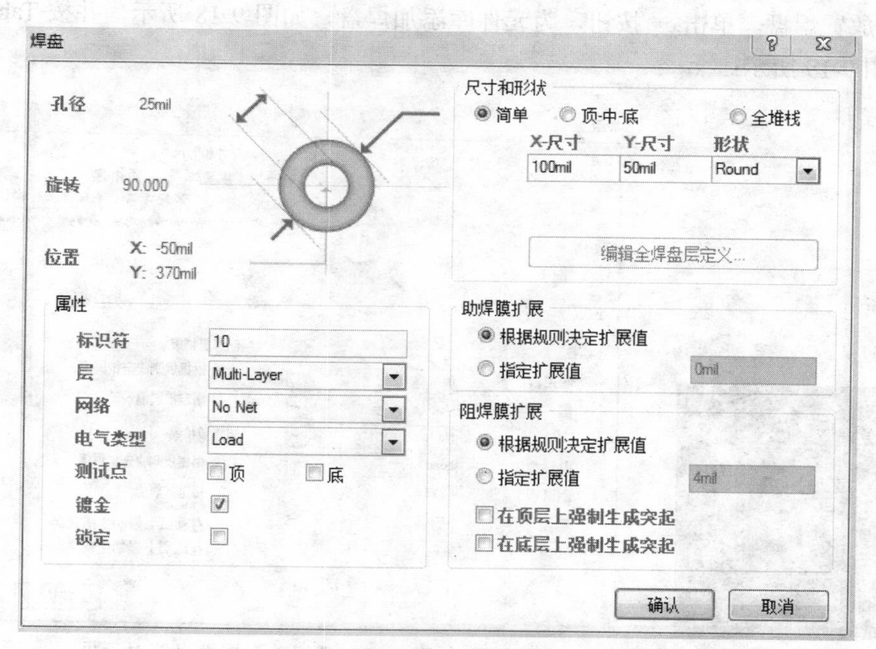

图 9-16　修改焊盘名称

（12）修改外廓线。向导获得的外轮廓线与数码管外轮廓线不同，应先删除现有轮廓线，然后利用直线和圆弧工具绘制轮廓线。

注意　利用画线工具绘制数码管轮廓线时，必须将导线设置成 Top Overlay（表面覆盖层），即默认颜色为黄色。

（13）保存。单击菜单中【文件】/【保存】命令，保存 PCB 元件库文件。

手工绘制：

（1）新建 PCB 元件库文件。执行菜单中【文件】/【创建】/【库】/【PCB 库】命令，选择新建 PCB 元件库文件，进入元件库编辑器并保存。

（2）PCB 元件库重命名。执行菜单中【工具】/【元件属性】命令，将 PCB 元件库重命名为 LED8 并保存，如图 9-17 所示。

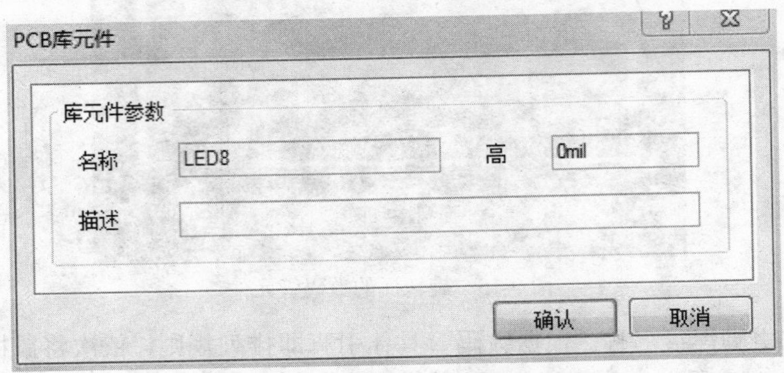

图 9-17 元件库重命名

（3）放置焊盘。单击 按钮，为元件库添加焊盘，如图 9-18 所示，并按 Tab 键，设置焊盘，如图 9-19 所示。

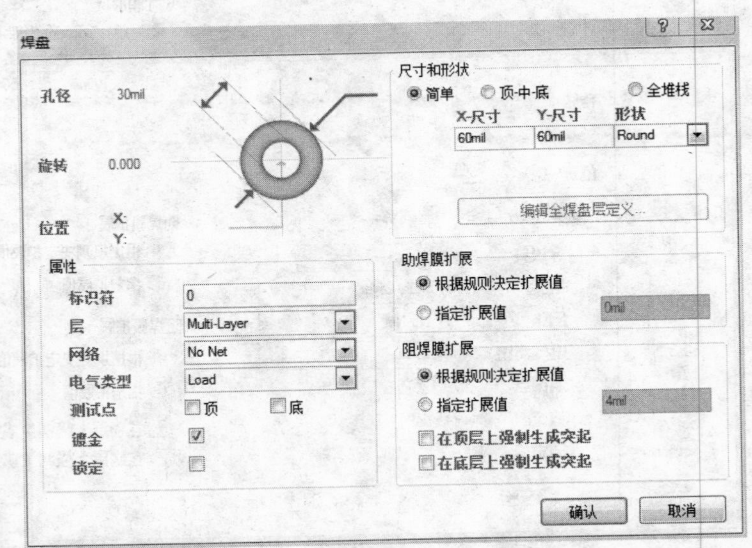

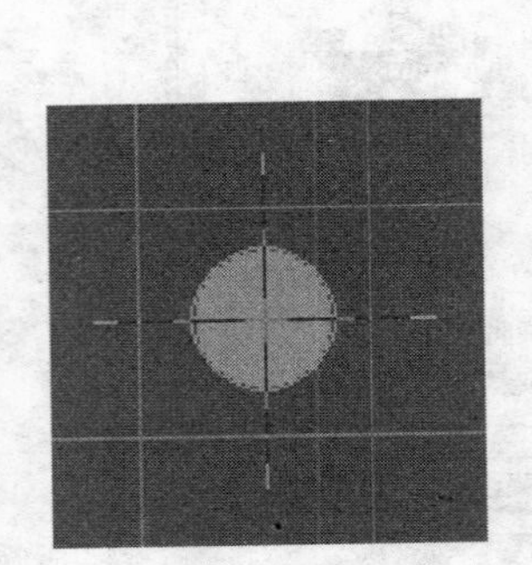

图 9-18 添加焊盘

图 9-19 【焊盘】属性设置对话框

其中需要修改的属性如下：孔径、X-尺寸、Y-尺寸、焊盘形状、焊盘标识符、焊盘所在层、焊盘连接网络。

（4）绘制元件库外轮廓线。利用直线或圆弧工具绘制数码管外轮廓线，如图 9-20 所示。

（5）保存。执行菜单中【文件】/【保存】命令，保存 PCB 元件库文件。

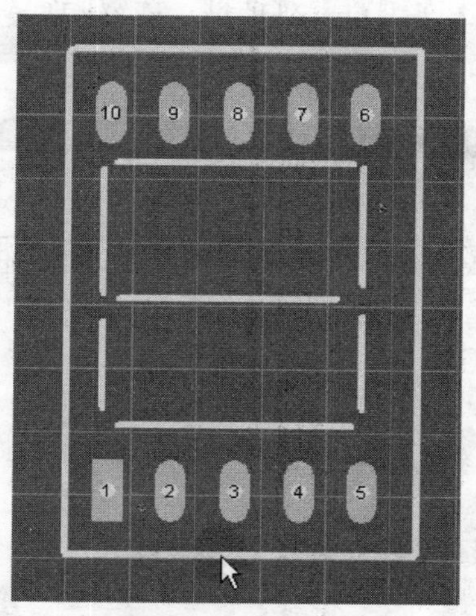

图 9-20　数码管绘制完毕

9.3　在 PCB 板中应用自制的元件封装

前一节介绍了数码管的元件封装的绘制，那么怎样把绘制好的元件封装应用到元件里面呢？在这一节就详细介绍 PCB 板中自制元件封装的应用。

具体步骤如下：

（1）在原理图中找到数码管元件，双击数码管元件进入【元件属性】对话框，如图 9-21 所示。

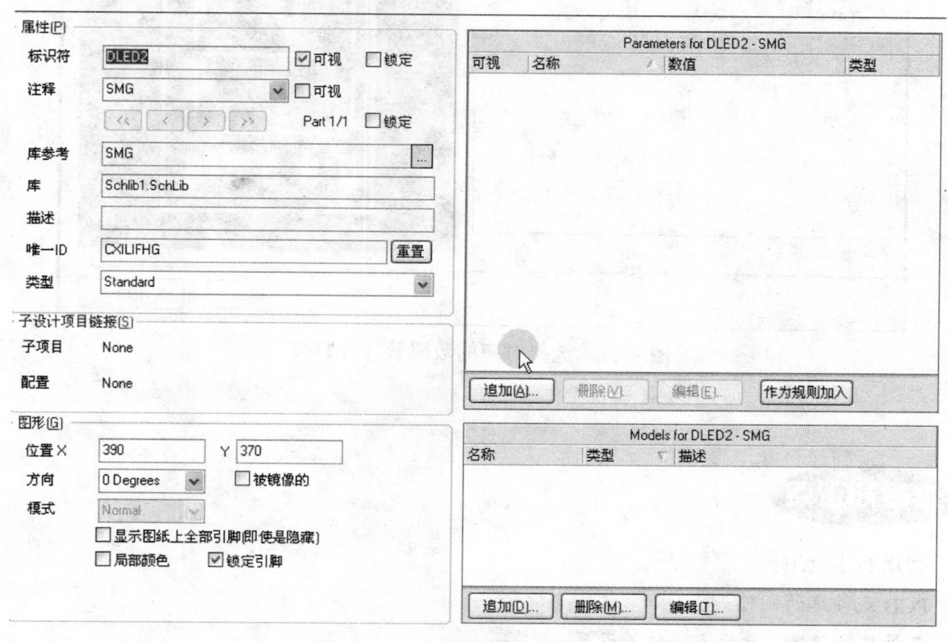

图 9-21　【元件属性】对话框

（2）单击【追加】按钮，之后单击【确认】按钮，进入【PCB 模型】对话框，如图 9-22

所示。单击【浏览】按钮，进入【库浏览】对话框，选数码管对应的元件封装，完成应用，如图 9-23 所示。

PCB模型

封装模型

名称 Model Name 浏览(B)... 引脚映射(P)

描述 Footprint not found

PCB库

任意

库名

库的路径 选择(C)...

根据集成库使用封装

图 9-22 【PCB 模型】对话框

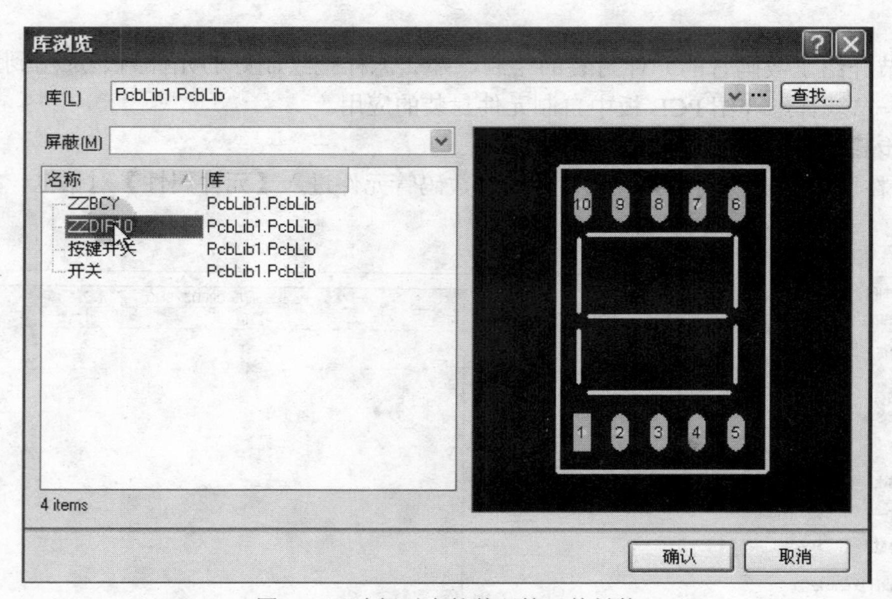

图 9-23 选择对应的数码管元件封装

- 创建 PCB 元件库
- PCB 元件库的制作
- 元件库的移动、方向和旋转等设置
- 应用自制的元件封装

一、填空题

1. 元件的符号模型大体由__________和__________两部分组成，元件的封装模型主要由__________和__________两部分组成。

2. Protel DXP 2004 SP2 提供的是__________的库文件管理模式，即元件的原理图符号、PCB 封装模型、SPICE 仿真模型及 SI 信号完整性分析模型等信息集中放在一个元件库中。

3. 进行元件封装模型的创建时，焊盘通常是仿真在__________层上，而图形部分主要放置在__________层上。封装模型的创建通常是在作图区的第__________象限中进行的，按__________+__________组合键可将鼠标移动到作图区的原点处。

二、简答题

1. 简述制作元件库的基本过程。
2. 创建元件库需要注意哪些问题？
3. 绘制元件库外轮廓开始，若选择 Top Layer 层，该元件库能否正常使用？为什么？
4. PCB 元件库编辑操作界面与原理图元件库操作界面有哪些不同？
5. 如何通过向导创建元件的 PCB 封装？

最小系统

无论是电源模块、输入/输出模块、传感器模块还是应用模块，如果没有一个核心的系统进行总合和控制，那么就无法形成一个完整的电子设计作品。所以拥有一个智能控制系统是整个电子设计作品的重中之重，如图 9-24 所示。

要求：绘制原理图后生成一块完整美观的 PCB 板。

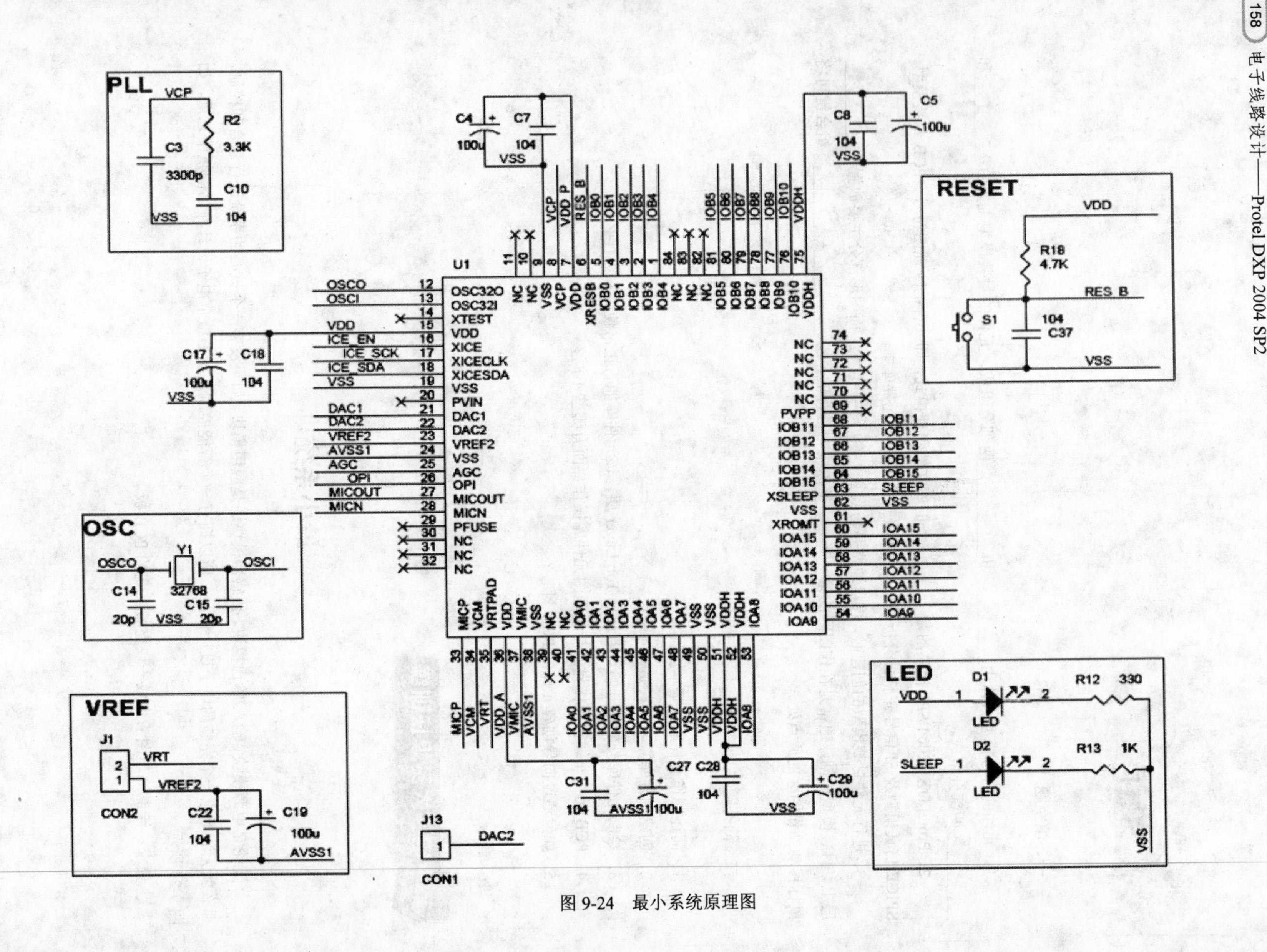

图 9-24 最小系统原理图

第 10 章　电路仿真

仿真（Simulation）是通过对系统模型的实验来研究存在的或设计中的系统，又称模拟。当所研究的系统造价昂贵、实验的危险性大或需要很长时间才能了解系统参数变化所引起的后果时，仿真是一种特别有效的研究手段。

电路仿真是指用仿真软件在计算机上复现设计即将完成的电路（已经完成电路设计、电路参数计算和元器件选择），并提供电路电源及输入信号，然后在计算机屏幕上模拟示波器，给出测试点波形或绘制出相应的曲线过程。

Protel DXP 2004 SP2 采用 SPICE 3f5/XSpice 最新标准，可以进行模拟、数字及模数混合仿真。软件采用集成库机制管理元件，将仿真模型与原理图元件关联在一起，使用非常方便。

- 设置仿真元件参数
- 设置仿真方式参数
- 进行混合信号功能仿真
- 进行信号完整性分析
- 进行 FPGA 设计和仿真
- FPGA 设计并下载到 Nanoboard 进行硬件调试
- FPGA 工程导入到 PCB 工程中进行 PCB 设计
- FPGA 和 PCB 的管脚双向优化同步与更新

10.1　设置仿真元件参数

Protel DXP 2004 SP2 中的仿真元器件都在该软件的安装文件夹下，最常用的元器件都可以在 Miscellaneous Devices.IntLib 库中找到。仿真电路中所需的元器件只需从库中直接放置在原理图中，就可以进行仿真了。

注意：为了正确进行电路的仿真分析，仿真原理图中的所有元器件都必须具有 Simulation 属性，必须包含有特定的仿真信息。

10.1.1　设置常用仿真元器件参数

1．电阻

在 Protel DXP 2004 SP2 的电路仿真中，为用户提供两种类型的具有仿真属性的电阻，一种是 RES（普通电阻），另一种是 RES Sim（半导体电阻）。

（1）普通电阻。在【元件库】面板的 Miscellaneous Devices.IntLib 库中选择固定电阻 Res2，并放置到电路仿真原理图中，如图 10-1 所示。由图中可以看出，在模型类型栏下存在 Simulation 仿真模型，则表示该元件可以用于原理图仿真。

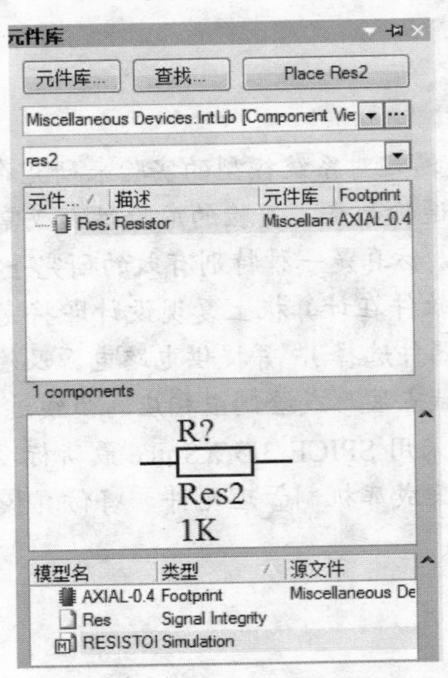

图 10-1　选择元件对话框

元件的仿真模型参数需要在元件的属性对话框中进行设置，常见的操作方法有两种：

方法一：在放置元件过程中，按 Tab 键便可打开【元件属性】对话框，如图 10-2 所示。

方法二：将元件放置好后，双击该元件，系统弹出【元件属性】对话框，如图 10-2 所示。

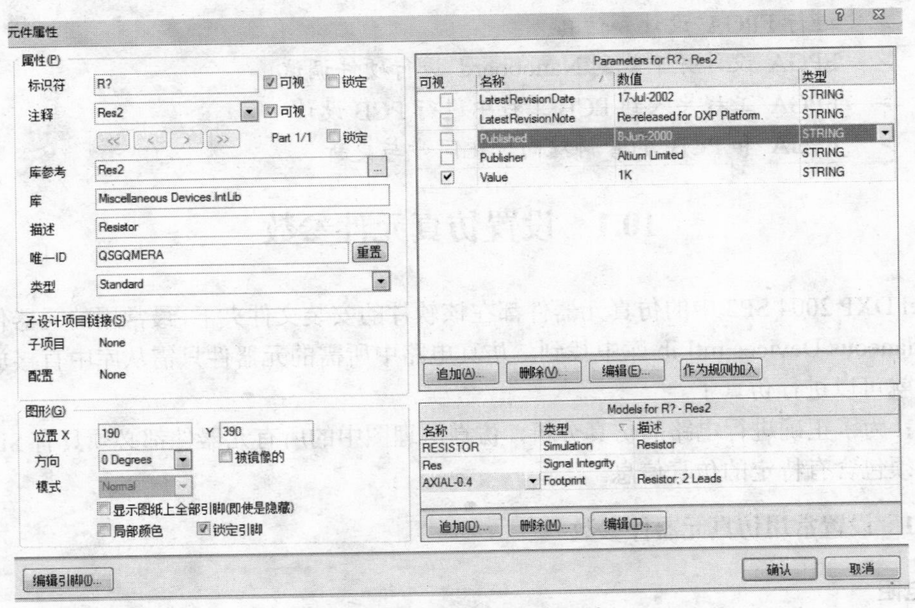

图 10-2　【元件属性】对话框

修改元件的标号与元件注释后，双击【模型】选项卡中的 Simulation 选项，弹出 Sim Model 对话框，如图 10-3 所示。在其中设置电阻的模型名称及描述。

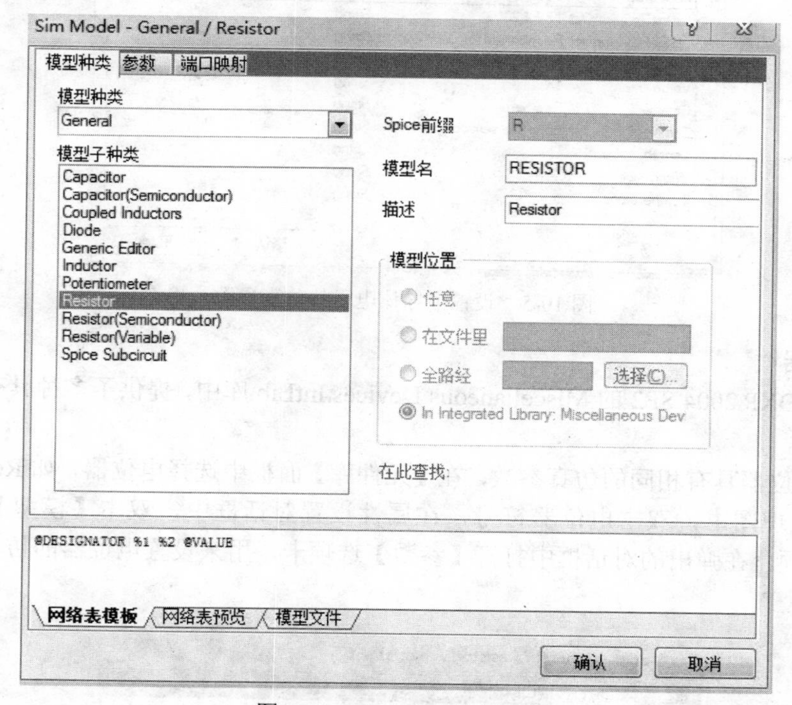

图 10-3 Sim Model 对话框

在图 10-3 所示的对话框中打开【参数】选项卡，弹出如图 10-4 所示的对话框，用于设置电阻的阻值。在 Value 中输入电阻的阻值，并选中 Component parameter 复选框。

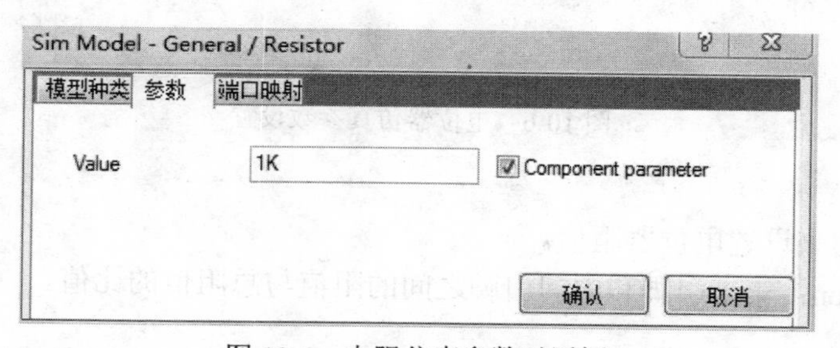

图 10-4 电阻仿真参数对话框

（2）半导体电阻。在【元件库】面板中选择半导体电阻，放置到仿真电路原理图中，双击电阻符号，在属性设置对话框中，双击【模型】选项卡中的 Simulation 选项，在弹出的对话框中打开【参数】选项卡，用来设置半导体电阻的仿真参数，如图 10-5 所示。

主要参数如下：

- Value：用来设置半导体电阻的阻值。
- Length：半导体电阻的长度。
- Width：半导体电阻的宽度。
- Temperature：半导体电阻工作温度。

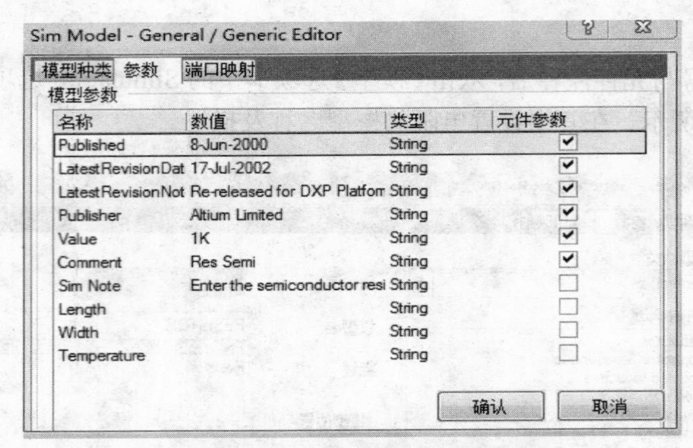

图 10-5　设置半导体电阻的仿真参数

2．电位器

在 Protel DXP 2004 SP2 的 Miscellaneous Devices.IntLib 库中，提供了多种具有仿真模型的电位器。

这几种电位器具有相同的仿真参数，在【元件库】面板中选择电位器，如 Res Adj1，放置到仿真电路原理图中，双击电位器符号，在属性设置对话框中，双击【模型】选项卡中的 Simulation 选项，在弹出的对话框中打开【参数】选项卡，用来设置电位器的仿真参数，如图 10-6 所示。

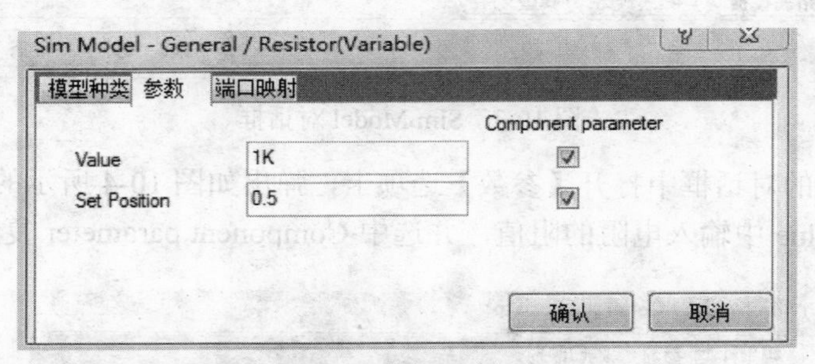

图 10-6　电位器仿真参数设置

主要参数如下：

- Value：用来设置电位器阻值。
- Set Position：第 1 引脚和中间引脚之间的阻值与总阻值的比值。

3．电容

在 Protel DXP 2004 SP2 的 Miscellaneous Devices.IntLib 库中，提供了 3 种具有仿真模型的电容，即 Cap（无极性电容）、Cap Pol（极性电容）和 Cap Semi（半导体电容）等。

这几种电容具有相同仿真参数，在【元件库】面板中选择电容，如 Cap，放置到仿真电路原理图中，双击电容符号，在属性设置对话框中双击【模型】选项卡中的 Simulation 选项，在弹出的对话框中打开【参数】选项卡，用来设置电容的仿真参数，如图 10-7 所示。

主要参数如下：

- Value：用来设置电容的电容量。
- Initial Voltage：用来设置电容两端的初始电压。

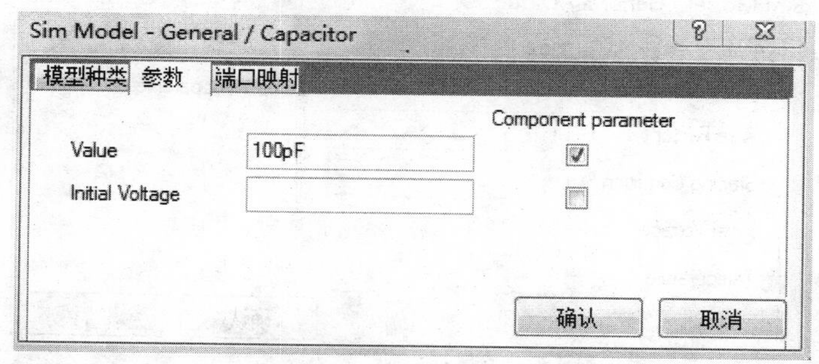

图 10-7　电容仿真参数设置

4．电感

在 Protel DXP 2004 SP2 的 Miscellaneous Devices.IntLib 库中，提供了多种具有仿真模型的电感，如 Inductor（普通电感）、Inductor Iron（带铁心的电感）等。

这几种电感具有相同的仿真参数，在【元件库】面板中选择电感，如 Inductor，放置到仿真电路原理图中，双击电感符号，在属性设置对话框中双击【模型】选项卡中的 Simulation 选项，在弹出的对话框中打开【参数】选项卡，用来设置电感的仿真参数，如图 10-8 所示。

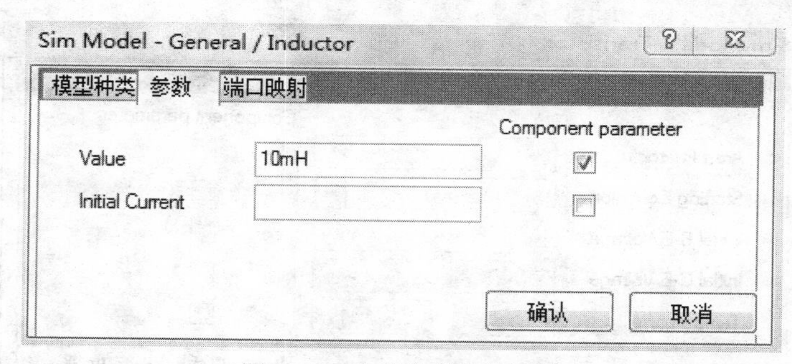

图 10-8　电感仿真参数设置

主要参数如下：

- Value：用来设置电感的电感量。
- Initial Current：用来设置电感初始电流。

5．二极管

在 Protel DXP 2004 SP2 的 Miscellaneous Devices.IntLib 库中，提供了多种具有仿真模型的二极管，如 Diode（普通二极管）、Diode Zener（稳压二极管）和 LED（发光二极管）等。

这几种二极管具有相同的仿真参数，在【元件库】面板中选择二极管，如 Diode，放置到仿真电路原理图中，双击二极管符号，在属性设置对话框中双击【模型】选项卡中的 Simulation 选项，在弹出的对话框中打开【参数】选项卡，用来设置二极管的仿真参数，如图 10-9 所示。

主要参数如下：

- Area Factor：用来设置环境因数。
- Starting Condition：用来设置二极管的初始状态，一般选择 OFF 选项。
- Initial Voltage：用来设置通过二极管的初始电压。
- Temperature：用来设置二极管的工作温度。

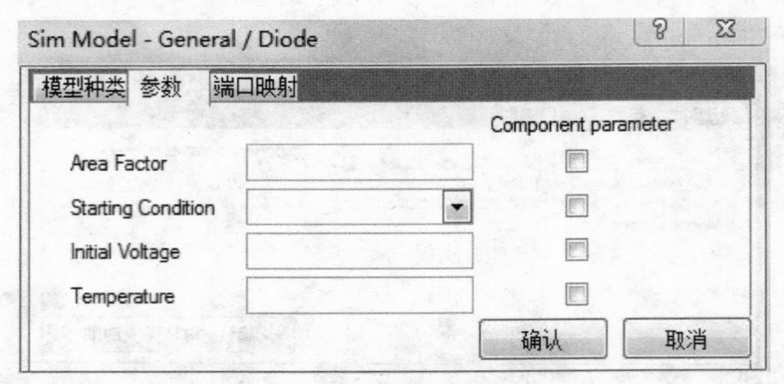

图 10-9　二极管仿真参数设置

6．晶体管

在 Protel DXP 2004 SP2 的 Miscellaneous Devices.IntLib 库中，提供了多种具有仿真模型的晶体管，如双极性的两种晶体管 NPN 和 PNP。

这几种晶体管具有相同的仿真参数，在【元件库】面板中选择晶体管，如 NPN，放置到仿真电路原理图中，双击晶体管符号，在属性设置对话框中，双击【模型】选项卡中的 Simulation 选项，在弹出的对话框中打开【参数】选项卡，用来设置晶体管的仿真参数，如图 10-10 所示。

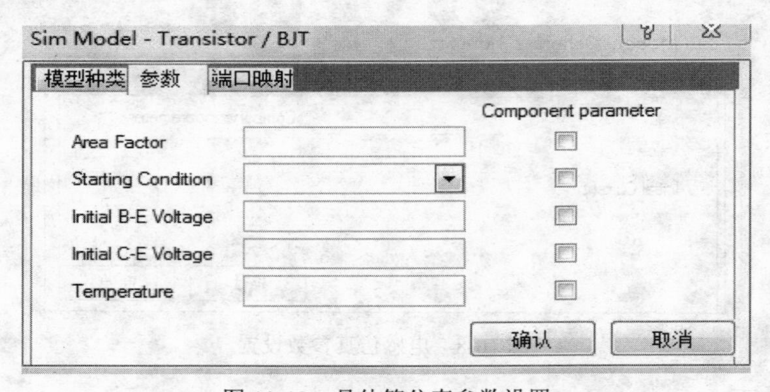

图 10-10　晶体管仿真参数设置

主要参数如下：

- Area Factor：用来设置晶体管的环境因数。
- Starting Condition：用来设置晶体管的初始状态，一般选择 OFF 选项。
- Initial B-E Voltage：用来设置基极 B-发射极 E 之间的初始电压。
- Initial C-E Voltage：用来设置集电极 C-发射极 E 之间的初始电压。
- Temperature：用来设置晶体管的工作温度。

7．晶振

在 Protel DXP 2004 SP2 的 Miscellaneous Devices.IntLib 库中，提供了多种具有仿真模型的晶振。

在【元件库】面板中选择晶振，如 XTAL，放置到仿真电路原理图中，双击晶振符号，在属性设置对话框中双击【模型】选项卡中的 Simulation 选项，在弹出的对话框中打开【参数】选项卡，用来设置晶振的仿真参数，如图 10-11 所示。

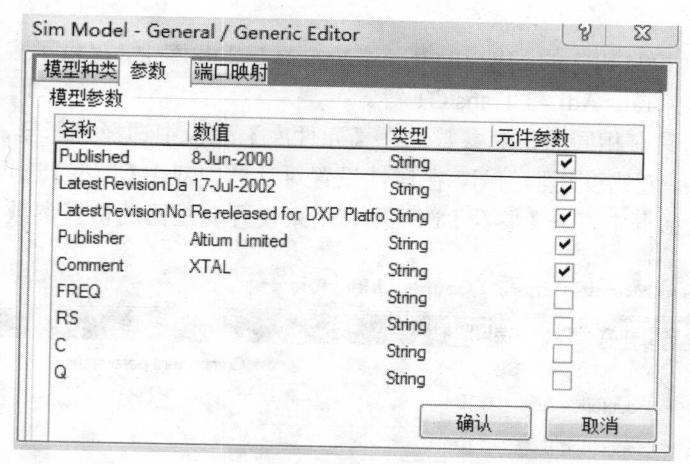

图 10-11 晶振仿真参数设置

主要参数如下：

- FREQ：用来设置晶振的振荡频率。
- RS：用来设置晶振的内阻。
- C：用来设置晶振的电容量。
- Q：用来设置晶振的品质因数。

8．熔断器（保险丝）

在 Protel DXP 2004 SP2 的 Miscellaneous Devices.IntLib 库中，提供了多种具有仿真模型的熔断器。

这几种熔断器具有相同的仿真参数，在【元件库】面板中选择熔断器，如 Fuse 1，放置到仿真电路原理图中，双击熔断器符号，在属性设置对话框中双击【模型】选项卡中的 Simulation 选项，在弹出的对话框中打开【参数】选项卡，用来设置熔断器的仿真参数，如图 10-12 所示。

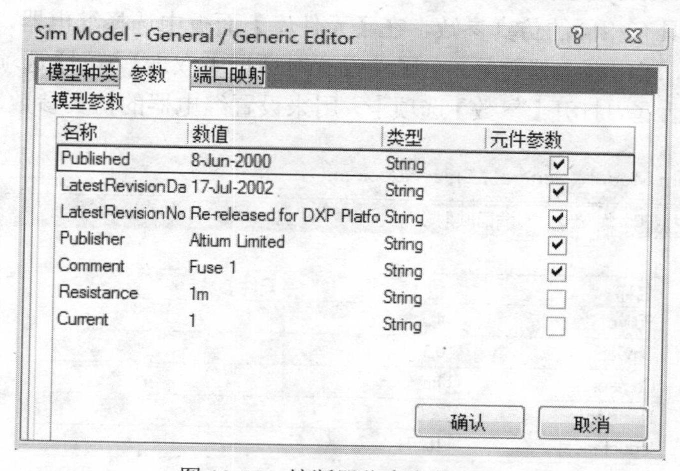

图 10-12 熔断器仿真参数设置

主要参数如下：

- Resistance：用来设置熔断器的电阻值。
- Current：用来设置熔断器的熔断电流值。

9．变压器

在 Protel DXP 2004 SP2 的 Miscellaneous Devices.IntLib 库中，提供了多种具有仿真模型的变压器，如 Trans、Trans Adj 和 Trans CT 等。

这几种变压器具有相同的仿真参数，在【元件库】面板中选择变压器，如 Trans，放置到仿真电路原理图中，双击变压器符号，在属性设置对话框中双击【模型】选项卡中的 Simulation 选项，在弹出的对话框中打开【参数】选项卡，用来设置变压器的仿真参数，如图 10-13 所示。

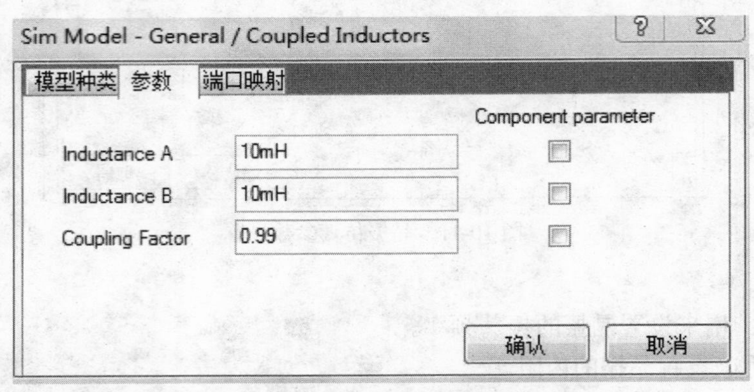

图 10-13　变压器仿真参数设置

主要参数如下：

- Inductance A：用来设置变压器 A 边的电感量。
- Inductance B：用来设置变压器 B 边的电感量。
- Coupling Factor：用来设置变压器的耦合系数。

10．继电器

在 Protel DXP 2004 SP2 的 Miscellaneous Devices.IntLib 库中，提供了多种具有仿真模型的继电器。如 Relay、Relay-DPDT 和 Delay-SPST 等。

这几种继电器具有相同的仿真参数，在【元件库】面板中选择继电器，如 Relay，放置到仿真电路原理图中，双击继电器符号，在属性设置对话框中双击【模型】选项卡中的 Simulation 选项，在弹出的对话框中打开【参数】选项卡，用来设置继电器的仿真参数，如图 10-14 所示。

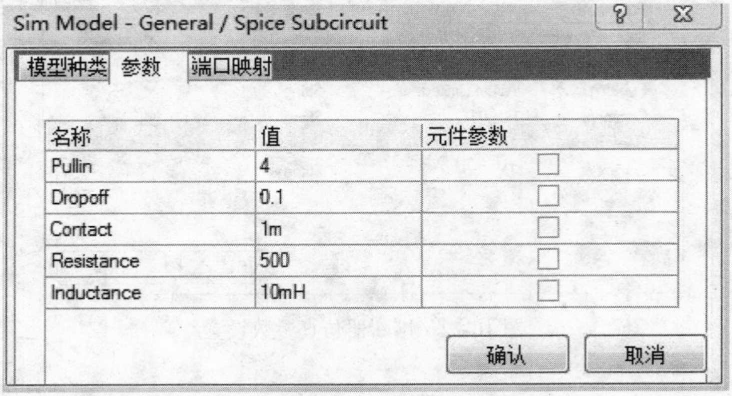

Sim Model - General / Spice Subcircuit

模型种类　参数　端口映射

名称	值	元件参数
Pullin	4	☐
Dropoff	0.1	☐
Contact	1m	☐
Resistance	500	☐
Inductance	10mH	☐

确认　取消

图 10-14　继电器仿真参数设置

主要参数如下：

- Pullin：用来设置触点的吸合电压。
- Dropoff：用来设置触点的释放电压。
- Contact：用来设置继电器的铁心吸合时间。
- Resistance：用来设置继电器线圈的电阻值。
- Inductance：用来设置继电器线圈的电感量。

10.1.2 设置仿真激励源参数

绘制电路原理图后，必须在电路中放置合适的仿真激励源，这样才可以在仿真的过程中给电路提供驱动，使电路正常工作。Protel DXP 2004 SP2 提供了多种仿真激励源，这些元件在 Simulation Sources.IntLib 库中可以找到。

注意

单击【元件库】面板中的【元件库】按钮进行加载，路径为所安装 Protel DXP 2004 SP2 路径下的 Library 中。

1. 直流电源

直流电源有两种：直流电压激励源（VSRC、VSRC2）和直流电流激励源（ISRC），这两种激励源的作用是作为仿真电路的工作电源。

在【元件库】面板 Simulation Sources.IntLib 库中选择直流电压源，如 VSRC，放置到仿真电路原理图中，双击直流电压源符号，在属性设置对话框中双击【模型】选项卡中的 Simulation 选项，在弹出的对话框中打开【参数】选项卡，用来设置直流电压源的各项仿真参数，如图 10-15 所示。

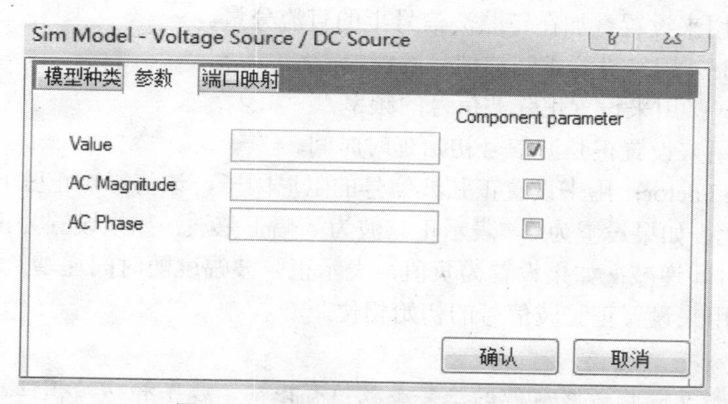

图 10-15 直流电压源仿真参数设置

主要参数如下：

- Value：用来设置直流电压值。
- AC Magnitude：用来设置交流小信号分析时的电压值。
- AC Phase：用来设置交流小信号的相位。

直流电流激励源（ISRC）的仿真参数设置与直流电压的设置基本相同。

2. 正弦信号激励源

正弦信号激励源有两种：正弦交流电压源（VSIN）和正弦交流电流源（ISIN），主要为仿真电路提供激励信号。常用于瞬态分析和交流小信号分析中，把它们放到仿真电路图中。

双击正弦信号激励源，弹出设置对话框，双击【模型】选项卡中的 Simulation 选项，在弹出的对话框中打开【参数】选项卡，用来设置正弦信号激励源的各项仿真参数，如图 10-16 所示。

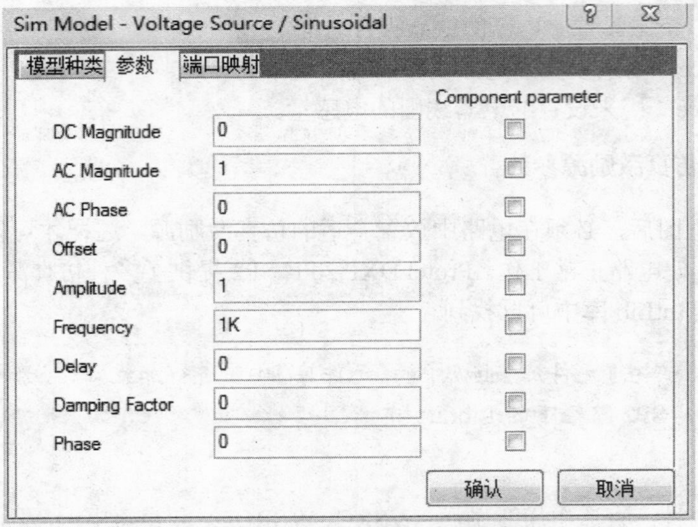

Sim Model - Voltage Source / Sinusoidal

模型种类 参数 端口映射

		Component parameter
DC Magnitude	0	
AC Magnitude	1	
AC Phase	0	
Offset	0	
Amplitude	1	
Frequency	1K	
Delay	0	
Damping Factor	0	
Phase	0	

确认 取消

图 10-16 正弦信号激励源仿真参数设置

主要参数如下：

- DC Magnitude：用来设置正弦信号的直流参数，通常设置为 0。
- AC Magnitude：用来设置交流小信号分析电压值，通常设置为 1V。
- AC Phase：用来设置交流小信号分析的初始相位值，通常设置为 0。
- Offset：用来设置叠加在正弦波信号上的直流分量。
- Amplitude：用来设置正弦波信号的振幅。
- Frequency：用来设置正弦波信号的频率。
- Delay：用来设置正弦波信号初始延时时间。
- Damping Factor：用来设置正弦波信号的阻尼因子，该值影响正弦波信号的振幅随时间的变化。如果设置为 0，表示正弦波为等幅正弦波；如果设置为正值，表示正弦波幅度随时间递减；如果设置为负值，表示正弦波幅度随时间递增。
- Phase：用来设置正弦波信号的初始相位。

正弦信号激励源的主要参数值有振幅、频率和初始相位。

3. 脉冲激励源

脉冲激励源有两种：脉冲电压源（VPULSE）和脉冲电流源（IPULSE），主要为仿真电路提供周期性的脉冲信号，可以产生矩形波、方波、三角波等众多波形。常用于脉冲数字电路的瞬态分析中，将它们放入仿真电路。

双击脉冲激励源，弹出设置对话框，双击【模型】选项卡中的 Simulation 选项，在弹出的对话框中打开【参数】选项卡，用来设置脉冲激励源的各项仿真参数，如图 10-17 所示。

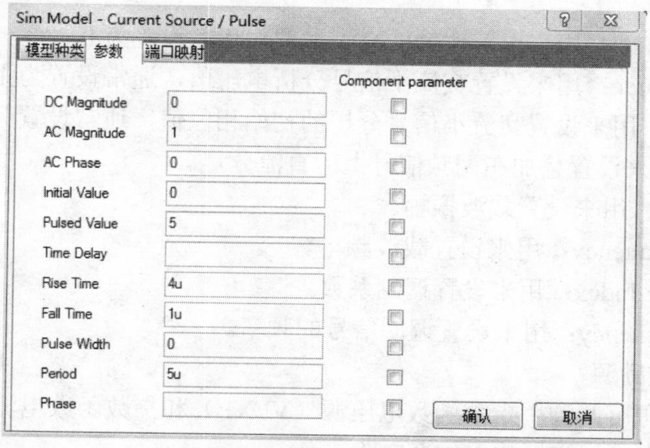

图 10-17　脉冲激励源仿真参数设置

主要参数如下：

- DC Magnitude：用来设置脉冲的直流参数，通常设置为 0。
- AC Magnitude：用来设置交流小信号分析电压值，通常设置为 1V。
- AC Phase：用来设置交流小信号分析的初始相位值，通常设置为 0。
- Initial Value：用来设置脉冲的初始电压或电流值。
- Pulsed Value：用来设置脉冲电压或电流值。
- Time Delay：用来设置延迟时间。
- Rise Time：用来设置上升时间，必须大于 0。
- Fall Time：用来设置下降时间，必须大于 0。
- Pulse Width：用来设置脉冲宽度，单位 s。
- Period：用来设置脉冲周期。
- Phase：用来设置脉冲初始相位。

4．调频激励源

调频激励源有两种：调频电压源（VSFFM）和调频电流源（ISFFM），主要为仿真电路提供一个频率随调制信号变化而变化的调频信号，将它们放入仿真电路。

双击调频激励源，弹出设置对话框，双击【模型】选项卡中的 Simulation 选项，在弹出的对话框中打开【参数】选项卡，用来设置调频激励源的各项仿真参数，如图 10-18 所示。

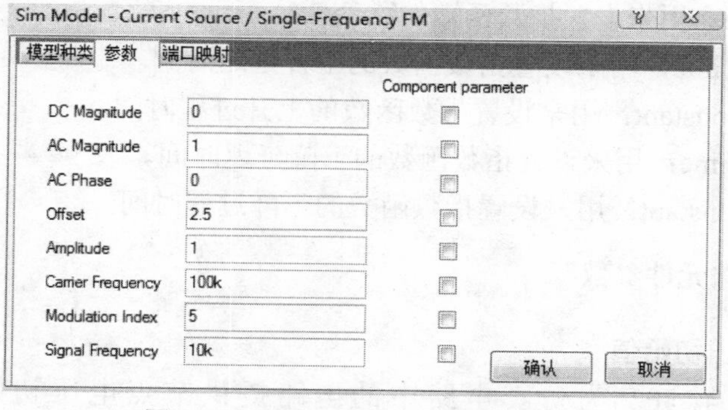

图 10-18　调频激励源仿真参数设置

主要参数如下：

- DC Magnitude：用来设置调频的直流参数，通常设置为 0。
- AC Magnitude：用来设置交流小信号分析电压值，通常设置为 1V。
- AC Phase：用来设置交流小信号分析的初始相位值，通常设置为 0。
- Offset：用来设置叠加在调频信号上的直流分量。
- Amplitude：用来设置载波振幅。
- Carrier Frequency：用来设置载波频率。
- Modulation Index：用来设置调制系数。
- Signal Frequency：用来设置调制信号的频率。

5．指数函数激励源

指数函数激励源有两种：指数函数电压源（VEXP）和指数函数电流源（IEXP），常用于高频电路仿真分析中，将它们放入仿真电路。

双击指数函数激励源，弹出设置对话框，双击【模型】选项卡中的 Simulation 选项，在弹出的对话框中打开【参数】选项卡，用来设置指数函数激励源的各项仿真参数，如图 10-19 所示。

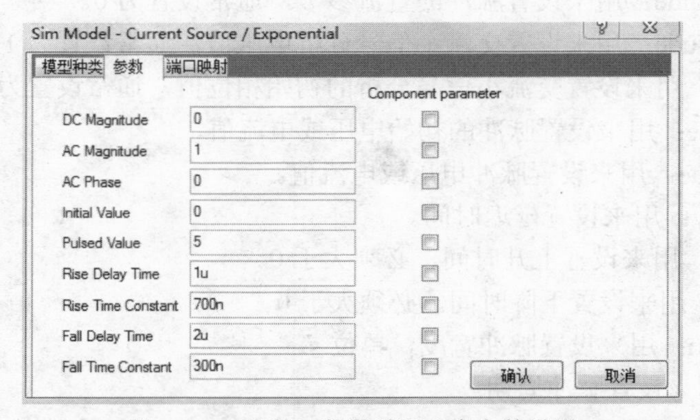

图 10-19　指数函数激励源仿真参数设置

主要参数如下：

- DC Magnitude：用来设置直流参数，通常设置为 0。
- AC Magnitude：用来设置交流小信号分析电压值，通常设置为 1V。
- AC Phase：用来设置交流小信号分析的初始相位值，通常设置为 0。
- Initial Value：用来设置指数函数的初始电压或电流值。
- Pulsed Value：用来设置指数函数的跳变值。
- Rise Delay Time：用来设置指数函数的上升延迟时间。
- Rise Time Constant：用来设置指数函数的上升过程时间。
- Fall Delay Time：用来设置指数函数的下降延迟时间。
- Fall Time Constant：用来设置指数函数的下降过程时间。

10.1.3　设置特殊元件参数

1．设置节点电压初始值

Protel DXP 2004 SP2 为仿真电路中的电路提供节点电压初始值，在 Simulation

Sources.IntLib 库中选择.IC 元器件。

将.IC 元件放置到需要设置电压初始值的节点上，双击该元件，弹出设置对话框，双击【模型】选项卡中的 Simulation 选项，在弹出的对话框中打开【参数】选项卡，用来设置各项仿真参数，如图 10-20 所示。

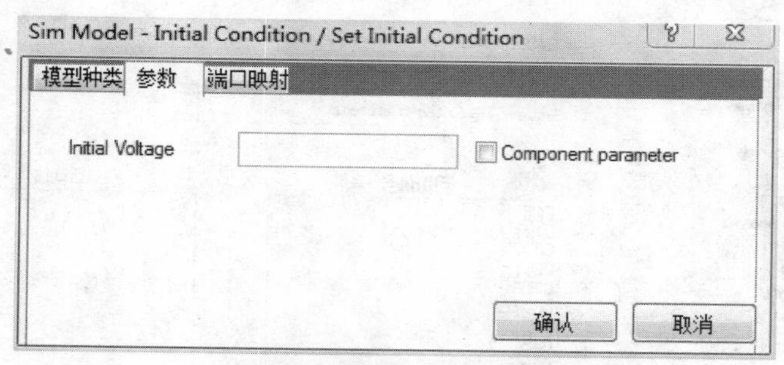

图 10-20　.IC 仿真参数设置

主要参数如下：

- Initial Voltages：用来设置该节点的电压初始值。

2．仿真数学函数

在 Protel DXP 2004 SP2 的电路仿真器中还提供了仿真数学函数，它同样可以用于电路仿真原理图中，主要是对仿真电路图中的两个节点信号进行合成，执行加、减、乘、除等运算，也可以变换一个节点信号，如正弦变换、余弦变换和双曲线变换等。

仿真数学函数放在 Simulation Math Function.IntLib 库中。

使用时，只需将仿真数学函数功能模块放到仿真电路中需要进行信号处理的地方即可，不需要手工设置仿真。图 10-21 所示为元件的仿真参数属性。

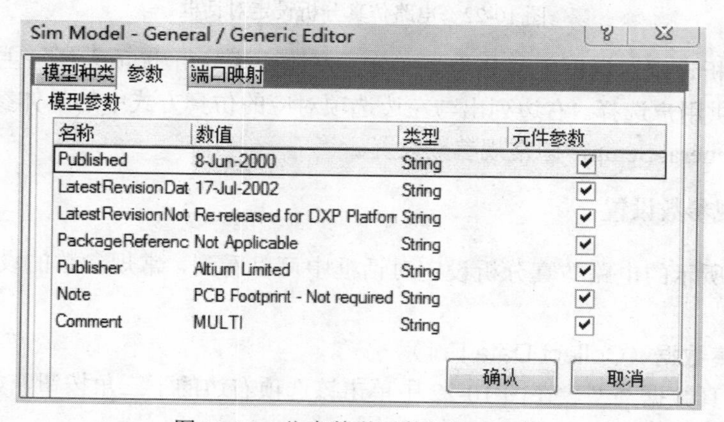

图 10-21　仿真数学函数的仿真参数

10.2　设置仿真方式参数

仿真原理图绘制好后，在进行电路仿真分析之前，需要选择合适的参数设置和仿真方式。才能运行仿真，观察仿真结果。在 Protel DXP 2004 SP2 的电路仿真中，仿真方式的设置分为两部分：一是常规参数设置；二是特殊参数设置。

在原理图编辑窗口中，执行菜单中【设计】/【仿真】/Mixed Sim 命令，弹出电路仿真分析设定对话框，如图 10-22 所示。

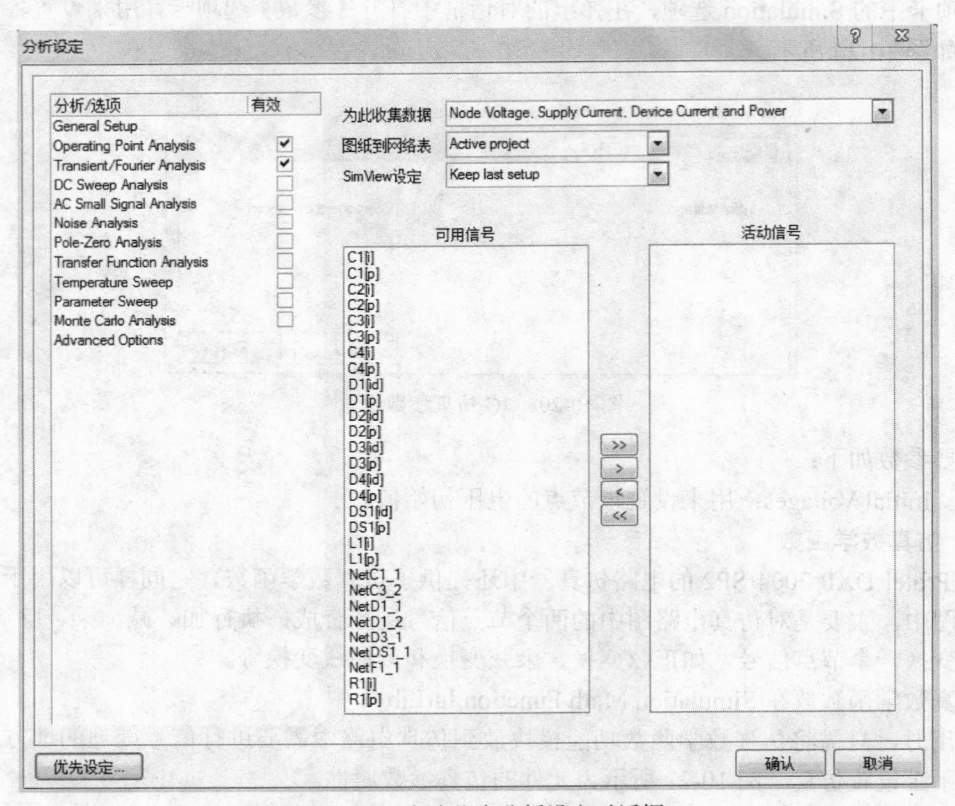

图 10-22　电路仿真分析设定对话框

电路仿真分析设定对话框主要分为两部分，左边为【分析/选项】栏，主要是列出各种具体的仿真方式，供用户选择。右边列出与左边选项对应的仿真方式中的具体参数设置。系统默认分析选项为 General Setup，即常规参数设置。

10.2.1　常规参数设置

从图 10-22 所示的电路仿真分析设定对话框中可以看到，常规参数的设置包括以下几项内容。

1. 为此收集数据（Collect Data For）

用来设置仿真数据类型，在图 10-22 中单击该选项右边的下三角按钮，如图 10-23 所示。

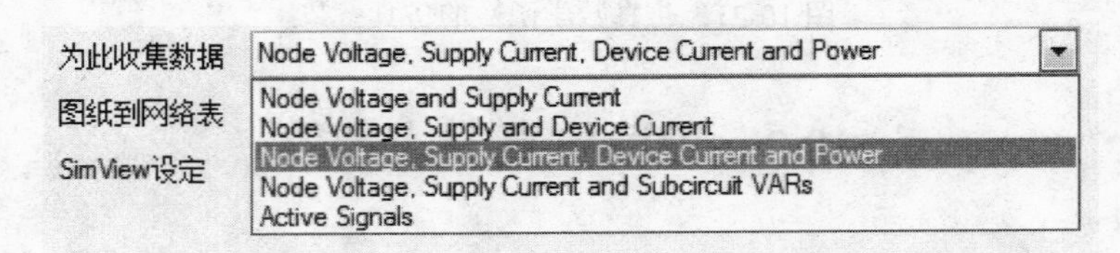

图 10-23　为此收集数据下拉列表框

主要参数如下：

- Node Voltage and Supply Current：用来计算节点电压和流过电源的电流。
- Node Voltage，Supply and Device Current：用来计算节点电压、流过电源和元器件的电流。
- Node Voltage，Supply Current and Subcircuit VARs：用来计算节点电压、流过电源的电流、子电路的端电压和电流。
- Node Voltage，Supply Current，Device Current and Power：用来计算节点电压、流过电源和元件上的电流、在元件上消耗的功率。
- Active Signals：用来计算本列表框中所列出的激活信号。

系统默认的选项为Node Voltage，Supply Current，Device Current and Power。但用户可以根据自己的需要选择数据类型。

2．图纸到网络表（Sheets to Netlist）

用来设置仿真程序的作用范围，在图 10-22 所示中单击该选项右边的下三角按钮，如图10-24 所示。

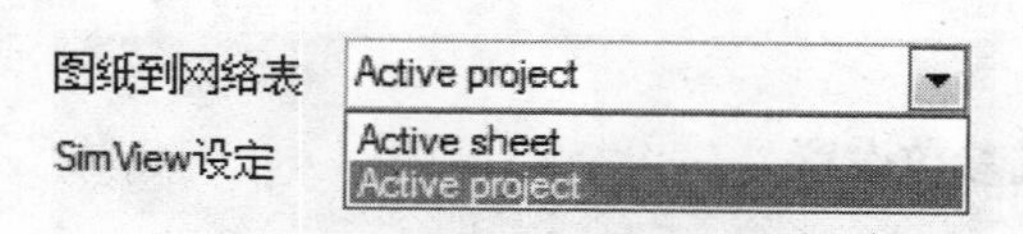

图 10-24　SimView 设定下拉列表框

主要参数如下：

- Active sheet：对当前电路仿真原理图进行仿真。
- Active project：对当前的整个工程项目下的所有仿真原理图进行仿真。

3．SimView 设定

用来设置仿真结果图中显示的内容，在图 10-22 中单击该选项右边的下三角按钮，如图10-25 所示。

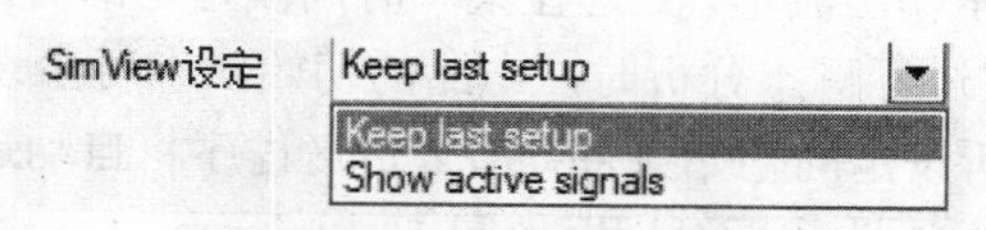

图 10-25　SimView 设定下拉列表

主要参数如下：

- Keep last setup：按照上一次仿真操作设置在仿真结果内显示信号波形，而忽略 Active Signals 栏中所列出的激活信号。
- Show active signals：按照 Active Signals 栏中所列出的激活信号，在仿真结果图中显示其波形。

4．可用信号（Available Signals）

该列表框中显示了所有可供选择的观测信号，随【为此收集数据】下拉列表框中所选择的内容变化而变化。

5．活动信号（Active Signals）

该列表框中显示了运行仿真程序后，能够在仿真结果图显示波形的信号，如图 10-23 所示。在【可用信号】列表框中选择某个信号，单击右面的几个箭头表示显示和不显示。

10.2.2 仿真分析方式

如图 10-22 所示，Protel DXP 2004 SP2 提供了 10 种具体的仿真分析方式：

- Operating Point Analysis：工作点分析。
- Transient/Fourier Analysis：瞬态特性分析/傅里叶分析。
- DC Sweep Analysis：直流扫描分析。
- AC Small Signal Analysis：交流小信号分析。
- Noise Analysis：噪声分析。
- Pole-Zero Analysis：极点－零点分析。
- Transfer Function Analysis：传递函数分析。
- Temperature Sweep：温度扫描分析。
- Parameter Sweep：参数扫描分析。
- Monte Carlo Analysis：蒙特卡罗分析。

如果运用哪种仿真方式，只需要选中选项后的复选框即可。下面分别介绍每个仿真分析方式的参数设置。

10.2.3 仿真分析方式参数设置

1．工作点分析

工作点分析（Operating Point Analysis），即静态工作点分析，指的是将所有电容元件视为开路，所有电感元件视为短路，然后计算各个节点的电压和各支路的电流。

在进行工作点分析时，不需要用户进行仿真参数的设置，只需选中该复选框即可。运行仿真后，就能得到仿真文件。

2．瞬态特性分析/傅里叶分析

（1）瞬态特性分析（Transient Analysis）。瞬态特性分析是一种最常用的仿真分析方式，类似一个真实的示波器显示输出波形，处理在某一时间段指定的时间间隔，瞬时输出指定变化的波形（电压或电流）。在进行瞬态分析时，电路的初始状态可由设计者自行给定。如果没有给定初始条件，或不使用所设定的初始条件，那么仿真程序将自动进行直流分析，并用直流解作为电路的初始状态，瞬态特性分析对话框如图 10-26 所示。

瞬态特性分析主要参数设置如下：

- Transient Start Time：用来设置瞬态特性分析的起始时间。
- Transient Stop Time：用来设置瞬态特性分析的终止时间。
- Transient Step Time：用来设置瞬态特性分析的时间步长。
- Transient Max Step Time：用来设置瞬态特性分析的最大步长。
- Use Initial Conditions：用来设置是否使用初始设置条件。选中该复选框，表示使用用户设置的初始条件。
- Use Transient Defaults：选中该复选框，使用瞬态仿真分析默认参数。
- Default Cycles Displayed：用来设置仿真分析窗口中波形显示的周期数。
- Default Points Per Cycle：用来设置每个周期内需要仿真计算的时间点数。

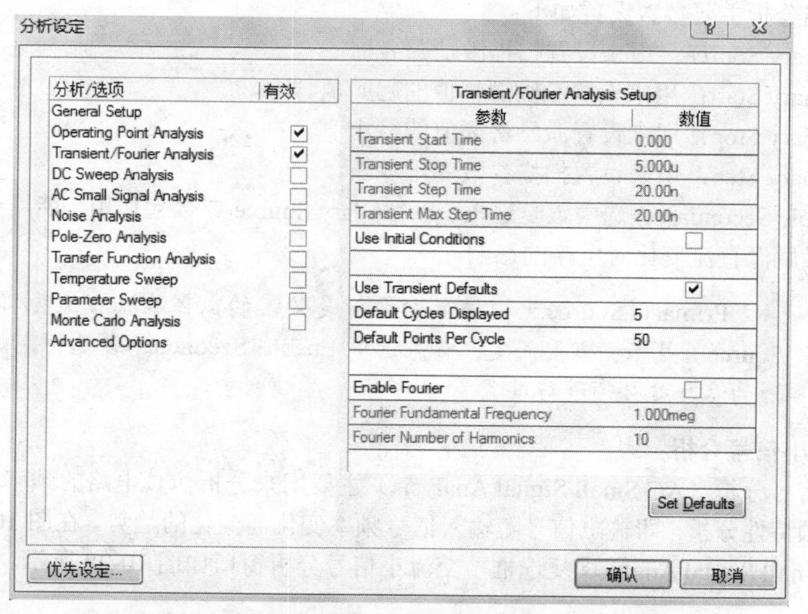

图 10-26　瞬态特性分析与傅里叶分析参数设置

（2）傅里叶分析（Fourier Analysis）。在图 10-26 中，选中 Enable Fourier 复选框，则表示选择了傅里叶仿真分析方式。傅里叶分析是在大信号正弦瞬态分析时对输出的最后一个周期波形进行谐波分析。该参数设置如下：

- Fourier Fundamental Frequency：用来设置傅里叶分析的基波频率，默认值为信号源的频率。
- Fourier Number of Harmonics：用来设置傅里叶分析的谐波分量数目，默认值为 10。

3．直流扫描分析

直流扫描分析（DC Sweep Analysis）用于检验电路中的激励源在一定范围按照指定规律变化时对静态工作点的影响。在图 10-22 所示对话框中选择 DC Sweep Analysis 复选框，直流扫描分析窗口如图 10-27 所示。

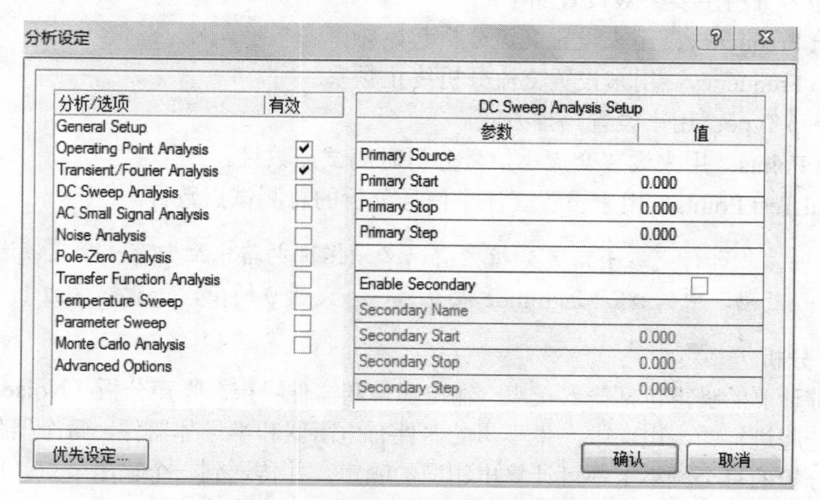

图 10-27　直流扫描分析参数设置

直流扫描分析主要参数设置如下：

- Primary Source：用来设置扫描激励源名称。
- Primary Start：用来设置激励源幅值的起始值。
- Primary Stop：用来设置激励源幅值的终止值。
- Primary Step：用来设置扫描参数变化步长。
- Enable Secondary：选中该复选框，Secondary Source 参数起作用，能用于同时分析两个激励源直流变化对电路的影响。

注意　Primary Source（扫描激励源）是必需的，但次扫描激励源（Secondary Source）是根据需要而定。如果选中 Enable Secondary 复选框，则次扫描激励源的参数就必须进行设置。

4．交流小信号分析

交流小信号分析（AC Small Signal Analysis）主要用来分析仿真电路的频率响应特性，属于电路的幅频特性分析，即输出信号随输入信号频率变化而变化的趋势。在图 10-22 所示对话框选中 AC Small Signal Analysis 复选框，交流小信号分析窗口如图 10-28 所示。

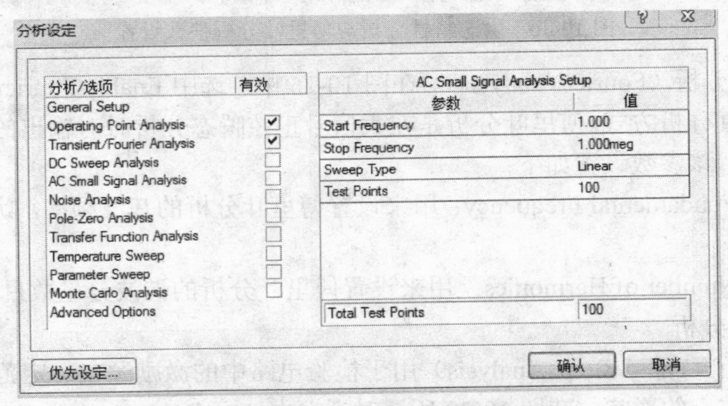

图 10-28　交流小信号分析参数设置

交流小信号分析主要参数设置如下：

- Start Frequency：用来设置交流分析起始频率。
- Stop Frequency：用来设置交流分析终止频率。
- Sweep Type：用来设置扫描方式。
- Test Points：用来设置交流小信号分析时测试点数目。
- Total Test Points：用来设置交流小信号分析的总测试点数目。

注意　进行交流小信号分析之前，必须保证电路中至少有一个交流激励源，即将激励源中的 AC Magnitude 设置为一个大于 0 的值，一般幅度为 1，相位为 0。

5．噪声分析

系统能够计算的噪声包括输入噪声、输出噪声和器件噪声。噪声分析（Noise Analysis）是同交流分析一起进行的。电路中产生噪声的器件有电阻器和半导体器件，每个器件的噪声源在交流小信号分析的每个频率上都可计算出相应的噪声，并传送到一个输出节点，所有传送到该节点的噪声进行 RMS（均方根）相加，就得到了指定输出端的等效输出噪声。噪声分析窗口如图 10-29 所示。

噪声分析主要参数设置如下：

- Noise Source：用来设置噪声源。
- Start Frequency：用来设置交流分析起始频率。
- Stop Frequency：用来设置交流分析终止频率。
- Sweep Type：用来设置扫描方式。
- Test Points：用来设置测试点数目。
- Points Per Summary：用来计算噪声范围。输出 0 则只计算输入和输出噪声，输入 1 则同时计算各个元件噪声影响。
- Output Node：用来设置输出噪声节点。
- Reference Node：用来设置参考节点，一般设置为 0，表示以接地点为参考点。

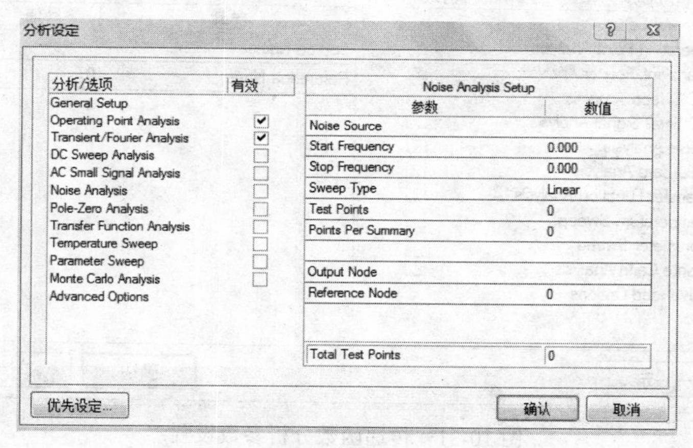

图 10-29　噪声分析参数设置

6. 极点－零点分析

该分析可以用于交流小信号电路传递函数中，数字信号被视为高阻接地。分析通常是从直流工作点，对非线性器件求得线性化的小信号模型。在此基础上再进行分析传递函数极点－零点分析（Pole-Zero Analysis）。极点－零点分析窗口如 10-30 所示。

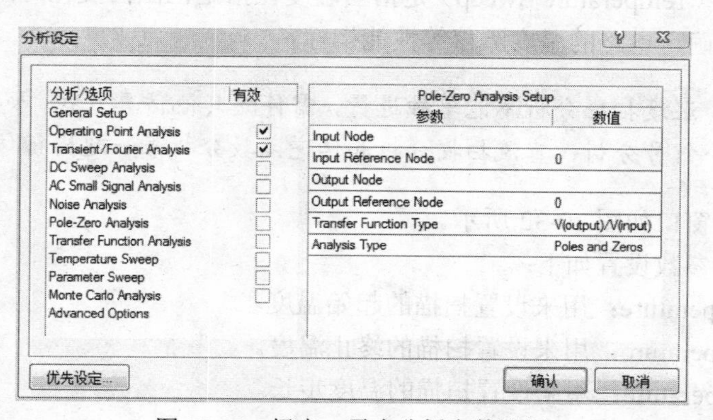

图 10-30　极点－零点分析参数设置

极点－零点分析参数设置如下：

- Input Node：用来设置输入节点。
- Input Reference Node：用来设置输入参考点。
- Output Node：用来设置输出节点。
- Output Reference Node：用来设置输出参考点。
- Transfer Function Type：用来设置传输类型。
- Analysis Type：用来设置分析类型。

7．传递函数分析

传递函数分析（Transfer Function Analysis）是在直流工作点的基础上将电路线性化，从而计算电路的输入阻抗、输出阻抗和直流增益。传递函数分析窗口如图 10-31 所示。

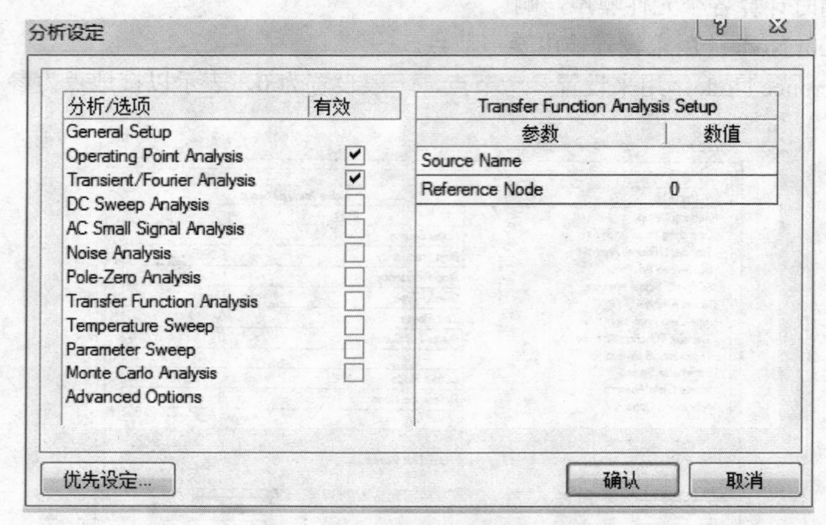

图 10-31　传递函数分析参数设置

传递函数分析主要参数设置如下：

- Source Name：用来设置参考电源。
- Reference Node：用来设置参考节点，一般设置为 0，表示以接地点为参考点。

8．温度扫描分析

温度扫描分析（Temperature Sweep）是指当温度在指定范围内变化时，通过对电路参数进行各种仿真分析，确定电路的温度漂移等性能指标。

温度扫描分析不能单独进行，需伴随其他仿真方式，如瞬态特性分析、交流小信号分析、直流扫描分析和传递函数分析等一起进行仿真分析。

温度扫描分析窗口如图 10-32 所示。

温度扫描分析参数设置如下：

- Start Temperature：用来设置扫描的起始温度。
- Stop Temperature：用来设置扫描的终止温度。
- Step Temperature：用来设置扫描的温度步长。

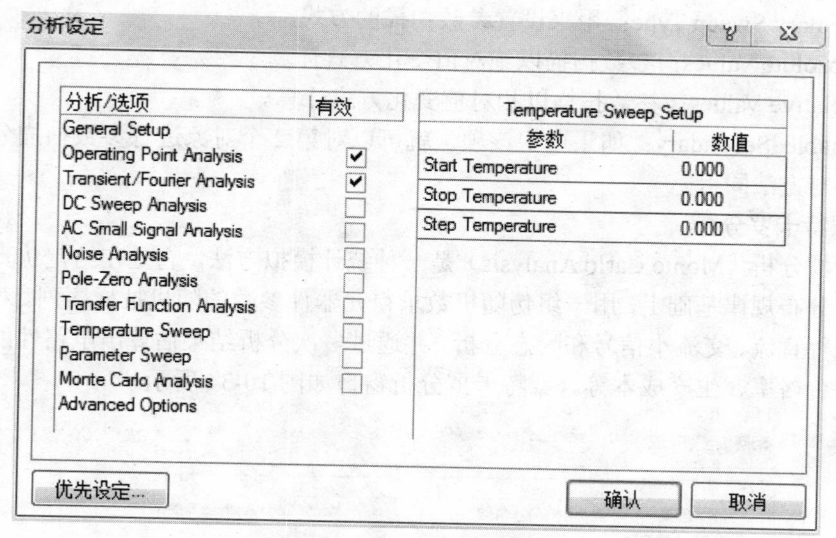

图 10-32　温度扫描分析参数设置

9．参数扫描分析

参数扫描分析（Parameters Sweep）允许设计者在指定的范围内，以自定义的增幅扫描元件的参数值，它可以与其他分析方法配合起来使用，通过分析电路参数变化对电路特性的影响，从而找到某一元器件在仿真电路中的最佳参数。参数扫描分析窗口如图 10-33 所示。

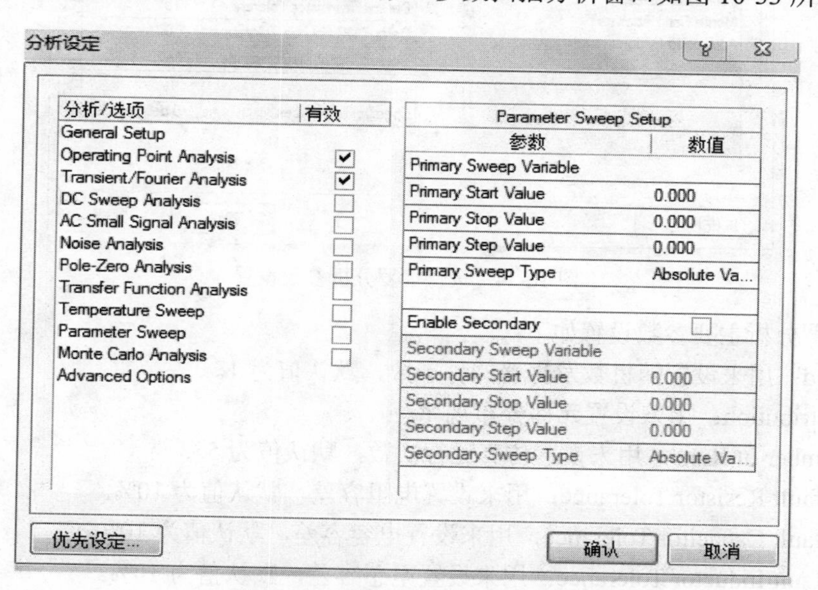

图 10-33　参数扫描分析参数设置

参数扫描分析主要参数设置如下：

- Primary Sweep Variable：用来设置参数扫描的对象。
- Primary Start Value：用来设置参数扫描的初始值。
- Primary Stop Value：用来设置参数扫描的终止值。
- Primary Step Value：用来设置参数扫描的步长。

- Primary Sweep Type：用来设置参数扫描的方式。
- Absolute Values：参数扫描以绝对值变化方式计算。
- Relative Values：参数扫描以相对值变化方式计算。
- Enable Secondary：如果选中该项，就可以对第 2 个对象进行参数扫描分析，设置内容与方法同上。

10．蒙特卡罗分析

蒙特卡罗分析（Monte Carlo Analysis）是一种统计模拟方法，它是在给定仿真元器件参数容差的统计分布规律基础上，用一组伪随机数求得元器件参数的随机抽样序列。对这些随机抽样的电路进行直流、交流小信号和瞬态分析，并通过多次分析结果估算出电路性能的统计分布规律和电路合格率、生产成本等。蒙特卡罗分析窗口如图 10-34 所示。

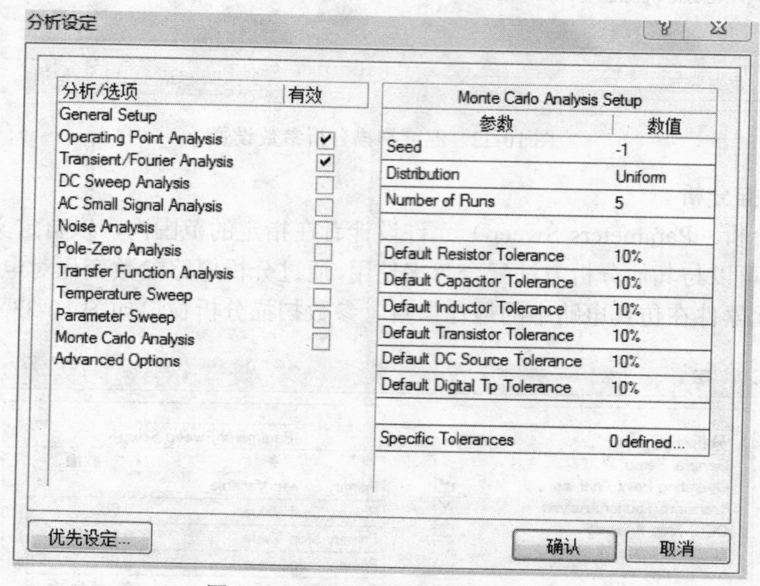

图 10-34　蒙特卡罗分析参数设置

蒙特卡罗分析主要参数设置如下：

- Seed：用来设置随机数发生器的种子数，默认值为 1。
- Distribution：用来设置元件分布规律。
- Number of Runs：用来设置仿真运行次数，默认值为 5。
- Default Resistor Tolerance：用来设置电阻容差，默认值为 10%。
- Default Capacitor Tolerance：用来设置电容容差，默认值为 10%。
- Default Inductor Tolerance：用来设置电感容差，默认值为 10%。
- Default Transistor Tolerance：用来设置晶体管容差，默认值为 10%。
- Default DC Source Tolerance：用来设置直流电源容差，默认值为 10%。
- Specific Tolerancs：用来设置特定器件的单独容差。
- Default Digital Tp tolerance：用来设置数字器件的传播延迟容差，默认值为 10%。

11．高级仿真参数设置（Advanced Options）

在图 10-22 所示的电路仿真【分析/选项】列表框中，选择 Advanced Options 选项，弹出如图 10-35 所示的高级仿真参数设置窗口。一般情况下，为了能够准确地进行电路仿真，不需要改动对话框中的参数值。

高级仿真参数设置主要参数如下：

- Spice Options：用来更改参数。在数值栏可以更改数值，然后按 Enter 键确定，如果要恢复默认值，只需在数值栏中输入“*”即可。
- 集成方法（Integration Method）：用来设置仿真时采用的集成方法。
- Spice 参考网络名（Spice Reference Net Name）：用来设置电路中信号的默认参考网络名称，默认值是 GND。
- 数字供电（Digital Power Supply Values referernced to GND node）：用来设置数字逻辑元件对地的工作电压值。

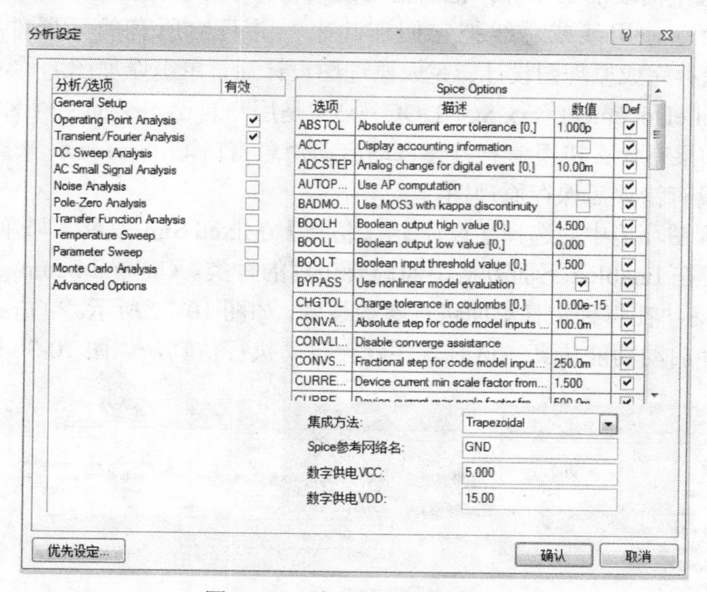

图 10-35 高级仿真参数设置

10.3 进行混合信号功能仿真

（1）混合信号仿真是在原理图的环境下进行功能仿真的。如果要对一个原理图进行功能仿真，原理图中所有的器件都必须有相应的 Simulation 模型文件，否则不能进行仿真。

（2）用仿真模型的器件完成整个原理图设计，设计时与普通原理图的设计方法一致。

（3）除了要有电源网络和地网络，还要加上激励信号，就可以进行原理图的功能仿真。

（4）执行菜单中【查看】/【工具栏】/【混合仿真】命令，选中 Mixed Sim 就会显示一个混合信号功能仿真图标。可以设置、执行混合信号功能仿真和产生 Xspice 网表文件。

（5）可以设置参数扫描的起始值和参数扫描变化的步长。

操作实例如下：

在 DXP 主页面下（打开软件时默认设置就出现 DXP 主页，如果不是，可以通过执行菜单中 View/Home 命令来打开 DXP 主页），选择菜单中【文件】/【新建】/【项目】/【PCB 项目】命令，左边的工程资源管理器中就出现了一个名为 PCB_Project1.PrjPCB 的 PCB 工程，现在可以执行菜单中【文件】/【另存项目为】命令来改变项目的保存路径和项目名称。

在项目名称上右击，在弹出的快捷菜单中选择【追加新文件到项目中】/Schematic 命令，这样，在当前的工程中添加了一个新的原理图文件 Sheet.schDoc，在原理图文件上右击，在弹出的快捷菜单中选择【另存为】命令来改变原理图名称和保存路径。

现在已经在一个 PCB 工程中添加了一张空白的原理图了。

在原理图的下方偏右的边框上，单击 System/Libraries 命令，打开库文件，在库文件的面板里单击 Libraries 选项，可以对当前使用的库文件进行添加、移出和排序。

接下来，要从元器件库中拖出需要的元器件，用线把它们连起来，完成原理图设计。因为要进行功能仿真，所选的器件都必须有相应的 Simulation 模型文件。

从元器件库选中需要的元器件，拖出需要的元器件或单击【设置】/【总线】命令和【设置】/【导线】命令，用线或总线把它们连起来，并且给所有的元器件加上相应的标号（Designator），保存完成原理图设计。完成原理图设计后，单击原理图名称，在弹出的下拉列表框中单击 CompileDocument xxx.SCHDOC（xxx 是用户自己定义的文件名），对这个原理图文件进行编译，如果有什么错误信息就会自动启动消息窗口（Message），来提示用户有什么样的错误。经检查没有错误后保存原理图。

在当前的原理图环境中，选择【设计】/【仿真】/Mixed Sim 命令，则弹出 Analyses Setup 对话框。在左边，在 Enabled 下面方格中勾选要仿真的种类。General Setup 是选择要观察的信号，如图 10-36 所示，在每种仿真里面进行参数设置，如图 10-37 所示。单击 Analyses Setup 对话框的 OK 按钮，启动功能仿真。这时软件就会自动执行仿真，如图 10-38 所示。

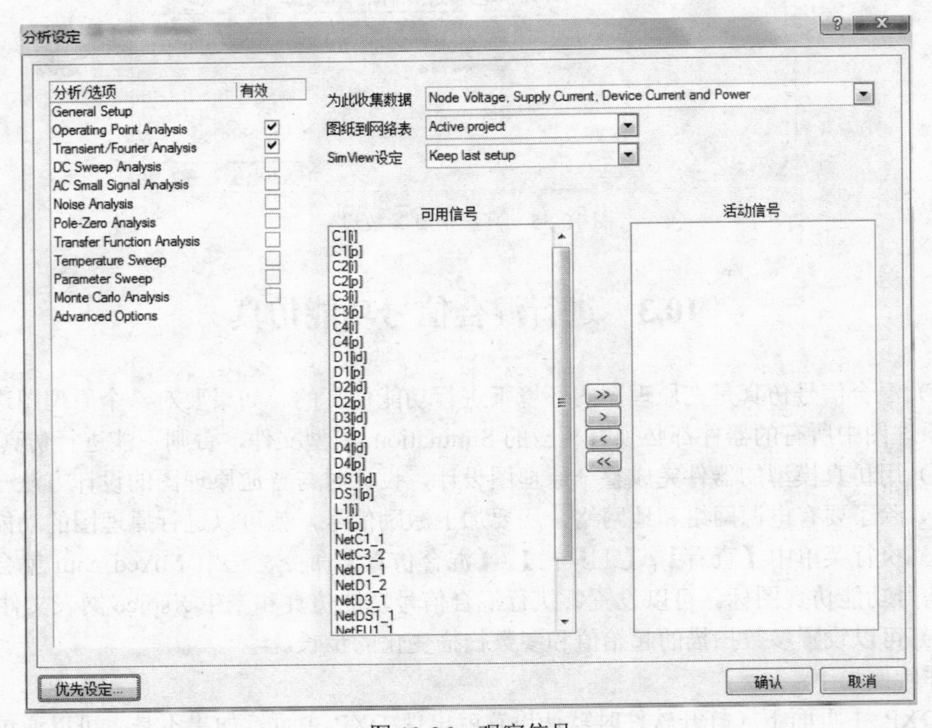

图 10-36 观察信号

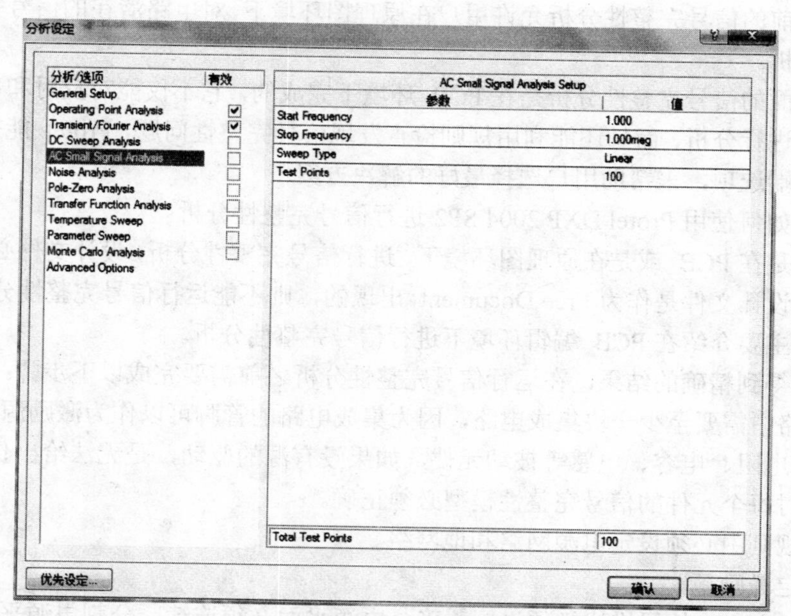

图 10-37　设置参数

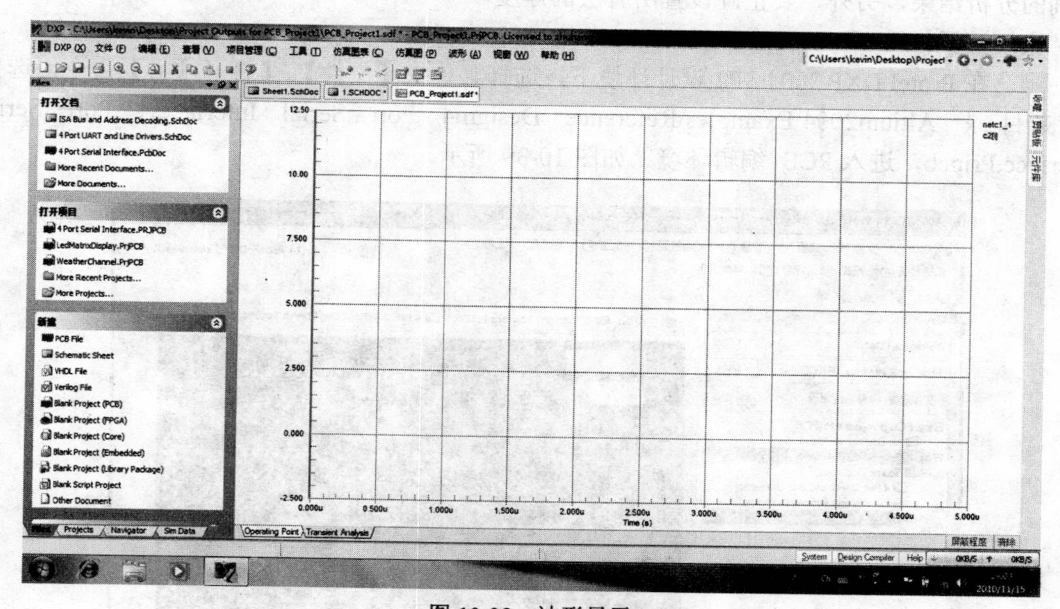

图 10-38　波形显示

10.4　进行信号完整性分析

在 DXP 设计环境下，既可以在原理图环境下又可以在 PCB 编辑器内实现信号完整性分析，并且能以波形的方式在图形界面下给出反射和串扰的分析结果。

- Protel 具有布局前和布局后信号完整性分析功能，采用成熟的传输线计算方法，以及 I/O 缓冲宏模型进行仿真。信号完整性分析器能够产生准确的仿真结果。

- 布局前的信号完整性分析允许用户在原理图环境下，对电路潜在的信号完整性问题进行分析。
- 更全面的信号完整性分析是在 PCB 环境下完成的，它不仅能对反射和串扰以图形的方式进行分析，而且还能利用规则检查发现信号完整性问题，Protel 能提供一些有效的终端选项，来帮助用户选择最好的解决方案。

下面介绍如何使用 Protel DXP 2004 SP2 进行信号完整性分析：

- 不论是在 PCB 或是在原理图环境下，进行信号完整性分析，设计文件必须在工程中，如果设计文件是作为 Free Document 出现的，则不能运行信号完整性分析。
- 本文主要介绍在 PCB 编辑环境下进行信号完整性分析。
- 为了得到精确的结果，在运行信号完整性分析之前需要完成以下步骤：

（1）电路中需要至少一块集成电路，因为集成电路的管脚可以作为激励源输出到被分析的网络上。像电阻、电容、电感等被动元件，如果没有源的驱动，是无法给出仿真结果的。

（2）针对每个元件的信号完整性模型必须正确。

（3）在规则中必须设定电源网络和地网络。

（4）设定激励源。

（5）用于 PCB 的层堆栈必须设置正确，电源平面必须连续，分割电源平面将无法得到正确的分析结果，另外，要正确设置所有层的厚度。

实例演示：

一、在 Protel DXP 2004 SP2 设计环境下，选择菜单中【文件】/【打开项目】命令，选择安装目录 Altium2004\Examples\Reference Design\4 Port Serial Interface\4 Port Serial Interface.Prjpcb，进入 PCB 编辑环境，如图 10-39 所示。

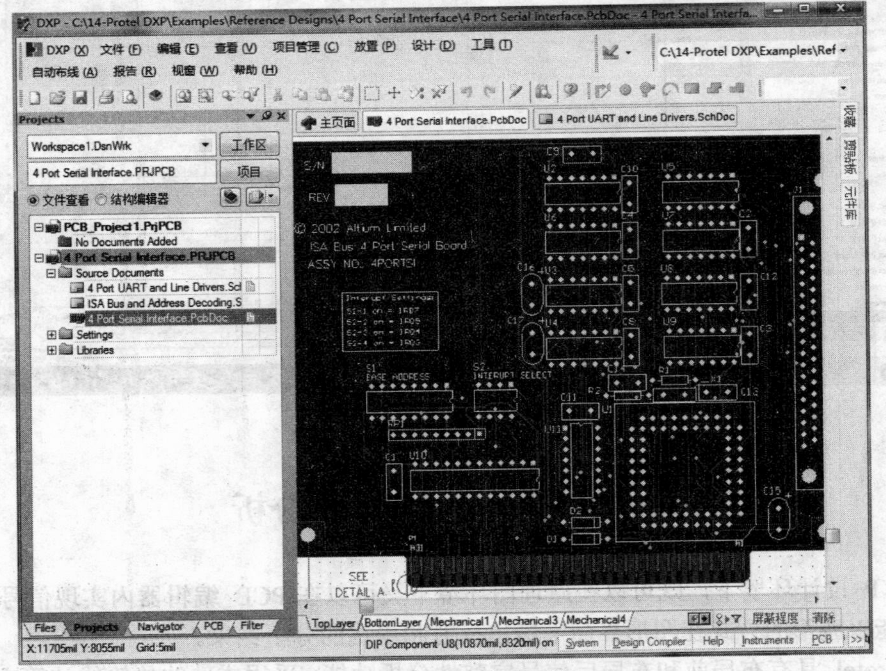

图 10-39 PCB 编辑环境

选择菜单中【设计】/【层堆栈管理器】命令，配置好相应的层后，选择 ImpedanceCalculation…，配置板材的相应参数，如图 10-40 所示，本例中为默认值。

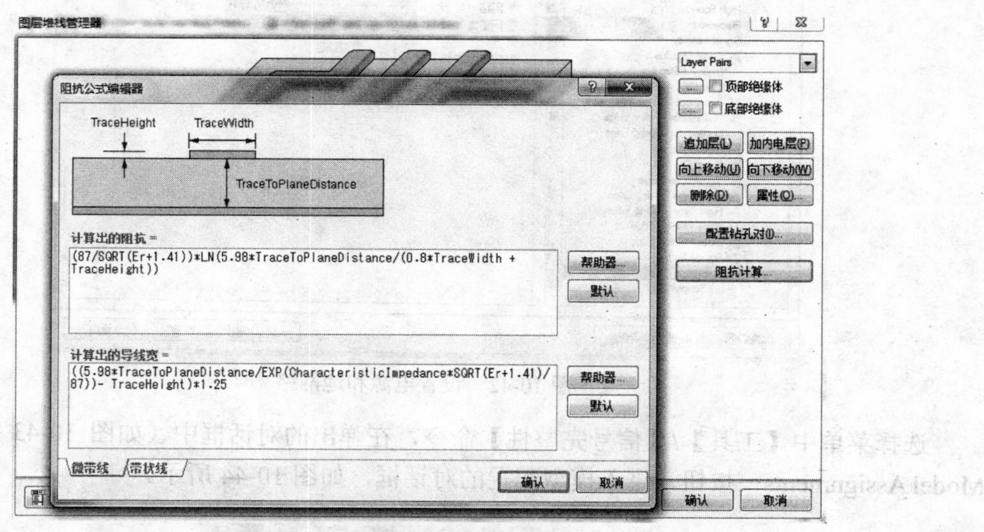

图 10-40　配置板材

选择【设计】/【规则】选项，在 Signal Integrity 一栏设置相应的参数，如图 10-41 所示。首先设置 Signal Stimulus（信号激励），右击 Signal Stimulus，选择【新建规则】，在新出现的 Signal Stimulus 界面下设置相应的参数，本例为默认值。

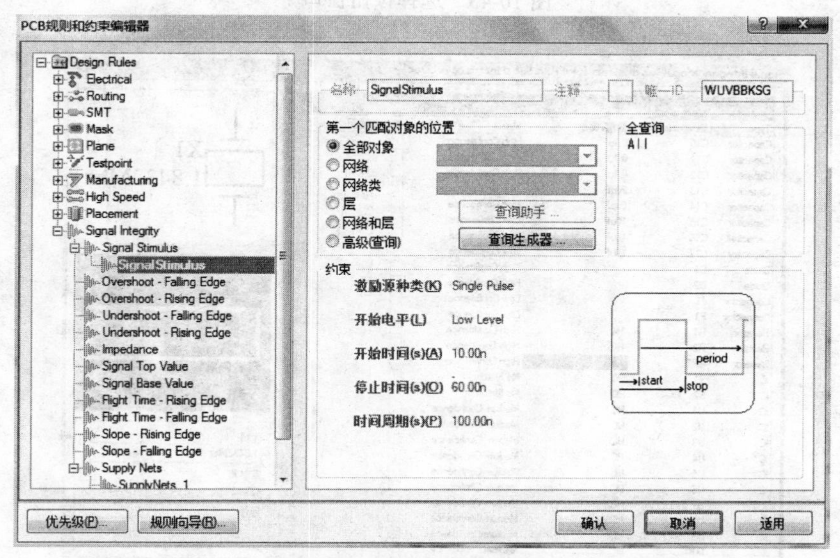

图 10-41　设置默认参数

接下来设置电源和地网络，右击 Supply Net，在弹出的快捷菜单中选择【新建规则】命令，在新出现的 SupplyNets 界面下，将 GND 网络的 Voltage 设置为 0，如图 10-42 所示，按相同方法再添加 Rule，将 VCC 网络的 Voltage 设置为 5。其余的参数按实际需要进行设置。最后单击 OK 按钮退出。

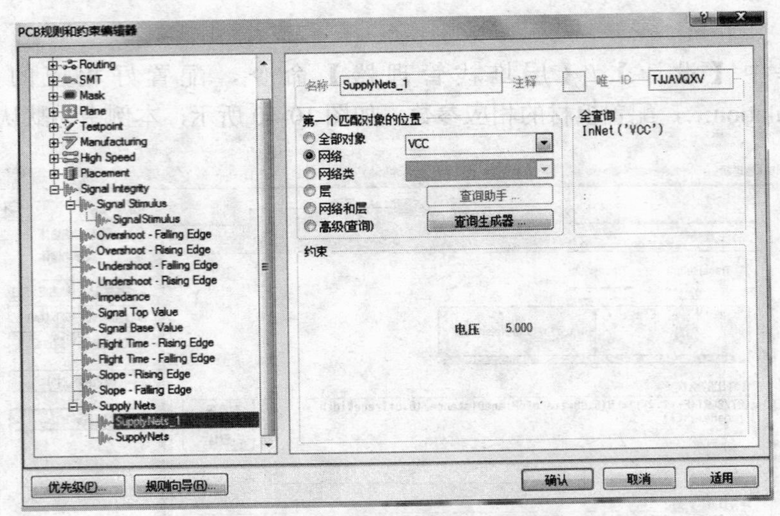

图 10-42　设置电源和地网络

选择菜单中【工具】/【信号完整性】命令，在弹出的对话框中（如图 10-43 所示）单击 Model Assignments…按钮，进入模型配置的对话框，如图 10-44 所示。

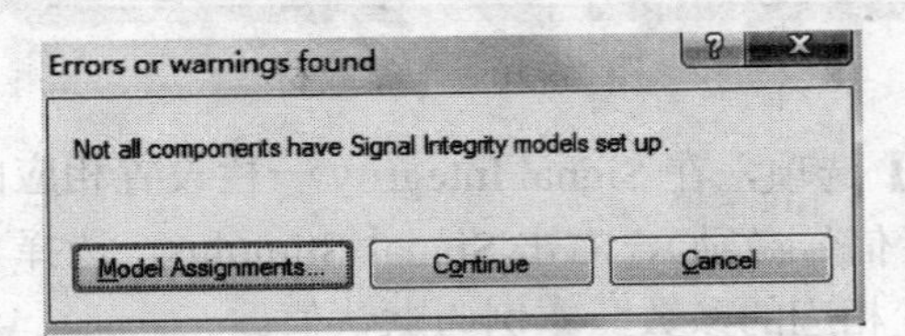

图 10-43　选择按钮窗口

Signal Integrity Model Assignments for 4 Port Serial Interface.PcbDoc

Type	Designator	数值/类型	Status	更新原理图
Capacitor	C10	0.1uF	High Confidence	
Capacitor	C11	0.1uF	High Confidence	
Capacitor	C12	0.1uF	High Confidence	
Capacitor	C13	20pF	High Confidence	
Capacitor	C14	50pF	High Confidence	
Capacitor	C15	10uF	Low Confidence	
Capacitor	C16	10uF	Low Confidence	
Capacitor	C17	10uF	Low Confidence	
Diode	D1		High Confidence	
Diode	D2		High Confidence	
Connector	J1		Low Confidence	
Connector	P1		Low Confidence	
Resistor	R1	1M	High Confidence	
Resistor	R2	1K5	High Confidence	
Resistor	RP1		High Confidence	
IC	S1	HC	No Match	
IC	S2	HC	No Match	
IC	U1	HC	Medium Confidence	
IC	U2	HC	Medium Confidence	
IC	U3	HC	Medium Confidence	
IC	U4	HC	Medium Confidence	
IC	U5	HC	Medium Confidence	
IC	U6	HC	Medium Confidence	
IC	U7	HC	Medium Confidence	
IC	U8	HC	Medium Confidence	
IC	U9	HC	Medium Confidence	
IC	U10	HC	Medium Confidence	

X1 1.8432Mhz
注释 1.8432Mhz
库参考 CRYSTAL
描述
在原理图里更新模型　分析设计...　取消

图 10-44　模型配置对话框

在图 10-44 所示的模型配置对话框下，能够看到每个器件所对应的信号完整性模型，并且每个器件都有相应的状态与之对应，关于这些状态的解释如表 10-1 所示。

表 10-1　模型详细解释

状态	解释
No Match	表示目前没有找到与该器件相关联的信号完整性分析模型，需要人为地去指定
Low Confidence	系统自动为该器件指定了一种模型，置信度较低
Medium Confidence	系统自动为该器件指定了一种模型，置信度中等
High Confidence	系统自动为该器件指定了一种模型，置信度较高
Model Found	与器件相关联的模型已存在
User Modified	用户修改了模型的有关参数
Model Added	用户创建了新的模型

修改器件模型的步骤如下：

（1）双击需要修改模型的器件（U1）的 Status 部分，弹出相应的对话框，如图 10-45 所示。

图 10-45　修改模型

（2）在【类型】下拉列表框中选择器件的类型。

（3）在【技术】下拉列表框中选择相应的驱动类型。

（4）可以从外部导入与器件相关联的 IBIS 模型，单击【导入 IBIS】按钮，选择从器件厂商那里得到的 IBIS 模型即可。

（5）模型设置完成后单击【确认】按钮，退出。

二、在图 10-44 所示的对话框中，单击左下角的【在原理图里更新模型】按钮，可将修改后的模型更新到原理图中。

三、在图 10-44 所示的对话框中单击右下角的【分析设计】按钮，在弹出的对话框（见图 10-46）中保留默认值，然后单击【分析设计】按钮，系统开始进行分析。

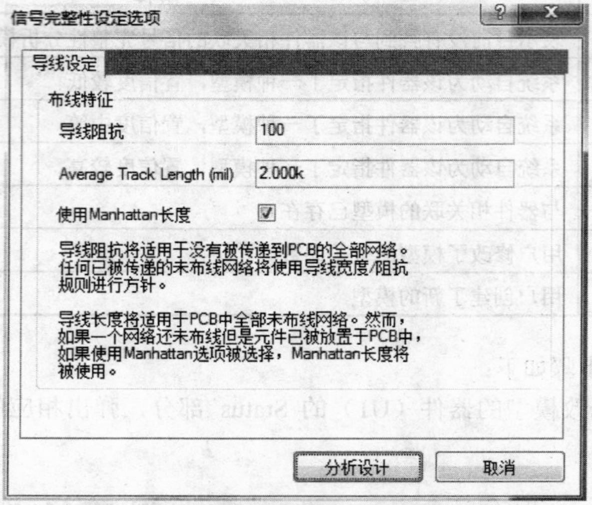

图 10-46 缺省值设置

四、图 10-47 所示为分析后的网络状态对话框，通过对话框口中左侧部分可以看到网络是否通过了相应的规则，如过冲幅度等，通过右侧的设置可以以图形的方式显示过冲和串扰结果。

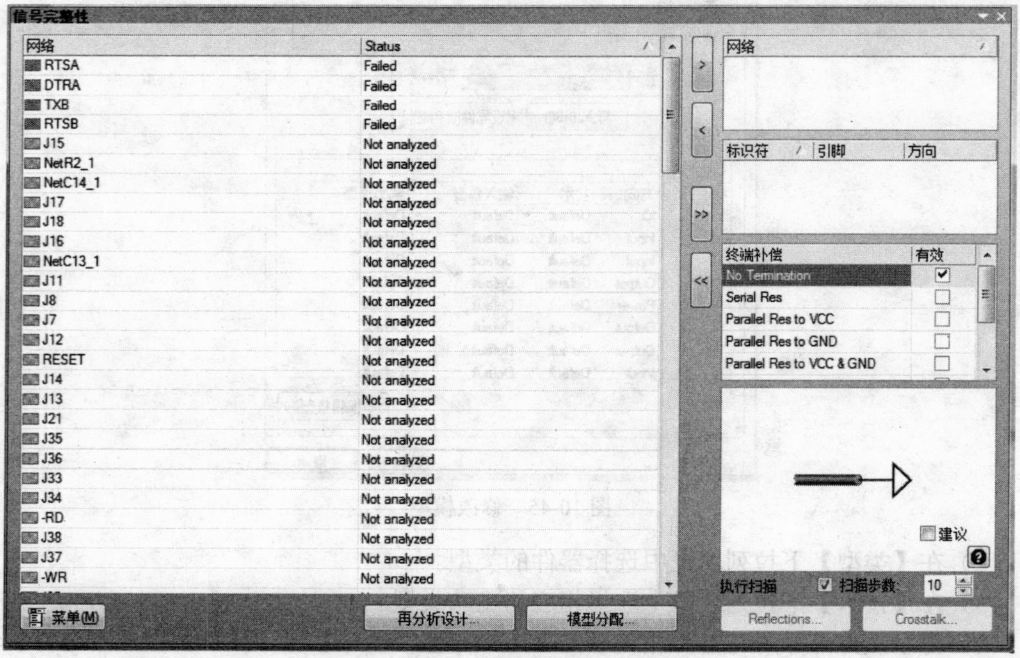

图 10-47 分析网络状态

选择左侧其中一个网络 TXB 并右击，在弹出的快捷菜单中选择【详细】命令，弹出如图 10-48 所示的对话框中可以看到针对此网络分析的详细信息。

五、下面以图形的方式进行反射分析，双击需要分析的网络 TXB，将其导入到对话框的右侧，如图 10-49 所示。

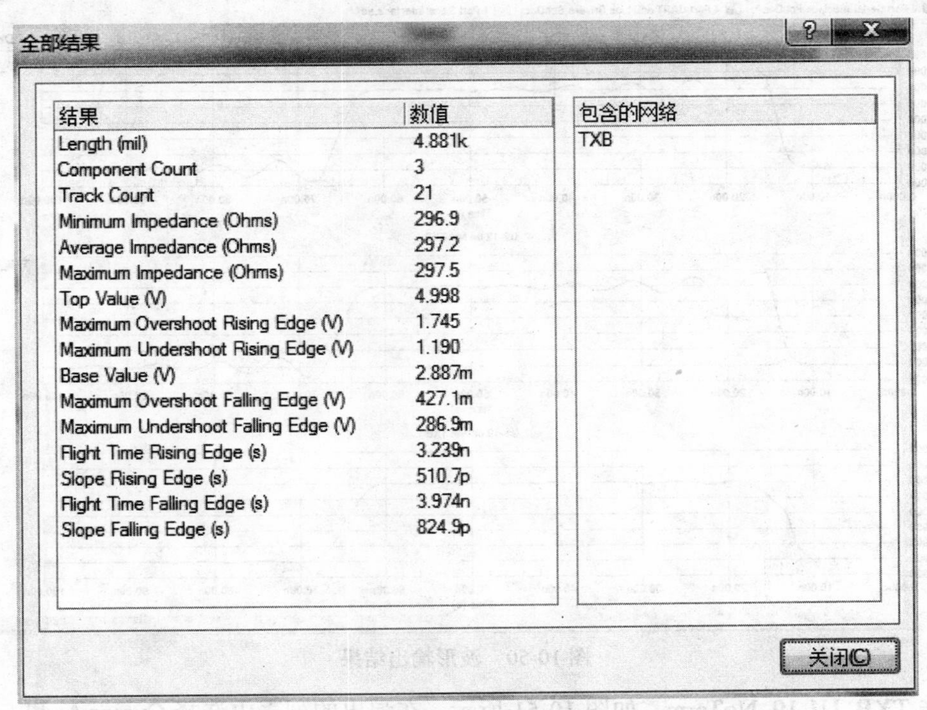

图 10-48 网络状态详细信息

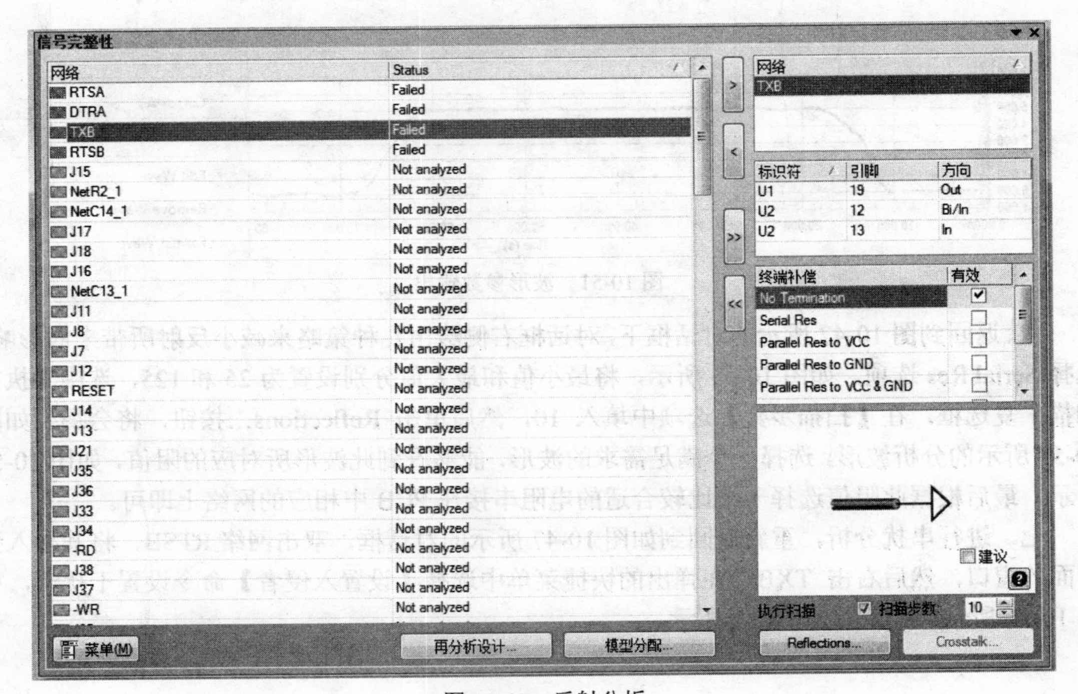

图 10-49 反射分析

单击图 10-49 右下角的 Reflections…按钮，反射分析的波形结果将会显示出来，如图 10-50 所示。

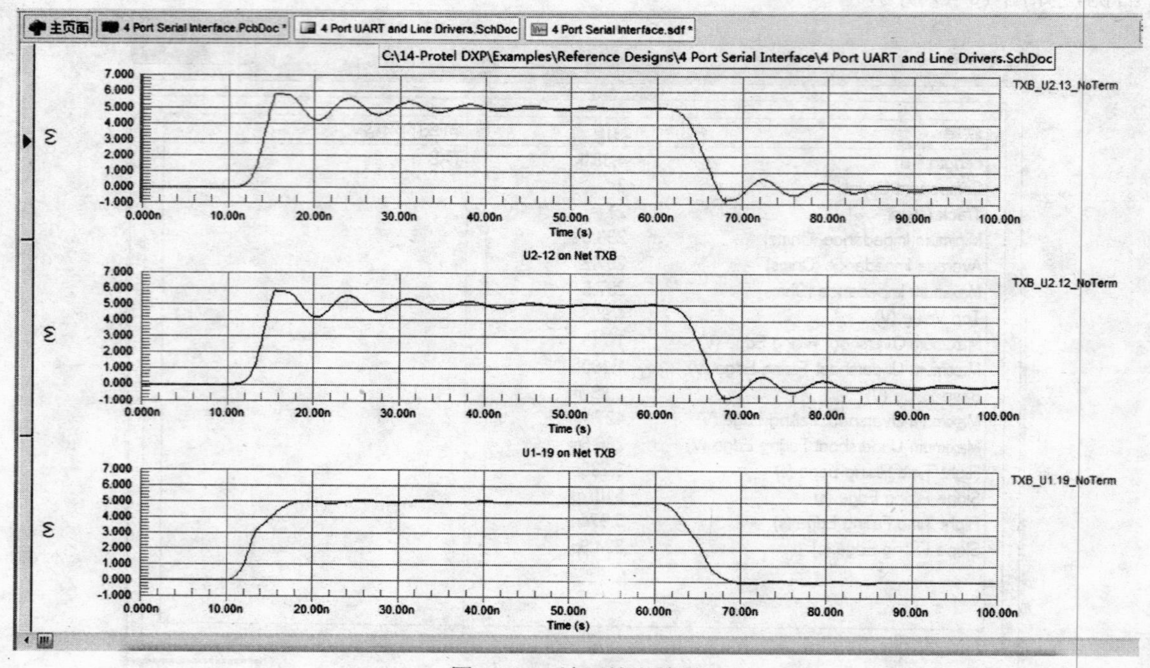

图 10-50　波形输出结果

右击 TXB_U1.19_NoTerm，如图 10-51 所示，在弹出的列表中选择 Cursor A 和 Cursor B，然后可以利用它们来测量确切的参数。测量结果的 Sim Data 窗口如图 10-52 所示。

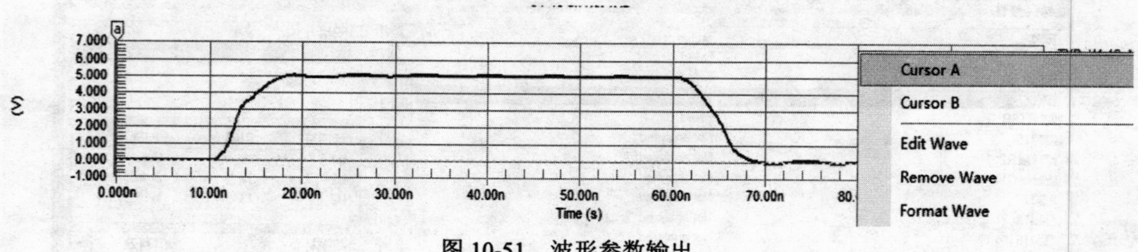

图 10-51　波形参数输出

六、返回到图 10-47 所示的对话框下，对话框右侧给出几种策略来减小反射所带来的影响，选择 Serial Res 选项，如图 10-53 所示，将最小值和最大值分别设置为 25 和 125，选中【执行扫描】复选框，在【扫描步数】选项中填入 10，然后单击 Reflections…按钮，将会得到如图 10-54 所示的分析波形。选择一个满足需求的波形，能够看到此波形所对应的阻值，如图 10-55 所示，最后根据此阻值选择一个比较合适的电阻串接在 PCB 中相应的网络上即可。

七、进行串扰分析，重新返回到如图 10-47 所示的对话框，双击网络 RTSB，将其导入到右面的窗口，然后右击 TXB，在弹出的快捷菜单中选择【设置入侵者】命令设置干扰源，如图 10-56 所示，结果如图 10-57 所示。

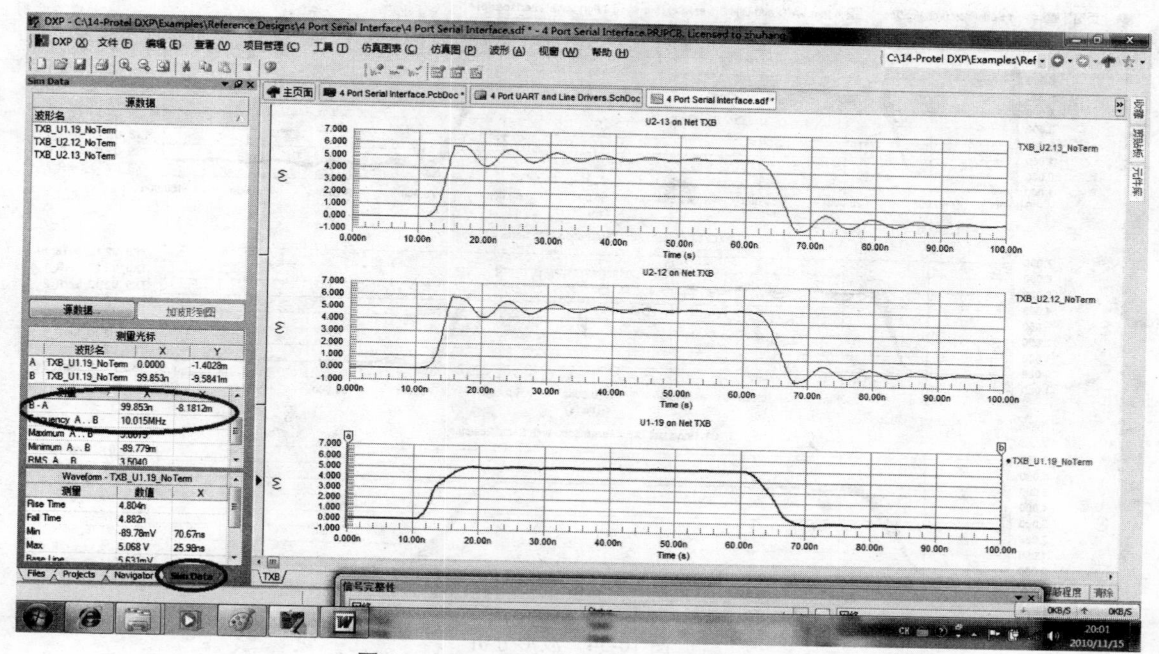

图 10-52 Cursor A 和 Cursor B 的波形输出

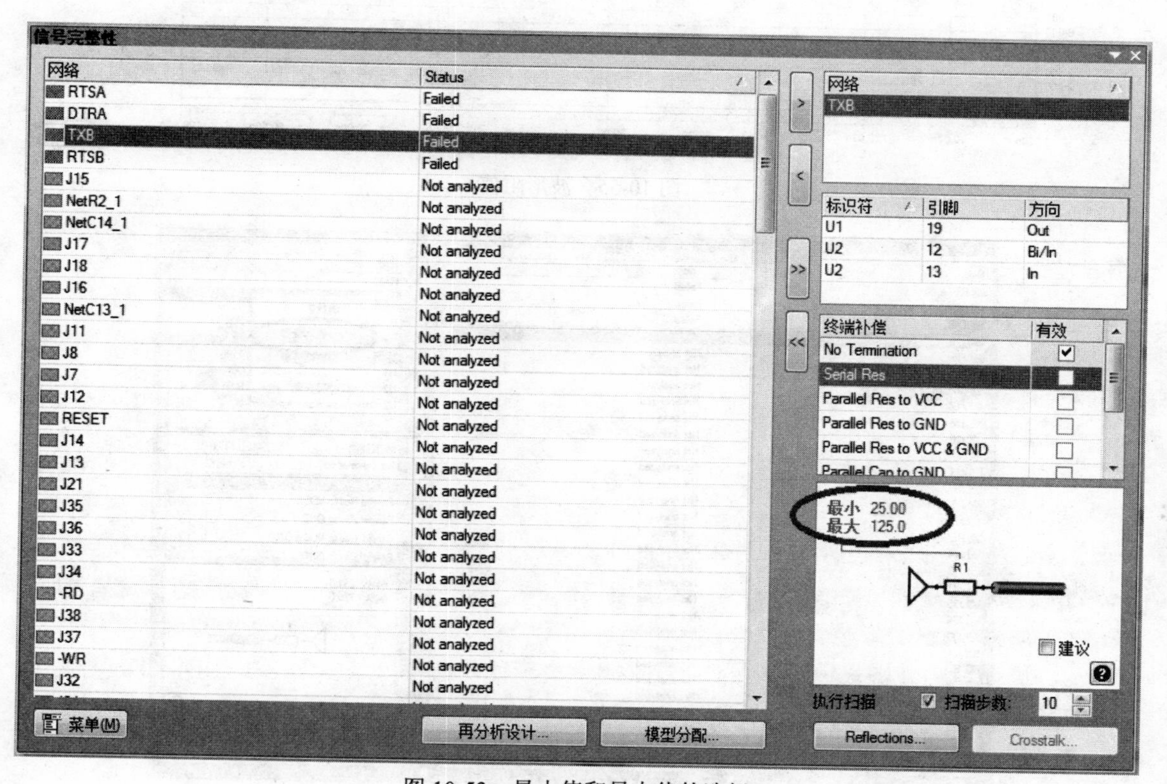

图 10-53 最小值和最大值的选择

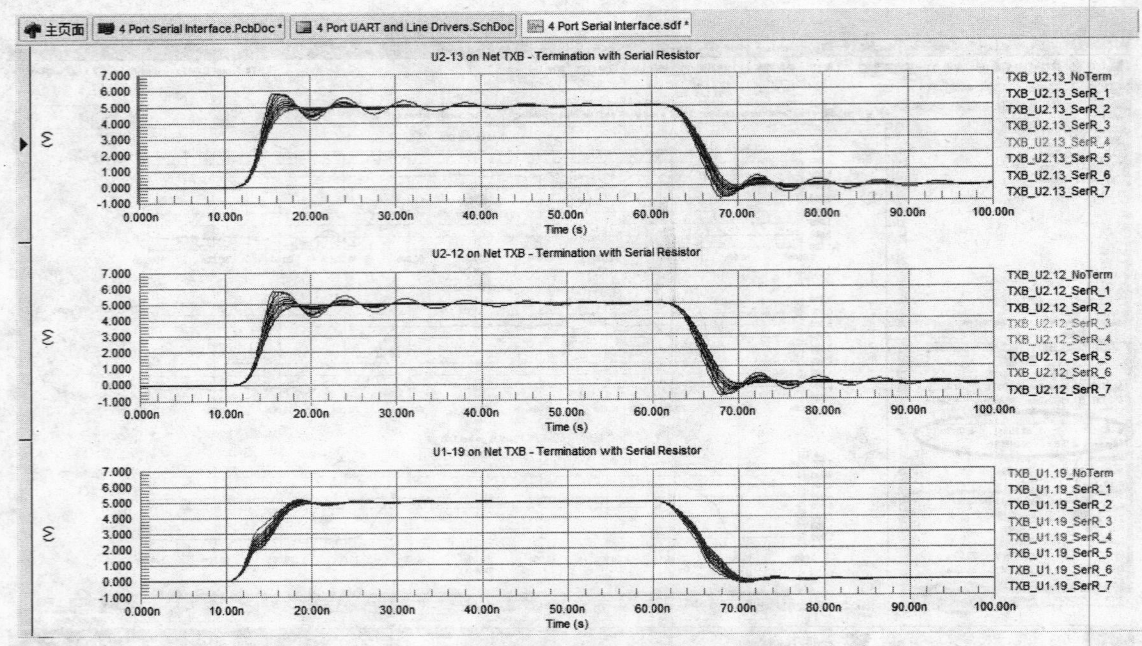

图 10-54 波形分析

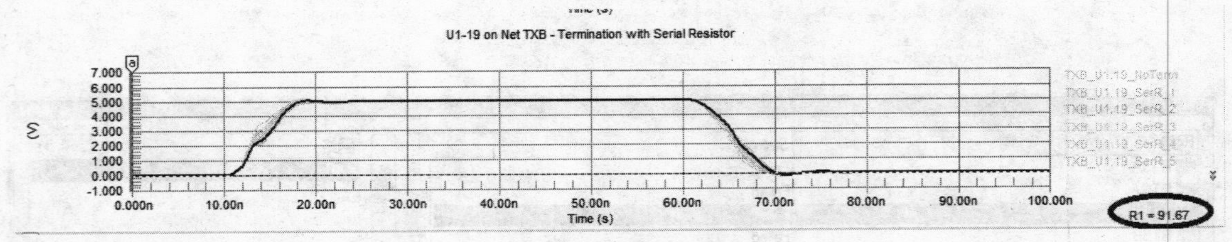

图 10-55 波形阻值

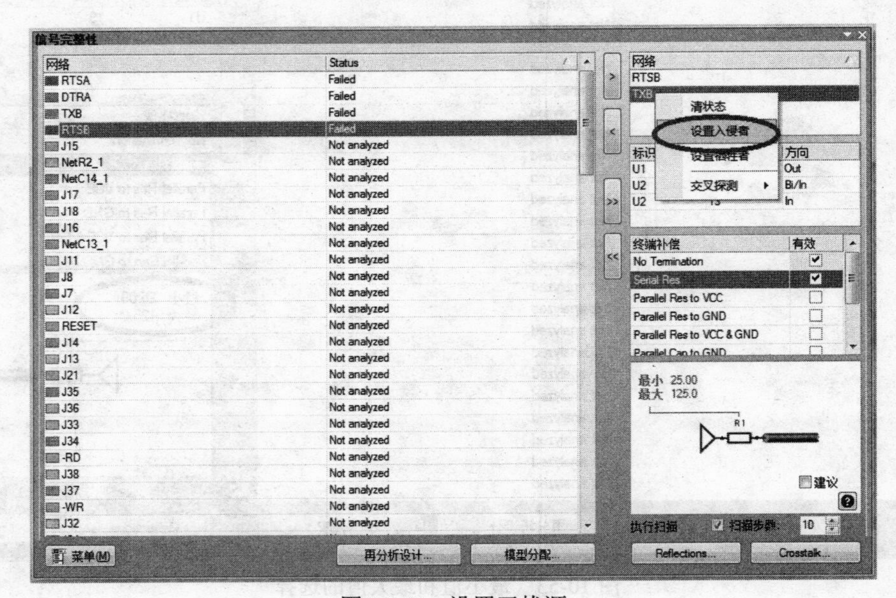

图 10-56 设置干扰源

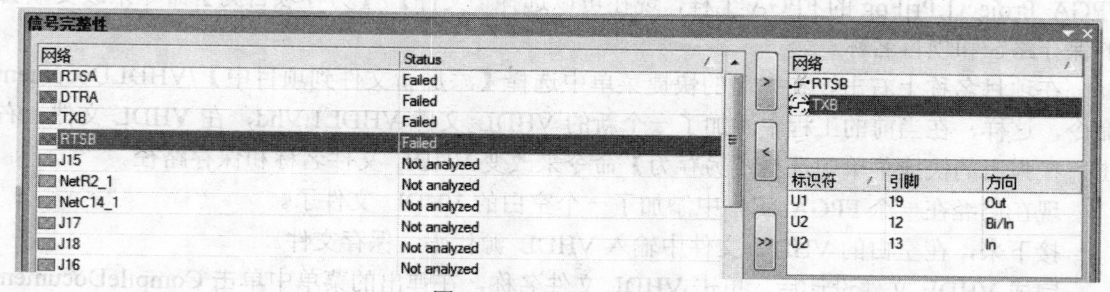

图 10-57　设置干扰结果

然后单击图 10-56 右下角的 Crosstalk...按钮，得到串扰分析波形，如图 10-58 所示。

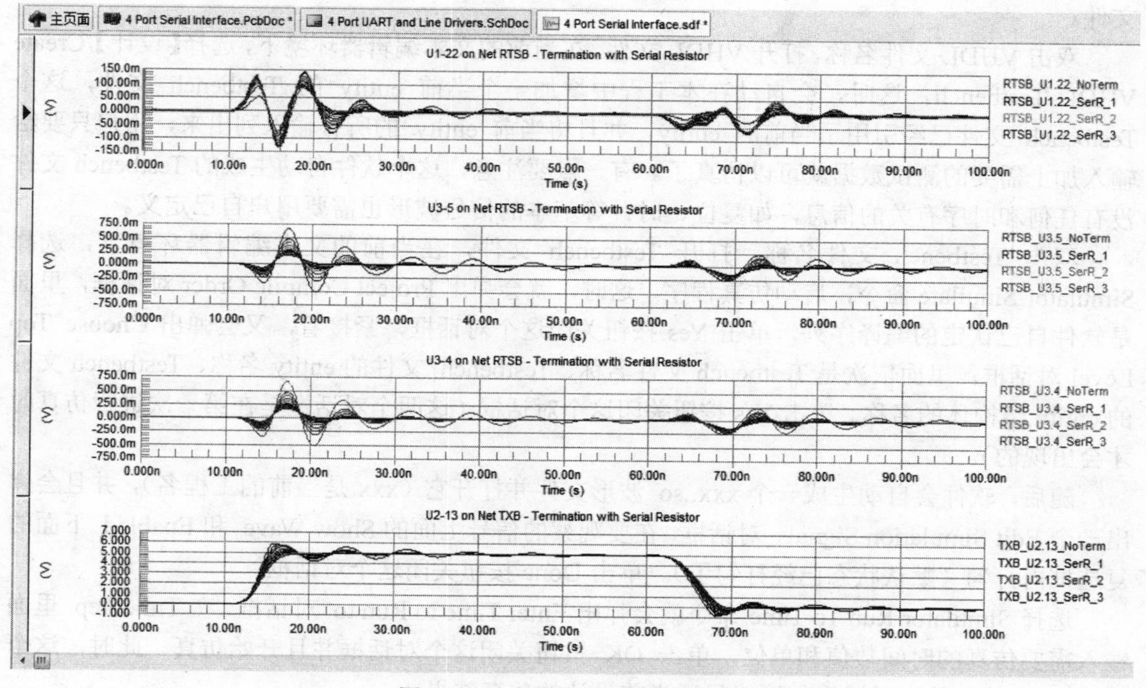

图 10-58　串扰分析后的输出波形

10.5　进行 FPGA 设计和仿真

首先说明一下，Protel DXP 2004 SP2 中进行 FPGA 设计可以采用：语言设计输入；原理图符号设计输入或者混合输入。像大多数 FPGA 设计软件一样，推荐用户采取层次化的设计方式：底层设计，上层例化（调用）。在底层用语言或原理图符号设计好各个文件，并将这些文件生成图表符，上层在原理图的环境中将这些代表各个文件的图表符连接起来，并且可以使用提供的各种免费的模块（如虚拟仪器、处理器和外设等），来完成设计与测试。在下面的例子中，对一个 VHDL 文件进行仿真，当然，也可以对原理图文件建立 Testbench 进行仿真。

在 DXP 主页面下（打开软件时默认设置就出现 DXP 主页），选择菜单中【文件】/【新建】/【项目】/【FPGA 项目】命令，左边的工程资源管理器中就出现了一个名为

FPGA_Project1.PrjFpg 的 FPGA 工程，现在可以选择【文件】/【另存项目为】命令来改变项目的保存路径和项目名称。

在项目名称上右击，在弹出的快捷菜单中选择【添加新文件到项目中】/VHDLDocument 命令，这样，在当前的工程中添加了一个新的 VHDL 文件 VHDL1.Vhd，在 VHDL 文件上右击，在弹出的快捷菜单中选择【另存为】命令来改变 VHDL 文件名称和保存路径。

现在已经在一个 FPGA 工程中添加了一个空白的 VHDL 文件了。

接下来，在空白的 VHDL 文件中输入 VHDL 源代码，保存文件。

完成 VHDL 文件设计后，单击 VHDL 文件名称，在弹出的菜单中单击 CompileDocument xxx.Vhd（xxx 是用户自己定义的文件名），对这个 VHDL 文件进行编译，如果有什么错误信息就会自动启动消息对话框，来提示用户有什么样的错误。经检查没有错误后，保存 VHDL 文件。

双击 VHDL 文件名称，打开 VHDL 文件，在当前的文本编辑器环境下，选择【设计】/Create VHDL Testbench，这时，会自动在本工程中增加一个当前 entity 的 Testbench 文件，这个 Testbench 文件已经引用了当前的 entity，并且将当前 entity 的所有输入列出来，用户只要给输入加上需要的测试数据就可以仿真了。有一点要注意，这个软件自动生成的 Testbench 文件没有任何和时序有关的信息，如复位、时钟等基本的信号波形也需要用户自己定义。

双击 Testbench 文件名称，打开 Testbench 文件，在当前的文本编辑器环境下，选择 Simulator/Simulate 命令，启动仿真程序，这时，就会弹出 Project Compile Order 对话框，里面是软件自己认定的编译序列，单击 Yes 按钮关闭这个对话框，紧接着，又会弹出 Choose Top Level 对话框，里面依次是 Testbench 文件名称、Testbench 文件的 entity 名称、Testbench 文件的 entity 结构体的名称。单击 Yes 按钮关闭这个对话框（这两个对话框是在第一次进行仿真时才会出现的）。

随后，软件会自动生成一个 xxx..so 波形文件并打开它（xxx.是当前的工程名），并且会弹出一个 Edit Simulation Signals 对话框，在要观察的信号上面的 Show Wave 和 Enabled 下面的复选框内打勾（默认状态已经打勾了）。单击 Done 按钮关闭这个对话框。

选择 Simulator/Run To Time 命令就会弹出 Enter Time to Run to 对话框，在 TimeStep 里面输入需要仿真的时间数值和单位，单击 OK 按钮关闭这个对话框并且开始仿真。此时，这个 xxx..so 文件中就会以波形的形式显现当前设计的仿真结果。

用户通过对比输入和输出波形来检查逻辑是否有错误。

在项目名称上右击，在弹出的快捷菜单中选择 Save Project 命令，保存当前工程和仿真波形文件。

10.6 FPGA 设计并下载到 Nanoboard 进行硬件调试

在 DXP 主页面下（打开软件时默认设置就出现 DXP 主页），选择【文件】/【新建】/【项目】/【FPGA 项目】命令，左边的工程资源管理器中就出现了一个名为 FPGA_Project1.PrjFpg 的 FPGA 工程，现在可以选择【文件】/【另存项目为】命令来改变项目的保存路径和项目名称。在项目名称上右击，在弹出的快捷菜单中选择【追加新文件到项目中】/Schematic 命令，这样，在当前的工程中添加了一个新的原理图文件 Sheet1.schDoc，在原理图文件上右击，在弹出的快捷菜单中选择【另存为】命令来改变原理图名称和保存路径。

在项目名称上右击，在弹出的快捷菜单中选择【追加新文件到项目中】/VHDL Document命令这样，在当前的工程中添加了一个新的 VHDL 文件 VHDL1.Vhd，在 VHDL 文件上右击，在弹出的快捷菜单中选择【另存为】命令来改变 VHDL 文件的名称和保存路径。

现在已经在一个 FPGA 工程中添加了一张空白的原理图和一个空白的 VHDL 文件了。接下来，在空白的 VHDL 文件中输入 VHDL 源代码并保存文件。完成 VHDL 文件设计后，选择 VHDL 文件名称，在弹出的菜单中选择 CompileDocument xxx.Vhd（xxx 是用户自己定义的文件名），对这个 VHDL 文件进行编译，如果有什么错误信息就会自动启动消息对话框，来提示用户有什么样的错误。经检查没有错误后保存 VHDL 文件。

双击原理图名称，打开原理图文件，在当前的原理图编辑器环境下，选择【设计】/Creat Sheet Symbol From Sheet 命令，在弹出的对话框上选择要生成一个图表符的 VHDL 文件，选中这个文件，单击 OK 按钮，这时，光标上就会粘上一个绿色的图表符，移动鼠标，把这个图表符放到合适的位置，这时可以看到，源代码的所有端口都在图表符上列出了。如果有多个 VHDL 文件模块，可以重复这个操作，在原理图中以生成图表符的方式调用各个 VHDL 文件模块，并且可以使用各种免费的模块（如虚拟仪器、外设等），来完成设计与测试。

选择【放置】/【总线】和【放置】/【导线】命令，用线和总线把各个模块连起来。对要接到 FPGA 芯片 I/O 口上的信号，可以从 FPGA Nanoboard Port-Plugin.IntLib 库里面拖出一些可以直接用的外设图标，如时钟源、复位键、VGA、串口、键盘、LCD、LED、ADC/DAC、SRAM、SDRAM、SPEAKER、CAN 和 JTAG_NEXUS 等接口，把外设图标端口连接到设计逻辑的 I/O 口上。当然，还可以从 FPGA Instruments.IntLib 库里面拖出一些虚拟的逻辑测试仪器，把这些仪器的输入连接到要观察的网络或总线上，下载后就可以通过虚拟仪器来观察这些信号了。

完成了设计后，需要一个目标 FPGA 的约束配置文件。下面给现有的设计加一个约束文件。

选择 Project/Configuration Manager 命令，弹出 Configuration Manager 对话框，在该对话框的下部中间，Constraint Files 旁边，单击 Add 按钮，弹出 Choose Constraint file to add to project 对话框，显示的是在 FPGA 目录下的约束文件，包括了所有的 Nanoboard 板上 FPGA 子板的约束文件，可以根据现在板子上所插子板的型号和封装，选择对应的约束文件添加到当前工程中，结果 NB1_6_XC2S300E-6PQ208.Constraint 添加到当前工程中，因为选用的是一个 XC2S300E-6PQ208 子板。这个约束文件包含了这个器件在 Nanoboard 板上外设的所有的 I/O 口的位置约束信息，可以直接使用这个文件。虽然设计没有用到所有的外设，但能用到的外设模块的端口信息都在这个文件里面，直接使用这个文件即可。

单击 Project/Configuration Manager 命令，在弹出的配置管理器对话框中单击左下角 Configurations 右边的 Add 按钮，在弹出的命名框里输入一个配置名称，这个配置是和自己建立的约束文件相对应的。在配置管理器对话框中选中配置（配置名称下面的复选框中打上勾）。单击 OK 按钮，关闭配置管理器对话框。

选择 View/Devices View 命令，将 Nanoboard 板通过并行电缆与计算机的并口连接好后上电，选中 Live 左边的复选框。这时，绿色的电路板图标和 FPGA 的图标下面还有一行表示目前项目中所用的虚拟仪器和 CPU 内核的情况。

单右边的 Program FPGA 按钮，则整个工程开始编译、综合、布局布线和下载。当下载成功后，子板上绿色的 LOADED 小灯就会亮。这时，就可以使用 Nanoboard 板上外设模块来对设计的逻辑进行调试和验证。

10.7 FPGA 工程导入到 PCB 工程中进行 PCB 设计

这里先说明一下，FPGA 工程中的原理图是采用原理图符号进行的芯片内部的逻辑电路的设计。

在 DXP 主页面下（打开软件时默认设置就出现 DXP 主页），选择菜单中【文件】/【新建】/【项目】/【FPGA 项目】命令，左边的工程资源管理器中就出现了一个名为 FPGA_Project1.PrjFpg 的 FPGA 工程，选择【文件】/【另存项目为】命令来改变项目的保存路径和项目名称。

在项目名称上右击，在弹出的快捷菜单中选择【追加新文件到项目中】/Schematic 命令，这样，在当前的工程中添加了一个新的原理图（这里的原理图是指设计 FPGA 的原理图文件）Sheet1.schDoc，在原理图文件上右击，在弹出的快捷菜单中选择【另存为】命令来改变原理图名称和保存路径。

在项目名称上右击，在弹出的快捷菜单中选择【追加新文件到项目中】/VHDLDocument 命令，这样在当前的工程中添加了一个新的 VHDL 文件 VHDL1.Vhd，在 VHDL 文件上右击，在弹出的快捷菜单中选择【另存为】命令来改变 VHDL 文件名称和保存路径。

现在，已经在一个 FPGA 工程中添加了一张空白的原理图和一个空白的 VHDL 文件了。

接下来，在空白的 VHDL 文件中输入 VHDL 源代码，保存文件。完成 VHDL 文件设计后，单击 VHDL 文件名称，在弹出的菜单中选择 CompileDocument xxx.Vhd，（xxx 是用户自己定义的文件名），对这个 VHDL 文件进行编译，如果有什么错误信息就会自动启动消息对话框，来提示用户有什么样的错误。经检查没有错误后，保存 VHDL 文件。

双击原理图名称，打开原理图文件，在当前的原理图编辑器环境下，单击【设计】/Create Sheet Symbol From Sheet 命令，在弹出的对话框上左键单击要生成一个图表符的 VHDL 文件，选中这个文件后单击 OK 按钮，这时，光标上就会粘上一个绿色的图表符，移动鼠标，把这个图表符放到合适的位置，这时可以看到，源代码的所有端口都在图表符上列出了，如果有多个 VHDL 文件模块，可以重复这个操作，在原理图中以生成图表符的方式调用各个 VHDL 文件模块，编译以后就会看到，以生成图表符的方式被调用各个 VHDL 文件模块自动成为原理图文件的子文件，体现了各个模块文件和上层文件的调用关系。

经检查没有错误后保存原理图。

在原理图的下方偏右的边框上，单击 System/Libraries，打开库文件，在库文件的面板里单击 Libraries 可以对当前使用的库文件进行添加、移出和排序。

从 FPGA 元器件库选中需要的元器件，拖出需要的元器件，或执行【放置】/【导线】或【放置】/【总线】命令，总线把它们和设计的 FPGA 模块的图表符连起来，并且给所有的元器件加上相应的标号，保存完成后的原理图设计。

选择【放置】/【总线】和【放置】/【导线】命令，用线和总线把各个模块连起来。对要接到 FPGA 芯片 I/O 口上的信号，选择【放置】/【端口】命令，给每个信号加上一个端口，并且选择好各个端口的属性和名称。

完成原理图设计后，单击原理图名称，在弹出的菜单中选择 CompileDocument xxx.SCHDOC（xxx 是用户自己定义的文件名），对这个原理图文件进行编译，如果有什么错误信息就会自动启动消息对话框，来提示用户有什么样的错误。经检查没有错误后保存原理图。

已经完成了各个源代码模块的设计，并且已经在顶层将各个模块与器件连接了起来，现在需要一个约束文件来配置 FPGA 器件里面逻辑设计中信号的 I/O 口位置。

在项目名称上右击，在弹出的快捷菜单中选择【追加新文件到项目中】/Constraint File 命令，这样，在当前的工程中添加了一个新的约束文件 Constraint1.constraint，在约束文件上右击，在弹出的快捷菜单中选择【另存为】命令来改变约束名称和保存路径。

在项目名称上右击，保存整个工程，再编译整个工程。

选择约束文件，进入约束文件的编辑环境，选择【项目】/【追加】/Modify…./Parts…命令在弹出的器件对话框中选择目标器件，如选择 Xilinx 公司的 Spartan2E 系列的 XC2S300E-PQ208 器件。在列表框中双击这个器件，则器件对话框关闭，且在约束文件中就多了一条约束，如 Record=Constraint | TargetKind=Part | TargetId=XC2S300E-7PQ208C，表明当前设计的目标器件是 XC2S300E-7PQ208C。单击 Design/Import Port Constraint from Project 命令当前 FPGA 工程中的所有的端口就会自动添加到约束文件中来。

选择【设计】/Fpga Signal Manager 命令，在弹出的信号管理器对话框中右击，在弹出的快捷菜单中选择 Show/Hide Columns/Pin Number 命令，器件的 Pin Number 列就会显现，单击 Assign Unconstrained Signals 按钮，给所有的信号加上 Pin Number。单击 OK 按钮，关闭信号管理器对话框，保存约束文件。单击 Project/Configuration Manager…命令，在弹出的配置管理器对话框中，单击左下角 Configurations 右边的 Add 按钮，在弹出的命名框里输入一个配置名称，这个配置是和约束文件相对应的。在配置管理器对话框中选中配置（在配置名称下面的复选框中打勾）。右击 OK 按钮，关闭配置管理器对话框。

在项目名称上右击，保存整个工程，再编译整个工程。

单击 FPGA 工程中的顶层原理图文件，在原理图的编辑环境中，选择【工具】/FPGA To PCB Project Wizard 命令，就启动了 FPGA 工程到 PCB 工程的向导。在弹出的对话框里单击 Next 按钮，在出现的 Select The FPGA 对话框里注意选择配置名称。继续单击 Next 按钮，直到最后单击 Finish 按钮。这时，自动生成一个 PCB 工程，包含两张原理图，一张是 FPGA 目标器件的原理图符号的电气连接，另一张是 FPGA 器件在上层的文件中调用的模块图表符。右击 PCB 工程名称，在弹出的快捷菜单中选择 Compile PCB Project xxx.Pcbprj 命令（xxx 是 PCB 工程名称）。经过编译，这个 PCB 工程自动就和 FPGA 工程级连在一起了。项目关系很清晰，PCB 工程中用到了一块 FPGA 器件，而这个 FPGA 器件中装有一个 FPGA 工程。

在 PCB 工程项目名称上右击，在弹出的快捷菜单中选择【追加新文件到项目中】/Schematic 命令，这样，在当前的工程中添加了一个新的原理图文件 Sheet1.schDoc，在原理图文件上右击，在弹出的快捷菜单中选择【另存为】命令来改变原理图名称和保存路径。

给这个 PCB 工程添加其他原理图（这里的原理图是指普通的电路图），设计其他的电路模块，如电源、接插件、Flash 模块等。给每个模块添加电阻、电容等器件，完成各个模块的电路设计。在顶层，将每个电路模块生成一个图表符，用线和总线把表示各个模块的图表符连起来，完成整体电路板的设计。完成原理图设计后，选择原理图名称，在弹出的菜单中选择

Compile Document xxx.SCHDOC（xxx 是用户自己定义的文件名），对这个原理图文件进行编译，如果有什么错误信息就会自动启动消息对话框，来提示用户有什么样的错误。经检查没有错误后，保存原理图。编译、查错、修改并保存。将所有的错误解决掉。

在 PCB 工程项目名称上右击，在弹出的快捷菜单中选择【追加新文件到项目中】/PCB 命令，这样，在当前的工程中添加了一个新的 PCB 文件 PCB1.PcbDoc，在 PCB 文件上右击，在弹出的快捷菜单中选择【另存为】命令来改变 PCB 文件名称和保存路径。

选择 Project/Complie PCB Project xxx.PrjPCB 命令（xxx 是用户自己定义的工程名），编译整个 PCB 工程。

双击 PCB 文件在工程资源管理器中的图标，打开这个 PCB 文件，定义好 PCB 板的外形尺寸，选择 PCB 编辑器下方用来选择当前工作层的图标，选中 Keep-OutLayer，在当前层上，选择 Place/Line 命令，在 Keep-Out Layer 层上画一个边框，作为布局布线的外围约束边框，保存文件和工程。

选择 Project/Complie PCB Project xxx.PrjPCB 命令（xxx 是用户自己定义的工程名），编译整个 PCB 工程。在当前的 PCB 编辑器环境下，选择 Design/Import Changes From xxx.PrjPCB 命令，自动弹出 Engineering Change Order 对话框，列出了对 PCB 文件加载网表的一些具体操作。添加的有 Componet Class（器件类）、Components（器件）、Nets（网络连接）和 Rooms（空间）。

器件类是以每张原理子图划分为一个器件类，并且为器件类定义一个空间。

确认没有错误就左键依次单击 Validate Changes 和 Execute Changes 两个按钮，对话框的右边弹出的绿色的图标表示所执行的加载项目是正常的。单击 Close 按钮关闭对话框。

现在已经把网表加载到这个 PCB 文件中了。在当前的 PCB 编辑器环境下，连续按下键盘上的 PgDn（下页）按键，缩小 PCB 画面，就可以发现，元器件已被加载到当前的 PCB 文件中，并且每个元器件类中的器件自动放在一个空间中，移动这个空间，把这个空间中的器件一起移到 PCB 板上，放到合适的位置，这个空间的大小可以修改，也可以删除这个空间。

接下来，可以对器件进行布局布线，完成 PCB 设计。

在当前的 PCB 编辑器环境下，选择 Tools/Design Rule Checker 命令，在弹出的对话框上单击 Run Design Rule Check 按钮，输出一个当前文件的违反规则报告，详细列出在哪个位置违反了哪个规则。

10.8 FPGA 和 PCB 的管脚双向优化同步与更新

当网表和器件被导入到 PCB 环境中，就可以开始对 PCB 板进行布局了。

在当前的 PCB 编辑器环境下，连续按下键盘上的 PgDn（下页）按键，缩小 PCB 画面，就可以发现，元器件已被加载到当前的 PCB 文件中，并且每个元器件类中的器件自动放在一个空间中，移动这个空间，把这个空间中的器件一起移到 PCB 板上，放到合适的位置，这个空间的大小可以修改，也可以删除这个空间。

接下来，逐一对器件位置进行调整。可以采用鼠标左键在器件上按住不放，移动鼠标来拖动这个器件到合适的位置。

当完成布局以后，可以观察飞线网络的交叉情况，如果觉得 FPGA 器件管脚上的飞线网络交叉较多，或者对 FPGA 上面信号的位置分布不满意，可以对 FPGA 器件管脚进行自动优化。可以根据 FPGA 管脚 I/O 口的飞线交叉情况对 FPGA 管脚 I/O 口信号进行重新绑定。选择 Tools/FPGA Pin Swapping/Auto…命令，启动 FPGA 管脚 I/O 口的自动优化，这时自动弹出 Setup Pin Swapping 对话框，在该对话框中可以选择交叉和布线总长度的比率，单击 OK 按钮关闭对话框，这时就可以看到 FPGA 管脚 I/O 口上的信号飞线在飞快地调整位置。

调整结束后弹出一个 Confirm 对话框，询问是否需要更新原理图，因为现在 FPGA 管脚上信号的位置经过了调整，网表发生了变化，为了保持原理图和 PCB 网表的一致性，必须更新原理图，单击 OK 按钮关闭对话框，同时启动原理图更新，随后弹出 Engineer Change Order 对话框，列出了对 FPGA 器件原理图修改的一些具体操作。主要是一些 I/O 位置的调整。确认没有错误后依次单击 Validate Changes、Execute Changes 两个按钮，对话框的右边弹出绿色的图标，表示所执行的修改是正常的。单击 Close 按钮关闭对话框。

现在，已经把 PCB 中 FPGA 器件网表的变化回注到对应的原理图文件中。这时，在 PCB 工程中，名为 FPGA_U1_Auto.schDoc 文件名称的右上方出现星号，表示这个文件刚被修改过，因为原理图上是采取端口和网络标号来表示网络连接关系的。在原理图上所作的修改是 FPGA 符号 Pin 脚上网络标号位置的移动。

这样就把 FPGA I/O 口上信号的位置进行了重新绑定。使原理图和 PCB 网表保持一致。选择 Project/FPGA Workspace Map…命令弹出 FPGA Workspace Map 对话框，这时看 PcbDoc 和 SchDoc 之间是绿色的连线，而 SchDoc 和 PrjFpg 之间是红色的连线，这说明 PCB 和原理图网表保持一致，而原理图和 FPGA I/O 口上信号的位置是不一致的。单击 SchDoc 和 PrjFpg 之间的红色连线，弹出 Synchronize U1 and xxx.PrjFpg 同步对话框，绿色的行表示 FPGA 和 PCB 是一致的，红色的行表示 FPGA 和 PCB 是不一致的。对话框中部右边的有 Update to PCB 和 Update to FPGA 两个按钮。它们都表示以己方为依据，更新另一方。Update to PCB 表示 FPGA 工程中的 I/O 口上信号的位置不变，以此为依据，修改更新 PCB。Update to FPGA 表示 PCB 工程中的 I/O 口上信号的位置不变，以此为依据，修改更新 FPGA。

现在要使 FPGA 工程中的 I/O 口上信号的位置按照 PCB 的情况改变，单击 Update to FPGA 按钮，弹出 Engineer Change Order 对话框，列出 FPGA 器件约束文件进行修改的一些具体操作。主要是一些 I/O 位置的调整。确认没有错误后依次单击 Validate Changes、Execute Changes 两个按钮，对话框的右边弹出绿色的图标表示所执行的修改是正常的。单击 Close 按钮关闭对话框。这时同步对话框中所有的行都是绿色的，表示 FPGA 和 PCB 是一致的。单击 Close 按钮关闭同步对话框。从 FPGA Workspace Map 对话框中看到 PcbDoc 和 SchDoc 之间是绿色的连线，而 SchDoc 和 PrjFpg 之间也是绿色的连线。这说明 PCB 和原理图网表保持一致，而原理图和 FPGA I/O 口上信号的位置也是一致的。单击 Close 按钮关闭 FPGA Workspace Map 对话框。

这时，在 FPGA 工程之中，约束文件名称的右上方出现星号，表示这个文件刚被修改过，因为约束文件上 I/O 端口的位置是刚刚修改过。可以用这个新的约束文件对 FPGA 器件信号 I/O 口的位置进行重新配置。保存所有修改过的文件，保存整个工程。这样，就完成了一个从 PCB 到原理图再到 FPGA 的管脚优化同步。

10.9 RC 阻容放大电路仿真实例

（1）创建项目、新建原理图，绘制 RC 阻容放大电路仿真原理图（如图 10-59 所示）并保存。

（2）绘制仿真原理图时，要求所放置的元件都必须带有仿真模型“Simulation”。

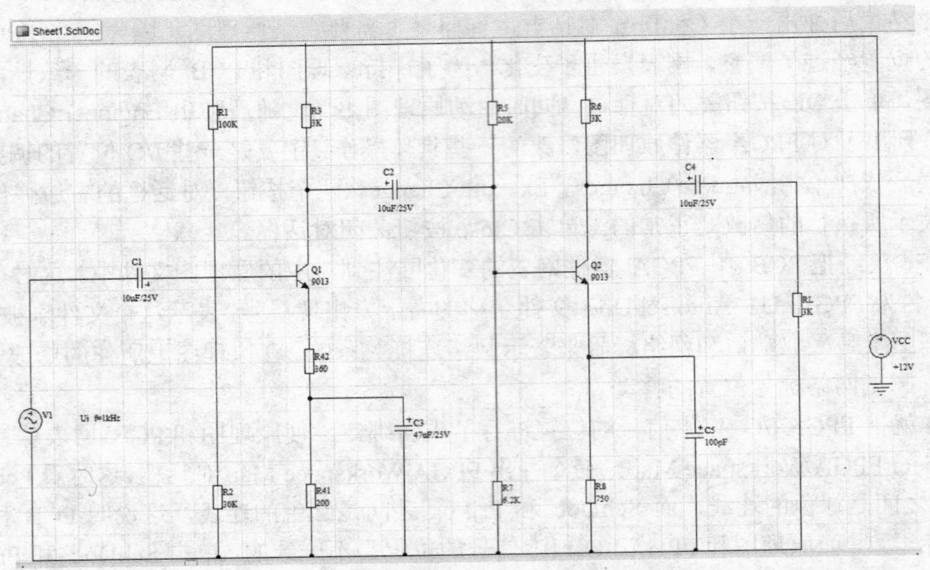

图 10-59　RC 阻容放大电路仿真原理图

（3）设置好仿真元件的参数（在本书 10.1 节中已详细介绍）。

（4）放置好网络标号。

（5）放置仿真激励源并设置参数。在仿真原理图中放置仿真激励电源和直流电源，其位于“Simulation Sources.InLib”库中，直流电源（VSRC）设为 12V，正弦波激励源（VSIN）设为 5mV，1KHz。激励源的参数设置如图 10-60、图 10-61 所示。

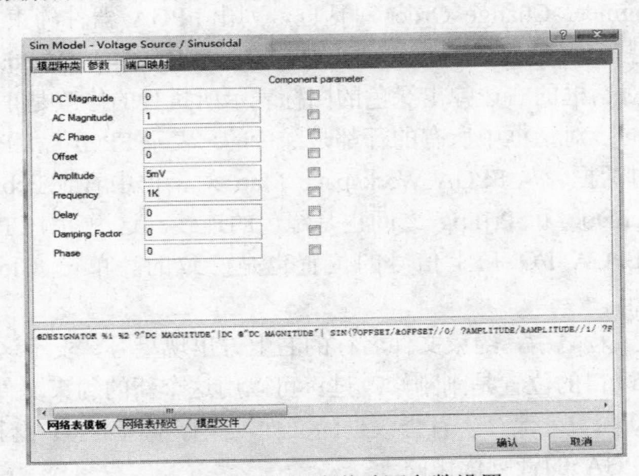

图 10-60　正弦波激励源参数设置

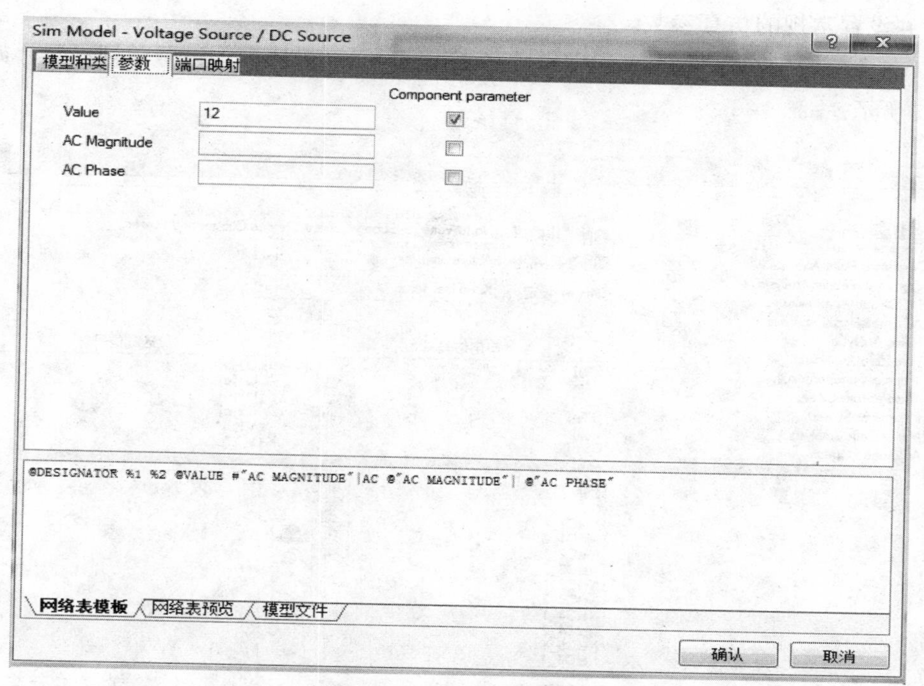

图 10-61　直流电源参数设置

（6）设置仿真方式及其参数。执行【设计】/【仿真】/【Mixed Sim】命令，弹出电路仿真分析设定对话框，如图 10-62 所示。

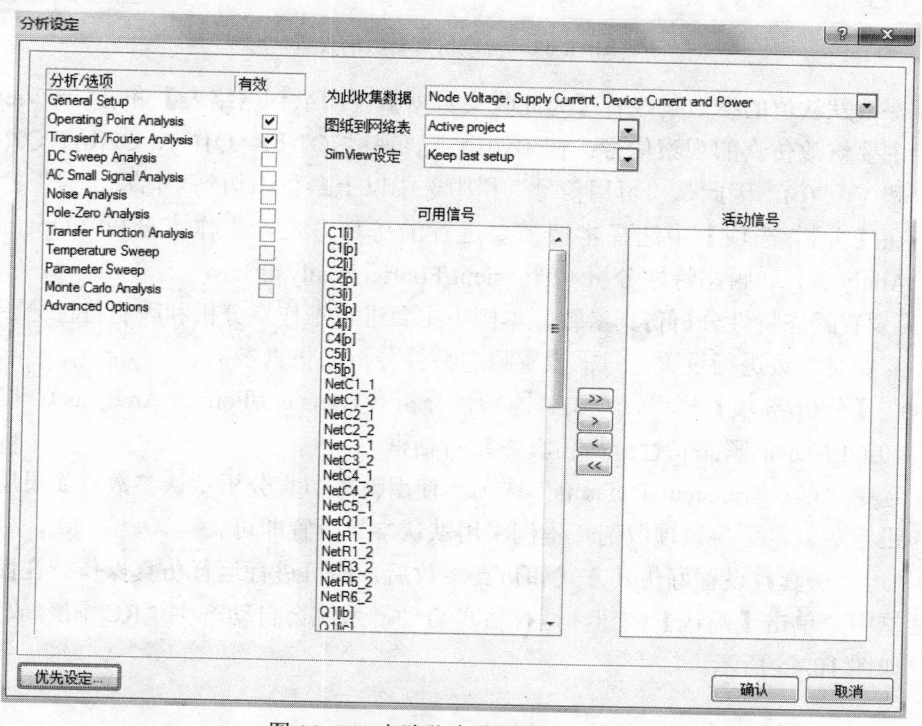

图 10-62　电路仿真分析设定对话框

（7）设置常规的仿真参数。

- 在【分析/选项】中选择常规参数（General Setup）选项，设置常规参数，如图 10-63 所示。

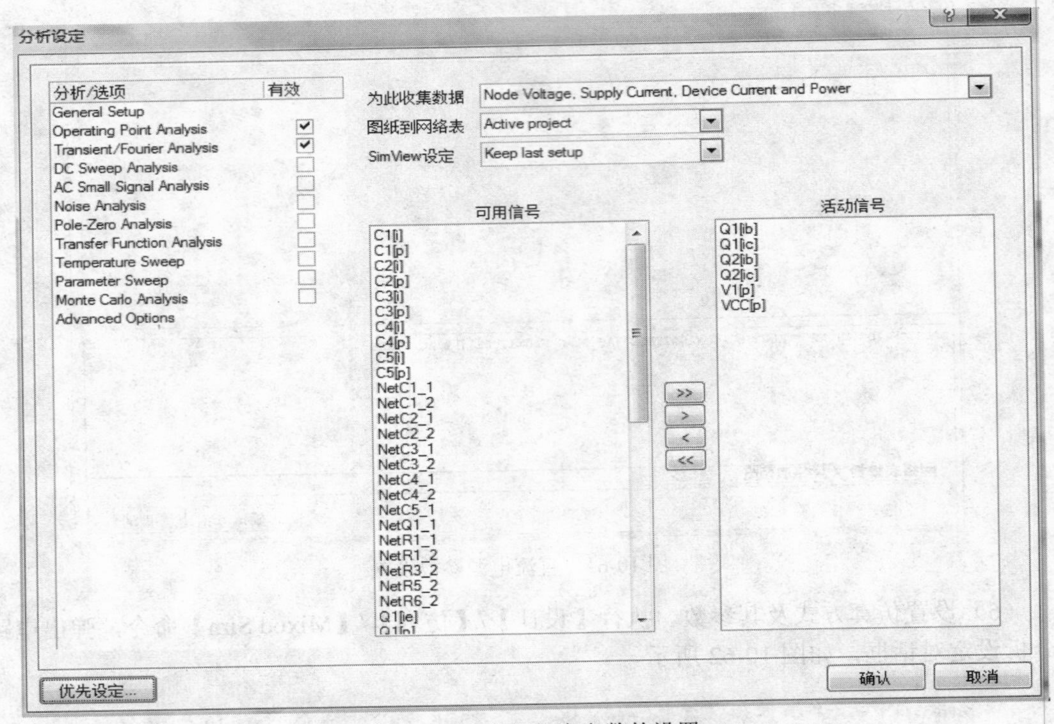

图 10-63　常规仿真参数的设置

- 保持默认值的参数一般有【为此收集数据】、【图纸到网络表】和【Sim View 设定】。
- 主要修改仿真的观察信号：在本例中主要观察 Q1(b)、Q1(c)、Q2(b)、Q2(c)、V1(p) 和 VCC(p)，因此从“可用信号”栏中选中以上参数添加到“活动信号”栏中。
- 在【分析/选项】中选择本例需要进行的仿真方式，工作点分析（Operating Point Analysis）和瞬态特性分析（Transient/Fourier Analysis）。

（8）设置瞬态特性分析仿真参数。本例中主要进行工作点分析和瞬态特性分析，而工作点分析不需要对参数进行设置，只需设置瞬态特性分析的仿真参数。

- 在【分析/选项】栏中，双击瞬态特性分析（Transient/Fourier Analysis），则弹出如图 10-64 所示的瞬态特性分析仿真参数对话框。
- 选中“Use Transient Defaults”选项，使用瞬态仿真分析默认参数。如果用户需自行设定参数，可将该项取消，本例采用默认参数设置即可。

（9）运行仿真。设置好仿真方式和仿真参数后，即可进行运行仿真操作。在图 10-64 所示的对话框中，单击【确认】按钮，运行仿真启动，系统会自动产生“RC 阻容放大.sdf”仿真文件，如图 10-65 所示。

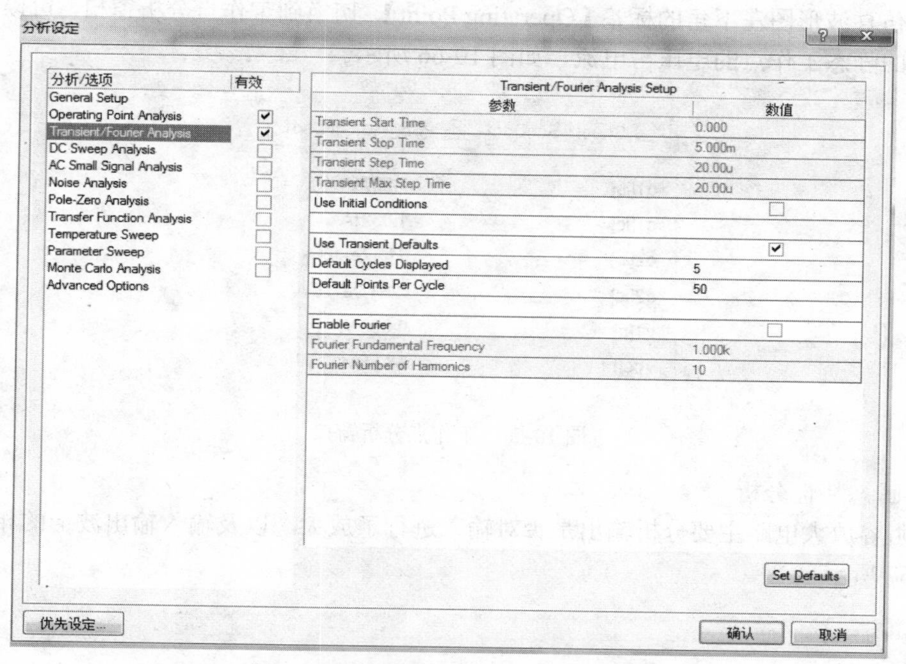

图 10-64　瞬态特性分析仿真参数设置

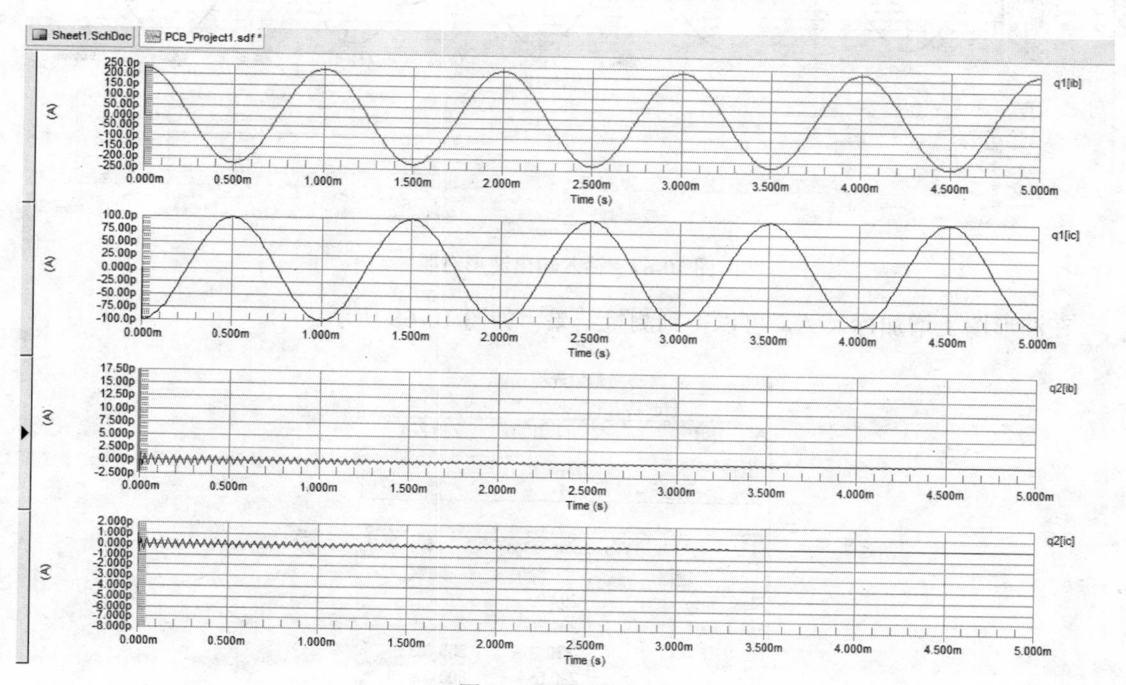

图 10-65　运行仿真

如果运行仿真无法正常启动，则表明仿真原理图或者仿真参数设置存在错误，系统会弹出错误报告，用户可根据错误报告进行更正。

（10）观察与分析仿真的结果。

- 静态工作点分析

单击仿真波形图左下角的标签【Operating Point】，切换到工作点分析窗口，可以观察单管放大电路的静态工作点的电压与电流，如图 10-66 所示。

Sheet1.SchDoc | PCB_Project1.sdf *

q1[ib]	7.937fA
q1[ic]	1.032fA
q2[ib]	31.17e-18 A
q2[ic]	-264.9e-18 A
v1[p]	0.000 W
vcc[p]	98.55e-18 W

图 10-66　工作点分析窗口

● 瞬态特性分析

RC 阻容放大电路主要分析输出是否对输入进行了放大，以及输入输出波形的相位关系，如图 10-67 所示。

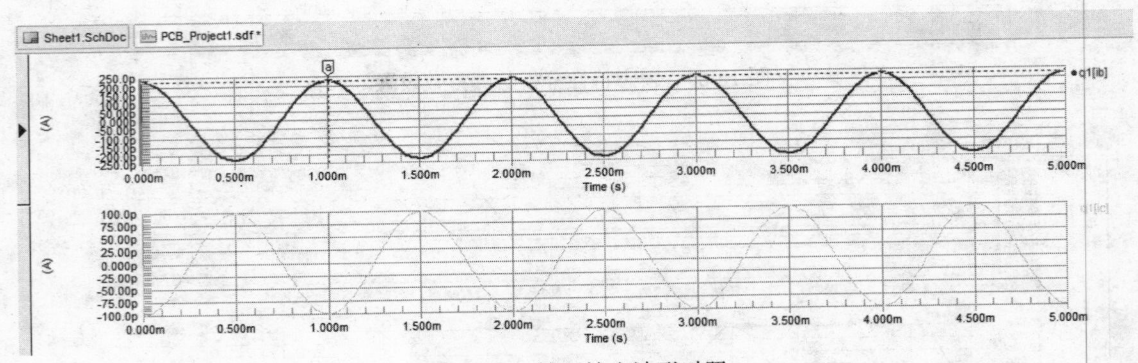

图 10-67　输入输出波形对照

在波形图上增加标尺 A，可以得到测量结果，如图 10-68 所示。

测量光标

	波形名	X	Y
A	q1[ib]	1.0108m	229.22p

测量	X	Y

Waveform - q1[ib]

测量	数值	X
Rise Time	294.9u	
Fall Time	294.3u	
Min	-230.2pA	505.6us
Max	230.5pA	800.0ns
Base Line	-229.4pA	
Top Line	228.7pA	

图 10-68　测量结果分析

- 电路仿真的基本概念
- 仿真的基本步骤
- 常用仿真元器件和仿真参数的设置
- 常用仿真方式与仿真方式参数设置
- 仿真激励源与仿真参数的设置
- 混合信号功能仿真
- 信号完整性分析
- 仿真结果分析和观察
- 实际电路仿真
- FPGA 设计仿真和工程导入

专业英语词汇	行业术语
Footprint	封装
DRC（Design Rule Check）	设计规则检查
Keepout Layer	禁止布线层

1．简述电路仿真的基本流程。

2．说说仿真电路原理图与普通电路原理图中的元器件有什么区别。

3．Protel DXP 2004 SP2 仿真器有哪几种仿真方式选择？其中常用的瞬态性分析与交流小信号分析的仿真参数设置是怎样的？

4．如何在一个作图区域内显示多个波形，以便于对多个波形进行比较分析？

SPR 模块传感器

图 10-59 所示是 SPR 模块传感器电路图，请进行信号完整性分析。

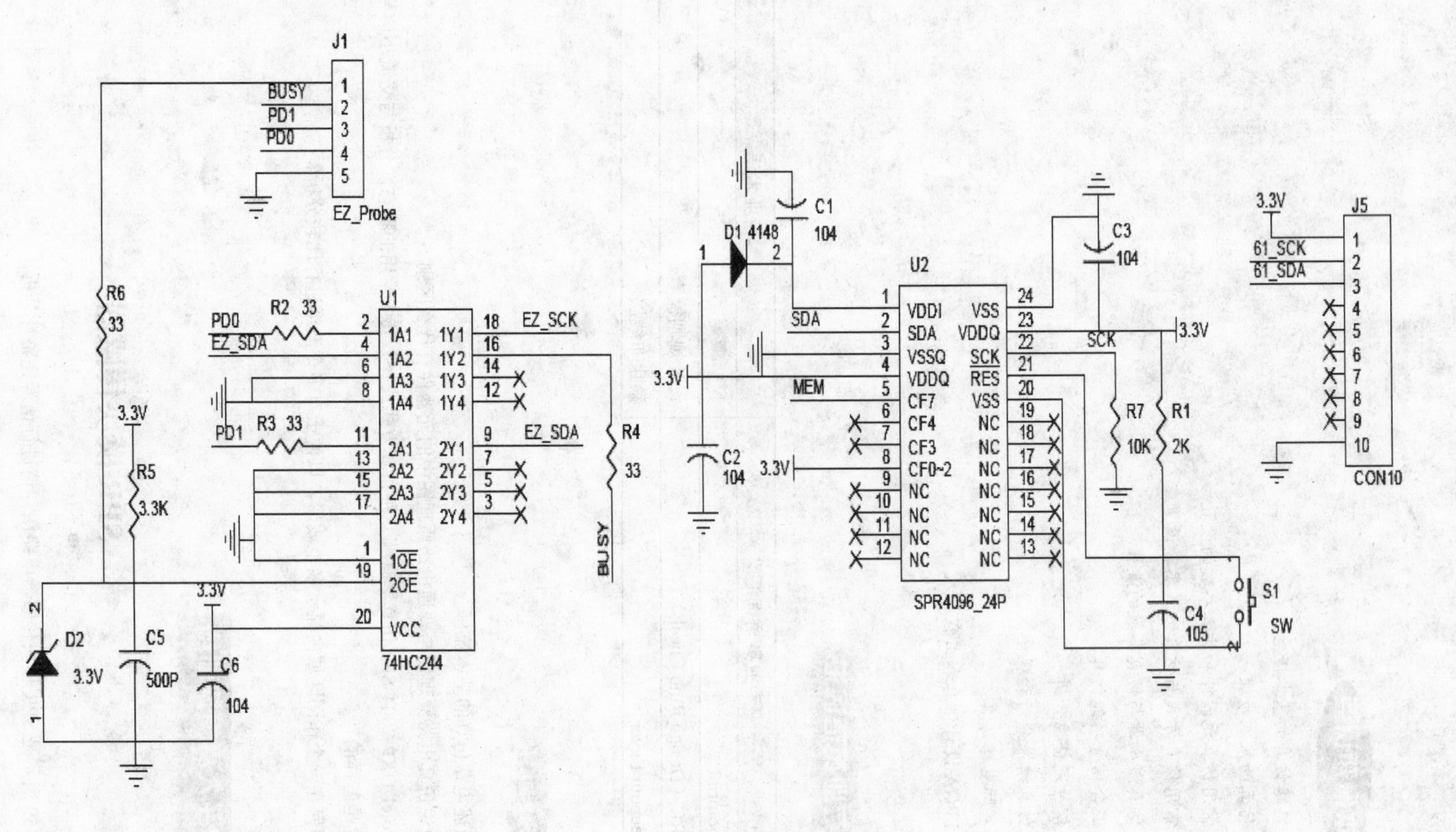

图 10-59 SPR 模块传感器

第 11 章　印制电路板综合设计

本章以 LED 键盘模组的原理图绘制和印制电路板设计为例进行讲解，对前面章节的内容做一个系统性的概括和验证。

- LED 键盘模组的原理图创建
- LED 键盘模组元件库安装和元件放置
- 创建数码管元件
- 阵列粘贴
- 绘制导线、总线、网络标签、输入/输出端口
- 项目编译
- 新建 PCB 文件
- 载入元件封装和导入网络表
- 覆铜和补泪滴
- PCB 板层管理和内电层建立
- 制作 PCB 数码管元件库
- 在 PCB 板中应用自制的元件封装

设计印制板的总体思路如下：

（1）分析任务，准备资料：包括原理图分析，元件资料准备，明确设计要求，如散热要求、机械防护要求、电磁兼容性要求、印制电路尺寸要求和特殊加工要求等。

（2）建立工程文件：明确保存路径。

（3）准备元器件：在 Protel DXP 2004 SP2 软件提供的库内查找元器件，如果没有，则在自己创建的元件库中查找。

（4）制作原理图：根据工程规模划分单元，确定是否需要制作层次电路图及其层次划分。

（5）制作印制电路板。

（6）生成有关报表、Gerber 文件和砖孔文件等。

提供资料如下：

1．电路图

电路如图 11-1 所示。

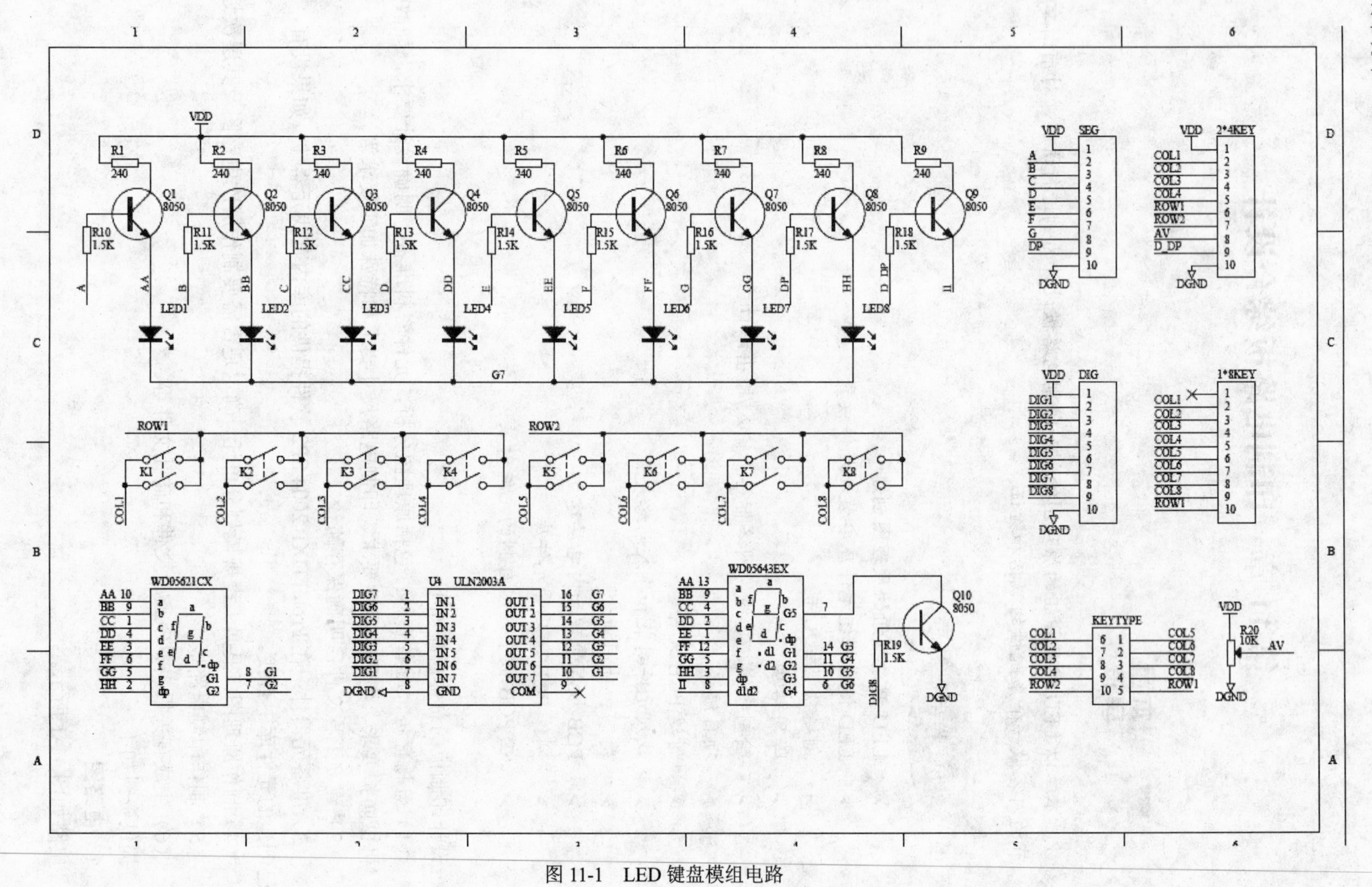

图 11-1 LED键盘模组电路

2．元件资料库

元件资料库见表 11-1。

表 11-1　LED 键盘模组元器件资料

器件分类	器件标号	标称值	元器件名称	封装方式
电阻	R1～R9	240Ω	RES2	Axial0.5
电阻	R10～R19	1.5kΩ	RES2	Axial0.5
电位器	R20	10kΩ	POT1	VR1
三极管	Q1～Q10	8050	NPN	T092A
发光二极管	LED8～LED11	LED（绿）	LED	RAD0.1
按键	K1～K8	按键	SW-PB	自创元件
数码管	LG5621AH	2 位数码管	自创元件	自创元件
数码管	LG5641AH	4 位数码管	自创元件	自创元件
三极管阵列	U4	ULN2003A	自创元件	自创元件
插座	SEG、DIG、2*4Key、1*8Key	10 脚单排针	CON	SIP-10
插座	KEYTEPY	10 脚双排针	DIP	DIP-10

11.1　LED 键盘模组的原理图创建

执行菜单中【文件】/【创建】/【项目】/【PCB 项目】命令，如图 11-2 所示，单击鼠标或按 Enter 键均可。

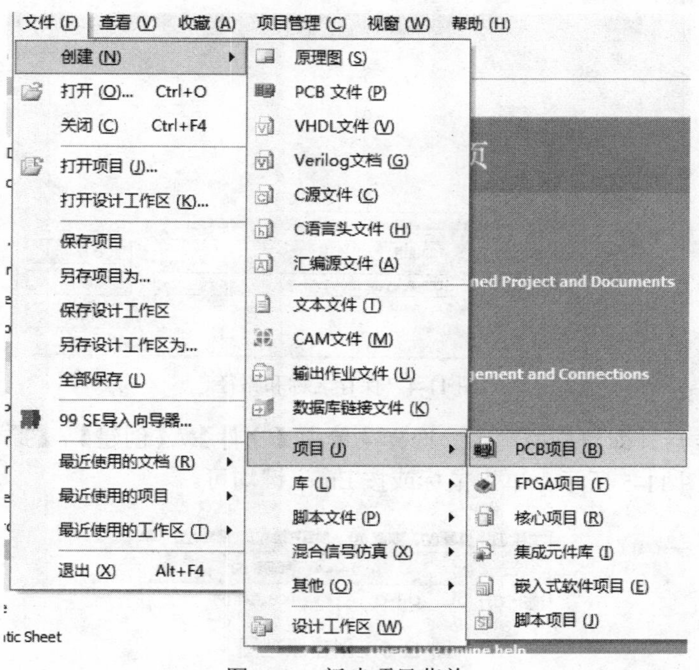

图 11-2　新建项目菜单

创建后，Protel DXP 2004 SP2 的主窗口变成如图 11-3 所示的新窗口，里面有一个 PCB-Projec1.PrjPCB 的项目文件，右击该文件，并在弹出的快捷菜单中选择【另存项目为…】命令将其及时保存。

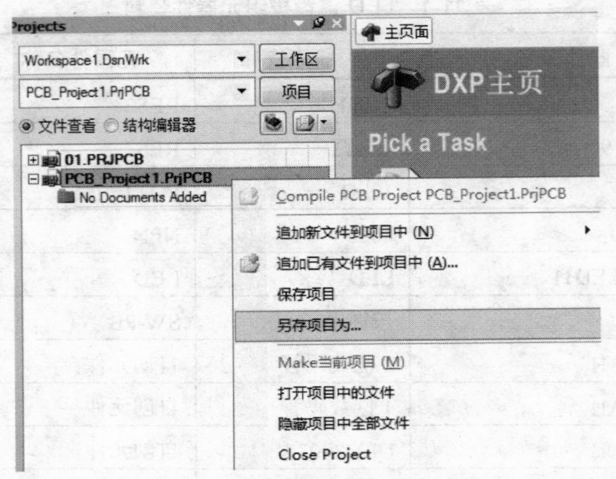

图 11-3 保存项目文件

选择好合适的保存路径将其保存。以"LED 模组"的项目名称进行保存，后缀名为.PrjPCB，如图 11-4 所示。

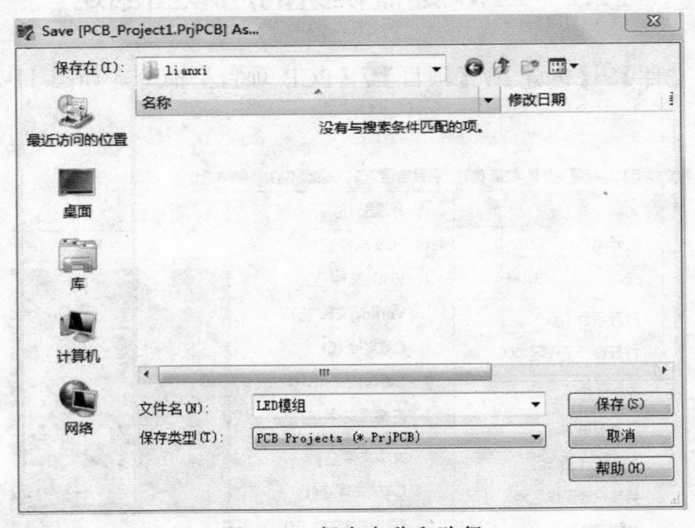

图 11-4 保存名称和路径

在项目建立完后，即建立原理图。选择菜单中【文件】/【创建】/【原理图】命令，后缀名为.SchDoc，如图 11-5 所示，单击鼠标或按 Enter 键均可。

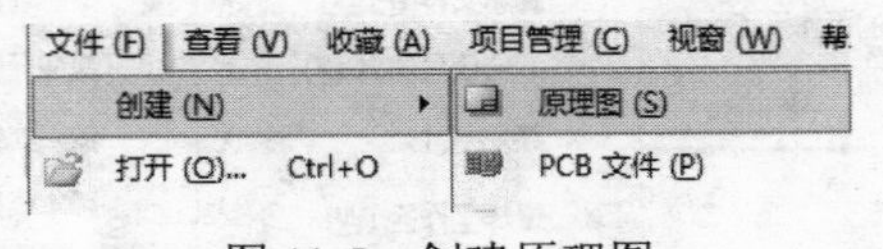

图 11-5 创建原理图

创建后的原理图显示如图 11-6 所示。也要将创建好的原理图及时保存，“LED 模组”的项目右边的图标是红色的，请右击【保存项目】。这样可将原理图保存在项目文件中。

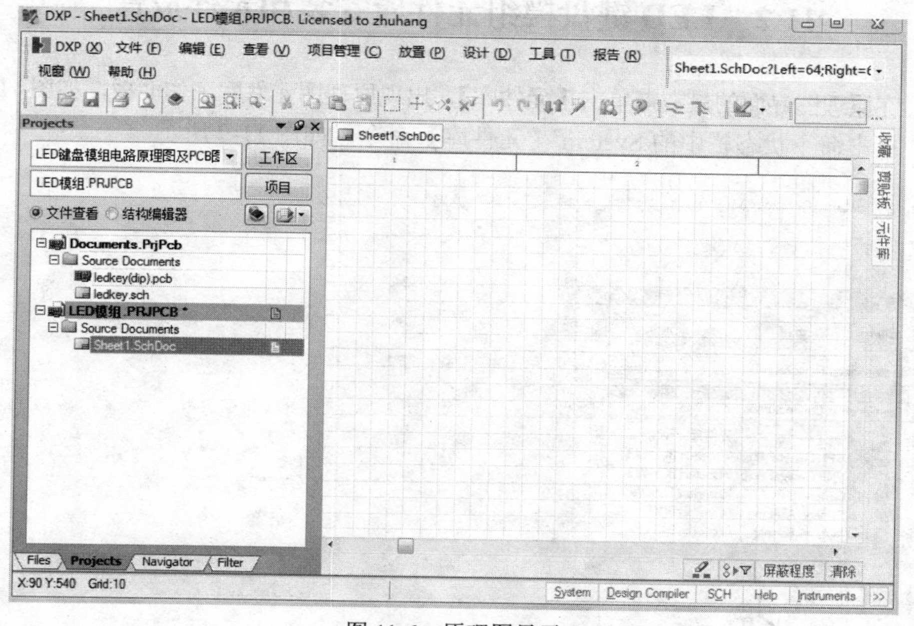

图 11-6　原理图显示

一般系统默认图纸的大小为 B 号图纸。当构思好原理图后，最好先根据构思的整体布局设置好图纸的大小。当然，在画图中或以后再修改也是可以的。

有两种方法可以改变图纸的大小。

在设计窗口中，单击鼠标右键，在弹出的快捷菜单中选择【选项】/【文档选项】命令或执行菜单中【设计】/【文档选项】命令，屏幕将出现如图 11-7 所示的设置或更改图纸属性的对话框。

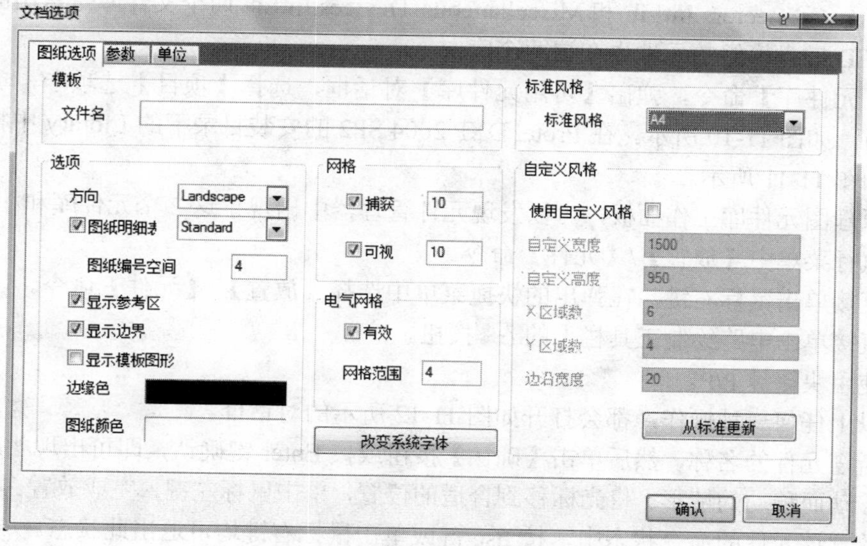

图 11-7　文档属性设置对话框

根据选择的图纸尺寸，在【标准风格】框的下拉列表框中选择所需的图纸大小，单击对话框的【确认】按钮，或者在【自定义风格】框中设置相应数据，图纸的大小就设置好了。

11.2　LED 键盘模组元件库安装和元件放置

（1）在原理图界面的最右端单击【元件库】，出现原理图元件库工作面板，如图 11-8 所示。

（2）单击命令状态栏中的 System/【元件库】命令，如图 11-9 所示。

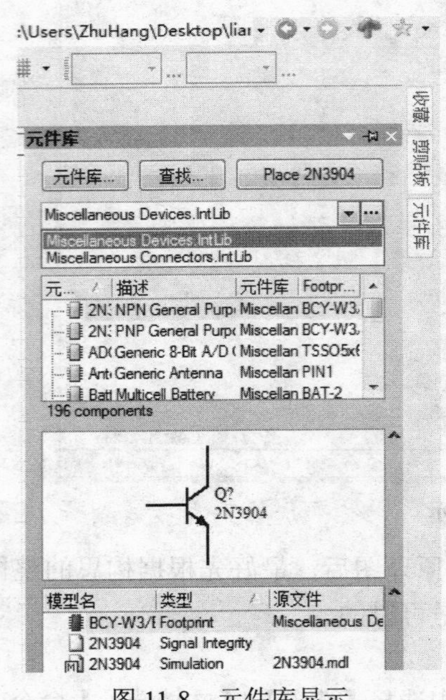

图 11-8　元件库显示

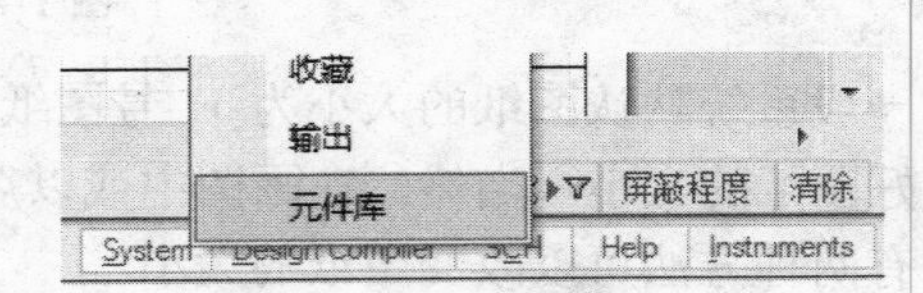

图 11-9　元件库显示

在 Protel DXP 2004 SP2 的安装目录下的 Library 下可以找到所需的元件库。一般 Miscellaneous Connectors.IntLib 和 Miscellaneous Devices.IntLib 两个文件库是常用的，所以都要添加。LED 键盘模组的元件也在这两个库中。

选择【元件库】命令，弹出【可用元件库】对话框，选择【项目】选项卡，单击【加元件库】按钮，如图 11-10 所示。在 Protel DXP 2004 SP2 的安装目录下的 Library 中搜索这两个元件库，如图 11-11 所示。

回到原理图元件库工作面板，可以发现元件管理器中出现了这 2 个元件库和相应的元件。

- 执行菜单中【放置】/【元件】命令。
- 直接单击鼠标右键，在弹出的快捷菜单中选择【放置】/【元件】命令。
- 直接单击电路绘制工具栏上的按扭。
- 使用快捷键 P/P。

执行以上任何一种操作，都会打开如图 11-12 所示的对话框。

输入所需元件的名称，然后单击【确认】按钮或按 Enter 键确认，即可出现相应的元件跟随光标的移动而移动的情形。将光标移到合适的位置，单击鼠标左键，完成放置。此时，系统仍然处于放置该元件的命令状态中，按 Esc 键或单击鼠标右键均可退出此状态。

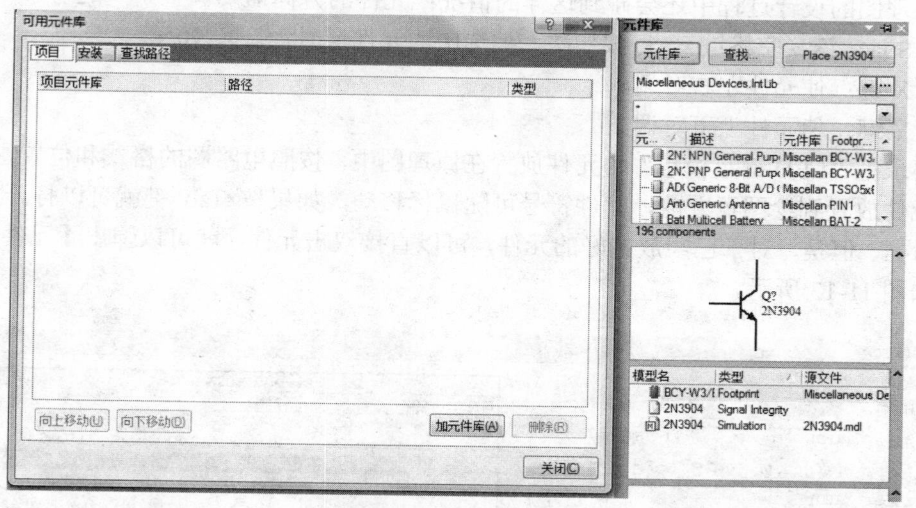

图 11-10　安装元件库

图 11-11　Protel DXP 2004 SP2 的安装目录下的 Library 文件

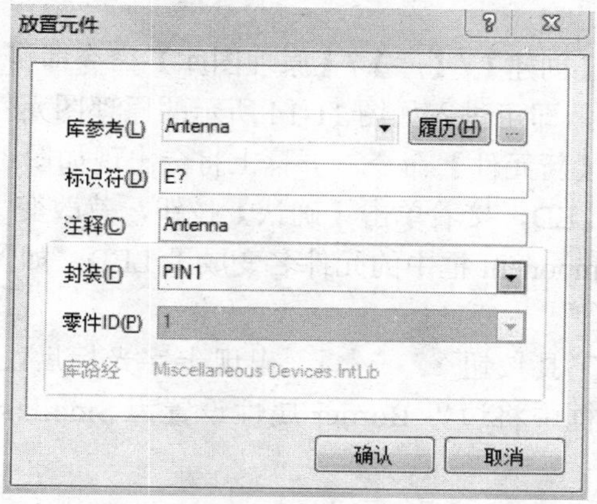

图 11-12　【放置元件】对话框

在原理图的设计过程中还会碰到这样的情况：元件的方向需要调整。

- Space 键（空格键）：每按一次，被选中的元件逆时针旋转 90°。
- X 键：使元件左右对调。
- Y 键：使元件上下对调。

按要求把“LED 键盘模组”的元件放置在原理图中，按照电路图的格式和位置进行移动。

将元件放置到绘图页之前，元件符号可随鼠标移动，如果按 Tab 键就可以打开【元件属性】对话框，但是，对于已经放置好的元件，可以直接双击元件，就可以弹出【元件属性】对话框，如图 11-13 所示。

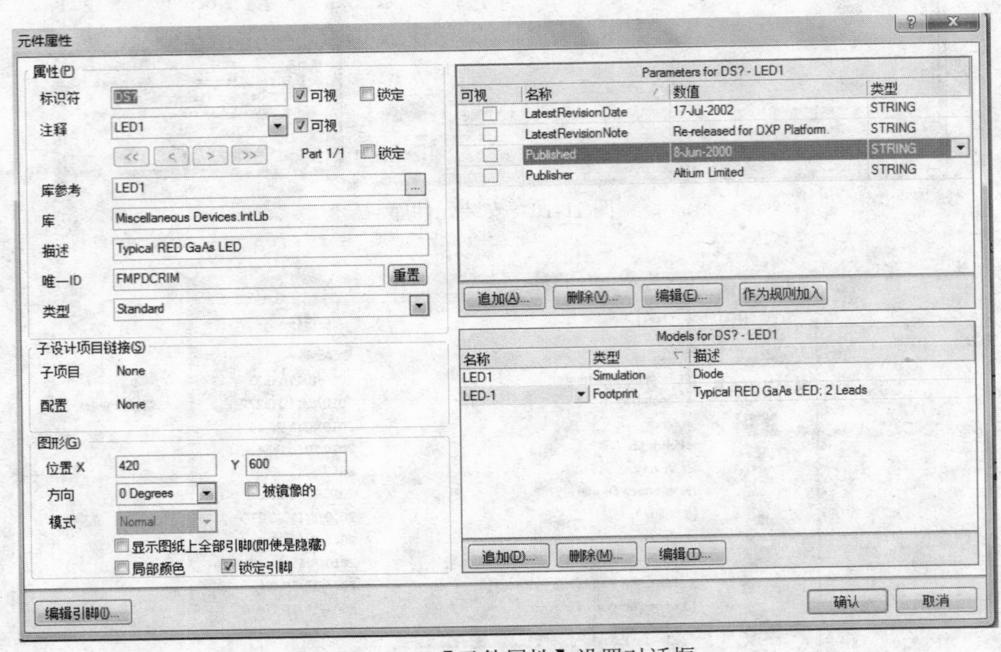

图 11-13 【元件属性】设置对话框

设置结束后，单击【确认】按钮确认即可。对元件型号的设置方法与此相同。

11.3 创建数码管元件

执行菜单中【文件】/【创建】/【库】/【原理图库】命令即可创建一个新的元件库文件。默认的文件名为 Schlib1.lib，即可进入如图 11-14 所示的原理图元件库编辑器。

执行菜单中【工具】/【新元件】命令，屏幕上将会出现如图 11-15 所示的对话框。

在这个对话框中输入 LED，接着单击【确认】按钮，就改变了元件原有的名称。随后，会发现元件管理器中的 Component 框中的元件名变成了 LED，如图 11-16 所示。

绘制元件工作：

单击原理图上的绘图工具按钮 → ，出现十字光标后，按 Tab 键出现如图 11-17 所示的对话框。在该对话框中将边界 Border 属性设置为 Smallest，然后单击【确认】按钮确认即可。

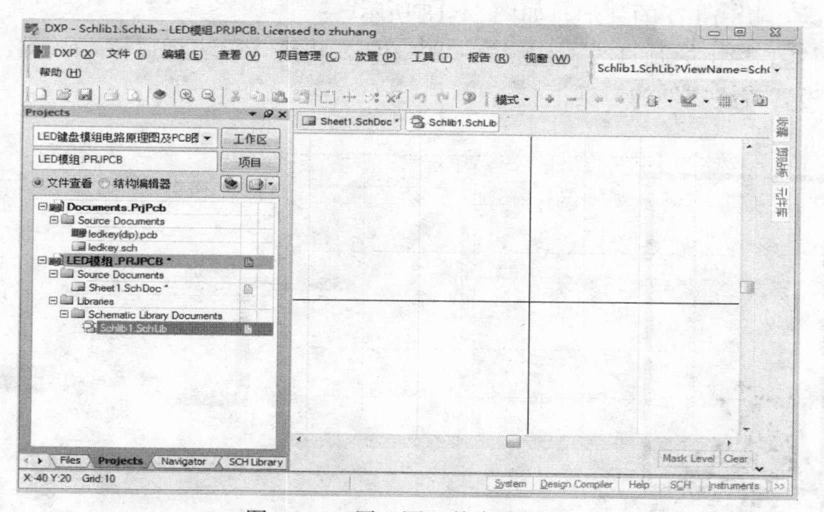

图 11-14　原理图元件库编辑器

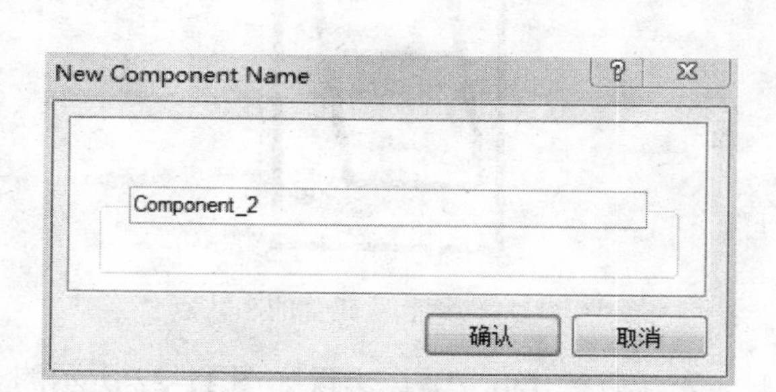

图 11-15　元件名称设置对话框

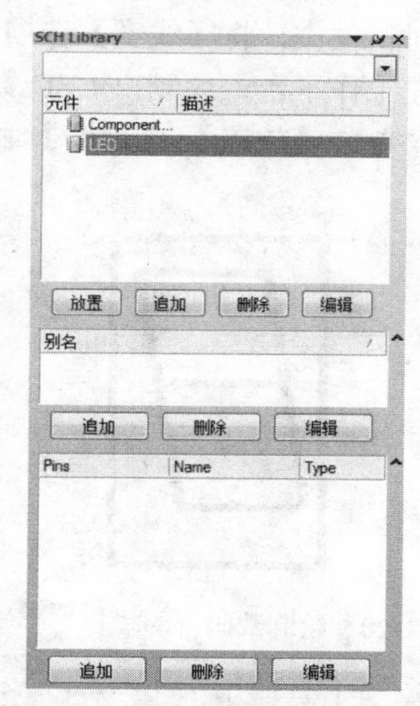

图 11-16　更改元件名称后的元件管理器窗口

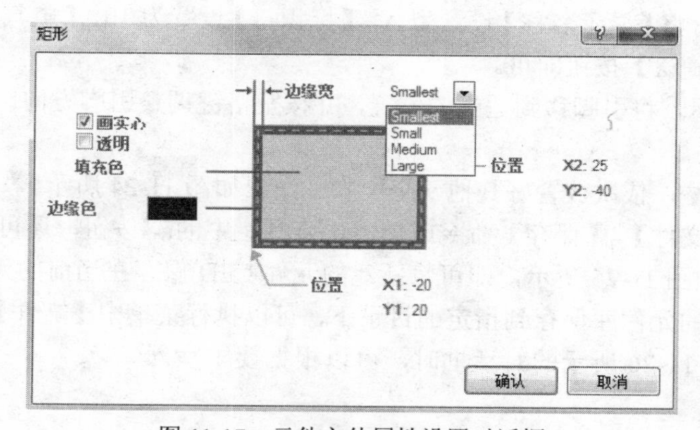

图 11-17　元件主体属性设置对话框

移动光标绘制出 LED 的外形，如图 11-18 所示。

单击绘图工具栏中的画直线工具 → 按钮，出现十字光标后按 Tab 键，会出现如图 11-19 所示的设置直线属性的对话框。

图 11-18　数码管主体外形

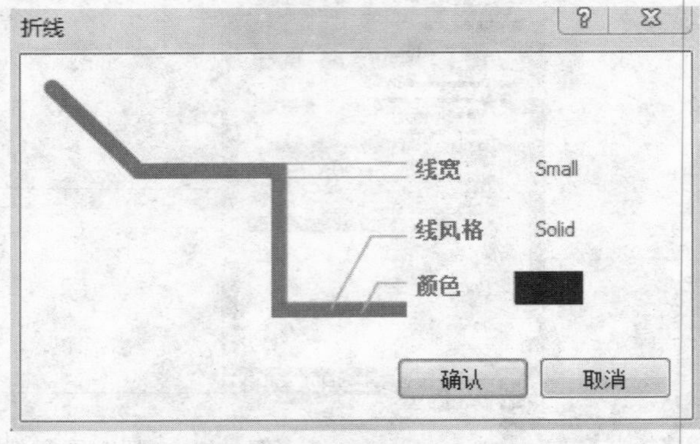

图 11-19　直线属性设置对话框

在该对话框中，将【线宽】选项设置为 Small，然后单击【确认】按钮确认即可。设置完属性后，在工作平台上绘制出 LED 数码管上的“日”字，如图 11-20 所示。

执行菜单中【放置】/【椭圆】命令，绘制小数点，如图 11-21 所示。

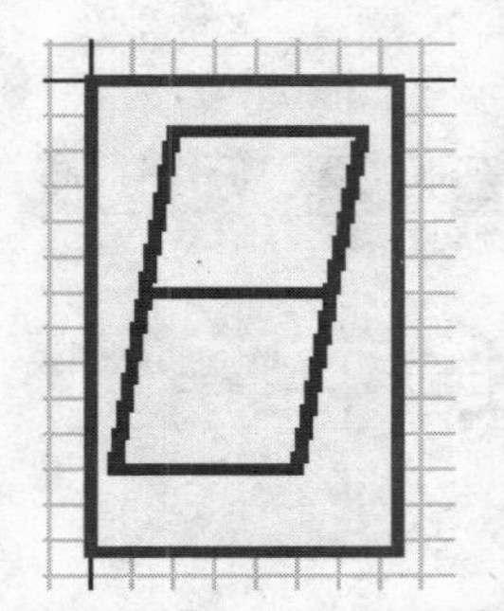

图 11-20　绘制数码管的“日”字笔画

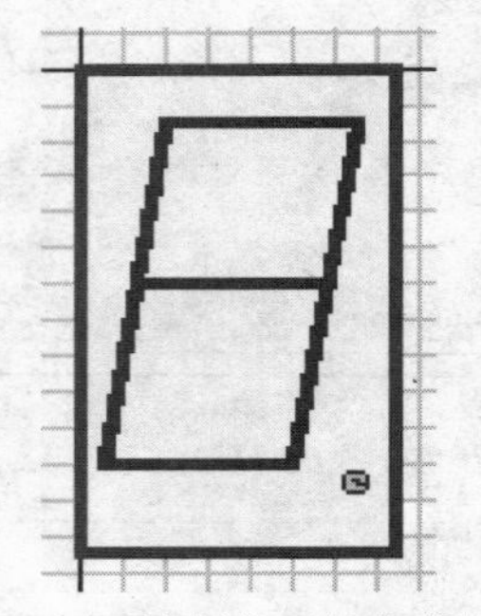

图 11-21　绘制数码管的小数点

单击绘图工具栏中的 → 按钮，出现十字光标后按 Tab 键，会出现如图 11-22 所示的对话框。

在该对话框中，将【显示名称】设置为 A，【标识符】设置为 10，【电气类型】设置为 Input 或 Output，单击【确认】按钮即可。

如图 11-23 所示，将引脚移到适当的位置，并按空格键调整引脚方向，调整好后，单击鼠标左键即可。

按照上面的方法，依次放置好其他 9 个引脚。结果如图 11-24 所示。

执行菜单中【文件】/【保存】命令或单击主工具栏中的按钮，还可以通过选中库元件后右击【保存】，如图 11-25 所示，即可将新建的元件 LED 保存在当前的元件库文件中。

如果想将新建的元件库保存到指定的目录下，可以执行菜单中【文件】/【另存为】命令，等屏幕上出现如图 11-26 所示的对话框时，可以根据要求写入。

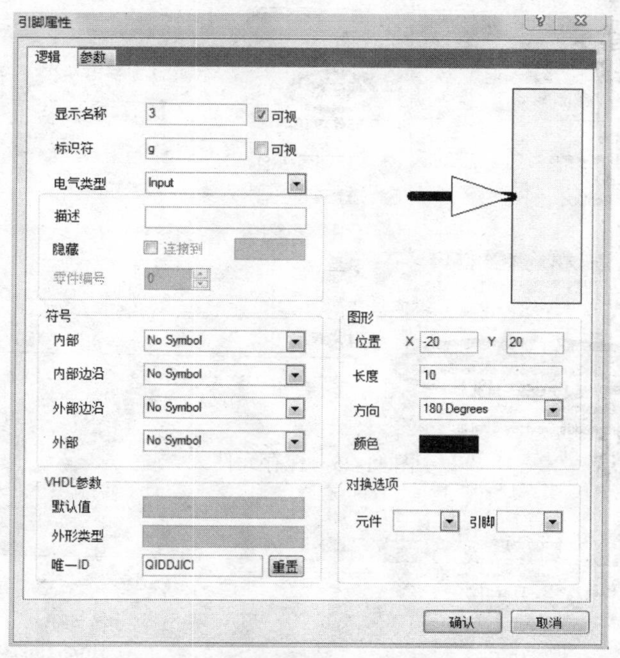

图 11-22 【引脚属性】设置对话框

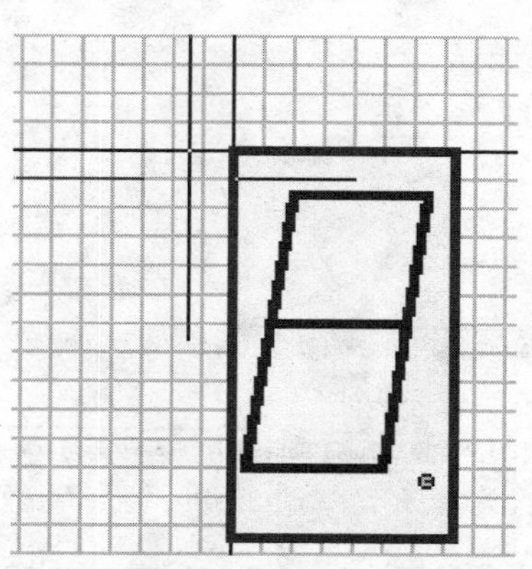

图 11-23 放置元件的引脚

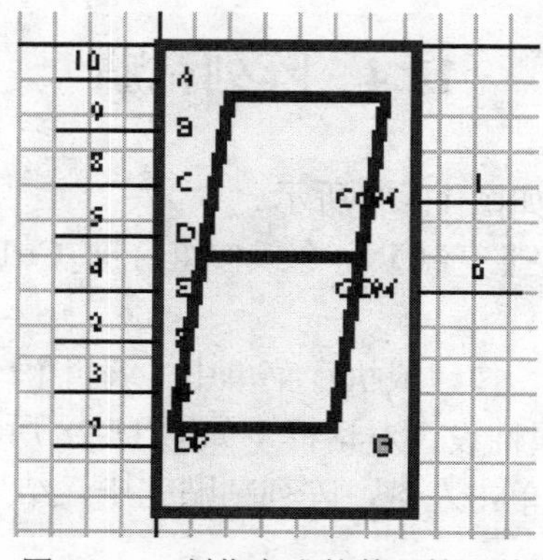

图 11-24 制作完成的数码管元件

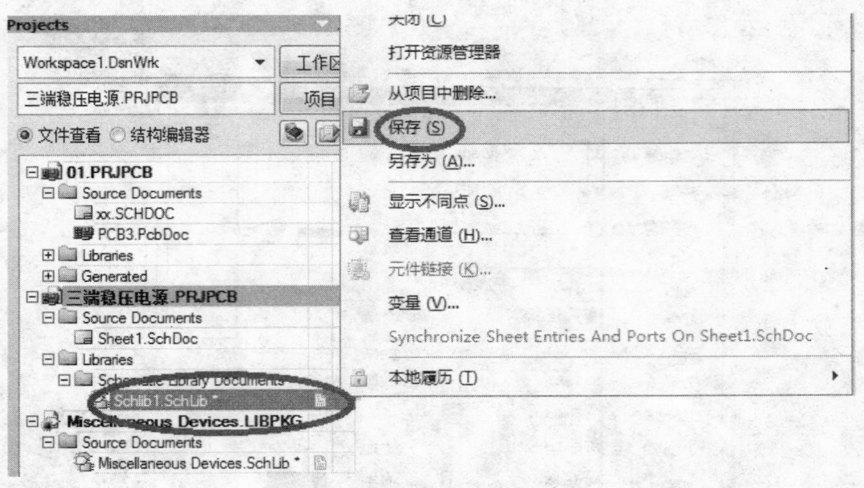

图 11-25　保存元件

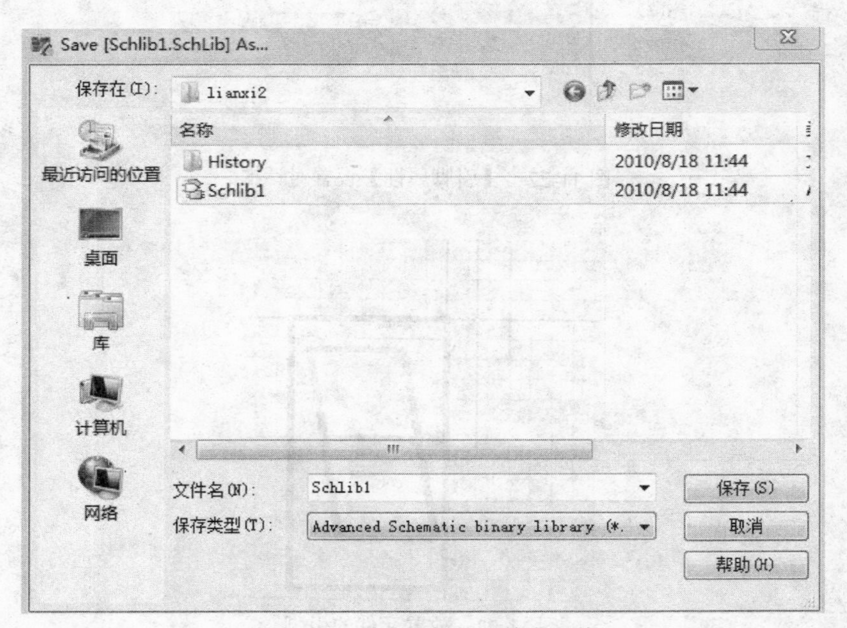

图 11-26　另存为新的元件库文件

11.4　阵列粘贴

（1）选择被复制的对象，如图 11-27 所示。

（2）执行菜单中【编辑】/【复制】命令或按组合键 Ctrl+C，即可复制对象到 Windows 剪贴板中。

（3）单击绘图工具栏中的按钮或执行菜单中【编辑】/【粘贴队列】命令，启动阵列粘贴工具，并弹出设定阵列粘贴属性设置对话框，如图 11-28 所示。

（4）拖动到合适的位置，单击左键，阵列粘贴完毕，结果如图 11-29 所示。

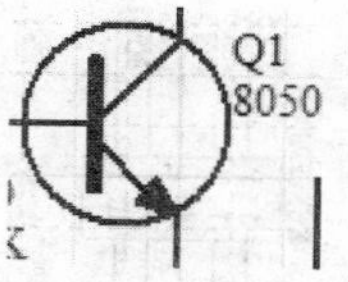

图 11-27　复制对象三极管

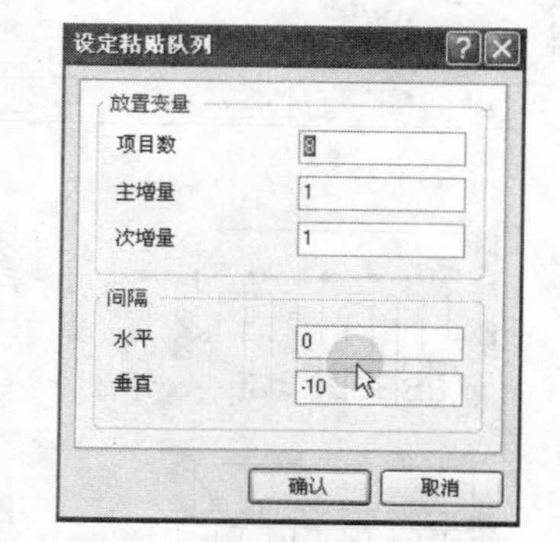

图 11-28　粘贴属性对话框

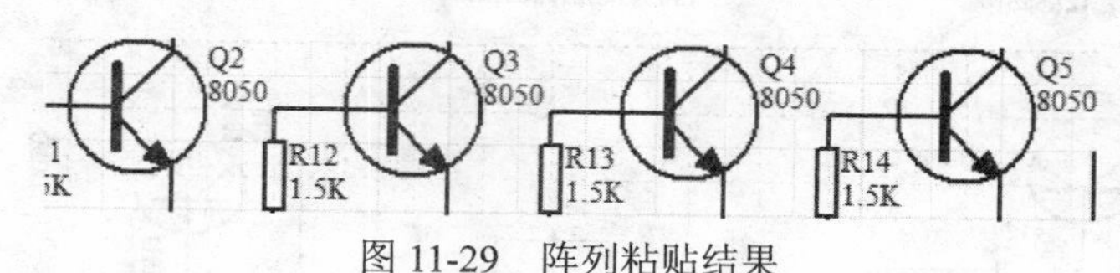

图 11-29　阵列粘贴结果

11.5　绘制导线、总线、网络标签、输入/输出端口

1．导线

（1）单击画原理图工具栏中的画导线按钮。

（2）执行菜单中【放置】/【导线】命令。

（3）按快捷键 P/W。

2．网络标签

单击画原理图工具栏中的按钮或执行菜单中【放置】/【网络标签】命令。

3．放置节点

（1）单击画原理图工具栏上的按钮。

（2）执行菜单中【放置】/【手工放置节点】命令。

（3）按快捷键 P/J。

4．电源及接地符号

选择菜单【放置】/【电源端口】命令，或在电路图绘制工具栏上单击按钮。

5．总线

单击画原理图工具栏上的按钮或执行菜单中【放置】/【总线】命令。

6．总线分支

（1）单击画原理图工具栏的按钮。

（2）执行菜单中【放置】/【总线入口】命令。

7．输入/输出端口

（1）单击原理图工具栏中的按钮。

（2）执行菜单中【放置】/【端口】命令。

到此为止，已经完成了项目的创建、原理图创建、元件库安装、元件放置、创建原理图元件、阵列粘贴和绘制导线等，可以将 LED 键盘模组在原理图上绘制出来，如图 11-30 所示。

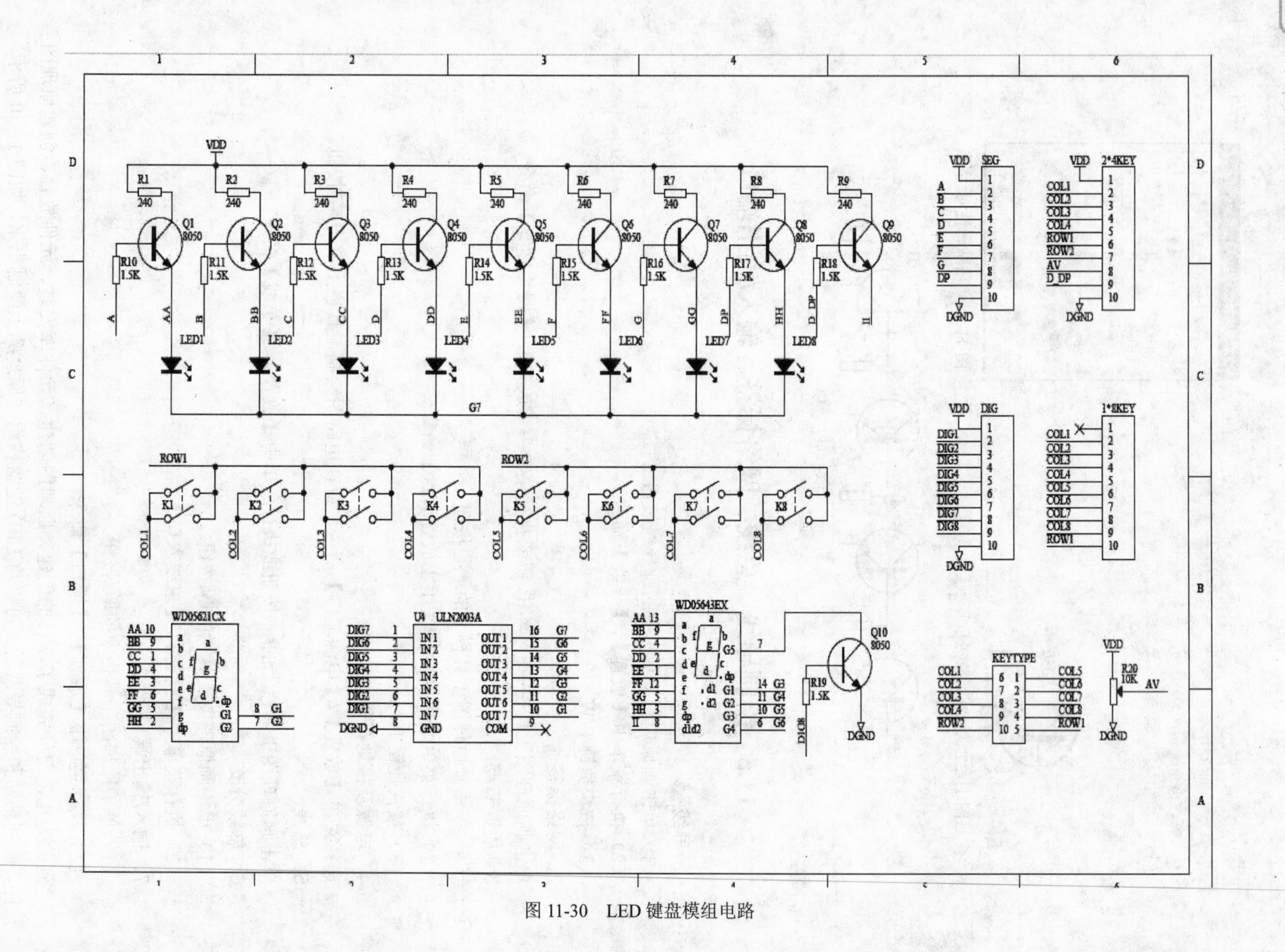

图 11-30 LED键盘模组电路

11.6 项目编译

绘制完原理图后，为了验证电路的准确性，需要对原理图进行检查，Protel DXP 2004 SP2和其他软件一样，提供了电气检测工具，并将检查结果标注到原理图中，同时生成错误报表供用户参考。

执行菜单中【项目管理】/【项目管理选项】命令，启动工程项目选项，并打开对话框中的 Error Reporting（错误报告）选项卡，如图 11-31 所示。

图 11-31　设置错误报告

单击任一类错误报告类型，如“警告”，将会弹出下拉列表框，如图 11-32 所示。

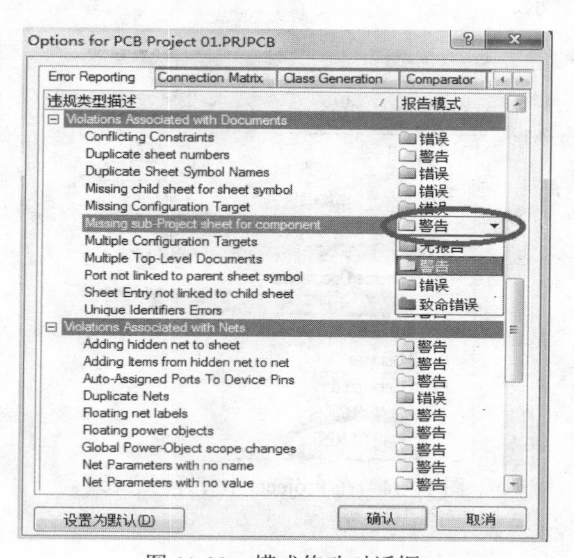

图 11-32　模式修改对话框

打开如图 11-31 所示的 Connection Matrix 选项卡，可启动电气连接矩阵设置对话框，如图 11-33 所示。

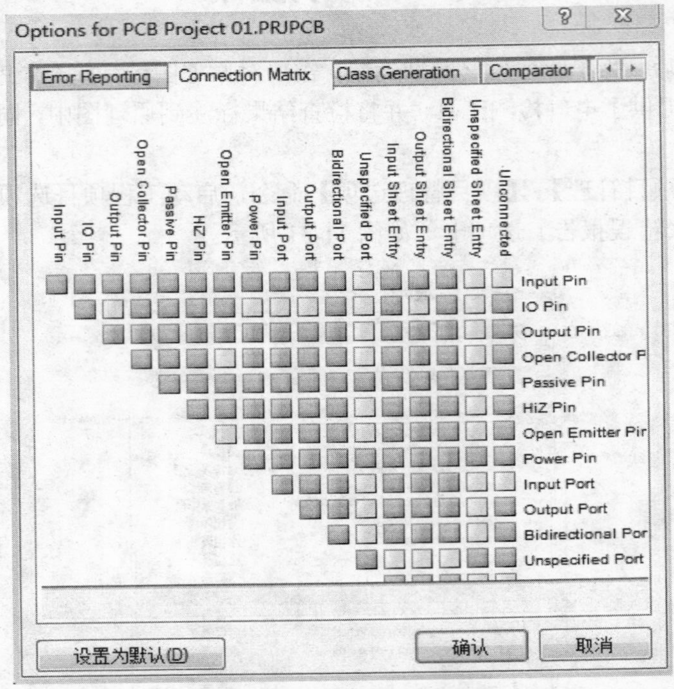

图 11-33 设置电气连接矩阵

该选项卡主要用来设置元件引脚和输入/输出端口间的连接状态，一般采用默认设置。

生成网络表文件的方法可以执行菜单中【设计】/【设计项目的网络表】/【Protel】命令，建立当前原理图文档的网络表文件。

网络表建立后，用户必须在 Projects 面板中自己打开网络表文件，如图 11-34 所示，打开后的网络表如图 11-35 所示。

图 11-34 在 Projects 中打开网络表

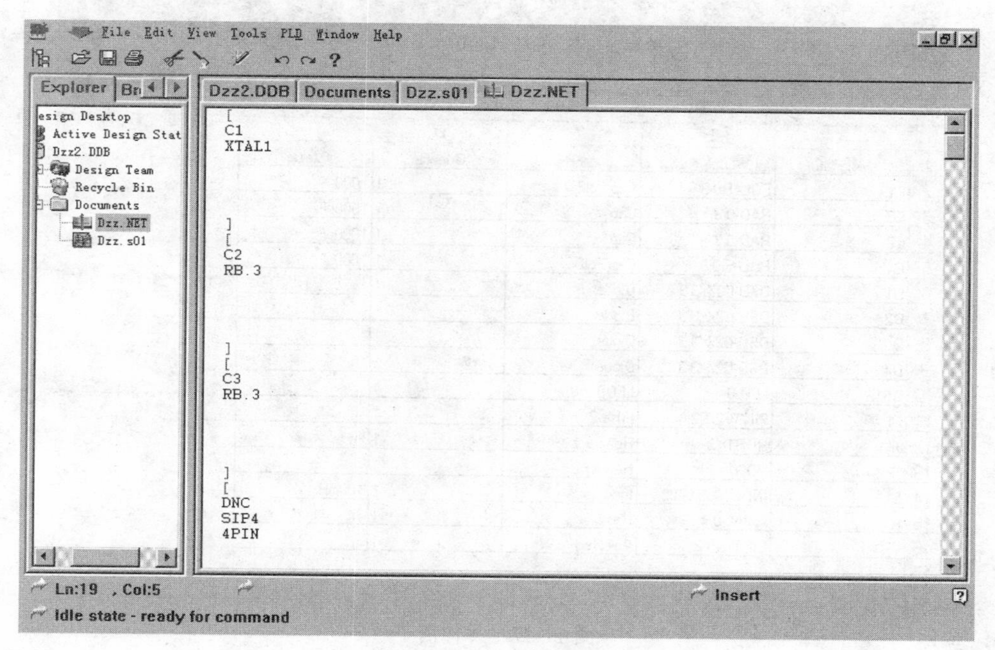

图 11-35　生成的网络表

执行菜单中【报告】/【Bill of Material】命令。随后，生成列表文件，可以看到如图 11-36 所示的对话框。

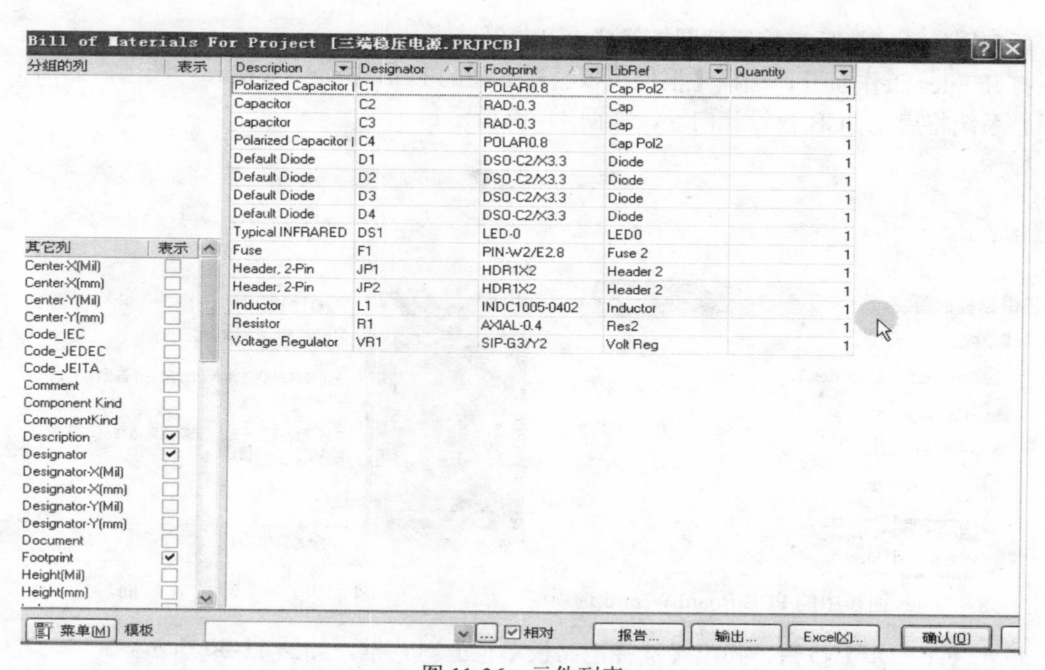
Bill of Materials For Project [三端稳压电源.PRJPCB]

Description	Designator	Footprint	LibRef	Quantity
Polarized Capacitor	C1	POLAR0.8	Cap Pol2	1
Capacitor	C2	RAD-0.3	Cap	1
Capacitor	C3	RAD-0.3	Cap	1
Polarized Capacitor	C4	POLAR0.8	Cap Pol2	1
Default Diode	D1	DSO-C2/X3.3	Diode	1
Default Diode	D2	DSO-C2/X3.3	Diode	1
Default Diode	D3	DSO-C2/X3.3	Diode	1
Default Diode	D4	DSO-C2/X3.3	Diode	1
Typical INFRARED	DS1	LED-0	LED0	1
Fuse	F1	PIN-W2/E2.8	Fuse 2	1
Header, 2-Pin	JP1	HDR1X2	Header 2	1
Header, 2-Pin	JP2	HDR1X2	Header 2	1
Inductor	L1	INDC1005-0402	Inductor	1
Resistor	R1	AXIAL-0.4	Res2	1
Voltage Regulator	VR1	SIP-G3/Y2	Volt Reg	1

图 11-36　元件列表

产生、输出报表：单击【报告】按钮，可预览元件报表清单。

单击【输出】按钮，可弹出导出元件报表清单对话框。

单击 Excel 按钮，将元件报表导出为 xls 文件（即 Excel 文件），如图 11-37 所示。

	A	B	C	D	E
1	Designator	Footprint	LibRef	Quantity	Value
2	C1	POLAR0.8	Cap Pol2	1	1000uF
3	C2	RAD-0.3	Cap	1	1000pF
4	C3	RAD-0.3	Cap	1	1000pF
5	C4	POLAR0.8	Cap Pol2	1	1000uF
6	D1	DSO-C2/X3.3	Diode	1	
7	D2	DSO-C2/X3.3	Diode	1	
8	D3	DSO-C2/X3.3	Diode	1	
9	D4	DSO-C2/X3.3	Diode	1	
10	DS1	LED-0	LED0	1	
11	F1	PIN-W2/E2.8	Fuse 2	1	
12	JP1	HDR1X2	Header 2	1	
13	JP2	HDR1X2	Header 2	1	
14	L1	INDC1005-0402	Inductor	1	100mH
15	R1	AXIAL-0.4	Res2	1	1K
16	VR1	SIP-G3/Y2	Volt Reg	1	
17					
18					

图 11-37　元件清单

11.7　新建 PCB 文件

原理图绘制完毕后，将原理图转换成 PCB 文件。

打开 Files 工作面板，选择【根据模板新建】栏的 PCB Board Wizard…选项，如图 11-38 所示。系统将启动 PCB 板设计向导，如图 11-39 所示。

图 11-38　Files 面板中的 PCB Board Wizard 选项

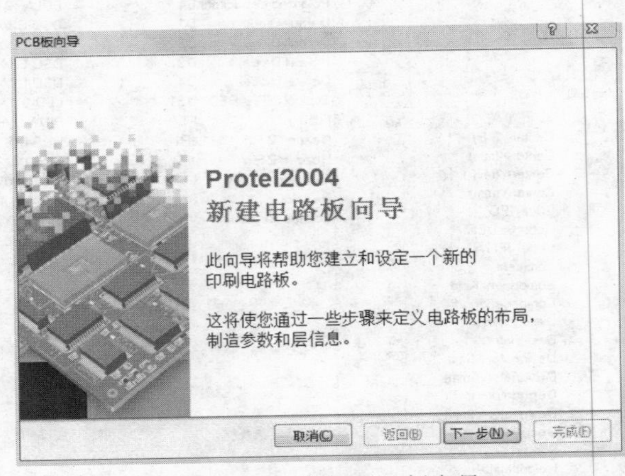

图 11-39　进入 PCB 板向导

单击【下一步】按钮，弹出【选择电路板单位】对话框，如图 11-40 所示。

电路板的单位有英制和公制两种，英制的单位为米尔（mil）或英寸（in），公制单位为毫米（mm），它们的换算关系是 1 in=1000 mil≈25.4mm。

单击【下一步】按钮，进入【选择电路板配置文件】对话框，如图 11-41 所示。

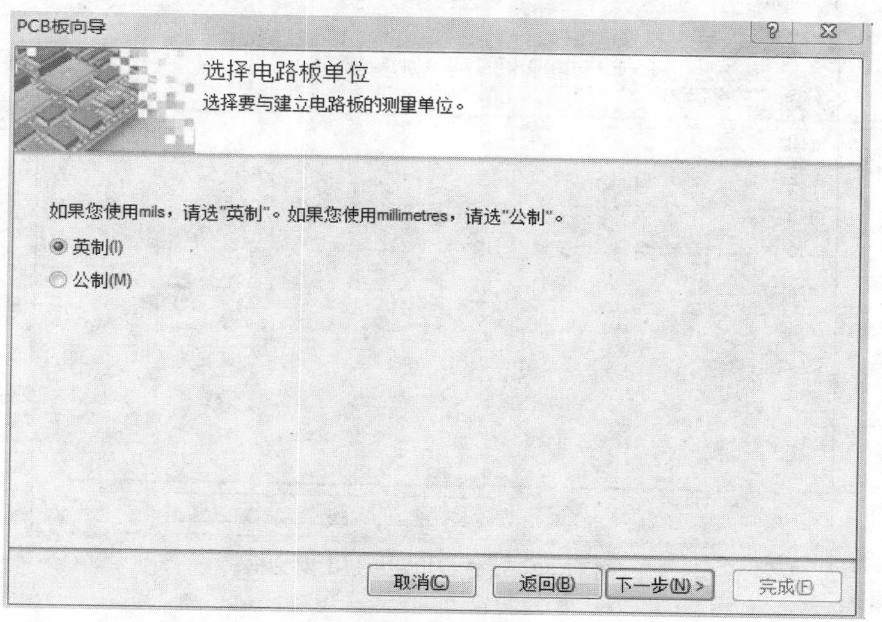

图 11-40 【选择电路板单位】对话框

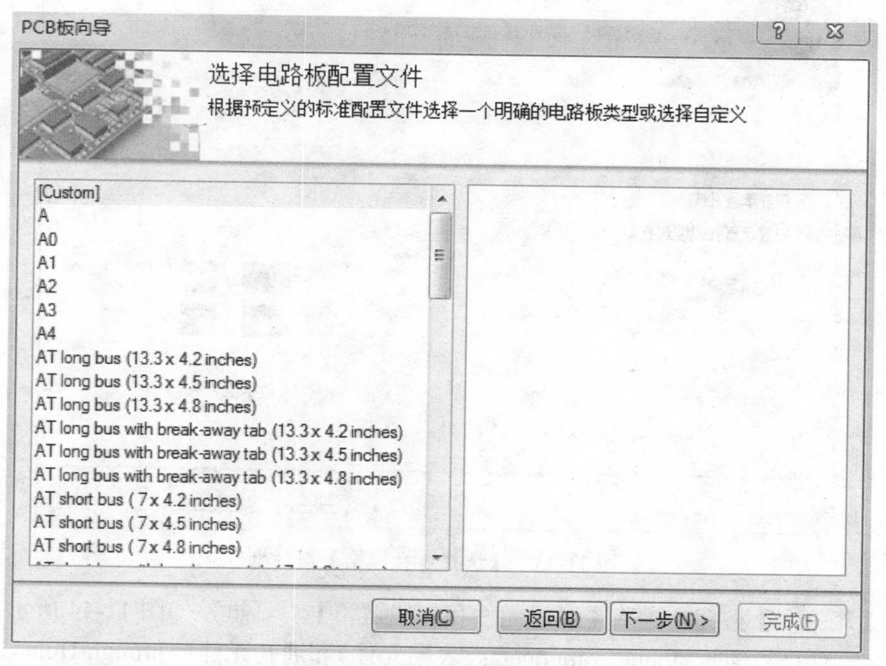

图 11-41 【选择电路板配置文件】对话框

按图 11-41 所示设置后单击【下一步】按钮，进入【选择电路板层】对话框，如图 11-42 所示。该对话框用于设置电路板中信号层和内电层的数目，这里设置为双面板，不打开内电层。

按图 11-42 所示设置后单击【下一步】按钮，进入【选择过孔风格】对话框，如图 11-43 所示。这里有两种类型的过孔可供选择：【只显示通孔】（Through-Hole Vias）和【只显示盲孔或埋过孔】（Blind and Buried Vias）。这里选择【只显示通孔】单选按钮。

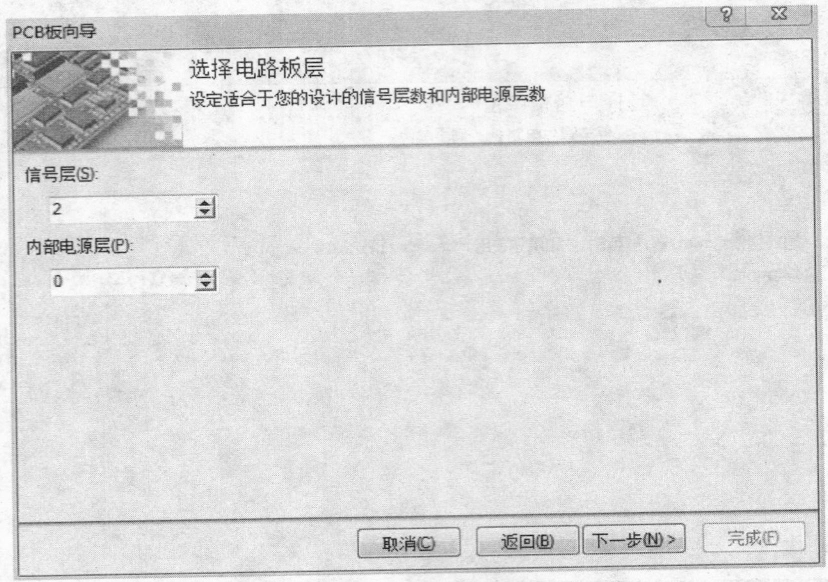

图 11-42 【选择电路板层】对话框

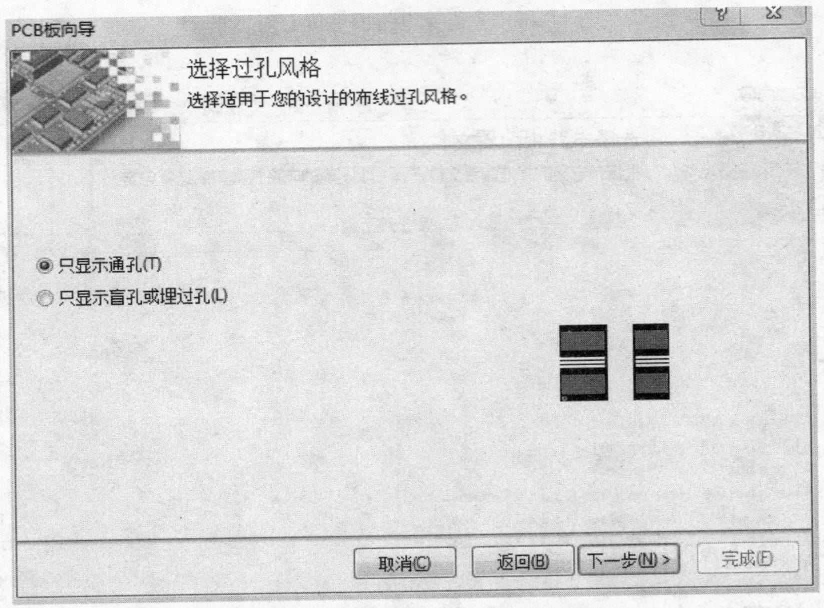

图 11-43 【选择过孔风格】对话框

单击【下一步】按钮，进入【选择元件和布线逻辑】对话框，如图 11-44 所示。元件类型有表面贴装元件（Surface-Mount Components，表贴元件）和通孔元件（Through-Hole Components，直插式元件）。

选择【通孔元件】单选按钮，单击【下一步】按钮。选择【一条导线】单选按钮如图 11-45 所示。

单击【下一步】按钮，将弹出【选择默认导线和过孔尺寸】对话框，如图 11-46 所示。该对话框可设置【最小导线尺寸】、【最小过孔宽】（直径）、【最小过孔孔径】、【最小间隔】4 项。

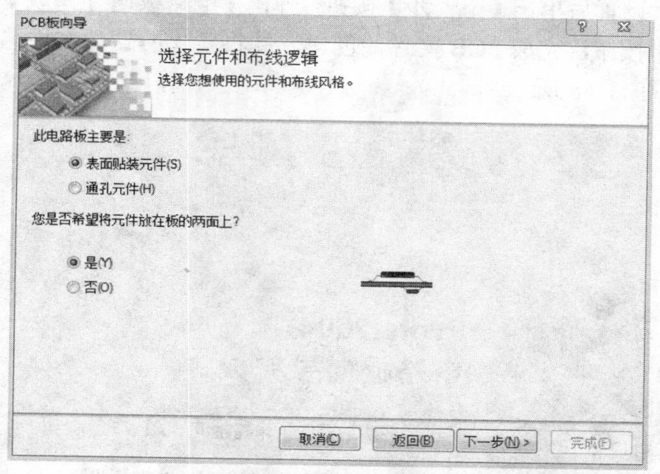

图 11-44 【选择元件和布线逻辑】对话框

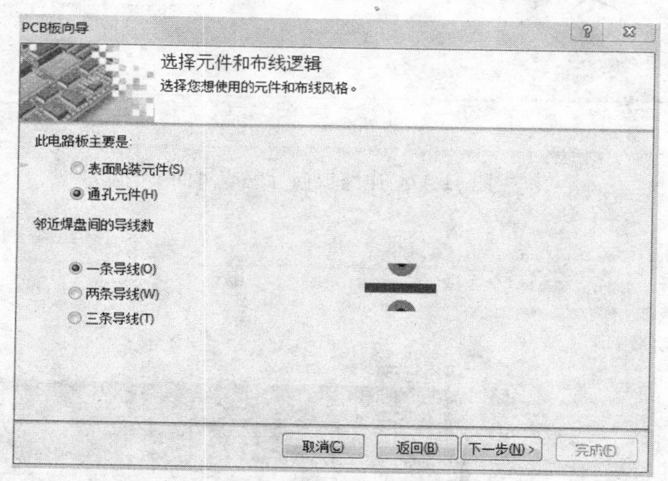

图 11-45 选择邻近焊盘间的导线数

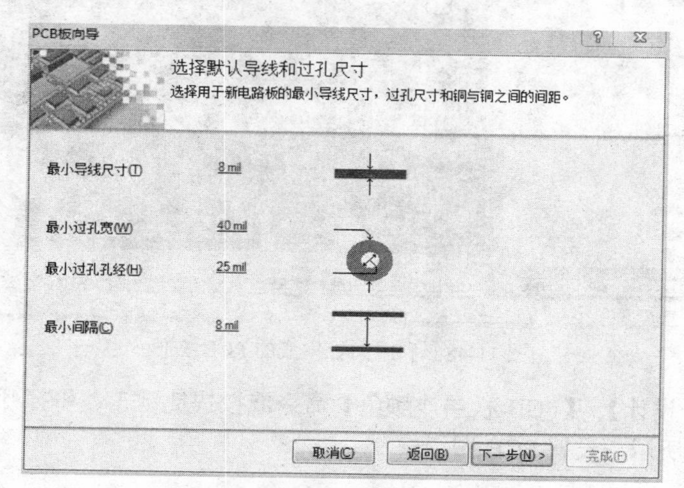

图 11-46 【选择默认导线和过孔尺寸】对话框

按图 11-46 所示设置后单击【下一步】按钮，弹出【电路板向导完成】对话框，如图 11-47 所示。单击【完成】按钮，完成 PCB 文件的创建，并将新建的默认文件名为 PCB1.PcbDoc 的 PCB 文件打开，如图 11-48 所示。

图 11-47　电路板向导完成页面

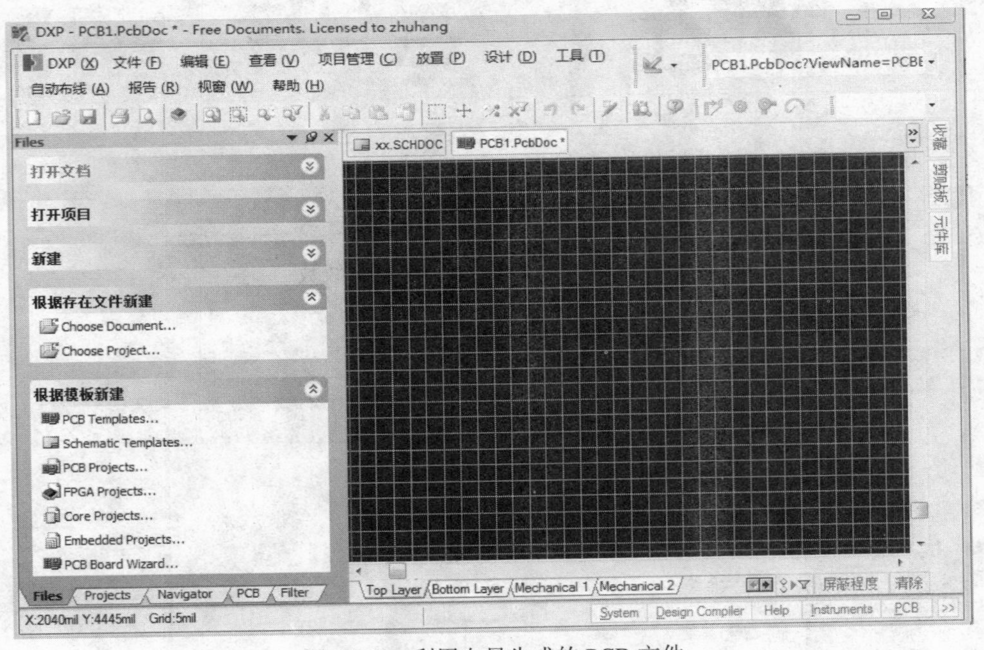

图 11-48　利用向导生成的 PCB 文件

执行菜单中【设计】/【PCB 板层次颜色】命令或按快捷键 L，将打开【板层和颜色】对话框，如图 11-49 所示，设置 PCB 图纸。

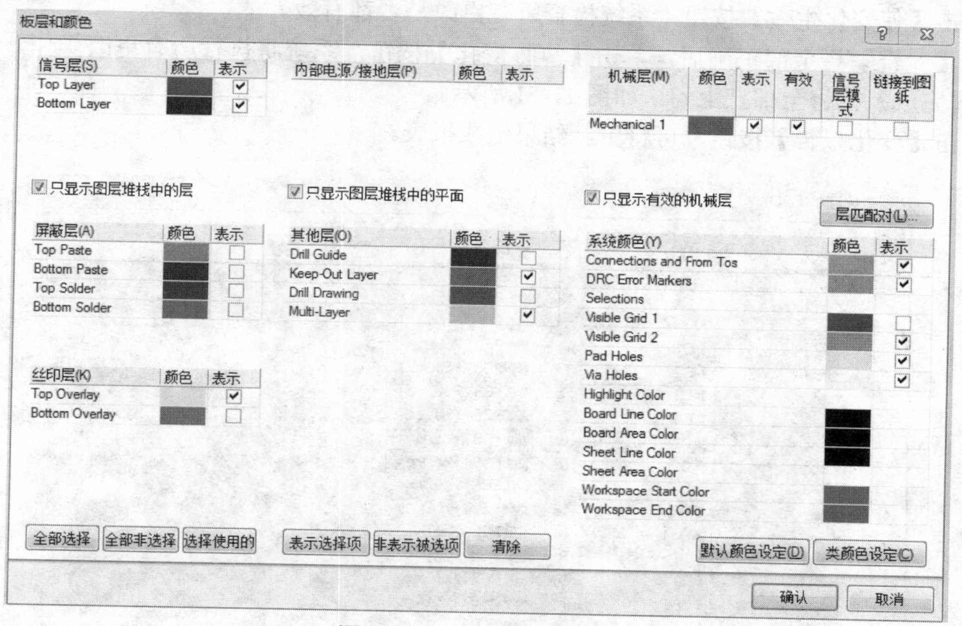

图 11-49　选择板层和颜色

11.8　载入元件封装和导入网络表

执行菜单中【设计】/Import Changes Form *.PrjPCB 命令。

执行该命令相当于将原理图的网络表信息全部载入到 PCB 文件中。执行该命令后将弹出【工程变化订单（EOC)】对话框，如图 11-50 所示。

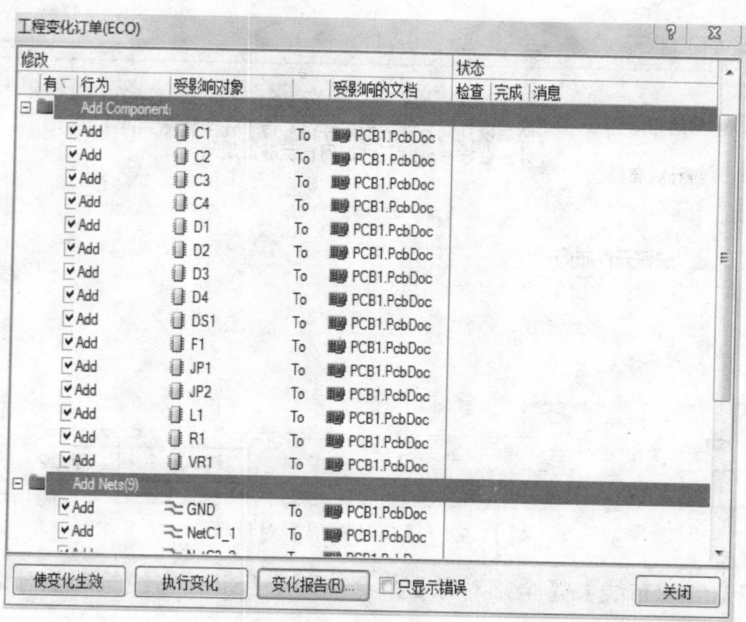

图 11-50　【工程变化订单】对话框

单击【使变化生效】按钮，系统检查所有更改是否都有效。

在【检查】栏全部正确后，单击【执行变化】按钮，系统将执行所有更改操作。若执行成功，【完成】栏将全部打上勾，如图 11-51 所示。

单击【变化报告】按钮，可将更新结果生成报表。

工程变化订单(ECO)

有	行为	受影响对象		受影响的文档	检查	完成	消息
	Add Component						
✓	Add	Sheet1	To	PCB1.PcbDoc	✓	✓	
	Add Component:						
✓	Add	C1	To	PCB1.PcbDoc	✓	✓	
✓	Add	C2	To	PCB1.PcbDoc	✓	✓	
✓	Add	C3	To	PCB1.PcbDoc	✓	✓	
✓	Add	C4	To	PCB1.PcbDoc	✓	✓	
✓	Add	D1	To	PCB1.PcbDoc	✓	✓	
✓	Add	D2	To	PCB1.PcbDoc	✓	✓	
✓	Add	D3	To	PCB1.PcbDoc	✓	✓	
✓	Add	D4	To	PCB1.PcbDoc	✓	✓	
✓	Add	DS1	To	PCB1.PcbDoc	✓	✓	
✓	Add	F1	To	PCB1.PcbDoc	✓	✓	
✓	Add	JP1	To	PCB1.PcbDoc	✓	✓	
✓	Add	JP2	To	PCB1.PcbDoc	✓	✓	
✓	Add	L1	To	PCB1.PcbDoc	✓	✓	
✓	Add	R1	To	PCB1.PcbDoc	✓	✓	
✓	Add	VR1	To	PCB1.PcbDoc	✓	✓	
	Add Nets(9)						

使变化生效　执行变化　变化报告(R)...　只显示错误　关闭

图 11-51　执行变化后的工程变化订单对话框

执行菜单中【工具】/【放置元件】/【自动布局】命令，将弹出【自动布局】对话框，如图 11-52 所示。

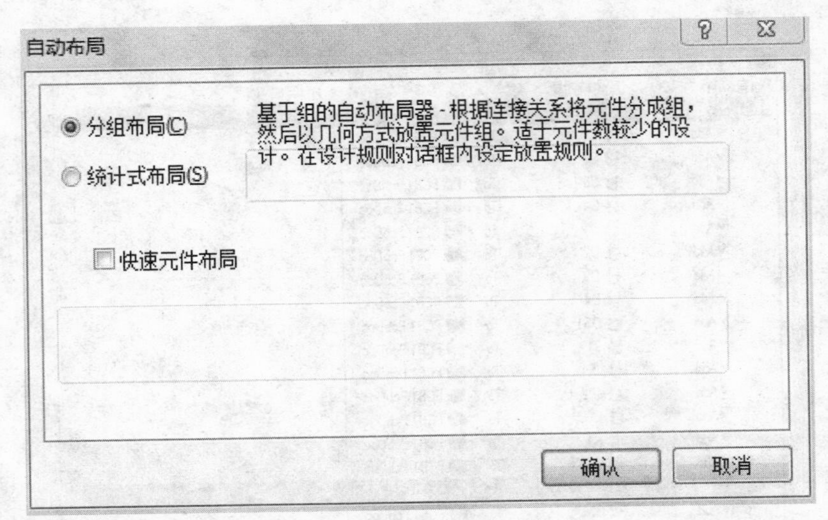

图 11-52　【自动布局】对话框

执行菜单中【自动布线】/【全部对象】命令，打开【Situs 布线策略】对话框，如图 11-53 所示。

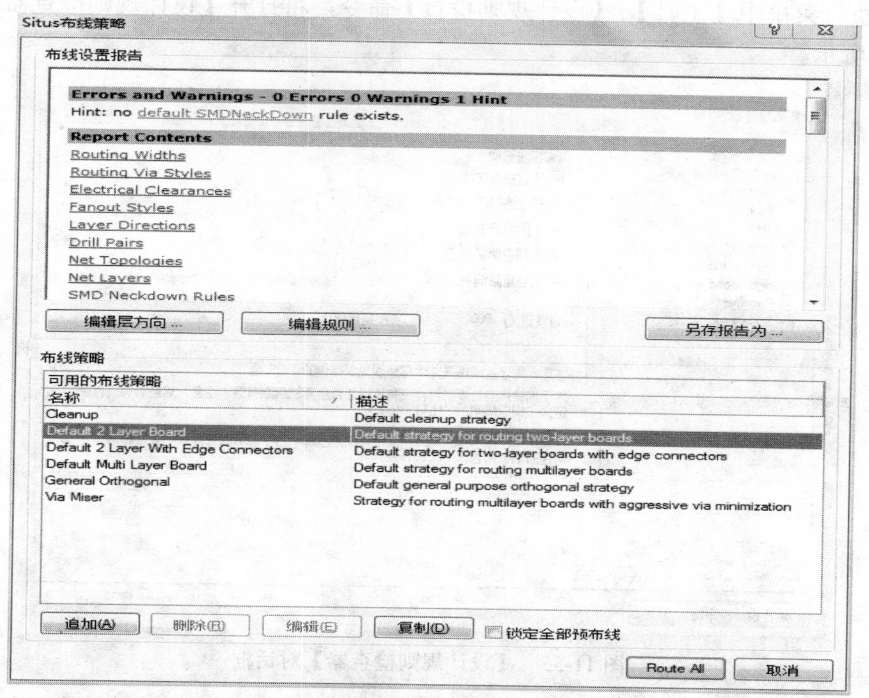

图 11-53 【Situs 布线策略】对话框

单击 Route All 按钮，系统将弹出自动布线信息对话框，如图 11-54 所示。

Messages

Class	Document	Source	Message	Time	Date	No.
Situs Ev...	PCB1.PcbDoc	Situs	Routing Started	19:06:06	2010/8/20	1
Routing ...	PCB1.PcbDoc	Situs	Creating topology map	19:06:07	2010/8/20	2
Situs Ev...	PCB1.PcbDoc	Situs	Starting Fan out to Plane	19:06:07	2010/8/20	3
Situs Ev...	PCB1.PcbDoc	Situs	Completed Fan out to Plane in 0 Seconds	19:06:07	2010/8/20	4
Situs Ev...	PCB1.PcbDoc	Situs	Starting Memory	19:06:07	2010/8/20	5
Situs Ev...	PCB1.PcbDoc	Situs	Completed Memory in 0 Seconds	19:06:07	2010/8/20	6
Situs Ev...	PCB1.PcbDoc	Situs	Starting Layer Patterns	19:06:07	2010/8/20	7
Routing ...	PCB1.PcbDoc	Situs	Calculating Board Density	19:06:07	2010/8/20	8
Situs Ev...	PCB1.PcbDoc	Situs	Completed Layer Patterns in 0 Seconds	19:06:07	2010/8/20	9
Situs Ev...	PCB1.PcbDoc	Situs	Starting Main	19:06:07	2010/8/20	10
Routing ...	PCB1.PcbDoc	Situs	21 of 22 connections routed (95.45%) in 1 Second	19:06:08	2010/8/20	11
Situs Ev...	PCB1.PcbDoc	Situs	Completed Main in 1 Second	19:06:09	2010/8/20	12
Situs Ev...	PCB1.PcbDoc	Situs	Starting Completion	19:06:09	2010/8/20	13
Situs Ev...	PCB1.PcbDoc	Situs	Completed Completion in 0 Seconds	19:06:09	2010/8/20	14
Situs Ev...	PCB1.PcbDoc	Situs	Starting Straighten	19:06:09	2010/8/20	15
Routing ...	PCB1.PcbDoc	Situs	22 of 22 connections routed (100.00%) in 7 Seconds	19:06:13	2010/8/20	16
Situs Ev...	PCB1.PcbDoc	Situs	Completed Straighten in 4 Seconds	19:06:14	2010/8/20	17
Routing ...	PCB1.PcbDoc	Situs	22 of 22 connections routed (100.00%) in 7 Seconds	19:06:14	2010/8/20	18
Situs Ev...	PCB1.PcbDoc	Situs	Routing finished with 0 contentions(s). Failed to complete 0 connectio...	19:06:14	2010/8/20	19

图 11-54 自动布线信息对话框

完成 PCB 板布线工作后，可通过设计规则查询来检测布线结果。设计规则检查的步骤如下：

（1）执行菜单中【工具】/【设计规则检查】命令，将打开【设计规则检查器】对话框，如图 11-55 所示。

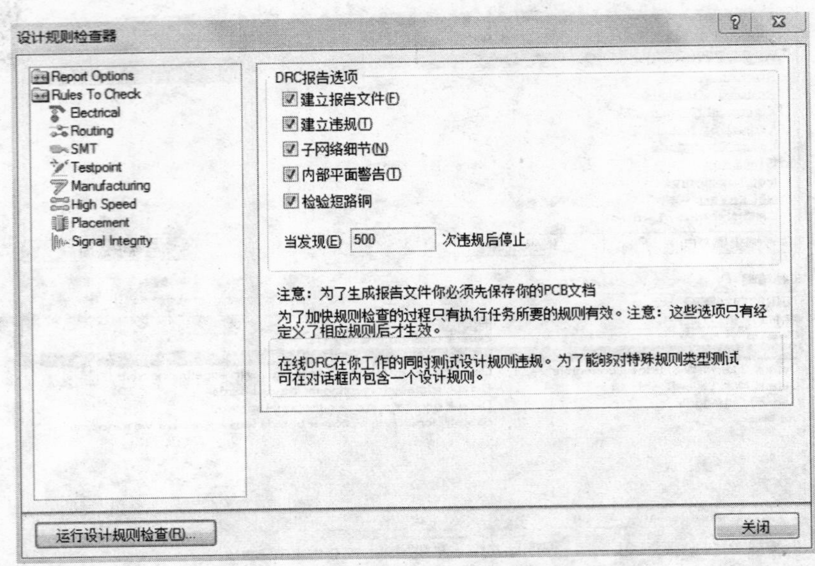

图 11-55 【设计规则检查器】对话框

（2）单击【运行设计规则检查】按钮，开始设计规则检查。检查完毕后，将生成并打开设计规则检查报表文件，同时激活 Messages 对话框，如图 11-56 所示。通过该文件可以查询检查结果，在 Messages 对话框中列出所有错误项目，双击面板中错误选项，系统自动将 PCB 板上出错的地方移动到工作窗口的中央。

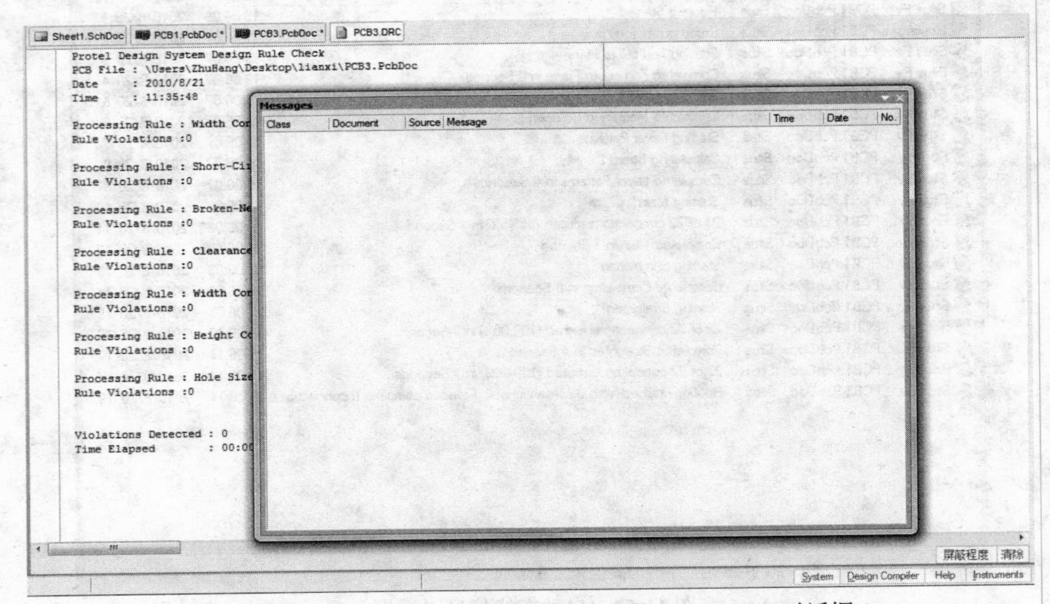

图 11-56 设计规则检查后生成的报表文件和 Messages 对话框

（3）根据检查后产生的错误提示纠正错误。

11.9　覆铜和补泪滴

执行菜单中【放置】/【覆铜】命令，或单击配线工具栏中的 按钮，系统将弹出【覆铜】属性对话框，如图 11-57 所示。

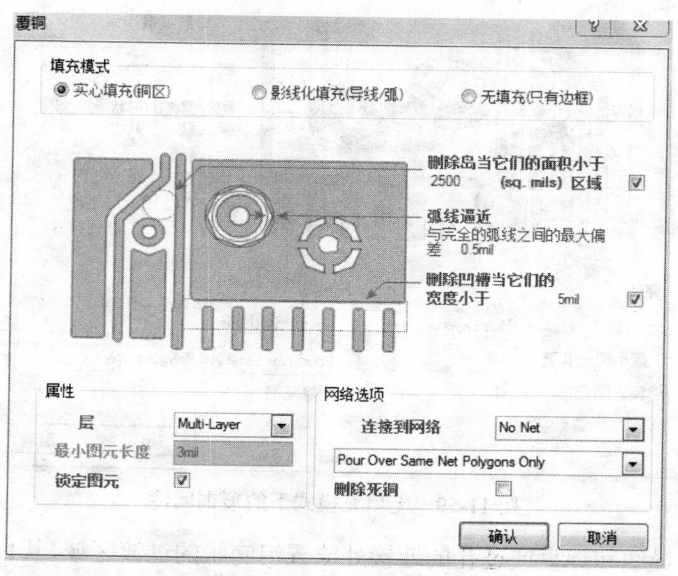

图 11-57　【覆铜】属性对话框

影线化填充模式：覆铜区用导线和弧线填充，选中该单选按钮后，【覆铜】属性对话框如图 11-58 所示。

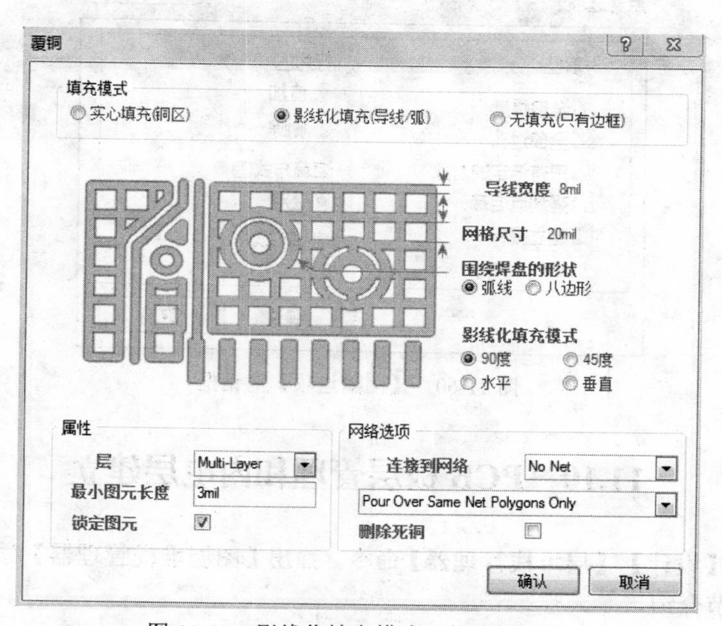

图 11-58　影线化填充模式下的覆铜属性

无填充：覆铜区的边框为铜膜导线，而覆铜区内部没有填充铜膜，选中该单选按钮后，【覆铜】属性对话框如图 11-59 所示。

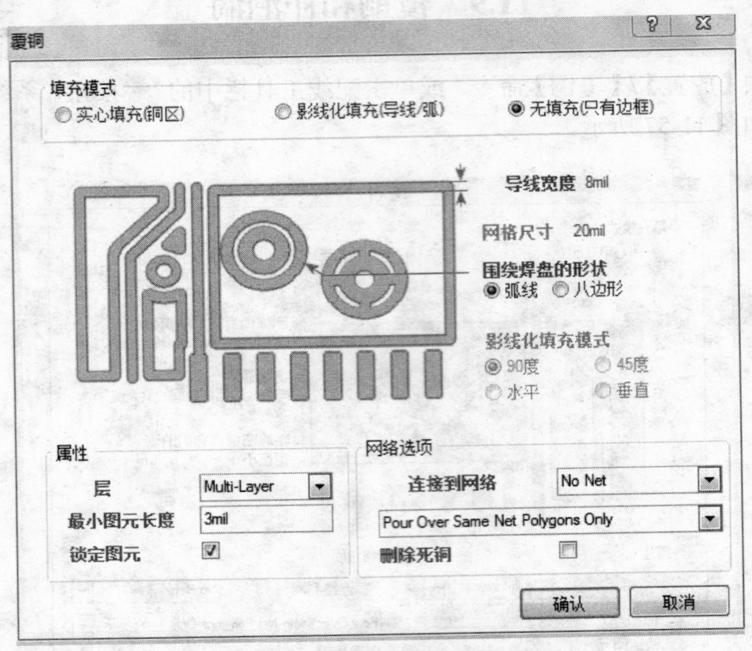

图 11-59　无填充模式下的覆铜属性

补泪滴是指在导线和焊盘或过孔的连接处放置泪滴状的过渡区域，其目的是增强连接处的强度，补泪滴的操作过程如下。

执行菜单中【工具】/【泪滴焊盘】命令，弹出【泪滴选项】对话框，如图 11-60 所示。

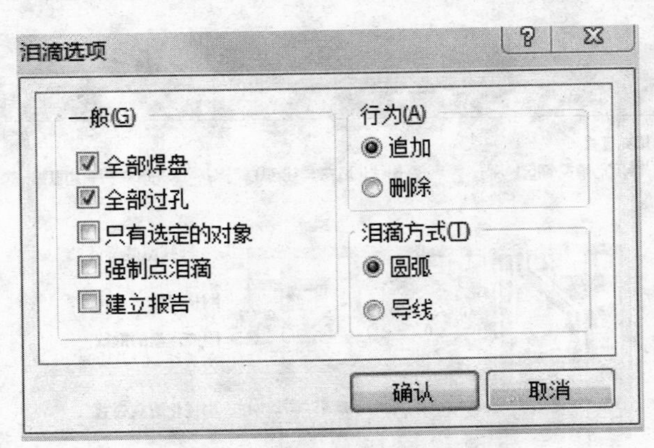

图 11-60　【泪滴选项】对话框

11.10　PCB 板层管理和内电层建立

执行菜单中【设计】/【层堆栈管理器】命令，弹出【图层堆栈管理器】对话框，如图 11-61 所示。详见 8.4 节介绍。

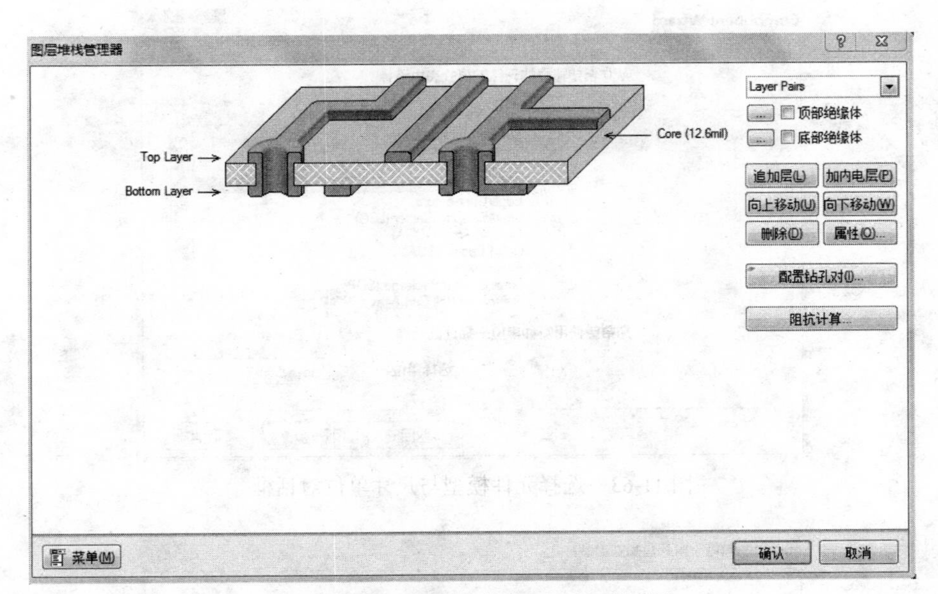

图 11-61 【图层堆栈管理器】对话框

11.11 制作 PCB 数码管元件库

执行菜单中【工具】/【新元件】命令，启动向导工具，如图 11-62 所示。

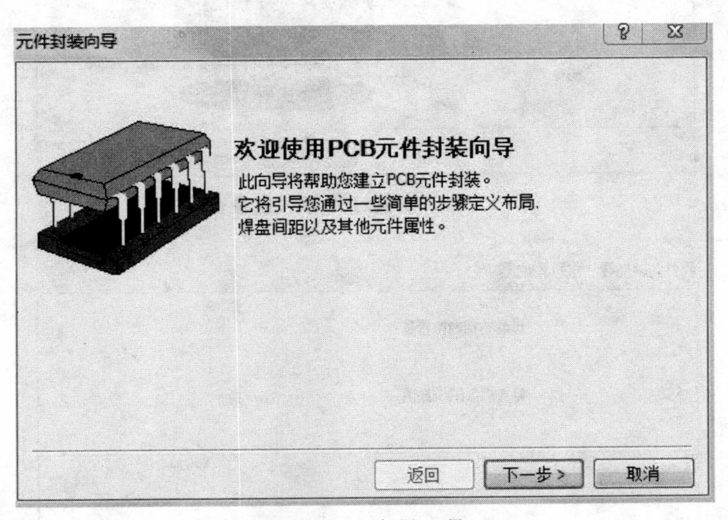

图 11-62 向导工具

单击【下一步】按钮，弹出选择元件模型与尺寸单位对话框，如图 11-63 所示。由于数码管形状类似 DIP，因此选择 Dual in-line Package(DIP)选项；元件尺寸单位选择英制单位。

单击【下一步】按钮，弹出设置过孔与焊盘直径对话框，如图 11-64 所示。这里过孔直径设置为 25mil，焊盘直径设置为 50mil。

单击【下一步】按钮，将会弹出设置焊盘间距对话框，如图 11-65 所示。根据要求，这里同一列焊盘之间的距离设置为 100mil，两列焊盘之间的距离设置为 600mil。

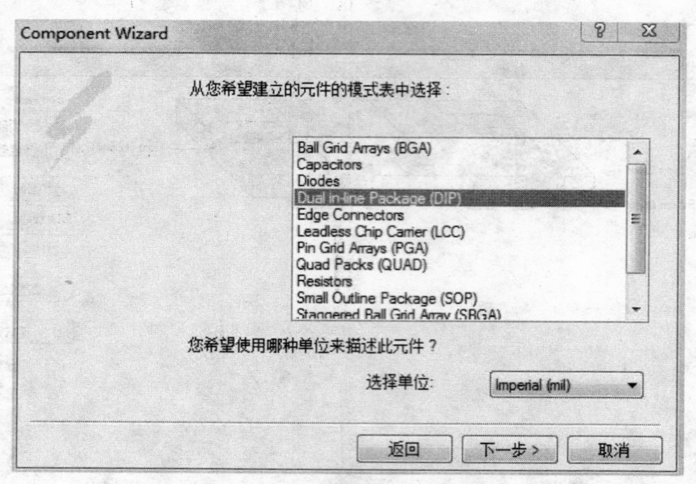

图 11-63 选择元件模型与尺寸单位对话框

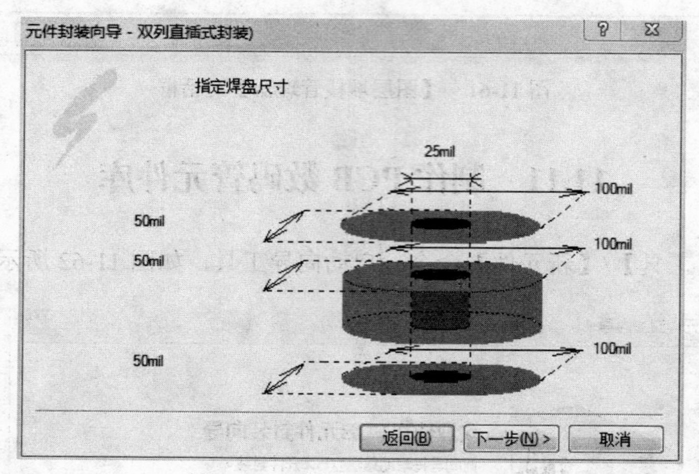

图 11-64 设置过孔与焊盘直径

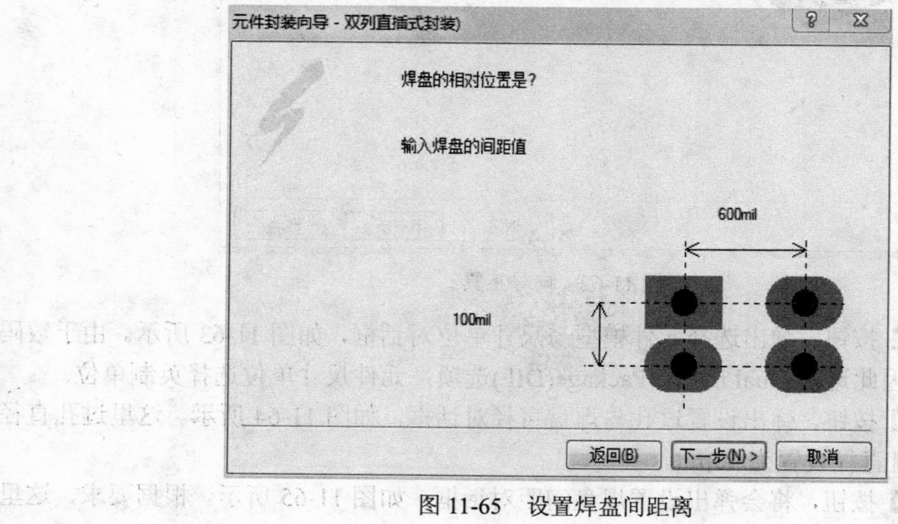

图 11-65 设置焊盘间距离

单击【下一步】按钮，将会弹出设置元件轮廓线宽对话框，如图 11-66 所示，这里使用默认值。

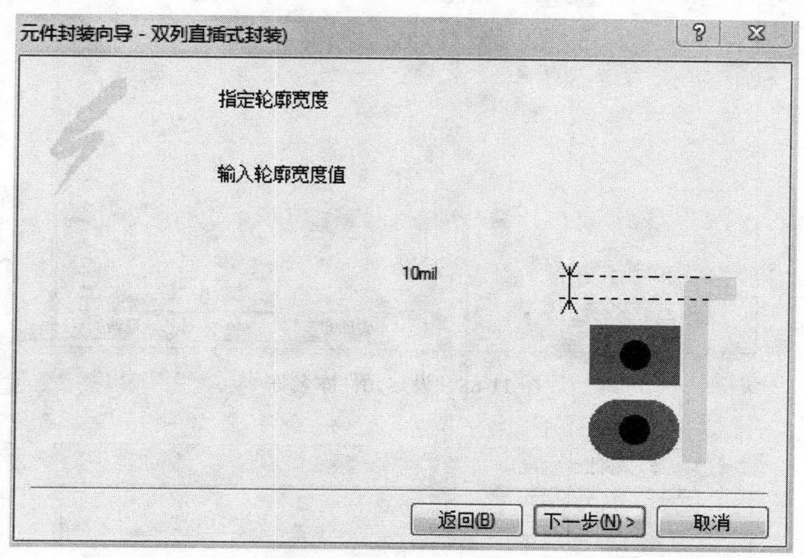

图 11-66　设置元件轮廓线宽

单击【下一步】按钮，将会弹出选择元件中焊盘数目对话框，如图 11-67 所示。数码管共有 10 只引脚，因此选择 10。

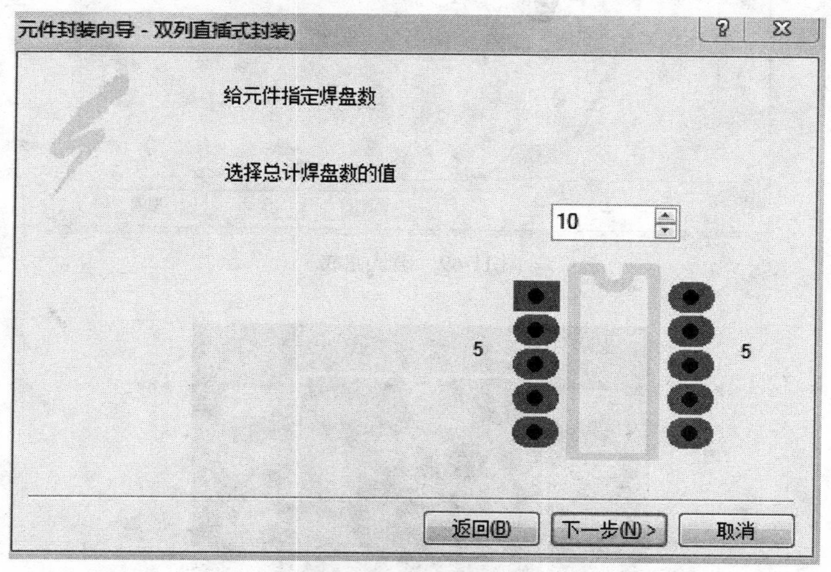

图 11-67　选择焊盘数目

单击【下一步】按钮，将会弹出设定 PCB 元件库名称对话框，如图 11-68 所示。根据要求在名称栏输入 LED10。

单击 Next 按钮，将会弹出完成操作对话框，如图 11-69 所示。单击【Finish】按钮，确认完成所有操作，完成后的 PCB 元件库模型如图 11-70 所示。

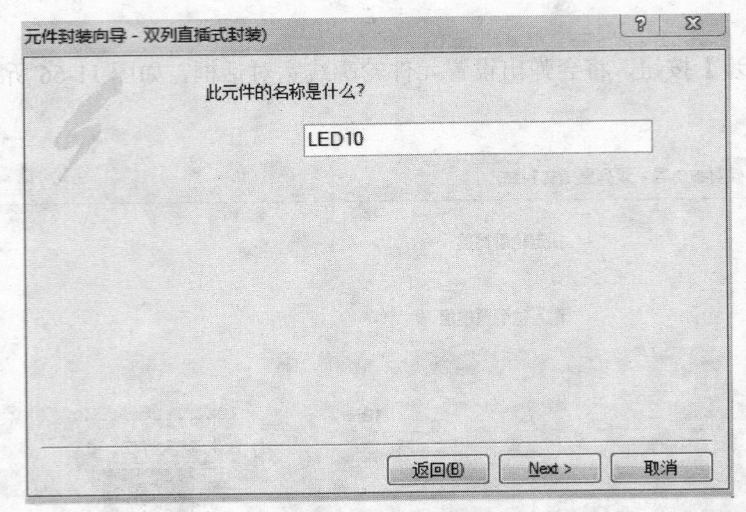

图 11-68 设定元件库名称

图 11-69 确认完成

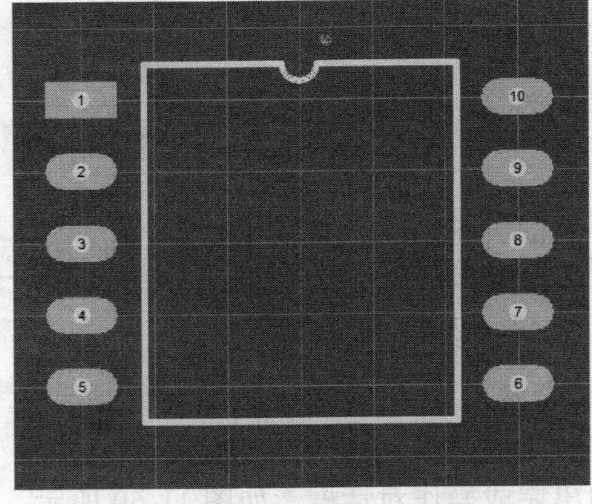

图 11-70 使用向导创建的 PCB 元件库

11.12　在 PCB 板中应用自制的元件封装

在原理图中找到数码管元件，双击数码管元件进入【元件属性】对话框，如图 11-71 所示。

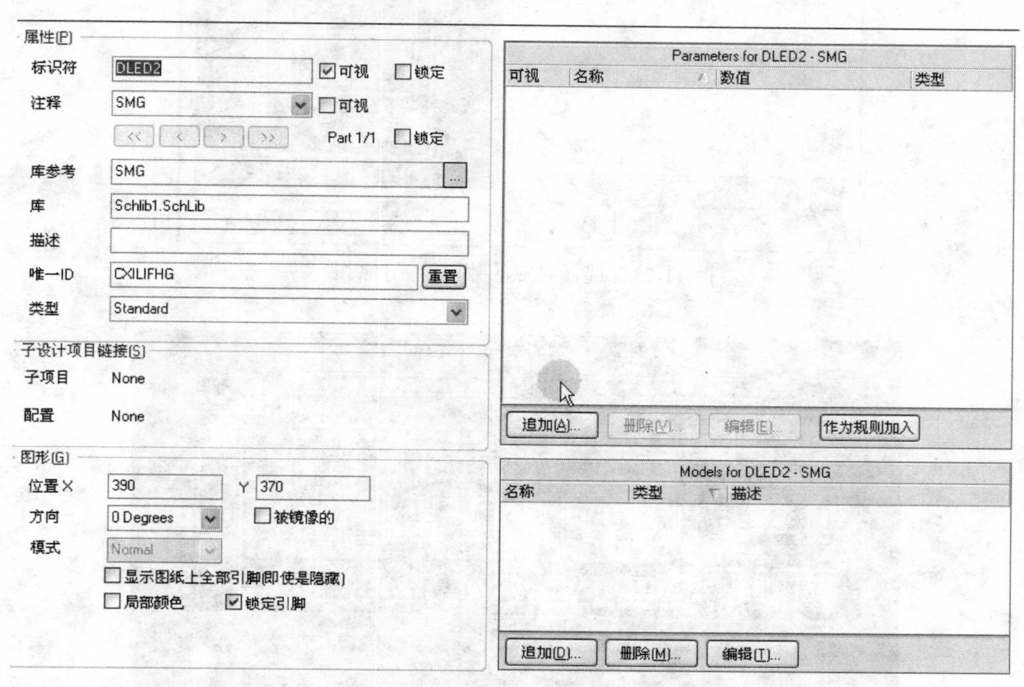

图 11-71　【元件属性】对话框

单击【追加】按钮并单击【确认】按钮，进入【PCB 模型】对话框，如图 11-72 所示。单击【浏览】按钮，进入【库浏览】对话框，选数码管对应的元件封装，完成应用，如图 11-73 所示。

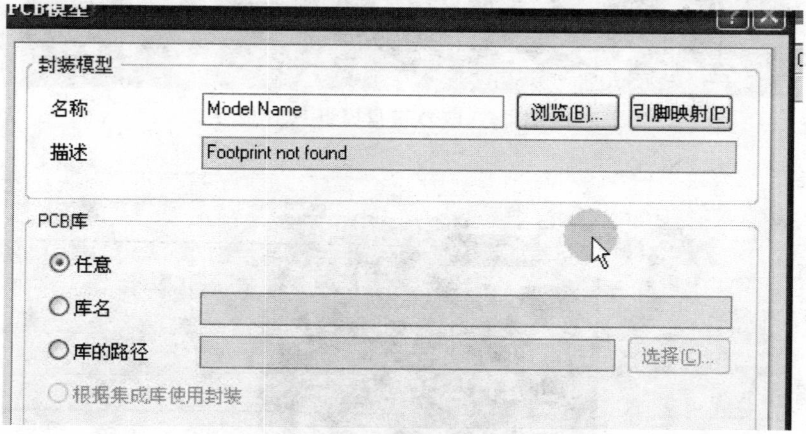

图 11-72　【PCB 模型】对话框

在完成以上的 PCB 元件的制作后，便会得到如图 11-74 所示的 PCB 板。

待元器件焊接后，便得到完整的 LED 键盘模组传感器，如图 11-75 所示。

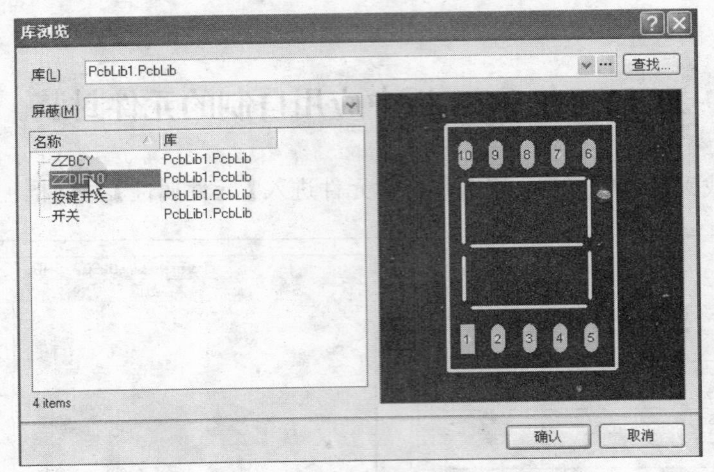

图 11-73　选择对应的数码管元件封装

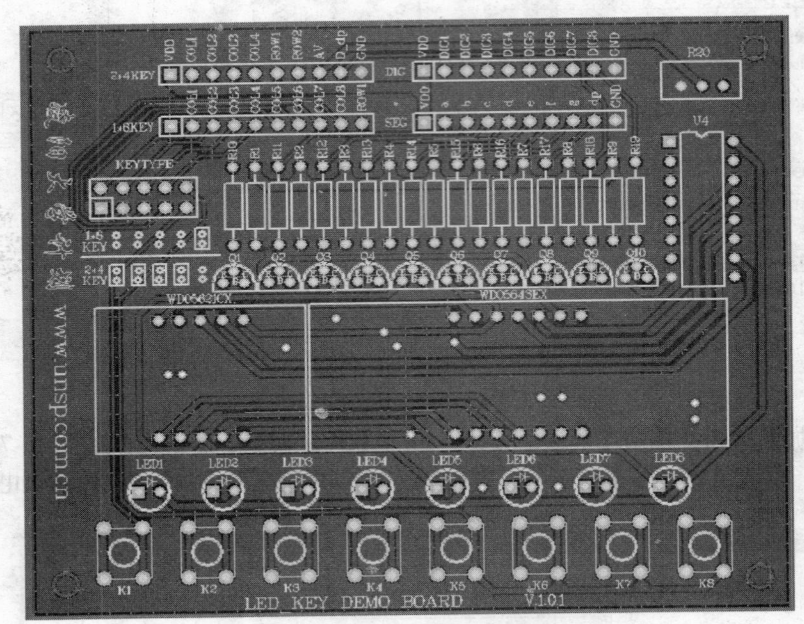

图 11-74　LED 键盘模组 PCB 板

图 11-75　成品后的 LED 键盘模组

通过下面几个综合设计的例子，把本书的全部教学内容、知识、操作、技巧和注意事项进行细致的回顾。希望在具体制作中能够充分学习和掌握 Protel DXP 2004 SP2 软件的功能，在熟练运用软件的同时也能对 Protel DXP 2004 SP2 软件的整体设计思想有所了解。

编者也希望广大学生和爱好者通过对 Protel DXP 2004 SP2 软件的学习能够更进一步地获取一些与电子设计相关的知识，如 EDA、FPGA、嵌入式等。这样也有利于电子设计软件的发展。

综合设计——单片机数码管万年历电路

图 11-76 所示为单片机数码管万年历电路原理图。

图 11-77 所示为单片机数码管万年历电路 PCB 图。

要求：1．进行原理图绘制。

2．熟悉元件库。

3．美化和完善原理图。

4．绘制层次性原理图。

5．生成元件列表、网络表。

6．转换 PCB 文件。

7．熟悉元件封装。

8．PCB 板自动布局和手动布线。

9．编辑和美化 PCB 板。

10．进行信号分析。

综合设计——开关电源电路

图 11-78 所示为开关电源电路原理图。

图 11-79 所示为开关电源电路 PCB 图。

要求：1．进行原理图绘制。

2．熟悉元件库。

3．美化和完善原理图。

4．绘制层次性原理图。

5．生成元件列表、网络表。

6．转换 PCB 文件。

7．熟悉元件封装。

8．PCB 板自动布局和手动布线。

9．编辑和美化 PCB 板。

10．进行信号分析。

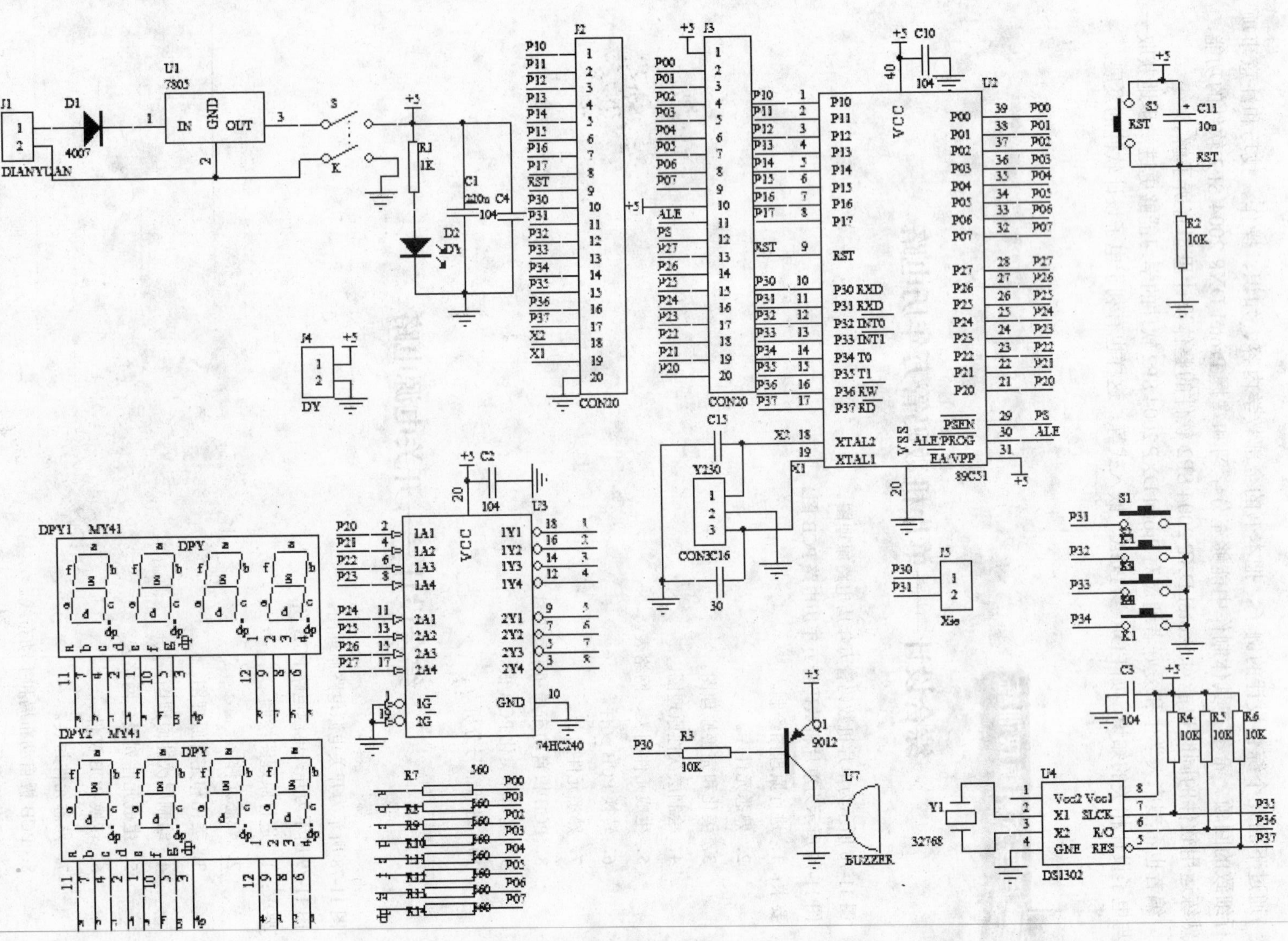

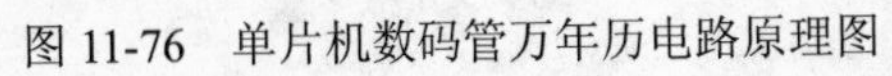
图 11-76 单片机数码管万年历电路原理图

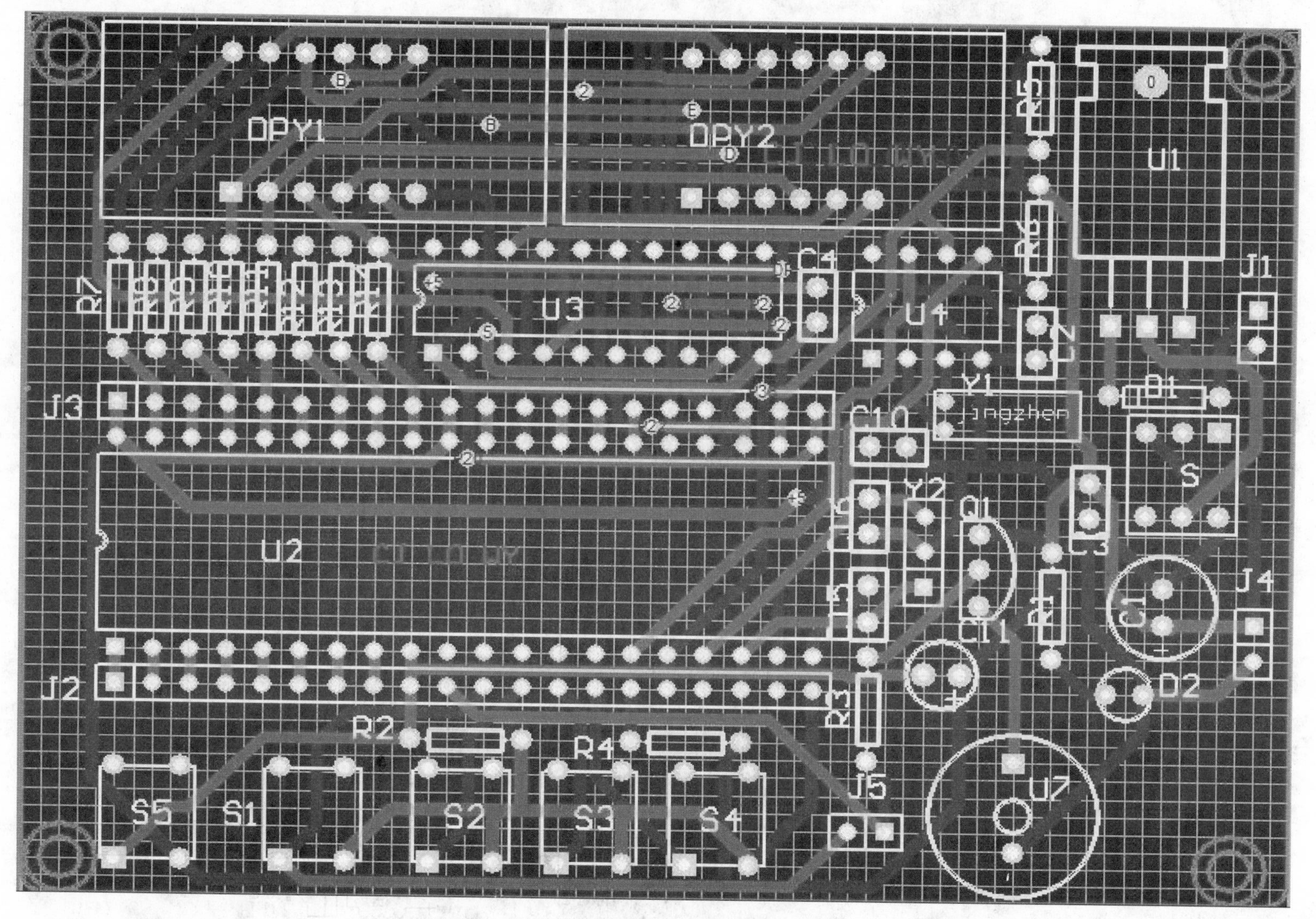

图 11-77　单片机数码管万年历电路 PCB 图

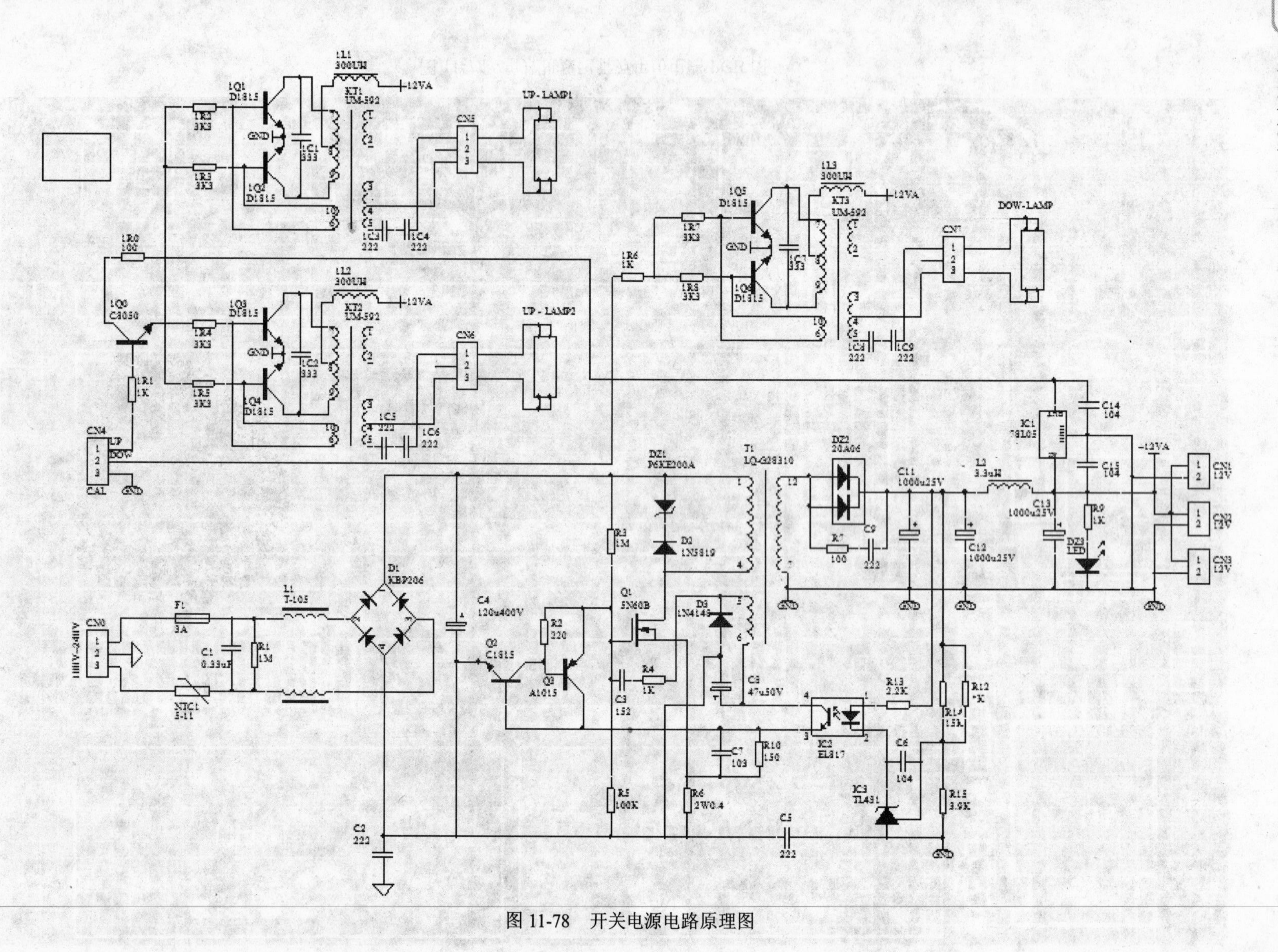

图 11-78　开关电源电路原理图

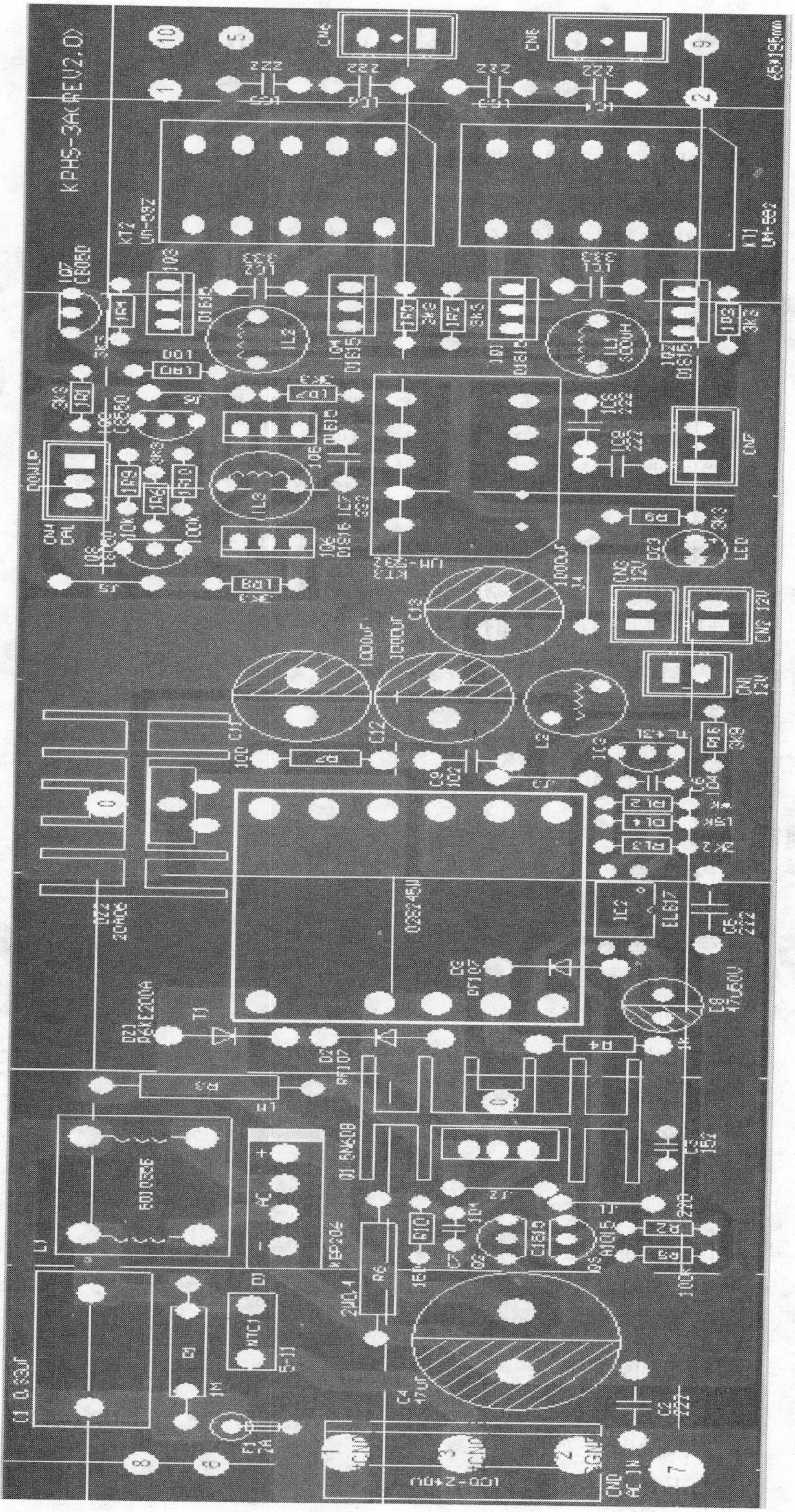

图 11-79　开关电源电路 PCB 图

附录 1　常用快捷操作

X、A	撤消对所有处于选中状态图件的选择
V、D	将视图进行缩放以显示整个电路图文档
V、F	将视图进行缩放以刚好显示所有放置的对象
PgUp	放大视图
PgDn	缩小视图
Home	以光标为中心重画画面
End	刷新画面
Tab	用于图件呈悬浮状态时调出图件属性对话框
Spacebar	放置图件时将待放置的图件旋转 90°
X	用于图件呈悬浮状态时将图件水平方向上折叠
Y	用于图件呈悬浮状态时将图件垂直方向上折叠
Delete	放置导线、多边形时删除最后一个顶点
Spacebar	绘制导线时切换导线的走线模式
Esc	退出正在执行的操作，返回空闲状态
Ctrl+Tab	在多个打开的文档间来回切换
Alt+Tab	在窗口中多个应用程序间来回切换
F1	获得帮助信息

菜单快捷键

A	弹出 Edit/Align 子菜单
B	弹出 View/Toolbars 子菜单
E	弹出 Edit 菜单
F	弹出 File 菜单
H	弹出 Help 菜单
J	弹出 Edit/Jump 子菜单
L	弹出 Edit/Set Location Marks 子菜单
M	弹出 Edit/Move 子菜单
O	弹出 Options 菜单
P	弹出 Place 菜单
R	弹出 Reports 菜单
S	弹出 Edit/Select 子菜单
T	弹出 Tools 菜单
V	弹出 View 菜单
W	弹出 Window 菜单
X	弹出 Edit/DeSelect 子菜单

Z　　　　弹出 View/Zoom 子菜单

命令快捷键

Ctrl+Backspace	恢复上一次撤消的操作
Alt+Backspace	撤消上一次的操作
PgUp	放大视图
Ctrl+ PgDn	尽可能地放大显示所有图件
PgDn	缩小视图
End	刷新视图
Ctrl+Home	将光标跳到坐标原点
Home	以光标所处的位置为中心重画画面
Shift+Insert	将剪贴板中的图件复制到电路图上
Ctrl+ Insert	将选取的图件复制到剪贴板中
Shift+ Delete	将选取的图件剪切到剪贴板中
Ctrl+ Delete	删除选取的图件
键盘左箭头	光标左移一个电气栅格
Shift+键盘左箭头	光标左移 10 个电气栅格
Shift+键盘上箭头	光标上移 10 个电气栅格
键盘上箭头	光标上移一个电气栅格
键盘右箭头	光标右移一个电气栅格
Shift+键盘右箭头	光标右移 10 个电气栅格
键盘下箭头	光标下移一个电气栅格
Shift+键盘下箭头	光标下移 10 个电气栅格
按住鼠标左键拖动	移动图件
Ctrl+按住鼠标左键拖动	拖动图件
鼠标左键双击	对选取图件的属性进行编辑
鼠标左键	选中单个图件
Ctrl+鼠标左键	拖动单个图件
Shift+鼠标左键	选取单个图件
Shift+Ctrl+鼠标左键	移动单个图件
Shift+F5	将打开的文件层叠显示
Shift+F4	将打开的文件平铺显示
F3	查找下一个匹配的文件
F1	启动联机帮助画面
Ctrl+ Shift+V	将选取的图件在上下边缘之间，垂直方向上均匀排列
Ctrl+R	将选取的图件以右边缘为基准，靠右对齐
Ctrl+L	将选取的图件以左边缘为基准，靠左对齐
Ctrl+H	将选取的图件以左右边缘之间的中线为基准，水平方向上居中对齐

Ctrl+ Shift+H	将选取的图件在左右边缘之间，水平方向上均匀排列
Ctrl+T	将选取的图件以上边缘为基准顶部对齐
Ctrl+B	将选取的图件以下边缘为基准底部对齐
Ctrl+V	将选取的图件以上下边缘之间的中线为基准，垂直方向上居中对齐
Ctrl+G	查找并替换文本
Ctrl+1	以元件原尺寸的大小显示图纸
Ctrl+2	以元件原尺寸 200%的大小显示图纸
Ctrl+4	以元件原尺寸 400%的大小显示图纸
Ctrl+5	以元件原尺寸 500%的大小显示图纸
Ctrl+F	查找文本
Delete	删除选中的图件

附录 2　原理图元件清单及图形样本

在本附录中，给出部分原理图元件库及图形样本，它们主要来源于 DEVICE.LIB 元件库。

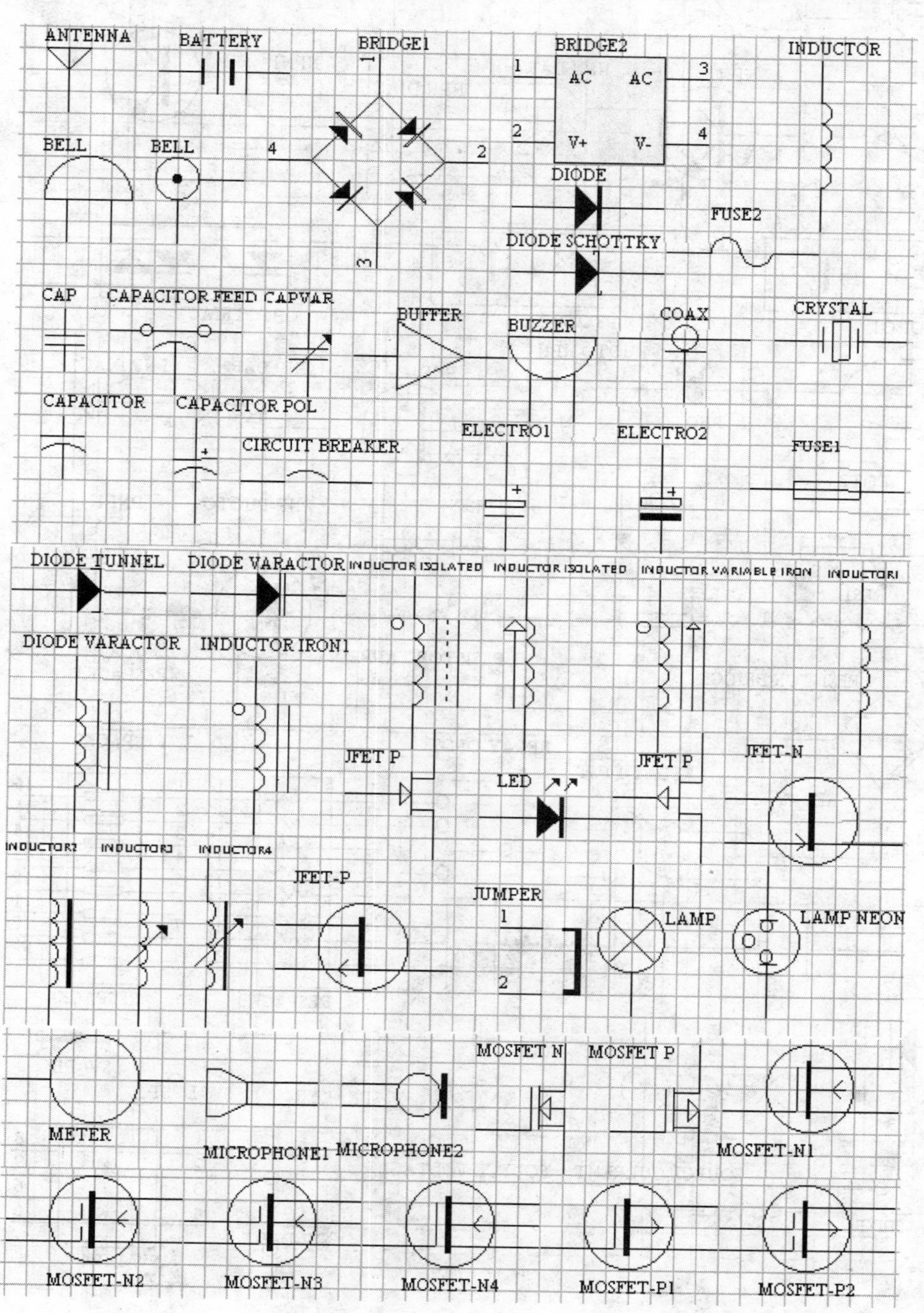

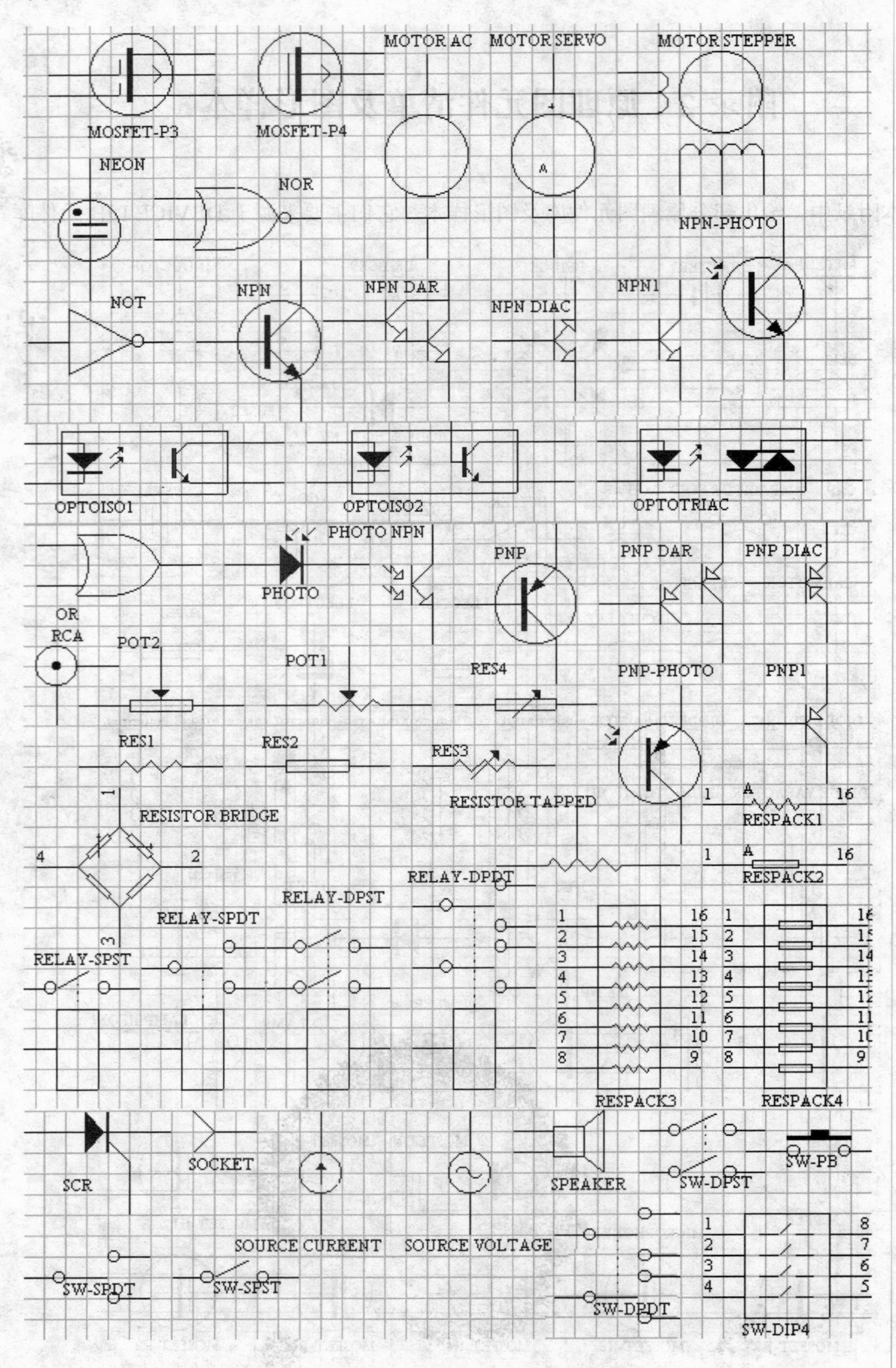
MOSFET-P3
MOSFET-P4
MOTOR AC
MOTOR SERVO
MOTOR STEPPER
NEON
NOR
NPN-PHOTO
NOT
NPN
NPN DAR
NPN DIAC
NPN1
OPTOISO1
OPTOISO2
OPTOTRIAC
PHOTO NPN
PHOTO
PNP
PNP DAR
PNP DIAC
OR
RCA
POT2
POT1
RES4
PNP-PHOTO
PNP1
RES1
RES2
RES3
RESISTOR BRIDGE
RESISTOR TAPPED
RESPACK1
RESPACK2
RELAY-DPDT
RELAY-DPST
RELAY-SPDT
RELAY-SPST
RESPACK3
RESPACK4
SOCKET
SCR
SPEAKER
SW-DPST
SW-PB
SOURCE CURRENT
SOURCE VOLTAGE
SW-SPDT
SW-SPST
SW-DPDT
SW-DIP4

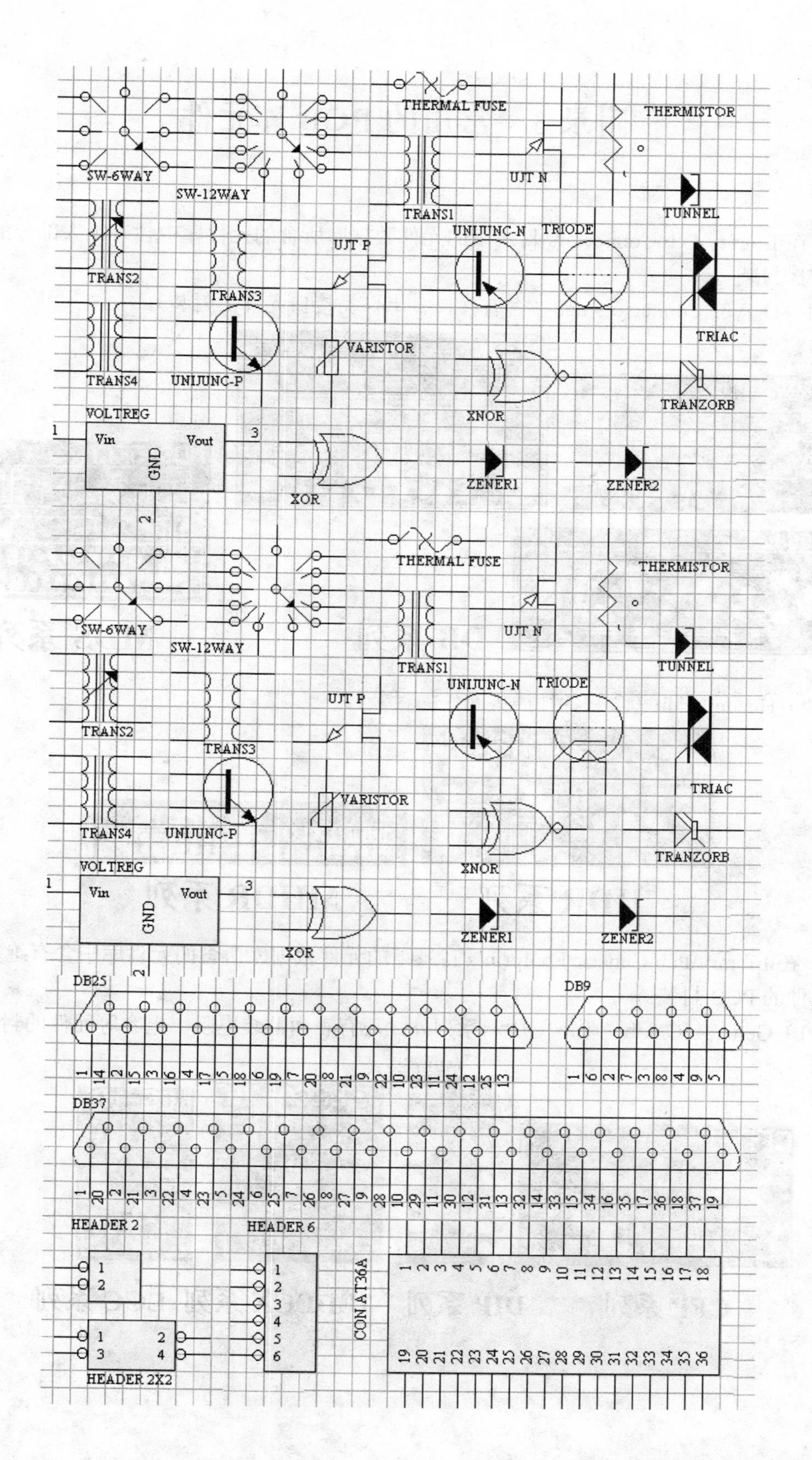
THERMAL FUSE
THERMISTOR
SW-6WAY
SW-12WAY
UJT N
TRANS1
TUNNEL
TRANS2
TRANS3
UJT P
UNIJUNC-N
TRIODE
TRANS4
UNIJUNC-P
VARISTOR
TRIAC
XNOR
TRANZORB
VOLTREG
1
Vin
Vout
3
GND
2
XOR
ZENER1
ZENER2
THERMAL FUSE
THERMISTOR
SW-6WAY
SW-12WAY
UJT N
TRANS1
TUNNEL
TRANS2
TRANS3
UJT P
UNIJUNC-N
TRIODE
TRANS4
UNIJUNC-P
VARISTOR
TRIAC
XNOR
TRANZORB
VOLTREG
1
Vin
Vout
3
GND
2
XOR
ZENER1
ZENER2
DB25
1 14 2 15 3 16 4 17 5 18 6 19 7 20 8 21 9 22 10 23 11 24 12 25 13
DB9
1 6 2 7 3 8 4 9 5
DB37
1 20 2 21 3 22 4 23 5 24 6 25 7 26 8 27 9 28 10 29 11 30 12 31 13 32 14 33 15 34 16 35 17 36 18 37 19
HEADER 2
1
2
HEADER 6
1
2
3
4
5
6
CON AT36A
1 2 3 4 5 6 7 8 9 10 11 12 13 14 15 16 17 18
19 20 21 22 23 24 25 26 27 28 29 30 31 32 33 34 35 36
1
3
2
4
HEADER 2X2

附录 3　常用的 PCB 库元件

1．在\Library\Pcb\Connectors 目录下的元件数据库所含的元件库中含有绝大部分的插件元件的 PCB 封装。

（1）D Type Connectors.ddb（含有并口、串口类接口元件的封装）。

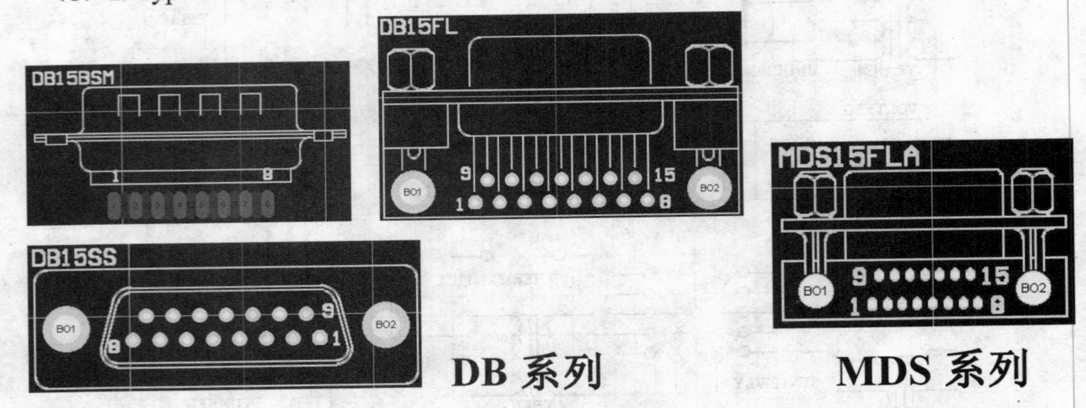

DB 系列　　MDS 系列

（2）Headers.ddb（含有各种插头元件的封装）。

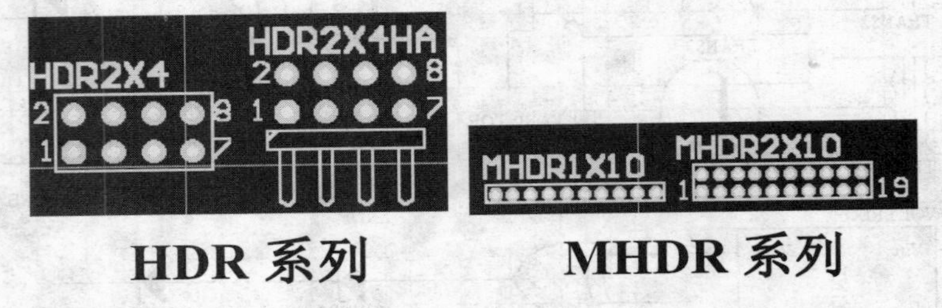

HDR 系列　　MHDR 系列

2．在\Library\Pcb\Generic Footprints 目录下的元件数据库所含的元件库中含有绝大部分的普通元件的 PCB 封装。

（1）General IC.ddb（除下图所示系列外，还有表面贴装电阻、电容等元件的封装）。

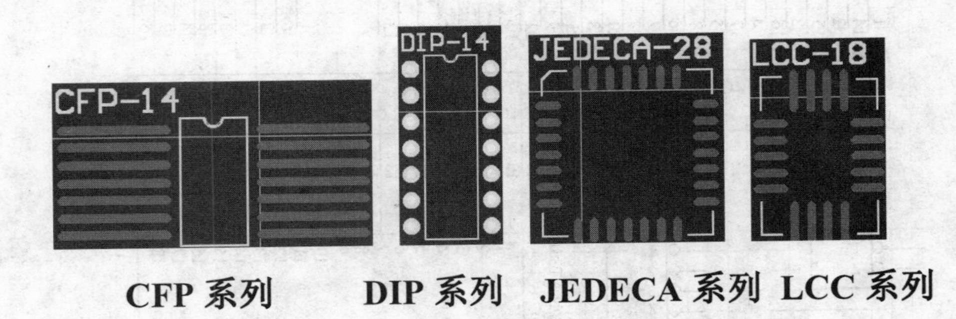

CFP 系列　　DIP 系列　　JEDECA 系列　　LCC 系列

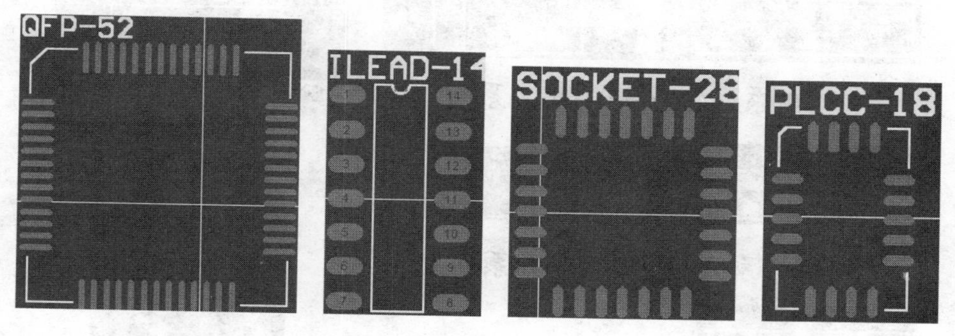

DFP 系列　ILEAD 系列　SOCKET 系列　PLCC 系列

（2）International Rectifiers.ddb（库中含有 IR 公司的整流桥、二极管等常用元件的封装）。

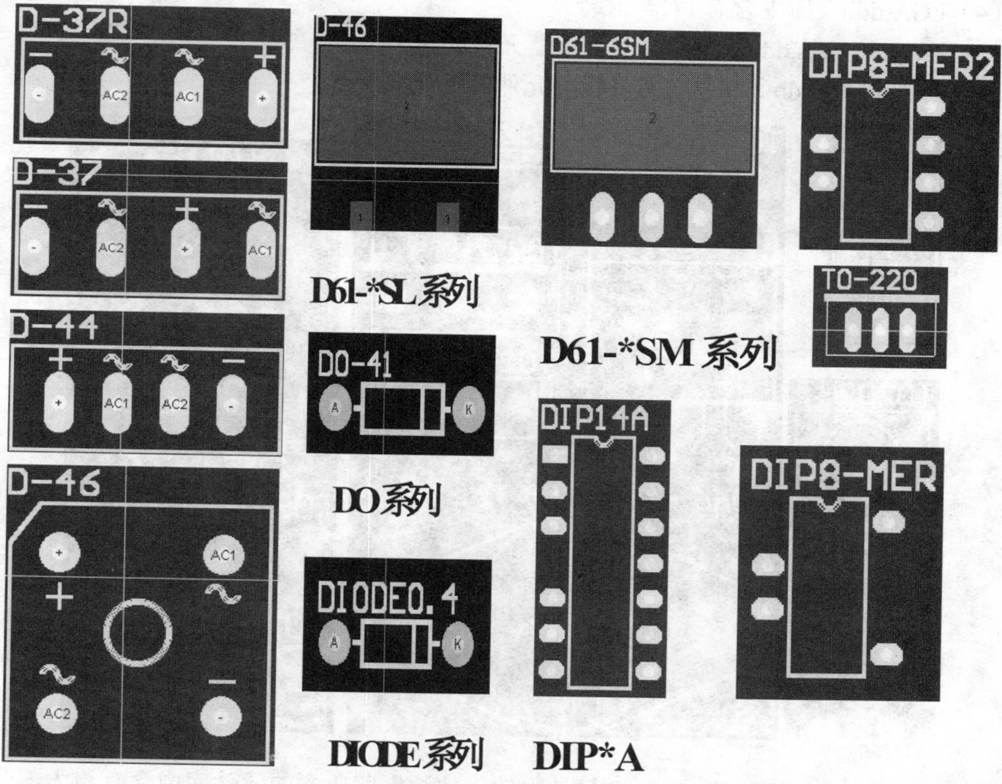

D61-*SL 系列　D61-*SM 系列　DO 系列　DIODE 系列　DIP*A

（3）Miscellaneous.ddb（库中含有电阻、电容、二极管等常用元件的封装）。

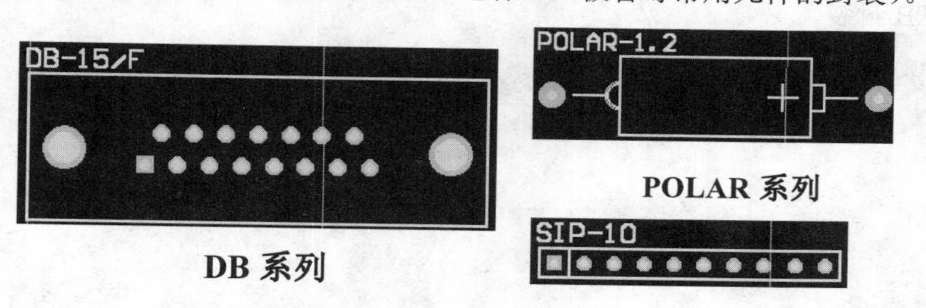

POLAR 系列

DB 系列

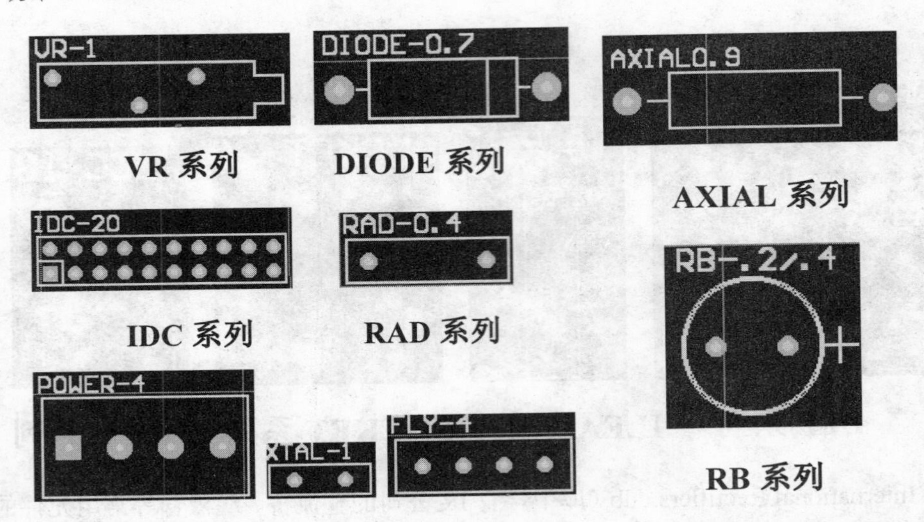

（4）PGA.ddb（库中含有 PGA 封装）。

（5）Transformers.ddb（库中含有变压器元件的封装）。

（6）Transistors.ddb（库中含有晶体管元件的封装）。

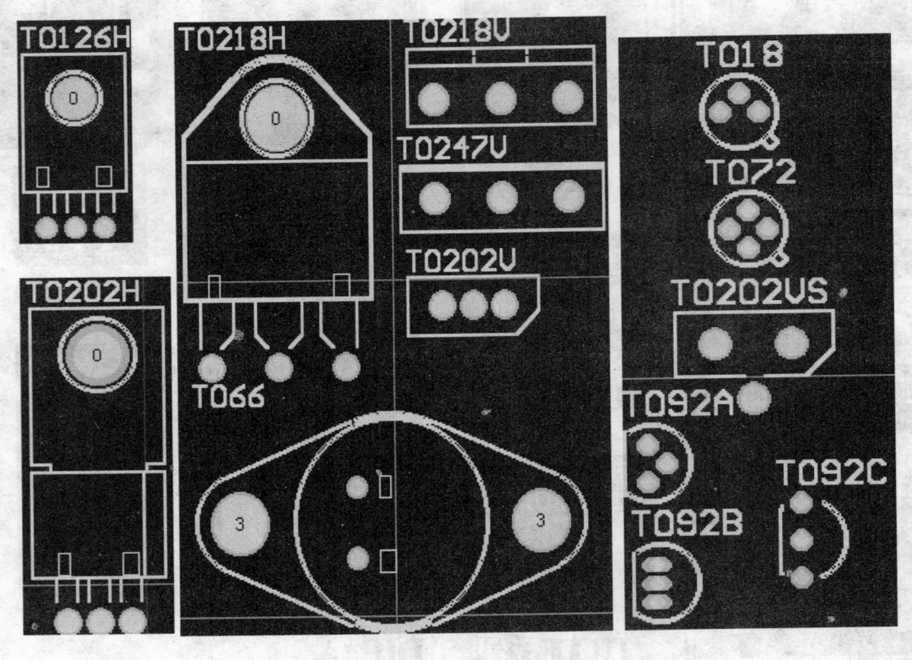

3．在\Library\Pcb\IPC Footprints 目录下的元件数据库所含的元件库中含有绝大部分的表面贴装的 PCB 封装。

附录 4　样题

计算机辅助设计绘图员技能鉴定样题（电路类 DXP）
题号：CADE1（样卷）

说明：

试题共两页三题，考试时间为 3 小时，本试卷采用软件版本为 Protel DXP。

上交考试结果方式：

1．考生须在监考人员指定的硬盘驱动器下建立一个考生文件夹，文件夹名称以本人准考证后 8 位阿拉伯数字来命名（如准考证 651212348888 的考生以 12348888 为名建立文件夹）。

2．考生根据题目要求完成作图，并将答案保存到考生文件夹中。

一、抄画电路原理图（34 分）

1．在考生新建的目录下新建一个项目，项目名称为“学号+姓名”，在项目中添加原理图文件，文件名为 sheet1.sch。

2．按下图尺寸及格式画出标题栏，填写标题栏内文字（注：考生单位一栏填写考生所在单位名称，无单位者填写“街道办事处”，尺寸单位为 10mil）。

	70	110	60	60	30	20
20	考生姓名		题号		成绩	
20	准考证号码		出生年月日		性别	
20	身份证号码		（考生单位）			
20	评卷姓名					

3．按照附图一内容画图（要求对 Footprint 进行选择标注）。

4．将原理图生成网络表。

5．保存文件。

二、生成电路板（50 分）

1．在考生的设计文件中新建一个 PCB 子文件，文件名为 PCB1.PcbDoc。

2．利用上题生成的网络表，将原理图生成合适的长方形双面电路板，规格为 X:Y=4:3。

3．电路板的布局不能采用自动布局，要求按照信号流向合理布局（从上至下，从下至上，从左至右，从右至左）。要修改网络表，使得 IC 等的电源网络名称保持与电路中提供的合适电源的网络名称一致。

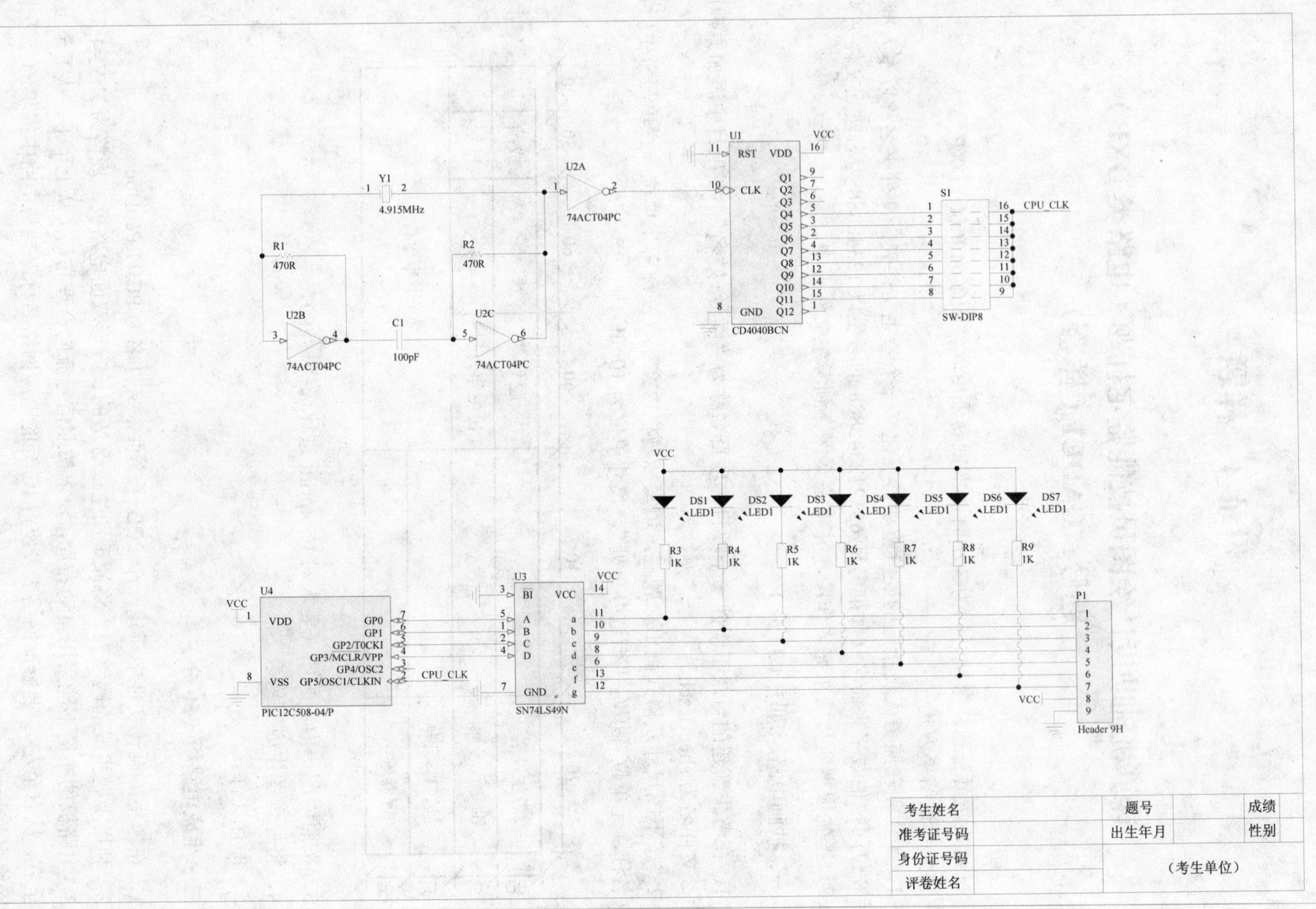

Y1
4.915MHz
R1
470R
R2
470R
U2A
U2B
U2C
74ACT04PC
C1
100pF
U1
RST
VDD
CLK
GND
CD4040BCN
S1
SW-DIP8
CPU_CLK
VCC
DS1
DS2
DS3
DS4
DS5
DS6
DS7
LED1
R3
R4
R5
R6
R7
R8
R9
1K
U4
PIC12C508-04/P
GP0
GP1
GP2/T0CKI
GP3/MCLR/VPP
GP4/OSC2
GP5/OSC1/CLKIN
VSS
U3
SN74LS49N
BI
P1
Header 9H
考生姓名
准考证号码
身份证号码
评卷姓名
题号
出生年月
成绩
性别
（考生单位）

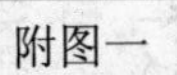
附图一

4．将接地线和电源线加宽，介于 20～50mil 间。

5．保存 PCB 文件。

三、制作电路原理图元件及元件封装（16 分）

1．在考生的设计文件中新建一个原理图零件库子文件，文件名为 schlib1.SchLib。

2．根据附图二的原理图元件，要求尺寸和原图保持一致，其中该器件包括了 4 个子元件，各子元件引脚对应如图所示，元件命名为 LM339N，图中每小格长度为 10mil。

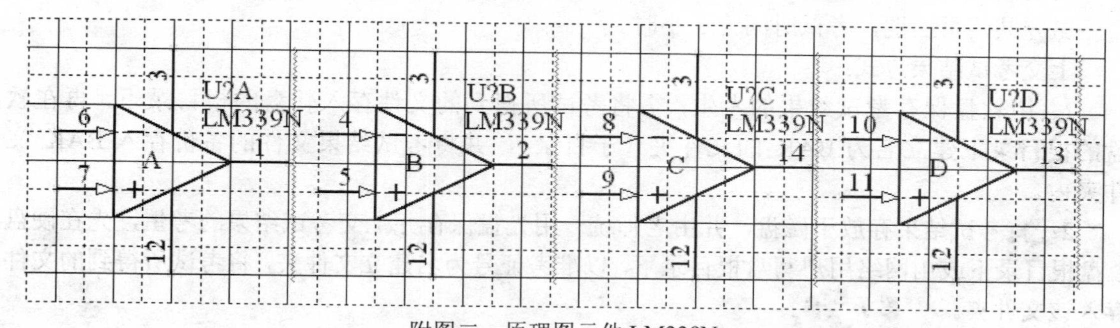

附图二　原理图元件 LM339N

3．在考生的设计文件中新建一个元件封装子文件，文件名为 PCBlib1.PcbLib。

4．抄画附图三的元件封装，要求按图示标称对元件进行命名（尺寸标注的单位为 mil，不要将尺寸标注画在图中）。

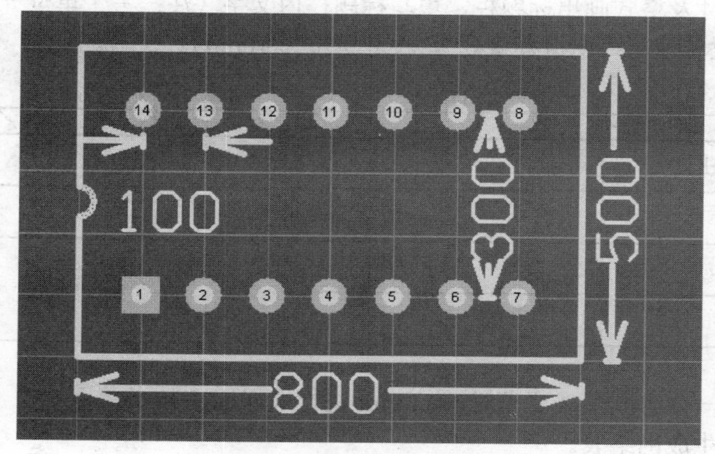

附图三　元件封装 DIP14

5．保存两个文件。

6．退出绘图系统，结束操作。

计算机辅助设计绘图员技能鉴定试题（电路类）

题号：CADE16（双号考生用卷）

说明：

试题共两页三题，考试时间为 3 小时。

上交考试结果方式：

1．用软盘保存考试结果的考生，需将考试所得到的文件存入软盘的根目录下，再在软盘的根目录下建立名为.BAK 的文件夹（子目录），并将考试结果文件的备份存入.BAK 文件夹内。

2．将考试结果存放于磁盘，并由老师统一用光盘保存并上交考试结果的考生，先在硬盘 C 盘根目录下或由网络用户写盘根目录下，以准考证号为名建立文件夹，将考试所得到的文件存入该文件夹。

一、抄画电路原理图（34 分）

1．在考生新建的目录下新建一个项目，项目名称为“学号+姓名”，在项目中添加原理图文件，文件名为 sheet1.sch。

2．按下图尺寸及格式画出标题栏，填写标题栏内文字（注：考生单位一栏填写考生所在单位名称，无单位者填写“街道办事处”，尺寸单位为 10mil）。

<table>
<tr><th></th><th>70</th><th>110</th><th>60</th><th>60</th><th>30</th><th>20</th></tr>
<tr><td>20</td><td>考生姓名</td><td></td><td>题号</td><td></td><td>成绩</td><td></td></tr>
<tr><td>20</td><td>准考证号码</td><td></td><td>出生年月日</td><td></td><td>性别</td><td></td></tr>
<tr><td>20</td><td>身份证号码</td><td></td><td colspan="4" rowspan="2">（考生单位）</td></tr>
<tr><td>20</td><td>评卷姓名</td><td></td></tr>
</table>

3．按照附图一内容画图（要求对 Footprint 进行选择标注）。

4．将原理图生成网络表。

5．保存文件。

二、生成电路板（50 分）

1．在考生的设计文件中新建一个 PCB 子文件，文件名为 PCB1.PCB。

2．利用上题生成的网络表，将原理图生成合适的长方形双面电路板，规格为 X:Y=4:3。

3．将接地线和电源线加宽至 20mil。

4．保存 PCB 文件。

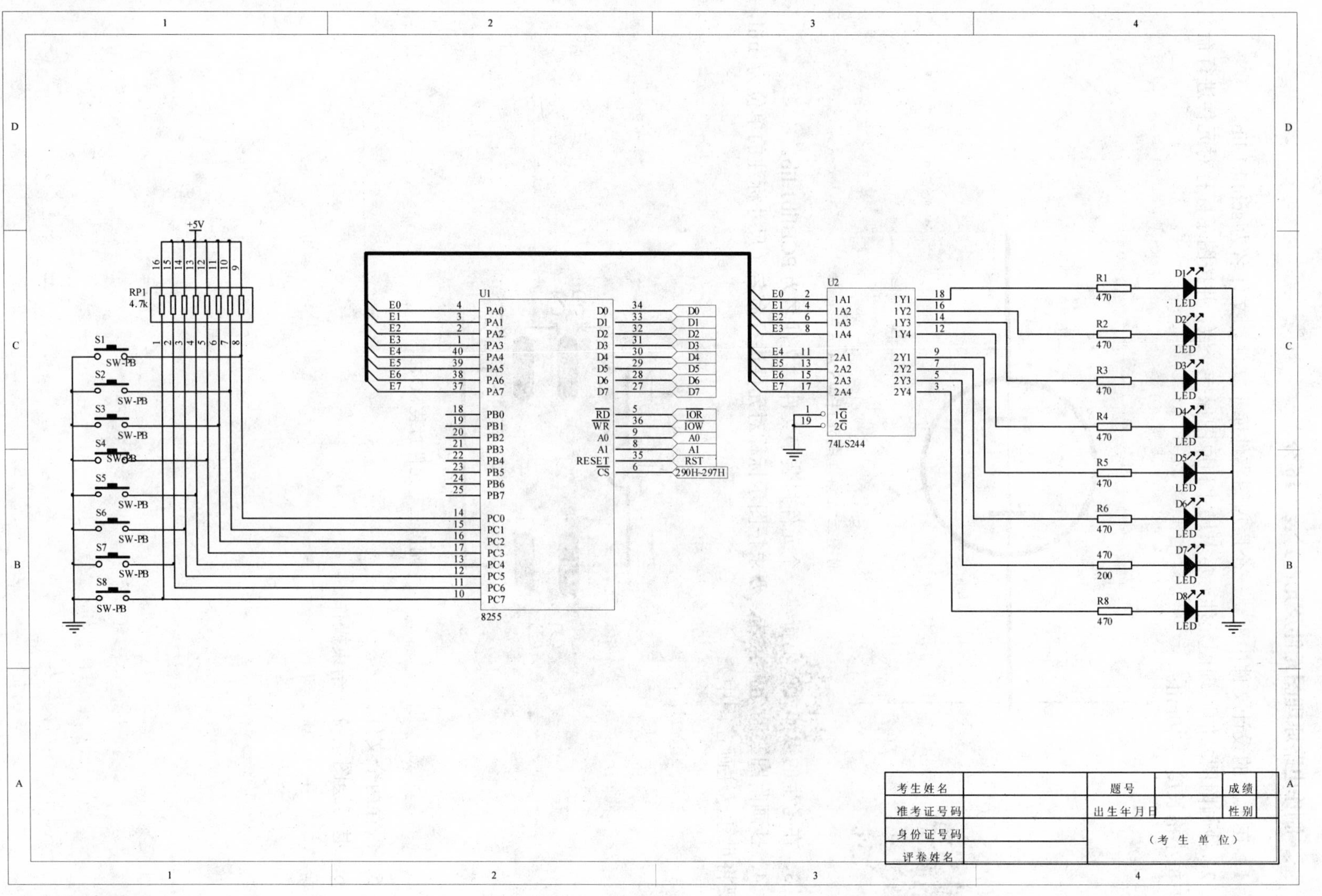

U1
8255
PA0 PA1 PA2 PA3 PA4 PA5 PA6 PA7
PB0 PB1 PB2 PB3 PB4 PB5 PB6 PB7
PC0 PC1 PC2 PC3 PC4 PC5 PC6 PC7
D0 D1 D2 D3 D4 D5 D6 D7
RD WR A0 A1 RESET CS
IOR IOW A0 A1 RST
290H-297H
U2
74LS244
1A1 1A2 1A3 1A4 2A1 2A2 2A3 2A4
1Y1 1Y2 1Y3 1Y4 2Y1 2Y2 2Y3 2Y4
1G 2G
E0 E1 E2 E3 E4 E5 E6 E7
R1 R2 R3 R4 R5 R6 R8
470
200
D1 D2 D3 D4 D5 D6 D7 D8
LED
S1 S2 S3 S4 S5 S6 S7 S8
SW-PB
RP1
4.7k
+5V
考生姓名
准考证号码
身份证号码
评卷姓名
题号
出生年月日
成绩
性别
（考 生 单 位）

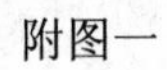

附图一

三、制作电路原理图元件及元件封装（16分）

1．在考生的设计文件中新建一个原理图零件库子文件，文件名为 schlib1.lib。

2．抄画附图二的原理图元件，要求尺寸和原图保持一致，并按图示标称对元件进行命名，图中每小格长度为 10mil。

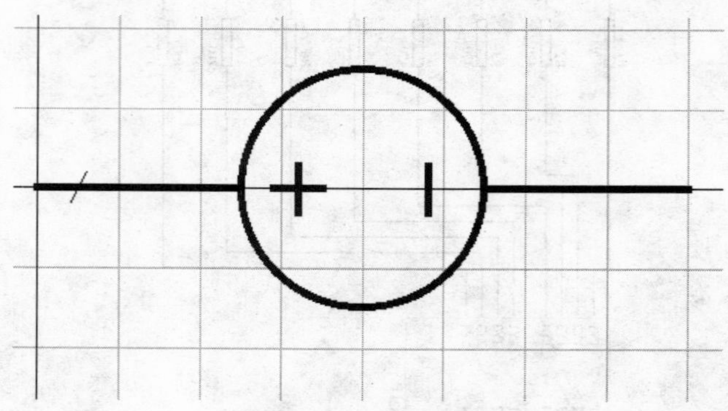

附图二　原理图元件 VS A

3．在考生的设计文件中新建一个元件封装子文件，文件名为 PCBlib1.lib。

4．抄画附图三的元件封装，要求按图示标称对元件进行命名（尺寸标注的单位为 mil，不要将尺寸标注画在图中）。

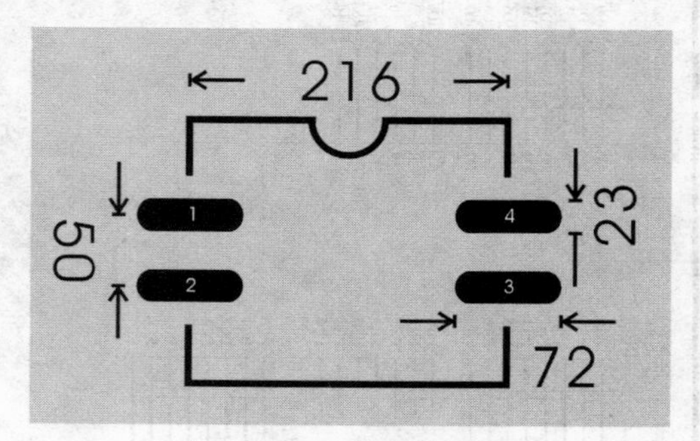

附图三　元件封装 SO4

5．保存两个文件。

6．退出绘图系统，结束操作。

计算机辅助设计绘图员技能鉴定试题（电路类）

题号：CADE15（单号考生用卷）

说明：

试题共两页三题，考试时间为 3 小时。

上交考试结果方式：

1．用软盘保存考试结果的考生，需将考试所得到的文件存入软盘的根目录下，再在软盘的根目录下建立名为 BAK 的文件夹（子目录），并将考试结果文件的备份存入 BAK 文件夹内。

2．将考试结果存放于磁盘，并由老师统一用光盘保存并上交考试结果的考生，先在硬盘 C 盘根目录下或由网络用户写盘根目录下，以准考证号为名建立文件夹，将考试所得到的文件存入该文件夹。

一、抄画电路原理图（34 分）

1．在考生新建的目录下新建一个项目，项目名称为“学号+姓名”，在项目中添加原理图文件，文件名为 sheet1.sch。

2．按下图尺寸及格式画出标题栏，填写标题栏内文字（注：考生单位一栏填写考生所在单位名称，无单位者填写“街道办事处”，尺寸单位为 10mil）。

70	110	60	60	30	20
考生姓名		题号		成绩	
准考证号码		出生年月日		性别	
身份证号码		（考生单位）			
评卷姓名					

（各行高均为 20）

3．按照附图一内容画图（要求对 Footprint 进行选择标注）。

4．将原理图生成网络表。

5．保存文件。

二、生成电路板（50 分）

1．在考生设计文件中新建一个 PCB 子文件，文件名为 PCB1.PCB。

2．利用上题生成的网络表，将原理图生成合适的长方形双面电路板，规格为 X:Y=4:3。

3．将接地线和电源线加宽至 20mil。

4．保存 PCB 文件。

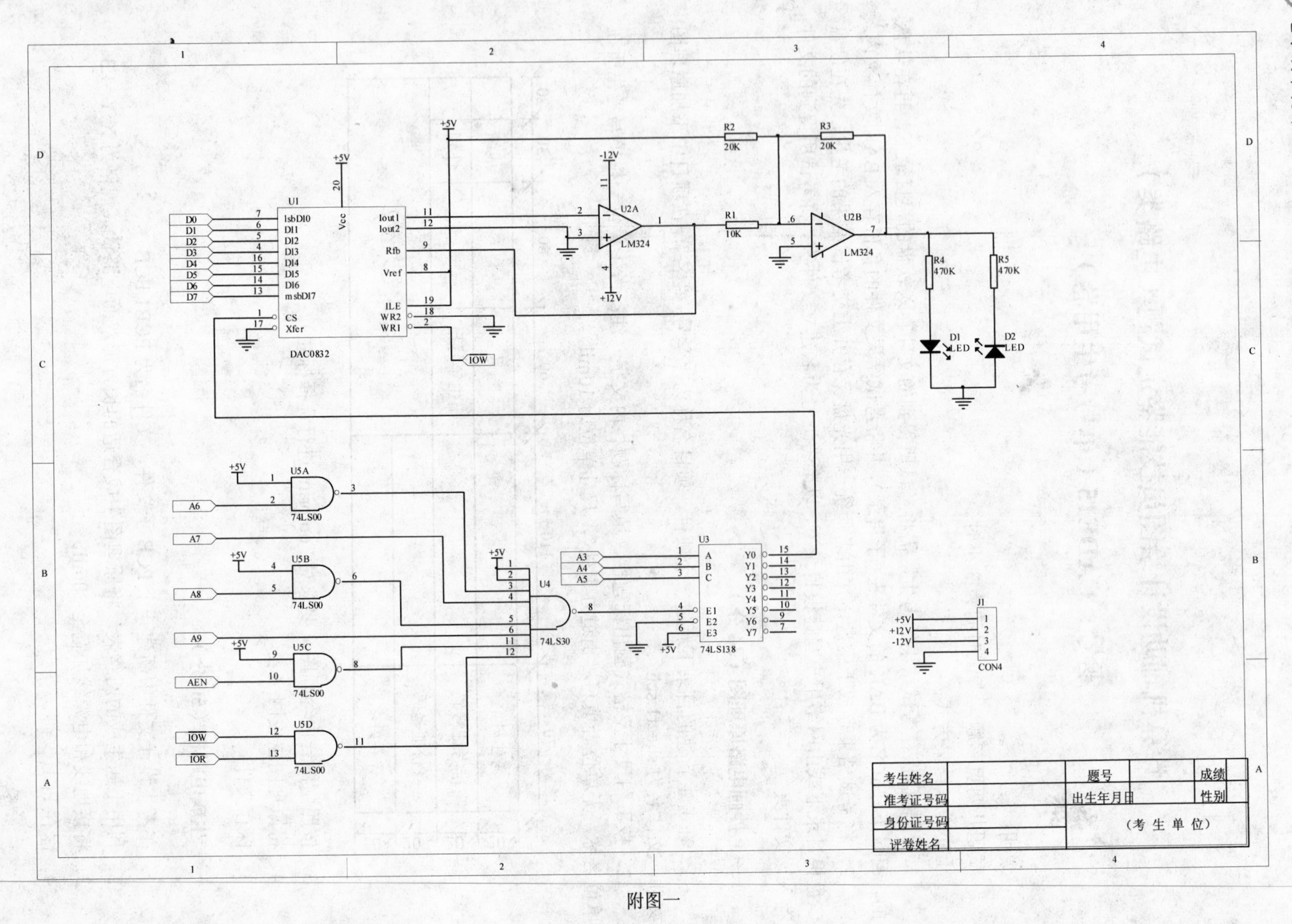
考生姓名
准考证号码
身份证号码
评卷姓名
题号
出生年月日
（考 生 单 位）
成绩
性别
U1
DAC0832
U2A
LM324
U2B
LM324
U3
74LS138
U4
74LS30
U5A
U5B
U5C
U5D
74LS00
R1
10K
R2
20K
R3
20K
R4
470K
R5
470K
D1
D2
LED
J1
CON4
+5V
+12V
-12V
IOW
IOR
AEN
A3
A4
A5
A6
A7
A8
A9
D0
D1
D2
D3
D4
D5
D6
D7

附图一

三、制作电路原理图元件及元件封装（16分）

1．在考生的设计文件中新建一个原理图零件库子文件，文件名为 schlib1.lib。

2．抄画附图二的原理图元件，要求尺寸和原图保持一致，并按图示标称对元件进行命名，图中每小格长度为 10mil。

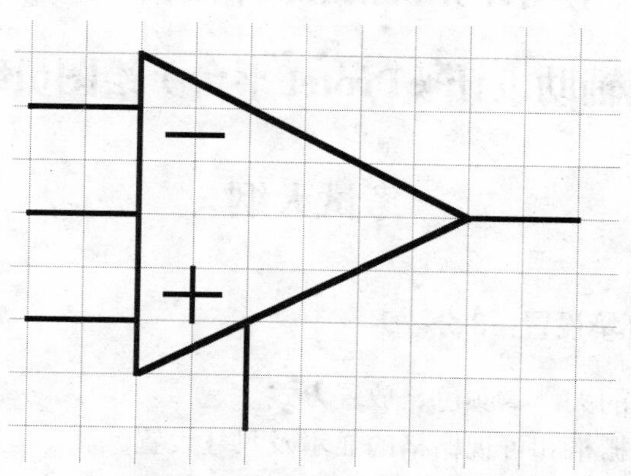

附图二　原理图元件 OPAMP

3．在考生的设计文件中新建一个元件封装子文件，文件名为 PCBlib1.lib。

4．抄画附图三的元件封装，要求按图示标称对元件进行命名（尺寸标注的单位为 mil，不要将尺寸标注画在图中）。

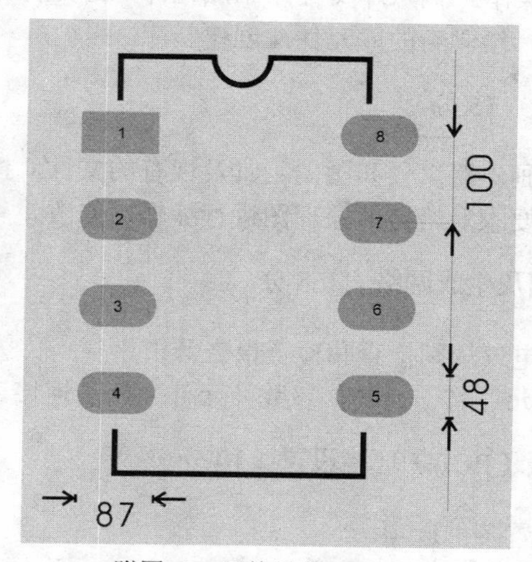

附图三　元件封装 DIP8(S)

5．保存两个文件。

6．退出绘图系统，结束操作。

附录 5　绘图员考试大纲

全国计算机信息高新技术考试

计算机辅助设计（Protel 平台）绘图员级考试

考试大纲

第一单元　原理图环境设置　8 分

1．图纸设置：图纸的大小、颜色、放置方式。
2．栅格设置：捕捉栅格和可视栅格的显示及尺寸设置。
3．字体设置：字体、字号、字型等的设置。
4．标题栏设置：标题栏的类型设置、用特殊字符串设置标题栏上的内容。

第二单元　原理图库操作　10 分

1．原理图文件中的库操作：调入库文件，添加元件，给元件命名。
2．库文件中的库操作：绘制新的库元件，创建新库。

第三单元　原理图设计　15 分

1．绘制原理图：利用画电路工具和画图工具及现有的文件，按照要求绘制原理图。
2．编辑原理图：按照要求对给定的原理图进行编辑、修改。

第四单元　检查原理图及生成网络表　8 分

1．检查原理图：进行电气规则检查和检查报告分析。
2．生成网络表：生成元件名、封装、参数及元件之间的连接表。

第五单元　印制线路板（PCB）环境设置　10 分

1．选项设置：选择设置各种选项。
2．功能设置：设置各种功能有效或无效。
3．数值设置：设置各种具体的数值。
4．显示设置：设置各种显示内容的显示方式。
5．默认值设置：设置具体的默认值。

第六单元　PCB 库操作　12 分

1．PCB 文件中的库操作：调入或关闭库文件，添加库元件。
2．PCB 库文件中的库操作：绘制新的库元件，创建新库。

第七单元　PCB 布局　17 分

1．元件位置的调整：按照设计要求合理摆放元件。
2．元件编辑及元件属性修改：编辑元件，修改名称、型号、编号等。
3．放置安装孔。

第八单元　PCB 布线及设计规则检查　20 分

1．布线设计：按照要求设置线宽、板层数、过孔大小、焊盘大小，利用 Protel 的自动布线及手动布线功能进行布线。

2．板的整理及设计规则检查：布线完毕，对地线及重要的信号线进行适当调整，并进行设计规则检查。

参考文献

[1] 顾滨主编．Protel 99 SE 实用教程（第二版）．北京：人民邮电出版社，2008
[2] 杨旭方主编．Protel DXP 2004 SP2．北京：电子工业出版社，2010
[3] 刘瑞新编著．Protel DXP 实用教程．北京：机械工业出版社，2003